westermann

fit fürs abi

Klausur-Training

Mathematik

fit fürs **abi**

Klausur-Training

Mathematik

Die Autoren **Stefan Jonczyk** und **Walter Schneider** können auf eine langjährige Unterrichtspraxis in der gymnasialen Oberstufe zurückblicken. Mit den Problembereichen im Fach Mathematik sind sie deshalb bestens vertraut. Zudem haben sie vielfältige Erfahrungen sowohl mit den Anforderungen des Zentralabiturs als auch mit der Vorbereitung auf diese Prüfung.

Druck A4 / Jahr 2023

Redaktion und Satz: imprint, Zusmarshausen
Kontakt: lernhilfen@ westermanngruppe.de
Umschlaggestaltung und Innenlayout: Janssen Kahlert Design & Kommunikation, Hannover
Umschlagfoto: Getty Images iStock (Krugloff; lzf)

Druck und Bindung: Westermann Druck Zwickau GmbH, Crimmitschauer Straße 43, 08058 Zwickau

ISBN 978-3-7426-**0152**-0

Symbolerklärung

A Aufgabe

L Lösung

1. Aufgabe zum mündlichen Abitur

TR Aufgabe mit TR oder CAS

Vorwort

Mit dem vorliegenden Band **Klausur-Training Mathematik** aus der Reihe **Fit fürs Abi** erhalten Sie eine kompetente „Hilfe zur Selbsthilfe" für die Vorbereitung auf die Abiturprüfung im Fach Mathematik angeboten. In verständlicher Weise können Sie das erfolgreiche Lösen von Abituraufgaben intensiv üben.

Das Buch ist so konzipiert, dass der Benutzer zuerst mit den Kernthemen und wichtigsten Fragestellungen vertraut gemacht wird, damit er anschließend Aufgaben aus der Analysis, der analytischen Geometrie und der Stochastik auf Abiturniveau lösen kann. Bis auf wenige Ausnahmen sind die Aufgaben ohne TR oder CAS-Systems lösbar, sodass Ihnen wechselseitige Möglichkeiten der Selbstkontrolle zur Verfügung stehen.

Der Einsatz eines TR oder eines CAS erfordert die Kenntnis der Befehle zu den folgenden Elementaraufgaben:

- Bestimmen von Funktionswerten, Erstellen einer Wertetabelle
- Zeichnen von Tangenten in Punkten von Funktionsgraphen
- Zeichnen von Funktionen, auch Ableitungs- und Integralfunktionen
- Berechnen der Ableitung an einer Stelle
- Berechnung von Koordinatenschnittpunkten, Extrempunkten und Wendepunkten
- Berechnen von Schnittpunkten zweier Graphen
- Berechnen eines bestimmten Integrals
- Lösen von Gleichungen und linearen Gleichungssystemen
- Erstellen von Listen
- Funktionsanpassungen
- Berechnen von Anzahlen mithilfe der Kombinatorik
- Berechnen von Wahrscheinlichkeiten bei einer Binomialverteilung

Jeder der drei Hauptthemenbereiche beinhaltet auch eine Zusammenstellung von Aufgaben und Fragen zur mündlichen Abiturprüfung, die gleichzeitig eine Checkliste für die gesamte Abiturprüfung bietet.
Die Lösungen zu diesen Aufgaben sollten Sie auf der Basis Ihrer Unterrichtsmitschriften, aber auch unter Zuhilfenahme von Formelsammlung und eingeführtem Lehrbuch erarbeiten.

Zu den wesentlichen Zielen des Buches gehören:

- das sichere Beherrschen grundlegender Rechentechniken
- die Kenntnis und das Verständnis wichtiger mathematischer Begriffe
- die Fähigkeit, mathematische Lösungsverfahren auf Anwendungen zu übertragen

Das Buch bietet:

- klare Lösungsstrategien zu den typischen schriftlichen Abituraufgaben
- klassische und anwendungsbezogene Aufgaben
- ausführlich kommentierte Lösungen
- anschauliche grafische Darstellungen
- Übersichten zu den Standardaufgaben in den Hauptthemenbereichen

Beim Lösen von Abituraufgaben sollten Sie:

- den Aufgabentext aufmerksam durchlesen und alles Wichtige unterstreichen
- eine Skizze anfertigen, bei der relevante Objekte farbig markiert und erforderliche Bezeichnungen ergänzt werden
- den Aufgabentyp identifizieren und die passende Vorgehensweise gedanklich durchspielen
- unter Berücksichtigung der Vorgaben einen Ansatz formulieren
- konzentriert manuell rechnen oder TR/CAS einsetzen
- die Lösung anhand einer Skizze oder Überschlagsrechnung überprüfen
- einen Antwortsatz formulieren

Auf *www.westermann.de/fit-fuers-abi* finden Sie außerdem kostenlose Videos zur Prüfungsvorbereitung und vieles mehr. Zum Beispiel kann man sich dort den Ablauf einer mündlichen Prüfung anschauen.

Analysis

1

In der Analysis sind Funktionen mithilfe der Differential- und Integralrechnung zu untersuchen.
Diese Funktionen können bereits vorgeben sein oder sie sind vorab, passend zu einem Problem, aufzustellen.

1.1 Schnittprobleme

Wissen

Viele Anwendungen laufen auf ein Schnittproblem hinaus, welches wiederum auf eine Nullstellenbestimmung zurückgeführt werden kann. Hierzu benötigt man meistens die **Lösungsformel für quadratische Gleichungen**. Falls die entsprechende Gleichung $h(x) = 0$ nicht explizit lösbar ist, kann die Existenz einer Lösung mit dem **Nullstellensatz** bewiesen werden. Er besagt: Ist $h(a) \cdot h(b) < 0$ für eine auf $[a; b]$ stetige Funktion h, dann besitzt h auf $]a; b[$ mindestens eine Nullstelle.
Einen Näherungswert für diese Nullstelle erhält man mit dem **Newton-Verfahren**.
Es besagt: Liegt der Startwert x_0 genügend nahe bei einer Lösung von $h(x) = 0$, dann liefert die **Rekursionsformel** $x_{n+1} = x_n - \frac{h(x_n)}{h'(x_n)}$ für $n \in \mathbb{N}_0$ beliebig genaue Näherungswerte für diese Lösung.

A

1. Skizzieren Sie die Schaubilder der Funktion f und g und bestimmen Sie ihre Schnittpunkte für

a) $f(x) = x^2,\ x \in \mathbb{R};\ g(x) = \frac{3}{2}x - \frac{1}{2},\ x \in \mathbb{R}$

b) $f(x) = \frac{1}{4}x^3,\ x \in \mathbb{R};\ g(x) = x^2 - x,\ x \in \mathbb{R}$

c) $f(x) = \frac{1}{2}x^2,\ x \in \mathbb{R};\ g(x) = \frac{4}{x},\ x \in \mathbb{R}\setminus\{0\}$

d) $f(x) = x^2 - 2,\ x \in \mathbb{R};\ g(x) = \frac{8}{x^2},\ x \in \mathbb{R}\setminus\{0\}$

e) $f(x) = x^3 - x,\ x \in \mathbb{R};\ g(x) = 2 - 2x^2,\ x \in \mathbb{R}$

f) $f(x) = e^x - 1,\ x \in \mathbb{R};\ g(x) = e^{-x},\ x \in \mathbb{R}$

L

1. a) $f(x) = g(x) \Leftrightarrow x^2 = \frac{3}{2}x - \frac{1}{2} \Leftrightarrow x^2 - \frac{3}{2}x + \frac{1}{2} = 0$

$x_{1,2} = \frac{3}{4} \pm \sqrt{\frac{9}{16} - \frac{8}{16}} = \frac{3}{4} \pm \frac{1}{4}$

$x_1 = 1,\ f(1) = 1 \Rightarrow S_1(1|1)$

$x_2 = \frac{1}{2},\ f\left(\frac{1}{2}\right) = \frac{1}{4} \Rightarrow S_2\left(\frac{1}{2}\middle|\frac{1}{4}\right)$

Skizze

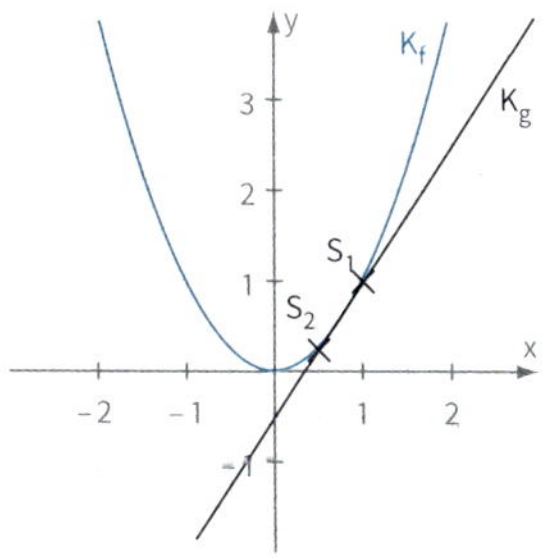

b) $f(x) = g(x) \Leftrightarrow \frac{1}{4}x^3 = x^2 - x$

$$\Leftrightarrow \frac{1}{4}x^3 - x^2 + x = 0$$
$$\Leftrightarrow x^3 - 4x^2 + 4x = 0$$
$$\Leftrightarrow x(x^2 - 4x + 4) = 0$$
$$\Leftrightarrow x(x-2)^2 = 0$$

$x_1 = 0,\ f(0) = 0 \Rightarrow S_1(0|0)$

$x_2 = 2,\ f(2) = 2 \Rightarrow S_2(2|2)$

Skizze

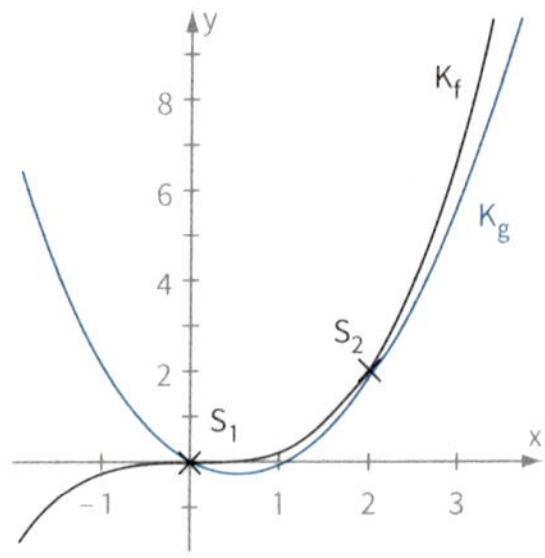

c) $f(x) = g(x) \Leftrightarrow \frac{1}{2}x^2 = \frac{4}{x}$

$$\Leftrightarrow x^3 = 8$$
$$\Leftrightarrow x = 2$$

$f(2) = 2 \Rightarrow S(2|2)$

Skizze

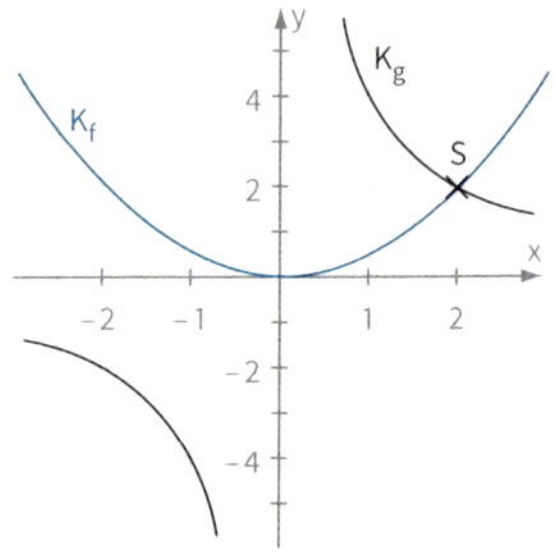

d) $f(x) = g(x) \Leftrightarrow x^2 - 2 = \frac{8}{x^2}$

$$\Leftrightarrow x^4 - 2x^2 - 8 = 0$$

Mit der Substitution $x^2 = u$ ergibt sich:

$u^2 - 2u - 8 = 0$

$u_{1,2} = 1 \pm \sqrt{1+8} = 1 \pm 3$

$u_1 = 4,\ u_2 = -2$

$x^2 = 4 \Leftrightarrow x = 2 \lor x = -2$

$x^2 = -2$ ist nicht lösbar

$f(2) = 2 \Rightarrow S_1(2|2)$

$f(-2) = 2 \Rightarrow S_2(-2|2)$

Skizze

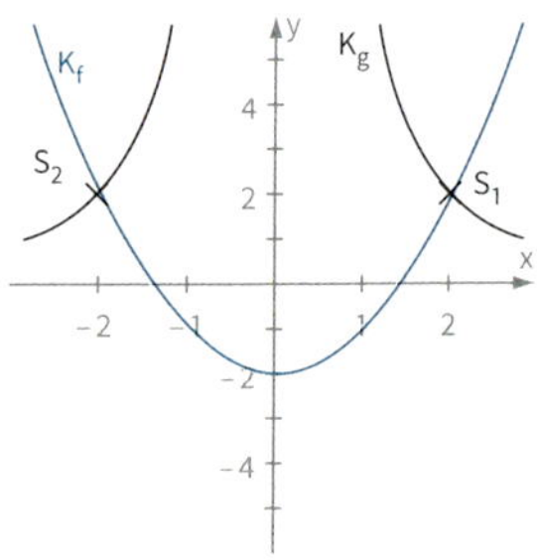

e) $f(x) = g(x) \Leftrightarrow x^3 - x = 2 - 2x^2$

$$\Leftrightarrow x^3 + 2x^2 - x - 2 = 0$$

Durch Probieren findet man die Lösung $x_1 = -1$ und führt eine entsprechende Polynomdivision aus:

$$\begin{array}{l}
(x^3 + 2x^2 - x - 2) : (x+1) = x^2 + x - 2 \\
\underline{-(x^3 + x^2)} \\
\qquad x^2 - x - 2 \\
\qquad \underline{-(x^2 + x)} \\
\qquad\qquad -2x - 2 \\
\qquad\qquad \underline{-(-2x - 2)} \\
\qquad\qquad\qquad 0
\end{array}$$

Also gilt:

$x^3 + 2x^2 - x - 2 = (x+1)(x^2 + x - 2)$

Skizze

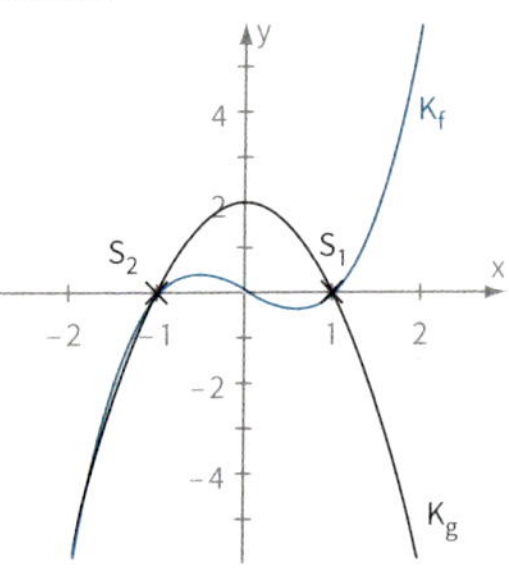

Weitere Lösungen können sich ergeben aus: $(x^2 + x - 2) = 0$

$x_{2,3} = -\frac{1}{2} \pm \sqrt{\frac{1}{4} + \frac{8}{4}} = -\frac{1}{2} \pm \frac{3}{2} \quad x_2 = 1,\ x_2 = -2$

Damit erhält man: $x_1 = -1,\ f(-1) = 0 \Rightarrow S_1(-1\,|\,0)$

$x_2 = 1,\ f(1) = 0 \Rightarrow S_2(1\,|\,0)$

$x_3 = -2,\ f(-2) = -6 \Rightarrow S_3(-2\,|\,-6)$

f) $f(x) = g(x) \Leftrightarrow e^x - 1 = e^{-x} \Leftrightarrow e^x - 1 - e^{-x} = 0$

Mit der Substitution $e^x = u$ ergibt sich:

$u - 1 - \frac{1}{u} = 0 \Leftrightarrow u^2 - u - 1 = 0$

$u_{1,2} = \frac{1}{2} \pm \sqrt{\frac{1}{4} + \frac{4}{4}};\ u_1 = \frac{1}{2} + \frac{\sqrt{5}}{2},\ u_2 = \frac{1}{2} - \frac{\sqrt{5}}{2}$

$e^x = \frac{1}{2} + \frac{\sqrt{5}}{2} \Leftrightarrow x = \ln\left(\frac{1}{2} + \frac{\sqrt{5}}{2}\right)$

$e^x = \frac{1}{2} - \frac{\sqrt{5}}{2}$ ist nicht lösbar, da $\frac{1}{2} - \frac{\sqrt{5}}{2} < 0$

$f\left(\ln\left(\frac{1}{2} + \frac{\sqrt{5}}{2}\right)\right) = -\frac{1}{2} + \frac{\sqrt{5}}{2} \Rightarrow S\left(\ln\left(\frac{1}{2} + \frac{\sqrt{5}}{2}\right) \middle| -\frac{1}{2} + \frac{\sqrt{5}}{2}\right) \approx S(0{,}48\,|\,0{,}62)$

Skizze

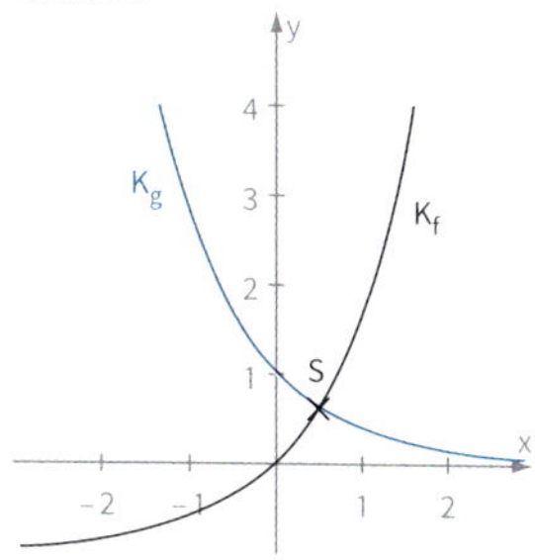

2. Bestimmen Sie die Schnittpunkte des Schaubildes von f mit den Koordinatenachsen, wenn **A**

a) $f(x) = -x^2 + \frac{1}{6}x + \frac{1}{6},\ x \in \mathbb{R}$

b) $f(x) = x^4 - 6x,\ x \in \mathbb{R}$

c) $f(x) = -x^3 + 2x^2 + 3x - 4,\ x \in \mathbb{R}$

d) $f(x) = \frac{5}{3 + x^2},\ x \in \mathbb{R}$

e) $f(x) = \frac{x^2 - x - 12}{x^2},\ x \in \mathbb{R} \setminus \{0\}$

f) $f(x) = x - 3 + \frac{2}{x - 1},\ x \in \mathbb{R} \setminus \{1\}$

g) $f(x) = e^x - 4,\ x \in \mathbb{R}$

h) $f(x) = e^{2x} - 5e^x,\ x \in \mathbb{R}$

i) $f(x) = \left(x + \frac{1}{2}\right)e^{2-x},\ x \in \mathbb{R}$

j) $f(x) = \sin\left(\frac{3}{2}x - 1\right),\ x \in [-2; 5]$

2. a) $f(x) = 0 \Leftrightarrow -x^2 + \frac{1}{6}x + \frac{1}{6} = 0 \Leftrightarrow x^2 - \frac{1}{6}x - \frac{1}{6} = 0$ **L**

$x_{1,2} = \frac{1}{12} \pm \sqrt{\frac{1}{144} + \frac{24}{144}} = \frac{1}{12} \pm \frac{5}{12} \Rightarrow N_1\left(\frac{1}{2}\middle|0\right),\ N_2\left(-\frac{1}{3}\middle|0\right)$

$f(0) = \frac{1}{6} \Rightarrow S\left(0\middle|\frac{1}{6}\right)$

b) $f(x) = 0 \Leftrightarrow x^4 - 6x = 0 \Leftrightarrow x(x^3 - 6) = 0$

$x_1 = 0 \Rightarrow N_1(0\,|\,0)$

$x_2 = \sqrt[3]{6} \Rightarrow N_2(\sqrt[3]{6}\,|\,0) \approx N_2(1{,}82\,|\,0)$

$f(0) = 0 \Rightarrow S = N_1$

c) $f(x) = 0 \Leftrightarrow -x^3 + 2x^2 + 3x - 4 = 0 \Leftrightarrow x^3 - 2x^2 - 3x + 4 = 0$

Durch Probieren findet man die Lösung $x_1 = 1$ und führt eine entsprechende Polynomdivision aus:

$(x^3 - 2x^2 - 3x + 4) : (x - 1) = x^2 - x - 4$

$\underline{-(x^3 - x^2)}$

$-x^2 - 3x + 4$

$\underline{-(-x^2 + x)}$

$-4x + 4$

$\underline{-(-4x + 4)}$

0

Also gilt: $x^3 - 2x^2 - 3x + 4 = (x-1)(x^2 - x - 4)$

Weitere Lösungen können sich ergeben aus: $x^2 - x - 4 = 0$

$x_{2,3} = \frac{1}{2} \pm \sqrt{\frac{1}{4} + \frac{16}{4}} = \frac{1}{2} \pm \frac{\sqrt{17}}{2}$

$\Rightarrow N_1(1\,|\,0),\ N_2\left(\frac{1}{2} + \frac{\sqrt{17}}{2}\,\middle|\,0\right) \approx N_2(2{,}56\,|\,0),\ N_3\left(\frac{1}{2} - \frac{\sqrt{17}}{2}\,\middle|\,0\right) \approx N_3(-1{,}56\,|\,0)$

$f(0) = -4 \Rightarrow S(0\,|\,-4)$

d) $f(x) > 0$ für alle $x \in \mathbb{R} \Rightarrow$ Es gibt also keine Schnittpunkte mit der x-Achse.

$f(0) = \frac{5}{3} \Rightarrow S\left(0\,\middle|\,\frac{5}{3}\right)$

e) $f(x) = 0 \Leftrightarrow \frac{x^2 - x - 12}{x^2} = 0 \Leftrightarrow x^2 - x - 12 = 0$

$x_{1,2} = \frac{1}{2} \pm \sqrt{\frac{1}{4} + \frac{48}{4}} = \frac{1}{2} \pm \frac{7}{2}$

$x_1 = 4,\ x_2 = -3$

$\Rightarrow N_1(4\,|\,0),\ N_2(-3\,|\,0)$

f ist an der Stelle 0 nicht definiert $\Rightarrow$ Es gibt keinen Schnittpunkt mit der y-Achse.

f) $f(x) = 0 \Leftrightarrow x - 3 + \frac{2}{x-1} = 0 \Leftrightarrow x(x-1) - 3(x-1) + 2 = 0 \Leftrightarrow x^2 - 4x + 5 = 0$

$x_{1,2} = 2 \pm \sqrt{4-5}$ liefert keine Lösung

$\Rightarrow$ Es gibt keine Schnittpunkte mit der x-Achse.

$f(0) = -5 \Rightarrow S(0\,|\,-5)$

g) $f(x) = 0 \Leftrightarrow e^x - 4 = 0 \Leftrightarrow e^x = 4 \Leftrightarrow x = \ln 4 \Rightarrow N(\ln 4\,|\,0) \approx N(1{,}39\,|\,0)$

$f(0) = -3 \Rightarrow S(0\,|\,-3)$

h) $f(x) = 0 \Leftrightarrow e^{2x} - 5e^x = 0 \Leftrightarrow e^x(e^x - 5) = 0$

Da $e^x > 0$ für alle $x \in \mathbb{R}$, folgt $e^x - 5 = 0 \Leftrightarrow e^x = 5 \Leftrightarrow x = \ln 5$

$\Rightarrow N(\ln 5\,|\,0) \approx N(1{,}61\,|\,0)$

$f(0) = 1 - 5 = -4 \Rightarrow S(0\,|\,-4)$

i) $f(x) = 0 \Leftrightarrow \left(x + \frac{1}{2}\right)e^{2-x} = 0$

Da $e^{2-x} > 0$ für alle $x \in \mathbb{R}$, folgt $x + \frac{1}{2} = 0 \Leftrightarrow x = -\frac{1}{2} \Rightarrow N\left(-\frac{1}{2}\,\middle|\,0\right)$.

$f(0) = \frac{1}{2}e^2 \Rightarrow S\left(0\,\middle|\,\frac{1}{2}e^2\right) \approx S(0\,|\,3{,}69)$

j) Da die Sinusfunktion die Nullstellen $k\pi$, $k \in \mathbb{Z}$ besitzt, ergibt sich der Ansatz:

$\frac{3}{2}x_k - 1 = k\pi \Leftrightarrow x_k = \frac{2}{3}(1 + k\pi)$

Man erhält: $x_{-1} = \frac{2}{3}(1 - \pi) \approx -1{,}43$

$x_0 = \frac{2}{3} \approx 0{,}67$

$x_1 = \frac{2}{3}(1 + \pi) \approx 2{,}76$

$x_2 = \frac{2}{3}(1 + 2\pi) \approx 4{,}86$

Für alle anderen Werte von k lägen die Nullstellen nicht im Intervall $[-2; 5]$

$\Rightarrow N_{-1}(-1{,}43\,|\,0),\ N_0(0{,}67\,|\,0),\ N_1(2{,}76\,|\,0),\ N_2(4{,}86\,|\,0)$ sind die Schnittpunkte mit der x-Achse.

Wegen $f(0) = \sin(-1) \approx -0{,}84$ ist $S(0\,|\,-0{,}84)$ der Schnittpunkt mit der y-Achse.

3. Zeigen Sie, dass sich die Schaubilder von f und g im Intervall $I = [a; b]$ schneiden. Berechnen Sie die Abszisse (x-Wert) des Schnittpunktes S auf drei Dezimalen gerundet. Skizzieren Sie. A

a) $f(x) = \frac{1}{3}x^3,\ x \in \mathbb{R};\ g(x) = x + 2,\ x \in \mathbb{R};\ I = [2; 3]$

b) $f(x) = \frac{3}{x},\ x \in \mathbb{R}\setminus\{0\};\ g(x) = x^2 - 2,\ x \in \mathbb{R};\ I = [1; 2]$

c) $f(x) = e^x,\ x \in \mathbb{R};\ g(x) = \frac{1}{2}x + 4,\ x \in \mathbb{R};\ I = [1; 2]\ (I = [-8; -7])$

3. a) $f(x) = g(x) \Leftrightarrow \frac{1}{3}x^3 = x + 2$ L

$\Leftrightarrow \frac{1}{3}x^3 - x - 2 = 0$

$\Leftrightarrow x^3 - 3x - 6 = 0$

Man untersucht die Hilfsfunktion h mit $h(x) = x^3 - 3x - 6$ auf Nullstellen.

Zunächst gilt: $h(2) \cdot h(3) = -4 \cdot 12 < 0$

Also besitzt h auf $]2; 3[$ nach dem Nullstellensatz mindestens eine Nullstelle, die mit dem Newton-Verfahren näherungsweise berechnet werden kann:

Skizze

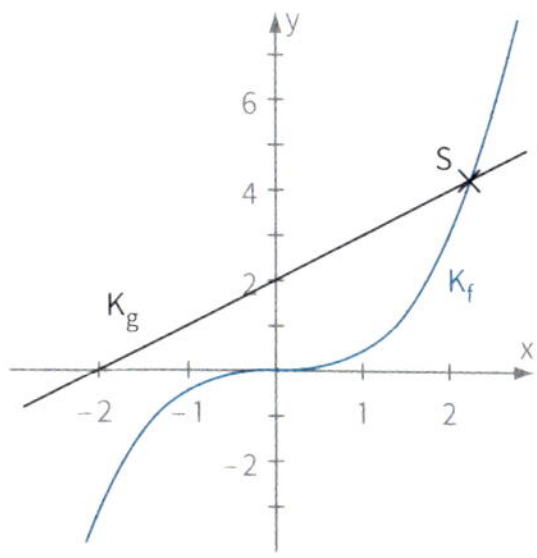

$h'(x) = 3x^2 - 3,\ x_{n+1} = x_n - \frac{h(x_n)}{h'(x_n)} = x_n - \frac{x_n^3 - 3x_n - 6}{3x_n^2 - 3}$

Wählt man $x_0 = 2{,}5$ als Startwert, so erhält man die Näherungswerte:

$x_1 \approx 2{,}365\,079\,4,$

$x_2 \approx 2{,}355\,350\,6,$

$x_3 \approx 2{,}355\,301\,4 \Rightarrow x \approx 2{,}355$

b) $f(x) = g(x) \Leftrightarrow \frac{3}{x} = x^2 - 2 \Leftrightarrow 3 = x^3 - 2x$

$\Leftrightarrow x^3 - 2x - 3 = 0$

Man untersucht die Hilfsfunktion h mit $h(x) = x^3 - 2x - 3$ auf Nullstellen.

Es gilt: $h(1) \cdot h(2) = -4 \cdot 1 = -4 < 0$

Also besitzt h auf $]1; 2[$ nach dem Nullstellensatz eine Nullstelle, die mit dem Newton-Verfahren näherungsweise berechnet werden kann:

Skizze

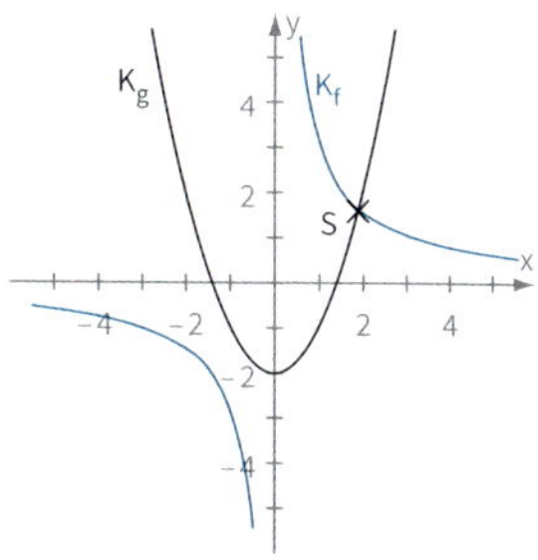

$h'(x) = 3x^2 - 2;\ x_{n+1} = x_n - \frac{h(x_n)}{h'(x_n)} = x_n - \frac{x_n^3 - 3x_n - 3}{3x_n^2 - 2}$

Mit dem gewählten Startwert $x_0 = 1{,}5$ erhält man die Näherungswerte:

$x_1 \approx 2{,}052\,631\,6$

$x_2 \approx 1{,}907\,603\,6$

$x_3 \approx 1{,}893\,420\,4$

$x_4 \approx 1{,}893\,289\,2$

$x_5 \approx 1{,}893\,289\,2 \Rightarrow x \approx 1{,}893$

c) $f(x) = g(x) \Leftrightarrow e^x = \frac{1}{2}x + 4 \Leftrightarrow e^x - \frac{1}{2}x - 4 = 0$
$\Leftrightarrow 2e^x - x - 8 = 0$

Man untersucht die Hilfsfunktion h mit $h(x) = 2e^x - x - 8$ auf Nullstellen.

Zunächst gilt: $h(1) \cdot h(2) = (2e - 9) \cdot (2e^2 - 10) < 0$.

Also besitzt h auf $]1; 2[$ nach dem Nullstellensatz eine Nullstelle, die mit dem NEWTON-Verfahren näherungsweise berechnet werden kann:

$h'(x) = 2e^x - 1;\ x_{n+1} = x_n - \frac{h(x_n)}{h'(x_n)} = x_n - \frac{2e^{x_n} - x_n - 8}{2e^{x_n} - 1}$

Mit dem gewählten Startwert $x_0 = 1{,}5$ erhält man die Näherungswerte:

$x_1 \approx 1{,}5673862$
$x_2 \approx 1{,}5649624$
$x_3 \approx 1{,}5649592 \Rightarrow x \approx 1{,}565$

Für die Klammeraufgabe ergibt sich $x \approx -7{,}999$.

Skizze

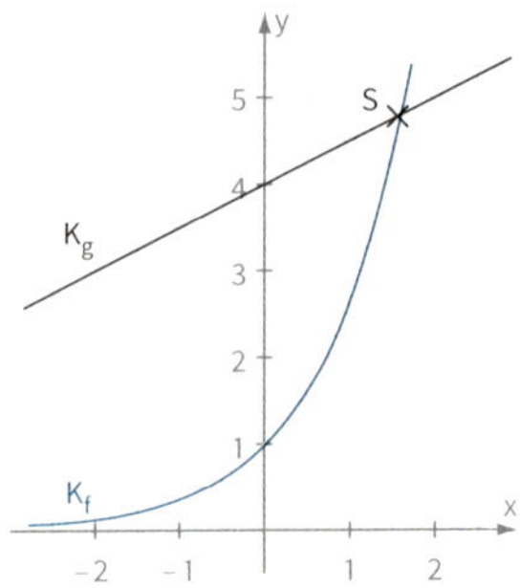

A

4. Gegeben sind die Funktion f mit $f(x) = -x^2 + 4,\ x \in \mathbb{R}$ und ein Kreis mit Mittelpunkt $M(0|0)$.
Bestimmen Sie die Anzahl der gemeinsamen Punkte des Kreises mit dem Schaubild von f in Abhängigkeit vom Kreisradius.

L

4. Zunächst bestimmt man die Punkte $P(a|f(a))$ der Parabel, die die kleinste Entfernung zum Kreismittelpunkt $M(0|0)$ besitzen.

Der Abstand d von M zu P ist $d(a) = \sqrt{a^2 + (-a^2 + 4)^2} = \sqrt{a^4 - 7a^2 + 16}$.

Der Abstand ist minimal, wenn die Hilfsfunktion e mit $e(a) = a^4 - 7a^2 + 16$ ein Minimum annimmt.

$e'(a) = 4a^3 - 14a$ und $e''(a) = 12a^2 - 14$

$e'(a) = 0 \Leftrightarrow 4a^3 - 14a = 0 \Leftrightarrow 4a \cdot (a^2 - 3{,}5) = 0 \Leftrightarrow a_1 = 0$ oder $a_{2/3} = \pm\sqrt{3{,}5}$

$e''(0) = -14 < 0 \Rightarrow$ Für den Punkt $P_1(0|4)$ ist der Abstand zu M maximal und beträgt 4 LE.

Wegen $e''(\pm\sqrt{3{,}5}) = 23 > 0$ besitzen die Punkte $P_{1,2}(\pm\sqrt{3{,}5}\,|\,0{,}5)$ den minimalen Abstand $d(\pm\sqrt{3{,}5}) = \sqrt{3{,}75}$ LE $\approx 1{,}94$ LE zum Kreismittelpunkt M.

Radius	$r < \sqrt{3{,}75}$	$r = \sqrt{3{,}75}$	$\sqrt{3{,}75} < r < 4$	$r = 4$	$r > 4$
Anzahl gemeinsamer Punkte	0	2	4	3	2

1.2 Begriffe der Differentialrechnung – Tangentenproblem

Wissen

Den Term $\frac{f(x)-f(a)}{x-a}$ nennt man **Differenzenquotient der Funktion f bezüglich der Stelle a**. Ferner bezeichnet man den Grenzwert $\lim\limits_{x \to a} \frac{f(x)-f(a)}{x-a}$ als **erste Ableitung von f an der Stelle a** und schreibt dafür $f'(a)$. Eine Funktion f, bei der dieser Grenzwert existiert, heißt **an der Stelle a differenzierbar**.
Bei Anwendungsaufgaben sind zusätzlich die Begriffe **mittlere Änderungsrate** anstelle des Differenzenquotienten und **momentane Änderungsrate** anstelle der ersten Ableitung gebräuchlich.
Nun kann man sich eine neue Funktion vorstellen, die jeder Stelle a den Wert $f'(a)$ zuordnet. Diese Funktion nennt man **erste Ableitungsfunktion zu f** und schreibt hierfür f'.
Entsprechend kann untersucht werden, ob auch f' wieder differenzierbar ist. So erhält man gegebenenfalls die **zweite Ableitung von f an der Stelle a,** beziehungsweise die **zweite Ableitungsfunktion zu f** und schreibt $f''(a)$, beziehungsweise f''.
Zur Bestimmung von Ableitungsfunktionen verwendet man die **Ableitungsregeln**, insbesondere die Potenz-, Produkt-, Quotienten- und Kettenregel, die in der Formelsammlung zu finden sind.

A

1. a) Formulieren Sie das Tangentenproblem.
b) Stellen Sie dar, wie man bei der Lösung des Tangentenproblems zu den Begriffen Differenzenquotient und erste Ableitung gelangt.

L

1. a) Das Tangentenproblem wirft die Frage auf, wie man die Steigung (Steilheit) im Punkt $P(a|f(a))$ eines Funktionsschaubildes K_f berechnen und damit eine Tangente t in P (siehe Abbildung) definieren kann.

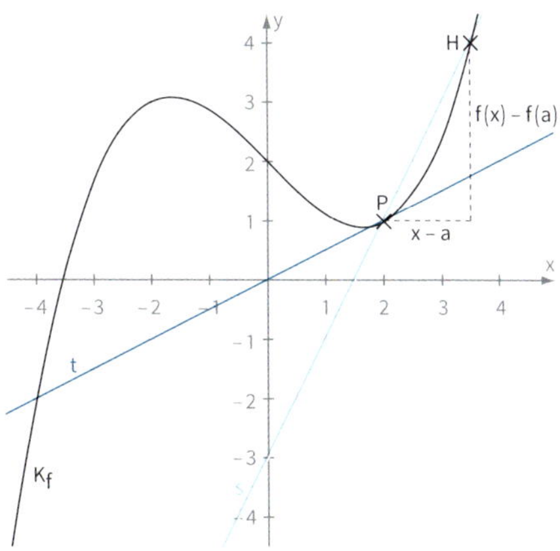

b) Lösungsidee ist die Annäherung der Tangentensteigung mithilfe von Sekantensteigungen.
1. Zunächst nimmt man noch einen beliebigen **Hilfspunkt** $H(x|f(x))$ auf K_f dazu.
Die **Steigung m_s der Sekante s durch P und H** stellt einen Näherungswert für die gesuchte Steigung dar.
Man erhält $m_s = \frac{f(x)-f(a)}{x-a}$. Dies ist der Differenzenquotient an der Stelle a.

2. Nun untersucht man, wie sich m_s verändert, wenn H gegen P, also auch x gegen a strebt. Gibt es einen **Grenzwert**, so kann dieser als Maß für die Steilheit von K_f und auch als **Steigung m_t der Tangente im Punkt P** aufgefasst werden. Also ist: $m_t = \lim\limits_{x \to a} \frac{f(x) - f(a)}{x - a}$. Dies ist die erste Ableitung an der Stelle a.
3. Schließlich definiert man die Gerade durch P mit der Steigung m_t als Tangente t im Punkt P von K_f.

A

2. Welche Aussagen über die Monotonie einer Funktion f und das Krümmungsverhalten ihres Schaubilds K_f sind mithilfe der ersten und zweiten Ableitungsfunktion möglich? Stellen Sie die möglichen Fälle im Überblick dar.

L

2. Während die erste Ableitungsfunktion die Tangentensteigungen von K_f angibt, erlaubt die zweite Ableitungsfunktion Aussagen über das Krümmungsverhalten von K_f.
Ist nämlich $f'(a) > 0$, dann nehmen die Funktionswerte von f in einer Umgebung der Stelle a zu. Man sagt auch, f ist dort **streng monoton wachsend**. Folglich müssen auch die Funktionswerte von f′ in einer Umgebung von a zunehmen,
wenn $f''(a) > 0$ ist. Zunehmende Werte von f′ bedeuten aber zunehmende Tangentensteigungen, also eine **Linkskrümmung** bei K_f.
Entsprechend ist f für $f'(a) < 0$ **streng monoton fallend** und bei K_f liegt für $f''(a) < 0$ eine **Rechtskrümmung** vor.
Es gilt:

1. $f'(a) > 0 \Rightarrow$ f ist in einer Umgebung von a streng monoton wachsend.
   $f'(a) < 0 \Rightarrow$ f ist in einer Umgebung von a streng monoton fallend.
2. $f''(a) > 0 \Rightarrow K_f$ ist in einer Umgebung von a links gekrümmt.
   $f''(a) < 0 \Rightarrow K_f$ ist in einer Umgebung von a rechts gekrümmt.

Die folgenden Fälle sind möglich:

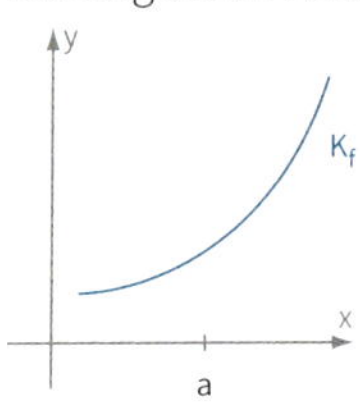

$f'(a) > 0 \Rightarrow$
f streng monoton wachsend
$f''(a) > 0 \Rightarrow$
Linkskrümmung von K_f

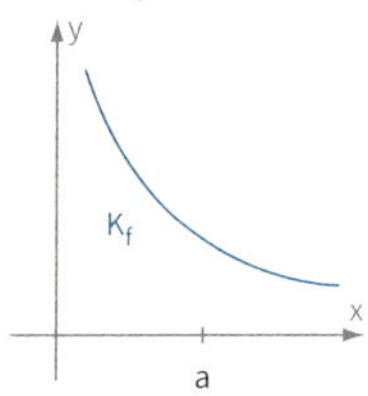

$f'(a) < 0 \Rightarrow$
f streng monoton fallend
$f''(a) > 0 \Rightarrow$
Linkskrümmung von K_f

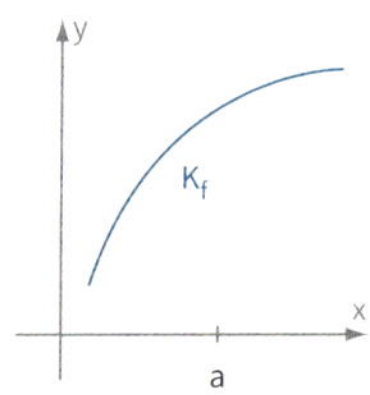

$f'(a) > 0 \Rightarrow$
f streng monoton wachsend
$f''(a) < 0 \Rightarrow$
Rechtskrümmung von K_f

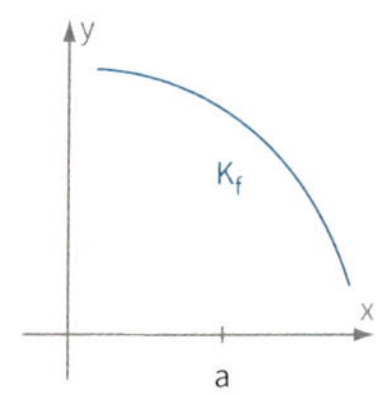

$f'(a) < 0 \Rightarrow$
f streng monoton fallend
$f''(a) < 0 \Rightarrow$
Rechtskrümmung von K_f

A

3. Die Abbildung zeigt das Schaubild K_f der Funktion f mit $f(x) = \frac{1}{4}x^3 - \frac{1}{4}x^2 - \frac{1}{2}x - 1,\ x \in \mathbb{R}$ sowie die Schaubilder $K_{f'}$ und $K_{f''}$ der ersten und zweiten Ableitungsfunktion.

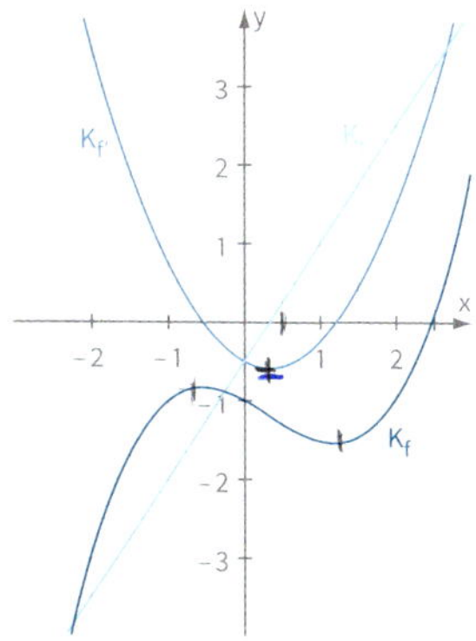

a) Welche Extrem- und Wendestellen von f können Sie K_f näherungsweise entnehmen?

b) Wie können Sie die Extrem- und Wendestellen von f mithilfe von $K_{f'}$ und $K_{f''}$ näherungsweise ablesen?

c) Welche Steigung hat K_f im Punkt $P(2 \mid f(2))$? Verwenden Sie $K_{f'}$.

d) Überprüfen Sie Ihre Ergebnisse durch Rechnung.

–> Extrem, Wende
–> Punkt überprüfen (Steigung)

L

3. a) Die Extremstellen liegen etwa bei –0,5 und 1,2. Die Wendestelle liegt etwa bei 0,3.

b) Die Nullstellen von f′ sind die Extremstellen von f, weil f′ dort das Vorzeichen wechselt. Die Extremstelle von f′ ist die Wendestelle von f.

c) K_f hat dort etwa die Steigung $\frac{3}{2}$, denn bei $K_{f'}$ liest man $f'(2) \approx \frac{3}{2}$ ab.

d) $f'(x) = \frac{3}{4}x^2 - \frac{1}{2}x - \frac{1}{2}$; $f''(x) = \frac{3}{2}x - \frac{1}{2}$, Extremstellen: $\frac{1}{3} + \frac{1}{3}\sqrt{7} \approx 1{,}22$ und $\frac{1}{3} - \frac{1}{3}\sqrt{7} \approx -0{,}55$, Wendestelle: $\frac{1}{3}$, K_f hat in P die Steigung $f'(2) = \frac{3}{2}$.

A

4. Geben Sie die Ableitungsfunktion f′ zu f an und zitieren Sie die verwendeten Ableitungsregeln wenn:

a) $f(x) = \frac{2}{3}x^4,\ x \in \mathbb{R}$

b) $f(x) = 7,\ x \in \mathbb{R}$

c) $f(x) = 5\sqrt{2x-1},\ x \in \left]\frac{1}{2}; \infty\right[$

d) $f(x) = -\frac{9}{x},\ x \in \mathbb{R}\setminus\{0\}$

e) $f(x) = \frac{3}{(2-5x)^2},\ x \in \mathbb{R}\setminus\left\{\frac{2}{5}\right\}$

f) $f(x) = (\cos(\pi x))^2$

g) $f(x) = 3\sin\left(\frac{1}{2}x\right),\ x \in \mathbb{R}$

h) $f(x) = -\cos(6-x),\ x \in \mathbb{R}$

i) $f(x) = e^{-2x},\ x \in \mathbb{R}$

j) $f(x) = \frac{1}{3}e^{4+3x},\ x \in \mathbb{R}$

k) $f(x) = x^2e^{-x},\ x \in \mathbb{R}$

l) $f(x) = (x-1)e^{2x},\ x \in \mathbb{R}$

m) $f(x) = \frac{2x-7}{x^2+1},\ x \in \mathbb{R}$

n) $f(x) = \frac{4-x}{x+1},\ x \in \mathbb{R}\setminus\{-1\}$

o) $f(x) = x - 8 + e^{\frac{2}{3}x-1},\ x \in \mathbb{R}$

p) $f(x) = 3x^2 - 4\sin x + \frac{5}{(x-2)^2},\ x \in \mathbb{R}\setminus\{2\}$

L

4. a) $f'(x) = \frac{8}{3}x^3$ (Potenzregel)

b) $f'(x) = 0$ (Potenzregel, denn $f(x) = 7 \cdot x^0$)

c) $f(x) = 5 \cdot (2x-1)^{\frac{1}{2}}$, $f'(x) = 5 \cdot \frac{1}{2}(2x-1)^{-\frac{1}{2}} \cdot 2 = 5(2x-1)^{-\frac{1}{2}} = \frac{5}{\sqrt{2x-1}}$ (Potenz- und Kettenregel)

d) $f(x) = -\frac{9}{x} = -9x^{-1}$, $f'(x) = (-9) \cdot (-1)x^{-2} = \frac{9}{x^2}$ (Potenzregel)

e) $f(x) = \frac{3}{(2-5x)^2} = 3(2-5x)^{-2}$, $f'(x) = 3 \cdot (-2)(2-5x)^{-3}(-5) = \frac{30}{(2-5x)^3}$ (Potenz- und Kettenregel)

f) $f'(x) = 2\cos(\pi x)\cdot(-\sin(\pi x))\cdot\pi = -2\pi\sin(\pi x)\cos(\pi x)$
(Potenz- und Kettenregel)

g) $f'(x) = 3\cos\left(\frac{1}{2}x\right)\cdot\frac{1}{2} = \frac{3}{2}\cos\left(\frac{1}{2}x\right)$ (Kettenregel)

h) $f'(x) = -(-\sin(6-x))\cdot(-1) = -\sin(6-x)$ (Kettenregel)

i) $f'(x) = e^{-2x}\cdot(-2) = -2\cdot e^{-2x}$ (Kettenregel)

j) $f'(x) = \frac{1}{3}e^{4+3x}\cdot 3 = e^{4+3x}$ (Kettenregel)

k) $f'(x) = 2x e^{-x} + x^2 e^{-x}\cdot(-1) = 2x e^{-x} - x^2 e^{-x} = (2x - x^2)e^{-x}$
(Produkt- und Kettenregel)

l) $f'(x) = 1\cdot e^{2x} + (x-1)\cdot e^{2x}\cdot 2 = e^{2x} + 2(x-1)e^{2x} = (2x-1)e^{2x}$
(Potenz- und Kettenregel)

m) $f'(x) = \frac{2(x^2+1) - (2x-7)\cdot 2x}{(x^2+1)^2} = \frac{2x^2+2-4x^2+14x}{(x^2+1)^2} = -2\frac{x^2-7x-1}{(x^2+1)^2}$ (Quotientenregel)

n) $f'(x) = \frac{-1\cdot(x+1) - (4-x)\cdot 1}{(x+1)^2} = \frac{-5}{(x+1)^2}$ (Quotientenregel)

o) $f'(x) = 1 + \frac{2}{3}e^{\frac{2}{3}x-1}$ (Kettenregel)

p) $f'(x) = 6x - 4\cos x - \frac{10}{(x-2)^3}$ (Potenz- und Kettenregel)

A

5. Die Abbildung zeigt den bei einer Fahrradtour zurückgelegten Weg in Abhängigkeit von der verstrichenen Zeit.

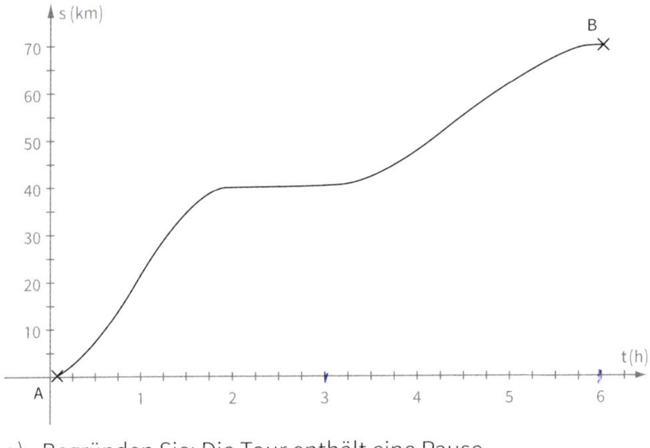

a) Begründen Sie: Die Tour enthält eine Pause.

b) Berechnen Sie die Steigung der Sekante durch die Punkte A und B.
Welche Bedeutung hat dieser Wert?

c) Welche mittlere Geschwindigkeit liegt im Zeitintervall $[3; 6]$ vor?
Ermitteln Sie die momentane Änderungsrate $1\frac{1}{2}$ Stunden nach dem Start.
Welche Bedeutung hat dieser Wert?

d) Wann ist die Momentangeschwindigkeit am größten? Wie groß ist sie?
Schätzen Sie anhand der Abbildung.

L

5. a) Da sich in der Zeitspanne [2; 3] der zurückgelegte Weg nicht ändert, muss hier eine Pause vorliegen.

b) Für die Steigung m_s der Sekante durch A und B gilt $m_s = \frac{70-0}{6-0} = 11\frac{2}{3}$.

Dieser Wert bedeutet, dass die mittlere Geschwindigkeit (Pause eingerechnet) etwa $11{,}7\,\frac{\text{km}}{\text{h}}$ beträgt.

c)

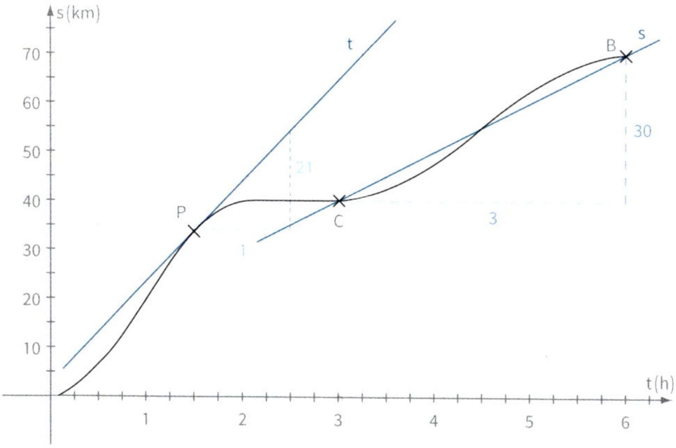

Mit den Punkten B (6 | 70) und C (3 | 40) erhält man eine mittlere Geschwindigkeit von $10\,\frac{\text{km}}{\text{h}}$.

Die Tangente t im Kurvenpunkt P mit der Abszisse $1\frac{1}{2}$ liefert $f'\left(1\frac{1}{2}\right) \approx 21\,\frac{\text{km}}{\text{h}}$.

Dies ist die Momentangeschwindigkeit $1\frac{1}{2}$ Stunden nach dem Start.

d)

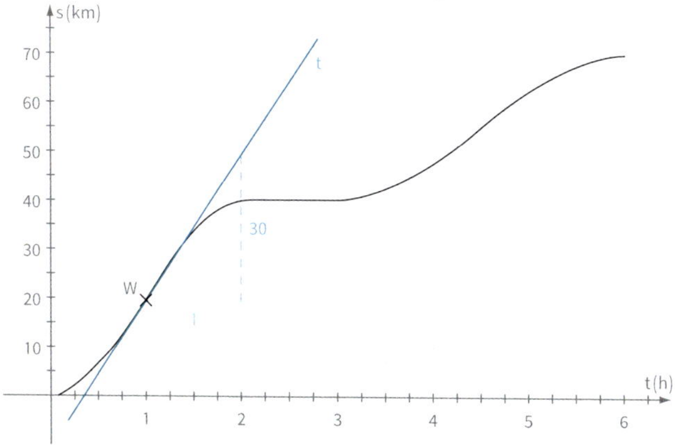

Nach knapp einer Stunde ist die Tangentensteigung im Wendepunkt W des Schaubilds am größten und damit auch die Momentangeschwindigkeit.

Sie beträgt etwa $30\,\frac{\text{km}}{\text{h}}$.

A

6. Stellen Sie mithilfe des Differenzenquotienten die erste Ableitungsfunktion zu f auf.

a) $f(x)=\frac{1}{2}x^2,\ x\in\mathbb{R}$

b) $f(x)=\sqrt{3x},\ x\in\mathbb{R}_0^+$

c) $f(x)=\frac{1}{3}x^3,\ x\in\mathbb{R}$

d) $f(x)=\frac{2}{x},\ x\in\mathbb{R}\setminus\{0\}$

L

6. a) $f(x)=\frac{1}{2}x^2,\ a\in\mathbb{R}$ beliebig

Differenzenquotient

$$\frac{f(x)-f(a)}{x-a}=\frac{\frac{1}{2}x^2-\frac{1}{2}a^2}{x-a}=\frac{\frac{1}{2}(x^2-a^2)}{x-a}=\frac{\frac{1}{2}(x+a)(x-a)}{x-a}=\frac{1}{2}(x+a)$$

Grenzwert

$$\lim_{x\to a}\frac{f(x)-f(a)}{x-a}=\lim_{x\to a}\frac{1}{2}(x+a)=a=f'(a)\ \Rightarrow\ f'(x)=x,\ x\in\mathbb{R}$$

b) $f(x)=\sqrt{3x},\ a\in\mathbb{R}^+$ beliebig

Differenzenquotient

$$\frac{f(x)-f(a)}{x-a}=\frac{\sqrt{3x}-\sqrt{3a}}{x-a}=\frac{\sqrt{3}(\sqrt{x}-\sqrt{a})}{x-a}=\frac{\sqrt{3}(\sqrt{x}-\sqrt{a})}{(\sqrt{x}-\sqrt{a})(\sqrt{x}+\sqrt{a})}=\frac{\sqrt{3}}{\sqrt{x}+\sqrt{a}}$$

Grenzwert

$$\lim_{x\to a+}\frac{f(x)-f(a)}{x-a}=\lim_{x\to a+}\frac{\sqrt{3}}{\sqrt{x}+\sqrt{a}}=\frac{\sqrt{3}}{2\sqrt{a}}=f'(a)\ \Rightarrow\ f'(x)=\frac{\sqrt{3}}{2\sqrt{x}},\ x\in\mathbb{R}^+$$

c) $f(x)=\frac{1}{3}x^3,\ a\in\mathbb{R}$ beliebig

Differenzenquotient

$$\frac{f(x)-f(a)}{x-a}=\frac{\frac{1}{3}x^3-\frac{1}{3}a^3}{x-a}=\frac{1}{3}\,\frac{(x-a)(x^2+ax+a^2)}{x-a}=\frac{1}{3}(x^2+ax+a^2)$$

Grenzwert

$$\lim_{x\to a}\frac{f(x)-f(a)}{x-a}=\lim_{x\to a}\frac{1}{3}(x^2+ax+a^2)=\frac{1}{3}\cdot 3a^2=a^2=f'(a)\ \Rightarrow\ f'(x)=x^2,\ x\in\mathbb{R}$$

d) $f(x)=\frac{2}{x},\ a\in\mathbb{R}\setminus\{0\}$ beliebig

Differenzenquotient

$$\frac{f(x)-f(a)}{x-a}=\frac{\frac{2}{x}-\frac{2}{a}}{x-a}=\frac{\frac{2a-2x}{ax}}{x-a}=\frac{2(a-x)}{ax(x-a)}=\frac{2}{ax}\cdot(-1)=-\frac{2}{ax}$$

Grenzwert

$$\lim_{x\to a}\frac{f(x)-f(a)}{x-a}=\lim_{x\to a}-\frac{2}{ax}=-\frac{2}{a^2}=f'(a)\ \Rightarrow\ f'(x)=-\frac{2}{x^2},\ x\in\mathbb{R}\setminus\{0\}$$

1.3 Tangente und Normale

Wissen

Die **Tangente t** im Punkt $P(a|f(a))$ des Schaubilds K einer Funktion f ist die Gerade durch P mit der Steigung $m_t = f'(a)$. Die **Normale n** im Punkt $P(a|f(a))$ des Schaubilds K einer Funktion f ist die Gerade durch P mit der Steigung $m_n = -\frac{1}{f'(a)}$. $| m = \frac{y_2 - y_1}{x_2 - x_1}$

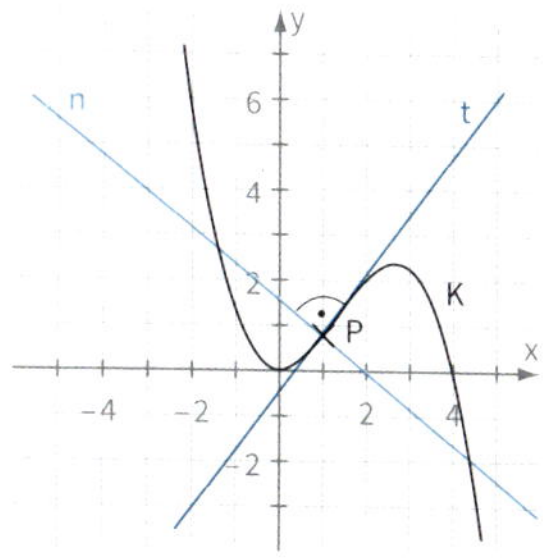

Bei den Aufgaben ist zu unterscheiden, ob die Tangente in einem gegebenen Kurvenpunkt P zu bestimmen oder die Tangente von einem außerhalb liegenden Punkt Q an die Kurve zu legen ist.

Den Punkt P nennt man **Berührpunkt**.

Achsen y-Abschnitt →

Oft nützlich sind die **allgemeine Tangentengleichung** $t: y = f'(a) \cdot (x - a) + f(a)$ und die **allgemeine Normalengleichung** $n: y = -\frac{1}{f'(a)} \cdot (x - a) + f(a)$. $| t(x) = m \cdot x + b$

└ Steigung

1. Bestimmen Sie die Gleichungen von Tangente t und Normale n im Punkt $P(a|f(a))$ des Schaubildes der Funktion f mit **A**

a) $f(x) = \frac{1}{2}x^2,\ x \in \mathbb{R};\ P(-1|f(-1))$

b) $f(x) = \frac{1}{2x},\ x \in \mathbb{R}\setminus\{0\};\ P(1|f(1))$

c) $f(x) = x + e^{-x},\ x \in \mathbb{R};\ P(2|f(2))$

d) $f(x) = x^3 - x^2 + 5,\ x \in \mathbb{R};\ P(-2|f(-2))$

1. a) $f'(x) = x,\ f(-1) = \frac{1}{2},\ m_t = f'(-1) = -1,\ m_n = 1$ **L**

Die allgemeine Tangentengleichung liefert: $t: y = -1(x+1) + \frac{1}{2}$ oder $t: y = -x - \frac{1}{2}$.

Entsprechend erhält man $n: y = 1\,(x+1) + \frac{1}{2}$ oder $n: y = x + \frac{3}{2}$.

b) $f'(x) = -\frac{1}{2x^2},\ f(1) = \frac{1}{2},\ m_t = f'(1) = -\frac{1}{2},\ m_n = 2$

$t: y = -\frac{1}{2}(x-1) + \frac{1}{2}$ oder $t: y = -\frac{1}{2}x + 1$; $n: y = 2\,(x-1) + \frac{1}{2}$ oder $n: y = 2x - \frac{3}{2}$

c) $f'(x) = 1 - e^{-x},\ f(2) = 2 + \frac{1}{e^2},\ m_t = f'(2) = 1 - \frac{1}{e^2};\ m_n = \frac{-1}{1 - \frac{1}{e^2}} = \frac{-1}{\frac{e^2 - 1}{e^2}} = \frac{-e^2}{e^2 - 1} = \frac{e^2}{1 - e^2}$

$t: y = \left(1 - \frac{1}{e^2}\right)(x-2) + 2 + \frac{1}{e^2}$ oder $t: y = \left(1 - \frac{1}{e^2}\right)x + \frac{3}{e^2}$ oder näherungsweise $t: y = 0{,}865\,x + 0{,}406$

$n: y = \frac{e^2}{1 - e^2}(x-2) + 2 + \frac{1}{e^2}$ oder $n: y = \frac{e^2}{1 - e^2}x + \frac{2e^2}{e^2 - 1} + 2 + \frac{1}{e^2}$ oder näherungsweise $n: y = -1{,}157\,x + 4{,}448$

d) $f'(x) = 3x^2 - 2x,\ f(-2) = -7,\ m_t = f'(-2) = 16,\ m_n = -\frac{1}{16}$;

$t: y = 16x + 25,\ n: y = -\frac{1}{16}x - \frac{57}{8}$

A

2. Legen Sie vom Punkt Q die Tangente an das Schaubild von f. Geben Sie den Berührpunkt P an, wenn

a) $f(x)=\frac{1}{6}x^3,\ x\in\mathbb{R};\ Q(0|-9)$

b) $f(x)=-\frac{2}{(x-2)^2},\ x\in\mathbb{R}\setminus\{2\};\ Q(2|-6)$

c) $f(x)=e^x-1,\ x\in\mathbb{R};\ Q(-1|-e-1)$

L

2. a) $f(x)=\frac{1}{6}x^3,\ f'(x)=\frac{1}{2}x^2,\ P(a|f(a))$

Mit der allgemeinen Tangentengleichung

$t\colon y=f'(a)\cdot(x-a)+f(a)$

erhält man $t\colon y=\frac{1}{2}a^2(x-a)+\frac{1}{6}a^3$.

Die Punktprobe mit $Q(0|-9)$ liefert:

$-9=\frac{1}{2}a^2(0-a)+\frac{1}{6}a^3 \Leftrightarrow -9=-\frac{1}{2}a^3+\frac{1}{6}a^3 \Leftrightarrow \frac{1}{3}a^3=9$

$\Leftrightarrow a^3=27 \Leftrightarrow a=3$

Wegen $f(3)=\frac{9}{2}$ ist $P\left(3\middle|\frac{9}{2}\right)$ der Berührpunkt.

Mit $f'(3)=\frac{9}{2}$ ergibt sich die Tangentengleichung

$t\colon y-\frac{9}{2}=\frac{9}{2}(x-3)$ oder $t\colon y=\frac{9}{2}x-9$.

Skizze

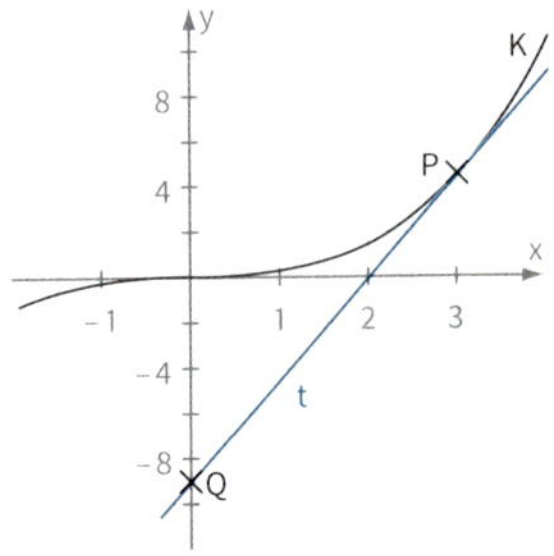

b) $f'(x)=\frac{4}{(x-2)^3},\ P(a|f(a));\ t\colon y=f'(a)\cdot(x-a)+f(a)$

Einsetzen und Punktprobe mit $Q(2|-6)$ liefert unter Berücksichtigung von $a\neq 2$:

$-6=\frac{4}{(a-2)^3}(2-a)-\frac{2}{(a-2)^2} \Leftrightarrow -6=-\frac{4}{(a-2)^2}-\frac{2}{(a-2)^2}$

$\Leftrightarrow 6=\frac{6}{(a-2)^2} \Leftrightarrow (a-2)^2=1 \Leftrightarrow a^2-4a+3=0$

$a_{1,2}=2\pm\sqrt{4-3}=2\pm 1$

$a_1=1,\ a_2=3,\ f(1)=-2,\ f(3)=-2$

Also sind $P_1(1|-2)$ und $P_2(3|-2)$ die Berührpunkte.

Durch Einsetzen von $f(1)=-2$ und $f'(1)=-4$ in die allgemeine Tangentengleichung erhält man die Tangenten $t_1\colon y=-4x+2$ und entsprechend $t_2\colon y=4x-14$.

Skizze

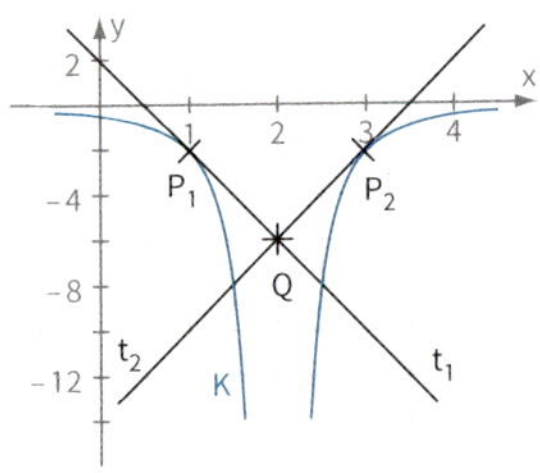

c) $f(x)=e^x,\ f'(x)=e^x,\ P(a|f(a))$

$t\colon y=f'(a)(x-a)+f(a)$

Die Punktprobe mit $Q(-1|-e-1)$ liefert:

$-e-1=e^a(-1-a)+e^a-1 \Leftrightarrow a\,e^a=e$

Man sieht sofort die Lösung $a=1$.

Wegen $f(1)=e-1$ und der durchgehenden Linkskrümmung von K ist $P(1|e-1)$ der einzige Berührpunkt.

Mit $f'(1)=e$ ergibt sich die Tangente $t\colon y=ex-1$.

Skizze

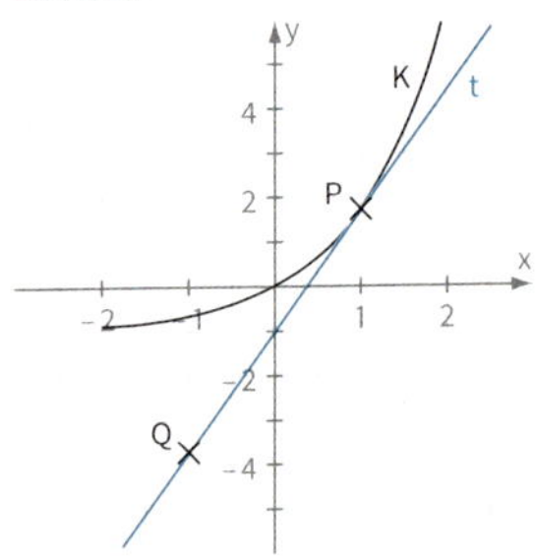

3. Gegeben ist die Parabel K mit der Gleichung $y = (x-3)^2$. A

a) Zeigen Sie: Nur im Punkt P(2|1) ist die Normale eine Ursprungsgerade.
Geben Sie eine Gleichung dieser Normalen an.
In welchem Punkt P der Parabel ist die Normale eine Ursprungsgerade?

b) Die Normale aus Teilaufgabe a) bildet zusammen mit der Tangente in P und der y-Achse ein Dreieck. Bestimmen Sie den Flächeninhalt des Dreiecks.
Berechnen Sie das Volumen des Drehkörpers, der entsteht, wenn das Dreieck um die y-Achse rotiert.

3. a) $f(x) = (x-3)^2 = x^2 - 6x + 9,\; f'(x) = 2x - 6,\; P\big(a\,|\,f(a)\big)$ L

Die allgemeine Normalengleichung $n\colon y = -\frac{1}{f'(a)}\cdot(x-a) + f(a)$
und die Punktprobe mit O(0|0) liefern:

$0 = -\frac{1}{2a-6}(-a) + a^2 - 6a + 9 \Leftrightarrow 0 = a + (a^2 - 6a + 9)(2a-6)$

$\Leftrightarrow 2a^3 - 18a^2 + 55a - 54 = 0$

Einsetzen von $a = 2$ ergibt die wahre Aussage $0 = 0$.
Mit Polynomdivision erhält man $(2a^3 - 18a^2 + 55a - 54):(a-2) = a^2 - 14a + 27$.
Da die Gleichung $a^2 - 14a + 27 = 0$ nicht lösbar ist, erfüllt nur der Punkt P(2|1) die geforderte Eigenschaft und wegen $m_n = -\frac{1}{f'(2)} = \frac{1}{2}$ ist $n\colon y = \frac{1}{2}x$ die Normale.

b) $t\colon y = f'(2)(x-2) + f(2)$
$t\colon y = -2(x-2) + 1$ oder $t\colon y = -2x + 5$
Beim Dreieck misst die Grundseite 5 LF und die Höhe 2 LE.
$\Rightarrow A = \frac{1}{2}\cdot 2\cdot 5 = 5$
Der Flächeninhalt misst 5 FE.
Der Drehkörper ist ein Doppelkegel mit Grundkreisradius 2 und Höhe 1 bzw. 4.
$\Rightarrow V = \frac{1}{3}\pi 2^2\cdot 1 + \frac{1}{3}\pi 2^2\cdot 4 = \frac{20}{3}\pi$
Das Volumen beträgt $\frac{20}{3}\pi$ VE.

Skizze

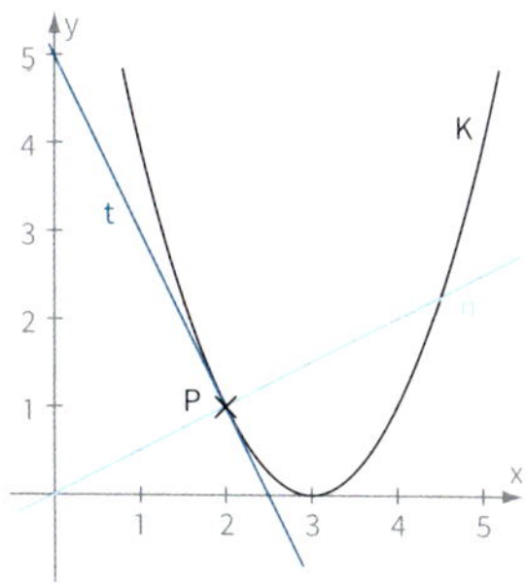

4. Gegeben ist die Funktion f mit $f(x) = (x-1)^2 - 4,\; x \in \mathbb{R}$. Ihr Schaubild sei K. A

a) Zeichnen Sie K für $-2 \le x \le 4$.

b) Welche Punkte auf K haben den kleinsten Abstand zu Q(1|1)?

L

4. a) vgl. Abbildung

b) $f(x) = x^2 - 2x - 3,\ f'(x) = 2x - 2$

$n: y = -\frac{1}{f'(a)} \cdot (x - a) + f(a)$ und die Punktprobe mit

$Q(1\,|\,1)$ liefern: $1 = -\frac{1}{2a-2} \cdot (1 - a) + a^2 - 2a - 3$

Für $a \neq 1$ folgt: $1 = \frac{1}{2} + a^2 - 2a - 3 \Leftrightarrow a^2 - 2a - \frac{7}{2} = 0$

$a_{1,\,2} = 1 \pm \sqrt{1 + \frac{7}{2}} = 1 \pm \frac{3}{\sqrt{2}} = 1 \pm \frac{3}{2}\sqrt{2}$

Aus Symmetriegründen ist $f\left(1 \pm \frac{3}{\sqrt{2}}\right) = \frac{1}{2}$.

Die Punkte $P_1\left(1 - \frac{3}{2}\sqrt{2}\,\middle|\,\frac{1}{2}\right) \approx P_1\left(-1{,}12\,\middle|\,\frac{1}{2}\right)$ und

$P_2\left(1 + \frac{3}{2}\sqrt{2}\,\middle|\,\frac{1}{2}\right) \approx P_2\left(3{,}12\,\middle|\,\frac{1}{2}\right)$ haben den kleinsten Abstand zu Q.

Schaubild

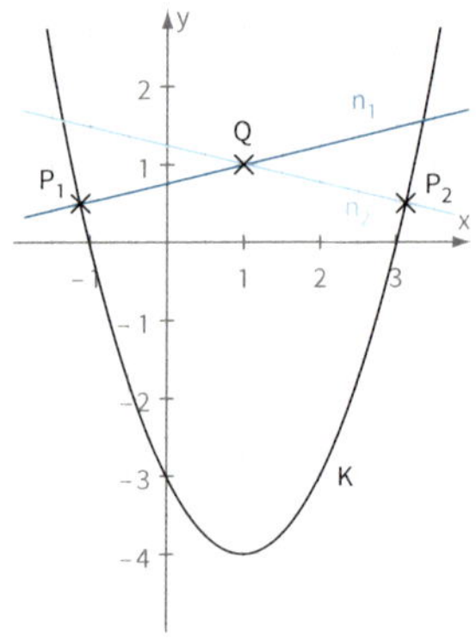

A

5. Gegeben ist die Funktion f mit $f(x) = \frac{1}{3}x^3 - 3x,\ x \in \mathbb{R}$.

In welchen Punkten des Schaubildes von f sind die Tangenten orthogonal zur Geraden $g: y = -\frac{1}{6}x$?

L

5. $f(x) = \frac{1}{3}x^3 - 3x,\ f'(x) = x^2 - 3$

Aus $m_t = -\frac{1}{m_g} = 6$ ergibt sich der Ansatz:

$f'(x) = 6 \Leftrightarrow x^2 - 3 = 6 \Leftrightarrow x = 3 \lor x = -3 \Rightarrow B_{1,2}(\pm 3\,|\,0)$.

A

6. Gegeben ist die Funktion f mit $f(x) = -x^2 + 4x,\ x \in \mathbb{R}$. Bestimmen Sie den Punkt $P(a\,|\,f(a))$ mit $0 < a < 3$, der von der ersten Winkelhalbierenden den größten Abstand besitzt. Wie groß ist dieser?

L

6. Im gesuchten Kurvenpunkt P muss die Tangente parallel zur ersten Winkelhalbierenden verlaufen.

Es ist $f'(x) = -2x + 4$.

Aus $f'(a) = 1 \Leftrightarrow -2a + 4 = 1 \Leftrightarrow a = 1{,}5$ und $f(1{,}5) = 3{,}75$ folgt $P(1{,}5\,|\,3{,}75)$.

Die Gleichung der Normalen im Punkt P des Schaubildes von f besitzt die Gleichung

$n: y = -\frac{1}{f'(1{,}5)} \cdot (x - 1{,}5) + f(1{,}5)$ oder $n: y = -x + 5{,}25$.

Der Ansatz für den Schnittpunkt S der Normalen mit der ersten Winkelhalbierenden liefert: $x = -x + 5{,}25$

$\Leftrightarrow x = 2{,}625 \Rightarrow S(2{,}625\,|\,2{,}625)$.

Den gesuchten Abstand d erhält man mit

$d(P;S) = \sqrt{(2{,}625 - 1{,}5)^2 + (2{,}625 - 3{,}75)^2} \approx 1{,}59$ LE.

Skizze

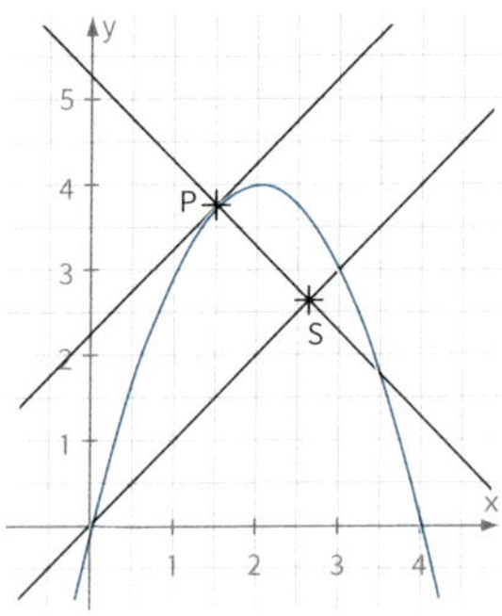

1.4 Funktionsuntersuchung, Kurvendiskussion

Wissen

Viele reale Sachverhalte kann man mit Funktionen beschreiben, die dann mithilfe der ersten drei Ableitungsfunktionen und bekannter Kriterien u. a. auf **Null-**, **Extrem-** und **Wendestellen** zu untersuchen sind. Die Kriterien findet man in der Formelsammlung. Bei den zugehörigen Funktionsschaubildern interessiert man sich für **Symmetrieeigenschaften, Asymptoten, Schnittpunkte mit den Koordinatenachsen, Extrempunkte** und **Wendepunkte**.

A

1. Gegeben ist die Funktion $f\colon x \mapsto 2x(x^2-1),\ x \in \mathbb{R}$ mit dem Schaubild K.
Welche Symmetrie weist K auf?
Untersuchen Sie f auf Nullstellen, Extremstellen und -werte sowie auf Wendestellen.
Zeichnen Sie das Schaubild K von f.

L

1. Symmetrie

Wegen $f(-x) = 2\cdot(-x)\cdot\left((-x)^2-1\right) = -2x(x^2-1) = -f(x)$ für alle $x \in \mathbb{R}$ ist K symmetrisch zum Koordinatenursprung.

Schaubild

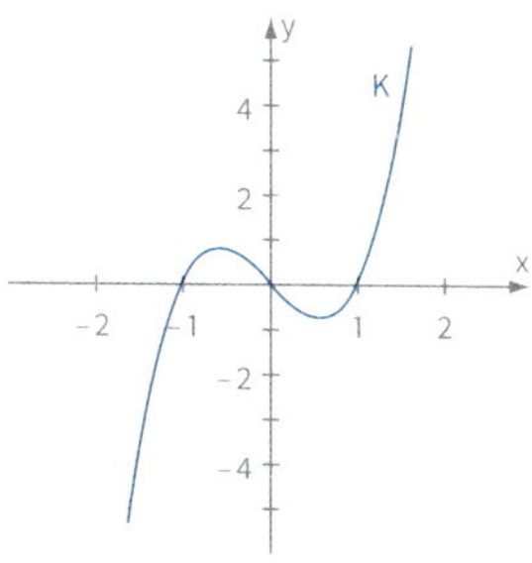

$f(x) = 2x(x^2-1) = 2x^3-2x,\ f'(x) = 6x^2-2,\ f''(x) = 12x,$
$f'''(x) = 12$

Nullstellen

$f(x) = 0 \Leftrightarrow 2x(x-1)(x+1) = 0 \Leftrightarrow x = 0 \ \vee\ x = 1 \ \vee\ x = -1$

f hat die Nullstellen –1, 0, 1.

Extremstellen und Extremwerte

$f'(x) = 0 \Leftrightarrow 6x^2-2 = 0 \Leftrightarrow x = \frac{1}{\sqrt{3}} \ \vee\ x = -\frac{1}{\sqrt{3}}$

$f''\left(\frac{1}{\sqrt{3}}\right) = \frac{12}{\sqrt{3}} = 4\sqrt{3} > 0$

$f\left(\frac{1}{\sqrt{3}}\right) = \frac{2}{\sqrt{3}}\left(\frac{1}{3}-1\right) = -\frac{4}{9}\sqrt{3}$

$f''\left(-\frac{1}{\sqrt{3}}\right) = -\frac{12}{\sqrt{3}} = -4\sqrt{3} < 0$

$f\left(-\frac{1}{\sqrt{3}}\right) = -\frac{2}{\sqrt{3}}\left(\frac{1}{3}-1\right) = \frac{4}{9}\sqrt{3}$

Also hat f die Extremstellen $\pm\frac{1}{\sqrt{3}} \approx \pm 0{,}58$,
$-\frac{4}{9}\sqrt{3} \approx -0{,}77$ ist relatives Minimum und $\frac{4}{9}\sqrt{3} \approx 0{,}77$ ist relatives Maximum.
Beide Extremwerte sind nicht absolut, da $f(x) \to \pm\infty$ für $x \to \pm\infty$.

Wendestellen

$f''(x) = 0 \Leftrightarrow 12x = 0 \Leftrightarrow x = 0$

$f'''(0) = 12 \neq 0$

Also ist 0 Wendestelle.

A

2. Gegeben ist die Funktion f mit $f(x) = 2\sin\left(\frac{1}{2}x - 2\right),\ x \in \mathbb{R}$.
Ihr Schaubild sei K.
Untersuchen Sie K auf Schnittpunkte mit den Koordiantenachsen, Extrem- und Wendepunkte sowie auf Symmetrie. Zeichnen Sie K für $-5 \le x \le 9$.

L

2. $f(x) = 2\sin\left(\frac{1}{2}x - 2\right),\ f'(x) = \cos\left(\frac{1}{2}x - 2\right),\ f''(x) = -\frac{1}{2}\sin\left(\frac{1}{2}x - 2\right)$

Schnittpunkte mit den Koordinatenachsen

$f'(x) = 0 \Leftrightarrow \frac{1}{2}x - 2 = k\pi,\ k \in \mathbb{Z}$

$\Leftrightarrow x = 2k\pi + 4 \Rightarrow N_k(2k\pi + 4 \mid 0)$

$f(0) = 2\sin(-2) \approx -1{,}82 \Rightarrow S(0 \mid -1{,}82)$

Extrempunkte

$f'(x) = 0 \Leftrightarrow \frac{1}{2}x - 2 = k\pi + \frac{\pi}{2},\ k \in \mathbb{Z} \Leftrightarrow x = (2k + 1)\pi + 4$

$f''((2k+1)\pi + 4) = -\frac{1}{2}\sin\left(\frac{1}{2}((2k+1)\pi + 4) - 2\right) = -\frac{1}{2}\sin\left(\left(k + \frac{1}{2}\right)\pi\right) \begin{cases} < 0 \text{ falls k gerade} \\ > 0 \text{ falls k ungerade} \end{cases}$

$\Rightarrow \begin{matrix} H_K((2k+1)\pi \mid 2), \text{ falls k gerade} \\ T_K((2k+1)\pi \mid -2), \text{ falls k ungerade} \end{matrix}$

Wendepunkte

Die Wendepunkte sind identisch mit den Schnittpunkten mit der x-Achse.

Symmetrie

K ist symmetrisch zu allen Schnittpunkten mit der x-Achse und zu allen Geraden, die parallel zur y-Achse durch die Extrempunkte verlaufen.

Schaubild

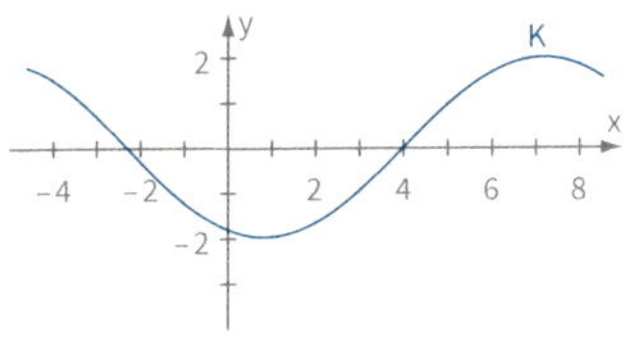

A

3. Gegeben ist f mit $f(x) = \frac{x+2}{2-x},\ x \in \mathbb{R} \setminus \{2\}$. K sei das Schaubild von f.

a) Untersuchen Sie K auf Asymptoten, Schnittpunkte mit den Koordinatenachsen, Extrem- und Wendepunkte. Zeichnen Sie K für $-4 \le x \le 8$.

b) Zeigen Sie: Das Schaubild von f ist symmetrisch zum Schnittpunkt der Asymptoten.

L

3. Polynomdivision: $(x + 2) : (-x + 2) = -1 + \frac{4}{-x+2}$

$$\begin{array}{l} -(x - 2) \\ \hline \quad 4 \end{array}$$

$f(x) = -1 + 4(2 - x)^{-1},\ f'(x) = \frac{4}{(2-x)^2},\ f''(x) = \frac{8}{(2-x)^3}$

a) **Asymptoten**

Wegen $\lim\limits_{|x| \to \infty} f(x) = -1$ ist a_1: $y = -1$ Asymptote.

Da 2 Polstelle von f, ist a_2: $x = 2$ Asymptote.

Schnittpunkte mit den Koordinatenachsen

$f(x) = 0 \Leftrightarrow x + 2 = 0 \Leftrightarrow x = -2 \Rightarrow N(-2|0)$

$f(0) = 1 \Rightarrow S(0|1)$

Extrem- und Wendepunkte

existieren nicht, da $f'(x) \neq 0$ für alle $x \in D$ und $f''(x) \neq 0$ für alle $x \in D$.

Schaubild

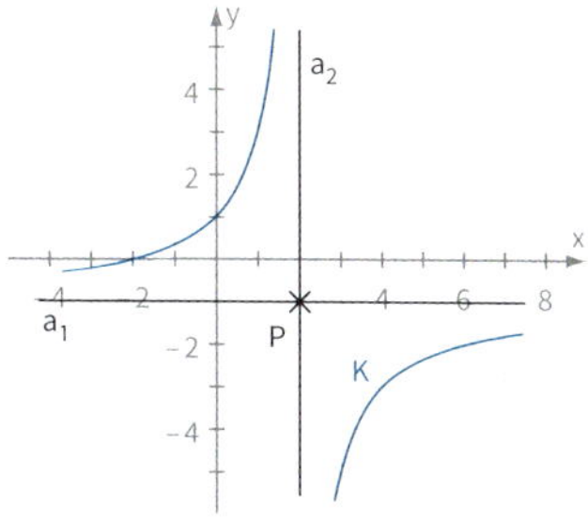

b) **Symmetrie**

$P(2|-1)$ ist der Schnittpunkt der Asymptoten.

Es ist zu zeigen: $f(2 + h) + f(2 - h) = 2 \cdot (-1)$ für alle $h \in \mathbb{R}^+$

$f(2 + h) + f(2 - h) = \frac{2 + h + 2}{2 - (2 + h)} + \frac{2 - h + 2}{2 - (2 - h)} = \frac{4 + h}{-h} + \frac{4 - h}{h} = \frac{-4 - h + 4 - h}{h} = -2 = 2 \cdot f(2)$

4. Gegeben ist die Funktion f mit $f(x) = 8\,\frac{x}{x^2 + 4}$, $x \in \mathbb{R}$. Ihr Schaubild sei K. Untersuchen Sie K auf Asymptoten, Symmetrie, Extrem- und Wendepunkte. Zeichnen Sie K für $-6 \leq x \leq 6$. A

4. $f(x) = 8\frac{x}{x^2 + 4}$, $f'(x) = 8\frac{1 \cdot (x^2 + 4) - x \cdot 2x}{(x^2 + 4)^2} = 8\,\frac{4 - x^2}{(x^2 + 4)^2}$ L

$f''(x) = 8\frac{-2x \cdot (x^2 + 4)^2 - (4 - x^2) \cdot 2(x^2 + 4) \cdot 2x}{(x^2 + 4)^4} = 8\,\frac{-2x(x^2 + 4) - 4x(4 - x^2)}{(x^2 + 4)^3} = 8\,\frac{2x^3 - 24x}{(x^2 + 4)^3}$

$= 16\,\frac{x(x^2 - 12)}{(x^2 + 4)^3}$

Asymptoten

Wegen $\lim\limits_{|x| \to \infty} f(x) = 0$ ist die x-Achse Asymptote.

Symmetrie

$f(-x) = 8\,\frac{-x}{(-x)^2 + 4} = -8\,\frac{x}{x^2 + 4} = -f(x)$

K ist symmetrisch zum Koordinatenursprung.

Extrempunkte

$f'(x) = 0 \Leftrightarrow 4 - x^2 = 0$, $x_{1/2} = \pm 2$,

f′ wechselt an der Stelle 2 das Vorzeichen von – nach +, an der Stelle –2 ist es umgekehrt.

$f(\pm 2) = \pm 2$, also hat das Schaubild die Extrempunkte $H(2|2)$ und $T(-2|-2)$.

Schaubild

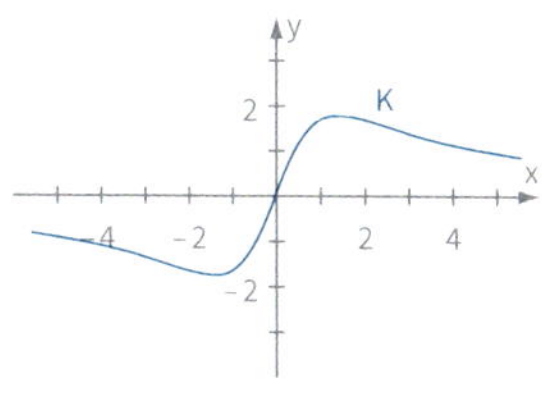

Wendepunkte

$f''(x) = 0 \Leftrightarrow x(x^2 - 12) = 0$, $x_1 = 0$, $x_{2/3} = \pm\sqrt{12}$

f″ wechselt an den Stellen 0 und $\pm\sqrt{12}$ das Vorzeichen $f(0) = 0$, $f(\pm\sqrt{12}) = \pm\sqrt{3}$ also hat das Schaubild die Wendepunkte $W_1(0|0)$ und $W_{2,3}(\pm\sqrt{12}|\pm\sqrt{3})$.

A

5. Untersuchen Sie das Schaubild K der Funktion f mit $f(x) = -\frac{1}{3}\frac{x^2}{x+2}$, $x \in \mathbb{R} \setminus \{-2\}$ auf Asymptoten, Schnittpunkte mit den Koordinatenachsen, Extrem- und Wendepunkte. Zeichnen Sie K für $-6 \leq x \leq 6$ samt Asymptoten.

L

5. Mit Polynomdivision und Ableitungsregeln findet man

$f(x) = -\frac{1}{3}\left(x - 2 + \frac{4}{x+2}\right) = -\frac{1}{3}x + \frac{2}{3} - \frac{4}{3(x+2)}$

$f'(x) = -\frac{1}{3} + \frac{4}{3(x+2)^2}$, $f''(x) = -\frac{8}{3} \cdot \frac{1}{(x+2)^3}$

$H(0\,|\,0)$, $T\left(-4\,\middle|\,\frac{8}{3}\right)$, keine Wendepunkte

$a_1{:}\ x = -2$, $a_2{:}\ y = -\frac{1}{3}x + \frac{2}{3}$

Schaubild

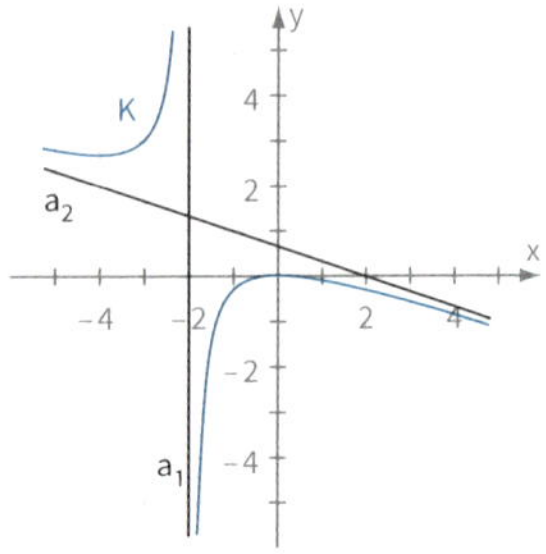

A

6. Gegeben ist die Funktion f mit $f(x) = e^{2x-1} - 2e^x$, $x \in \mathbb{R}$. Ihr Schaubild sei K. Untersuchen Sie K auf Schnittpunkte mit den Koordinatenachsen, Extrem- und Wendepunkte sowie Asymptoten. Zeichnen Sie K.

L

6. $f(x) = e^{2x-1} - 2e^x = e^x(e^{x-1} - 2)$

$f'(x) = 2e^{2x-1} - 2e^x = 2e^x(e^{x-1} - 1)$ (Kettenregel)

$f''(x) = 4e^{2x-1} - 2e^x = 2e^x(2e^{x-1} - 1)$

Schnittpunkte mit den Koordinatenachsen

$f(x) = 0 \Leftrightarrow e^{x-1} - 2 = 0 \Leftrightarrow e^{x-1} = 2 \Leftrightarrow x - 1 = \ln 2$

$\Leftrightarrow x = 1 + \ln 2 \Rightarrow N(1 + \ln 2\,|\,0) \approx N(1{,}69\,|\,0)$

$f(0) = \frac{1}{e} - 2 \Rightarrow S\left(0\,\middle|\,\frac{1}{e} - 2\right) \approx S(0\,|\,-1{,}63)$

Extrempunkte

$f'(x) = 0 \Leftrightarrow e^{x-1} - 1 = 0 \Leftrightarrow x - 1 = \ln 1 \Leftrightarrow x = 1$

Da f′ an der Stelle 1 das Vorzeichen von – nach + wechselt, ist $T(1\,|\,-e) \approx T(1\,|\,-2{,}72)$ Tiefpunkt.

Schaubild

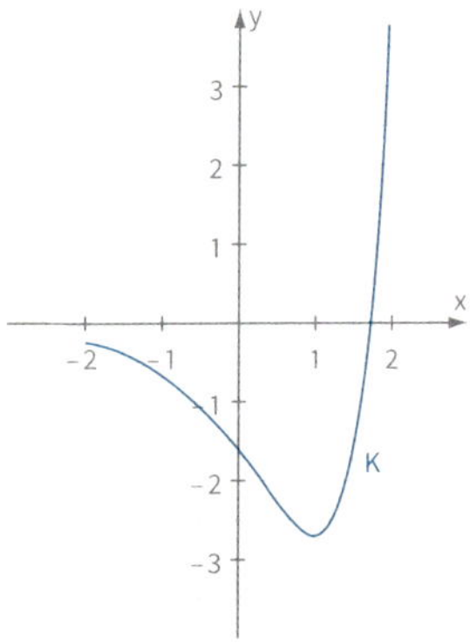

Wendepunkte

$f''(x) = 0 \Leftrightarrow 2e^{x-1} - 1 = 0 \Leftrightarrow x = 1 - \ln 2$

Mittels Vorzeichenwechsel von f″ oder mittels dritter Ableitung ergibt sich der Wendepunkt $W\left(1 - \ln 2\,\middle|\,-\frac{3}{4}e\right) \approx W(0{,}31\,|\,-2{,}04)$.

Asymptoten

Wegen $\lim\limits_{x \to -\infty} f(x) = 0$ ist die x-Achse Asymptote.

7. Zeigen Sie, dass das Schaubild K der Funktion f mit $f(x)=\frac{1}{2}e^x-2x+1,\ x\in\mathbb{R}$ keinen Schnittpunkt mit der x-Achse besitzt. Zeichnen Sie K für $-2\le x\le 3$. **A**

7. Der Standardansatz $f(x)=0$ führt hier zu einer Gleichung, die nicht explizit lösbar ist. **L**

Mit $f'(x)=\frac{1}{2}e^x-2,\ f''(x)=\frac{1}{2}e^x$ ergibt sich aus $f'(x)=0$ das relative Minimum $f(\ln 4)=3-2\ln 4>0$.

Da dieses Minimum nicht nur positiv, sondern wegen $f(x)\to\infty$ für $x\to\pm\infty$ auch absolut ist, kann der Wert 0 nicht angenommen werden.

Schaubild

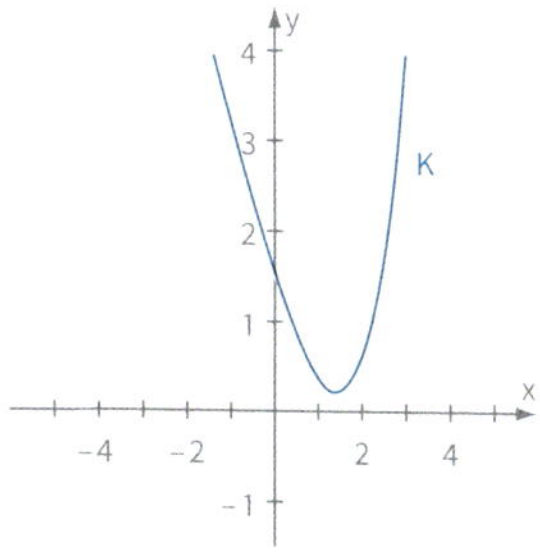

8. Bestimmen Sie die Extremstellen und Extremwerte der Funktion f, die **A**

a) durch ihr Schaubild K gegeben ist,

b) gegeben ist durch

$$f(x)=\begin{cases}-2x+4 & \text{für } 0<x\le 2\\ -x^2+6x-8 & \text{für } 2<x\le 5\end{cases}.$$

Von welcher Art sind die Extrema?

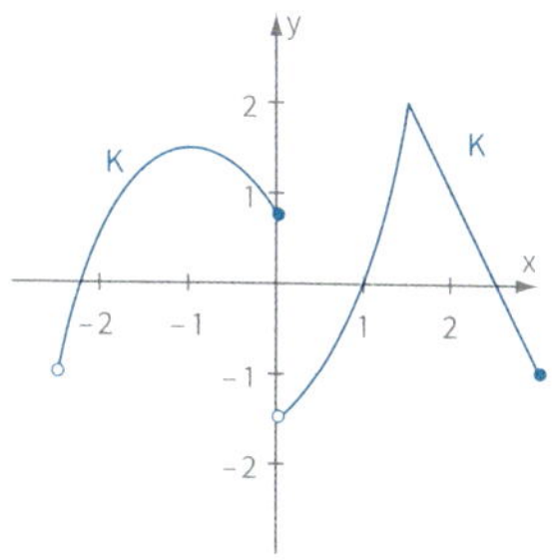

8. a) Aus dem Schaubild entnimmt man die Extremstellen -1, 1,5 und 3. **L**

Dabei ist $f(-1)=1{,}5$ relatives Maximum, $f(1{,}5)=2$ absolutes Maximum und $f(3)=-1$ relatives Randminimum.

Da f an der Stelle $-2{,}5$ nicht definiert ist, liegt dort keine Extremstelle vor. Auch 0 ist keine Extremstelle, da in einer kleinen Umgebung die Funktionswerte rechts kleiner sind als $f(0)$, dagegen links größer als $f(0)$.

b) $$f'(x)=\begin{cases}-2 & \text{für } 0<x<2\\ -2x+6 & \text{für } 2<x<5\end{cases}$$

Der Ansatz $f'(x)=0$ liefert die Lösung $x=3$.

An der Stelle 3 wechselt f′ das Vorzeichen von + nach –.

Also ist $f(3)=1$ relatives Maximum.

f ist an der Stelle 2 stetig, aber nicht differenzierbar.

Da f an der Stelle 2 stetig ist und f für $x<2$ streng monoton fällt, aber für $2<x<3$ streng monoton wächst (wegen $f'(x)<0$ für $x<2$ bzw. $f'(x)>0$ für $2<x<3$), ist $f(2)=0$ ein relatives Minimum.

Wegen $\lim\limits_{x\to 0+} f(x)=4$ und $f(5)=-3$ gibt es kein absolutes Maximum, jedoch das absolute Randminimum -3. Die Extremstellen sind also 2, 3 und 5.

1.5 Begriffe der Integralrechnung – Flächeninhaltsproblem

1.5.1 Integral, Integralfunktion, Stammfunktion

Wissen

Den gemeinsamen Grenzwert von **Ober-** und **Untersummenfolgen** nennt man das **Integral von f über [a; b]** und schreibt dafür $\int_a^b f(x)\,dx$. Die Funktion f heißt dann auch **über [a; b] integrierbar.** Dabei ist a die **untere** und b die **obere Integrationsgrenze** und f die **Integrandfunktion**.

Es gilt der **Satz**: Jede auf einem Intervall [a; b] **stetige** Funktion f ist dort auch integrierbar. Betrachtet man die Werte von Integralen in Abhängigkeit von einer festen unteren Grenze a und einer variablen oberen Grenze x und verwendet deshalb t als Variable der auf dem Intervall I stetigen Integrandfunktion f, dann erhält man eine **Integralfunktion** F_a. Ihre Termdarstellung lautet: F_a mit $F_a(x) = \int_a^x f(t)\,dt,\ x \in I$

Eine Funktion F heißt **Stammfunktion** zur Funktion f, wenn gilt: $F' = f$.

Es gilt der Satz: F_a ist diejenige Stammfunktion von f, welche die Nullstelle a besitzt.

Die Berechnung von Integralen ist mit dem **Hauptsatz** möglich.

Er besagt $\int_a^b f(x)\,dx = F(b) - F(a)$ mit einer beliebigen Stammfunktion F zu f.

Für $F(b) - F(a)$ schreibt man auch das Symbol $[F(x)]_a^b$.

Mithilfe von Integralen ist auch **der Mittelwert $\overline{m}$ der Funktionswerte** von f über einem Intervall [a; b] zu bestimmen. Es gilt: $\overline{m} = \frac{1}{b-a}\int_a^b f(x)\,dx$.

Wenn keine Stammfunktion gefunden werden kann, liefert z. B. die **KEPLER'sche Fassregel** einen Näherungswert für das Integral.

Es gilt: $\int_a^b f(x)\,dx \approx \frac{b-a}{6}\left[f(a) + 4f\left(\frac{a+b}{2}\right) + f(b)\right]$.

A

1. a) Formulieren Sie das Flächeninhaltsproblem.

b) Stellen Sie die Lösung des Flächeninhaltsproblems mithilfe von Ober- und Untersummen dar.

c) Wie gelangt man vom Flächeninhaltsproblem zum Integralbegriff?

L

1. a) Das Flächeninhaltsproblem wirft die Frage auf, wie man den Inhalt der Fläche zwischen einem (krummlinigen) Funktionsschaubild K_f und der x-Achse über einem Intervall [a; b] berechnen kann.

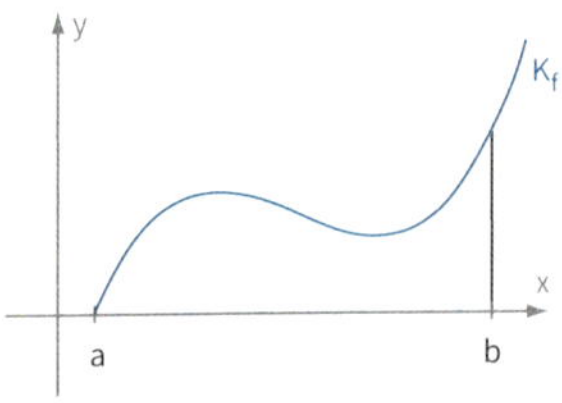

b) Lösungsidee ist die Annäherung des Flächeninhaltes über Folgen von Ober- und Untersummen.

1. Zuerst wird das Intervall $[a; b]$ in n äquidistante **Teilintervalle** zerlegt: $[x_0; x_1]$, $[x_1; x_2]$, …, $[x_{n-1}; x_n]$, mit $a = x_0$ und $b = x_n$.
2. Dann bildet man **Ober- und Untersummen**, die man sich als Summen von Rechtecksinhalten denken kann. Sie haben die Form:
   $(x_1 - x_0) \cdot f(x_1^*) + (x_2 - x_1) \cdot f(x_2^*) + \ldots + (x_n - x_{n-1}) \cdot f(x_n^*)$
   Dabei stellen $(x_1 - x_0), (x_2 - x_1), \ldots, (x_n - x_{n-1})$ Teilintervalllängen und $f(x_1^*), f(x_2^*), \ldots, f(x_n^*)$ die jeweils größten Funktionswerte (bei Obersummen) bzw. kleinsten Funktionswerte (bei Untersummen) im 1., 2., …, n-ten Teilintervall dar.

   Beispiel

   Obersumme für $n = 4$

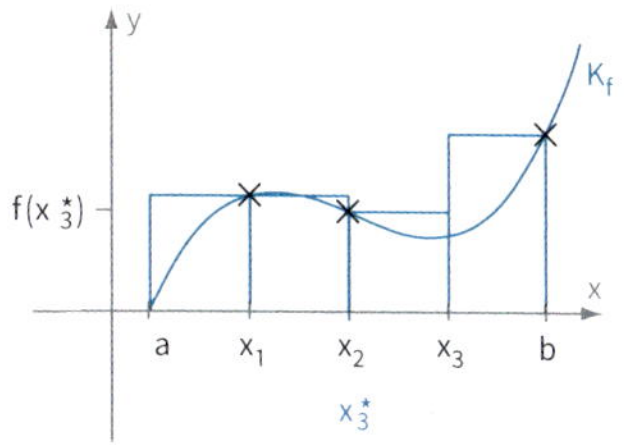

   Untersumme für $n = 4$

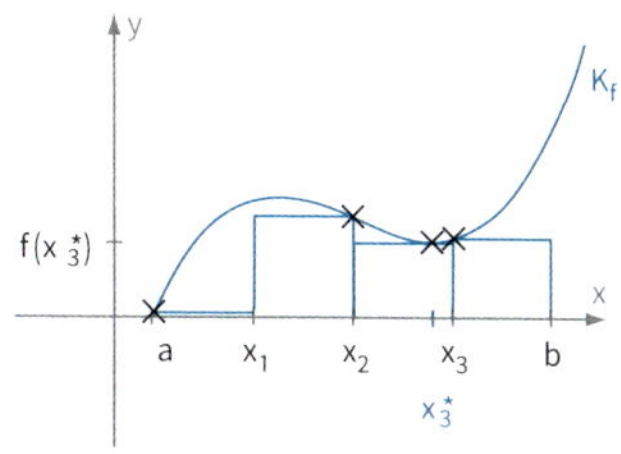

3. Schließlich lässt man die Anzahl der Teilintervalle gegen unendlich und die Längen der Teilintervalle gegen null streben. So erhält man Folgen von Ober- und Untersummen. Besitzen diese einen gemeinsamen **Grenzwert**, so ist er der gesuchte Flächeninhalt.

   Beispiel

Folge der Obersummen

$n = 8$

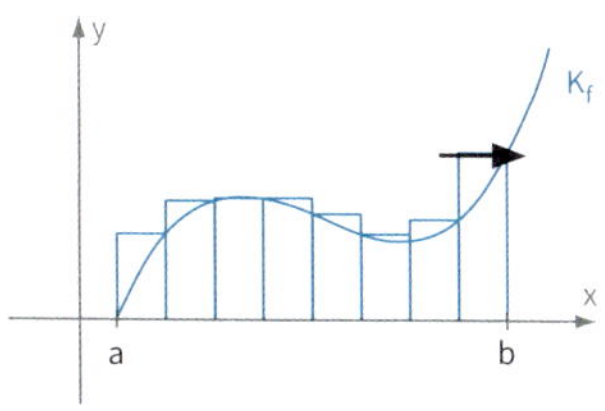

$n = 16$

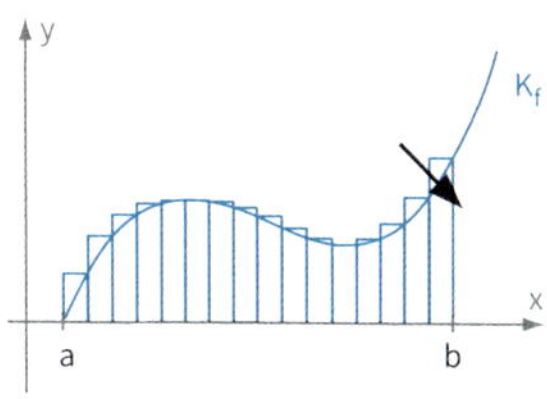

Folge der Untersummen

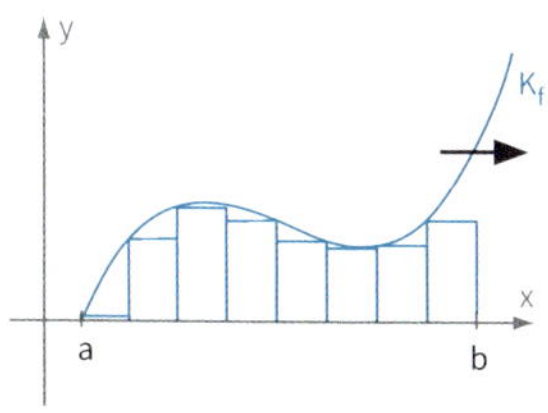

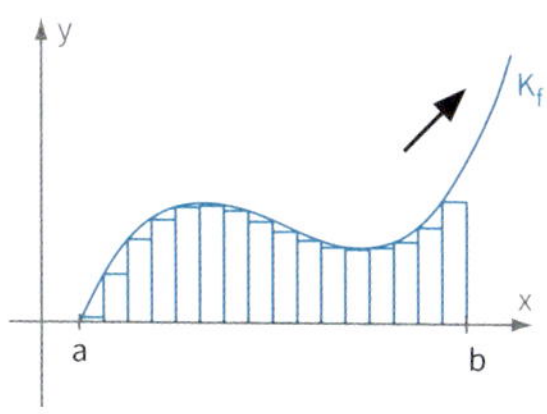

Gemeinsamer Grenzwert

$n \to \infty$

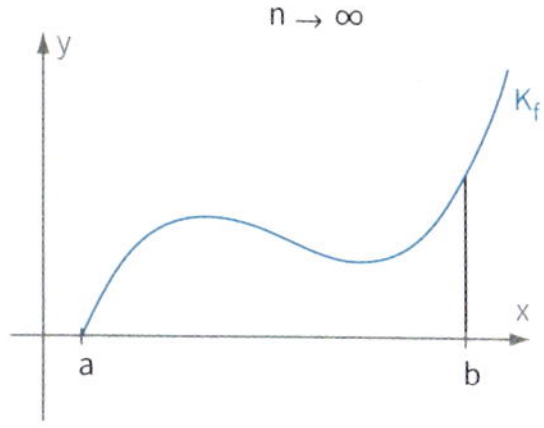

c) Die Überlegungen in Teilaufgabe b) unterstellten, dass die größten und kleinsten Funktionswerte und die Differenzen $(x_i - x_{i-1})$ zur Berechnung der Teilintervalllängen nicht negativ sind. Es gibt aber durchaus Funktionen mit negativen Funktionswerten und für $a > b$ werden sogar die Differenzen $(x_i - x_{i-1})$ negativ, denn dann ist $a = x_0 > x_1 > x_2 \ldots > x_n = b$. So ergeben sich **orientierte Rechtecksinhalte** und beim Grenzübergang **orientierte Teilflächeninhalte**.

Beispiel

Orientierte Rechtecksinhalte

Untersumme für $n = 8$

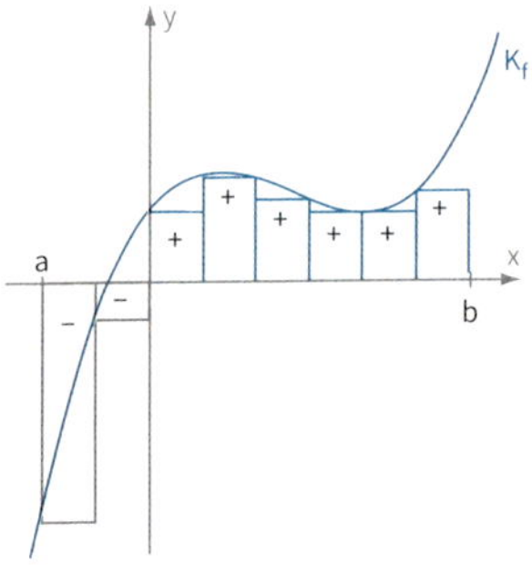

Obersumme für $n = 8$

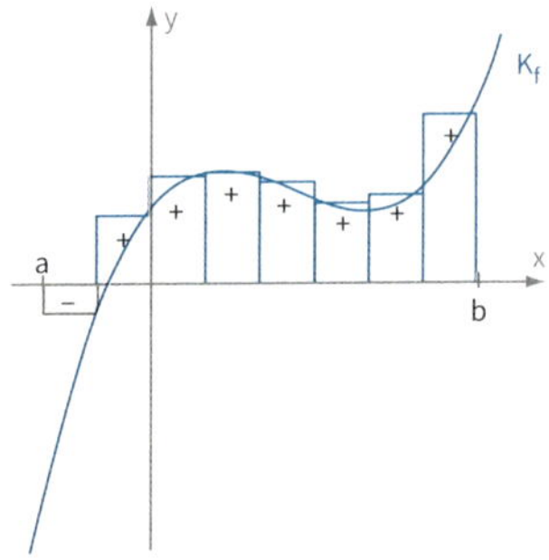

Orientierte Teilflächeninhalte

Die Summe dieser orientierten Teilflächeninhalte ist das Integral von f über [a; b].

Beachten Sie, dass dieses Integral hier weder den Inhalt der oberhalb der x-Achse gelegenen Fläche noch denjenigen der unterhalb gelegenen Fläche angibt. Für den absoluten, d. h. geometrisch relevanten Flächeninhalt A müssen Sie hier rechnen:

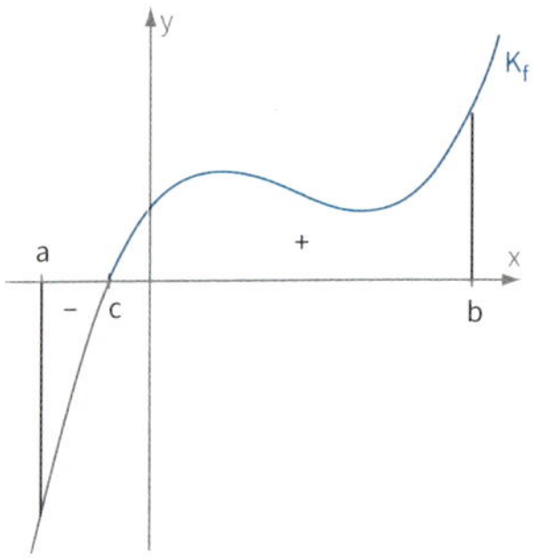

$$A = \left|\int_a^c f(x)\,dx\right| + \left|\int_c^b f(x)\,dx\right| = -\int_a^c f(x)\,dx + \int_c^b f(x)\,dx$$

A **2.** Die Abbildung zeigt das Schaubild K der Funktion f mit $f(x) = \frac{1}{2}x^3 - 2x^2 + 2x + 1,\ x \in \mathbb{R}$.

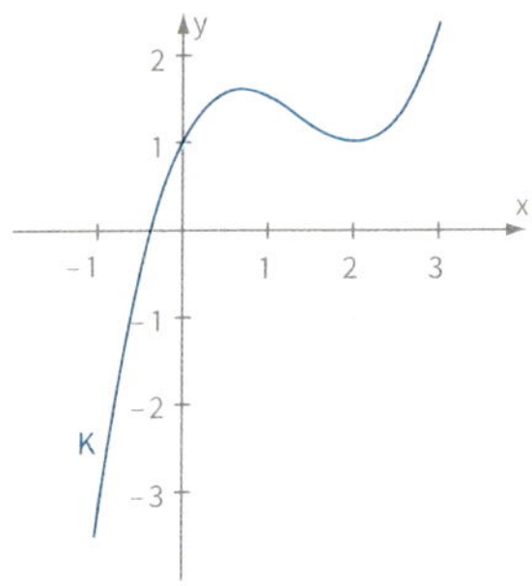

a) Ermitteln Sie einen Näherungswert für $\int_{-1}^{3} f(x)\,dx$, indem Sie den Mittelwert der Ober- und Untersumme für 8 gleich lange Teilintervalle berechnen. Schätzen Sie dazu die orientierten Rechtecksinhalte.

b) Berechnen Sie mithilfe der KEPLER'schen Fassregel einen Näherungswert für $\int_{-1}^{3} f(x)\,dx$.

c) Welchen exakten Wert für das Integral erhalten Sie mit dem Hauptsatz?

L

2. a) $U \approx (-3{,}5 - 0{,}4 + 1 + 1{,}5 + 1{,}2 + 1 + 1 + 1{,}4) \cdot 0{,}5 = 1{,}6$

$O \approx (-0{,}5 + 1 + 1{,}6 + 1{,}6 + 1{,}5 + 1{,}2 + 1{,}4 + 2{,}5) \cdot 0{,}5 = 5{,}15$

b) $\int_{-1}^{3} f(x)\,dx \approx \frac{U+O}{2} = 3{,}375$

$\int_{-1}^{3} f(x)\,dx \approx \frac{3-(-1)}{6} \cdot [f(-1) + 4 \cdot f(1) + f(3)]$

$= \frac{2}{3} \cdot \left(-\frac{7}{2} + 6 + \frac{5}{2}\right) = \frac{10}{3} = 3\frac{1}{3}$

c) $\int_{-1}^{3} \left(\frac{1}{2}x^3 - 2x^2 + 2x + 1\right) dx = \left[\frac{1}{8}x^4 - \frac{2}{3}x^3 + x^2 + x\right]_{-1}^{3}$

$= 4\frac{1}{8} - \frac{19}{24} = \frac{10}{3} = 3\frac{1}{3}$

Man kann beweisen, dass die KEPLER'sche Fassregel für eine ganzrationale Funktion f höchstens 3. Grades stets einen exakten Wert für das Integral liefert.

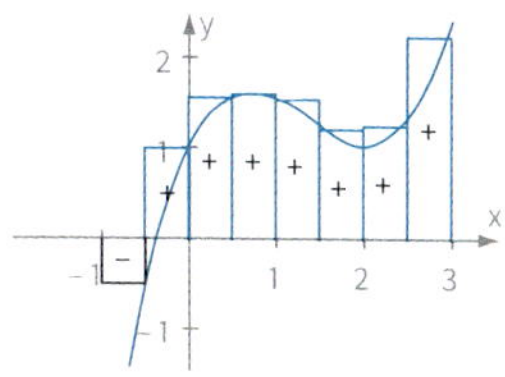

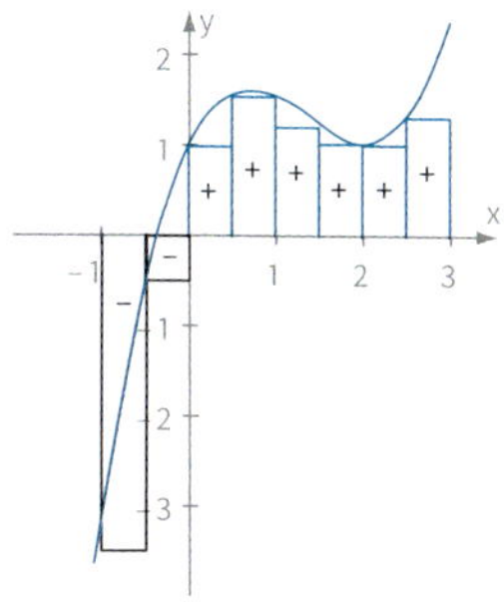

A

3. Die Abbildung zeigt die Schaubilder K, C_1 und C_2 der ganzrationalen Funktionen f, F_1 und F_2, wobei F_1 und F_2 Stammfunktionen von f sind.

a) Welcher Zusammenhang besteht zwischen F_1 und F_2?

b) Lassen sich F_1 und F_2 als Integralfunktionen auffassen?

c) Sind alle Stammfunktionen von f auch Integralfunktionen?

d) Geben Sie eine Funktion g an, die Stammfunktionen besitzt, welche keine Integralfunktionen sind.

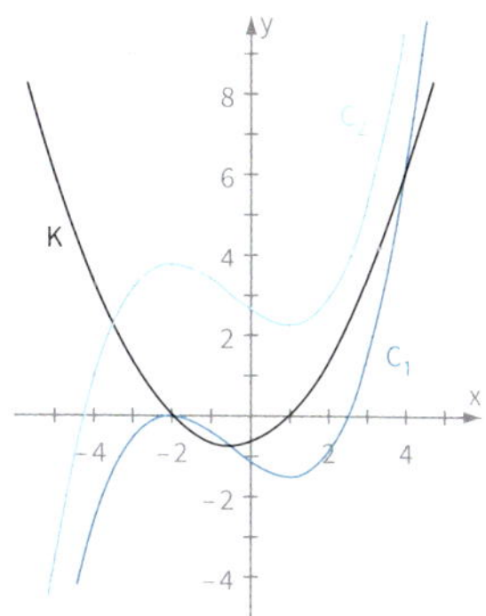

L

3. a) Es gilt $F_2(x) = F_1(x) + c,\ c \in \mathbb{R}$; die Schaubilder gehen also durch eine Verschiebung in y-Richtung auseinander hervor.

b) F_1 und F_2 sind Integralfunktionen bzgl. der jeweiligen Nullstellen.

Wegen $F_1(-2) = 0$ gilt: $F_1(x) = F_1(x) - F_1(-2) = \int_{-2}^{x} f(t)\,dt$

Während F_1 noch bezüglich der zweiten Stelle $x = 1$ als Integralfunktion aufgefasst werden kann, ist F_2 nur bezüglich einer Stelle Integralfunktion.

c) Alle Stammfunktionen von f sind hier Integralfunktionen, weil f offensichtlich eine quadratische Funktion ist, und damit alle Stammfunktionen ganzrationale Funktionen 3. Grades sind. Diese besitzen aber als über $\mathbb{R}$ stetige Funktionen und wegen ihres Verhaltens für $|x| \to \infty$ nach dem Nullstellensatz mindestens eine Nullstelle.

d) Zu g mit $g(x) = \cos x,\ x \in \mathbb{R}$ sind beispielsweise G_1 mit $G_1(x) = \sin x$, $x \in \mathbb{R}$ und G_2 mit $G_2(x) = 4 + \sin x,\ x \in \mathbb{R}$ Stammfunktionen.
Da G_2 keine Nullstelle besitzt, ist diese Stammfunktion keine Integralfunktion.

A

4. Geben Sie eine Stammfunktion an, wenn

a) $f(x) = 6x^3 + 9x^2 - 6x + 5,\ x \in \mathbb{R}$

b) $f(x) = \frac{4x+2}{x^3},\ x \in \mathbb{R} \setminus \{0\}$

c) $f(x) = \sqrt{x} - \frac{8}{x},\ x \in \mathbb{R}^+$

d) $f(x) = -\cos x + \sin x,\ x \in \mathbb{R}$

L

4. a) $F(x) = \frac{3}{2}x^4 + 3x^3 - 6x^2 + 5x$

b) $f(x) = \frac{4}{x^2} + \frac{2}{x^3} = 4x^{-2} + 2x^{-3},\ F(x) = -4x^{-1} - x^{-2} = -\frac{4}{x} - \frac{1}{x^2}$

c) $f(x) = x^{\frac{1}{2}} - \frac{8}{x},\ F(x) = \frac{2}{3}x^{\frac{3}{2}} - 8\ln|x| = \frac{2}{3}\sqrt{x^3} - 8\ln|x|$

d) $F(x) = -\sin x - \cos x,\ x \in \mathbb{R}$

A

5. Für eine unbekannte Funktion f gilt $f'(x) = 4e^{-2x}$ und $f(0) = -4$.
Bestimmen Sie f(1) mithilfe des Hauptsatzes.

L

5. Mit einer Variante des Hauptsatzes erhält man

$$\int_0^1 f'(x)\,dx = f(1) - f(0) \Leftrightarrow$$

$$f(1) = f(0) + \int_0^1 f'(x) = f(0) + \int_0^1 (4e^{-2x})\,dx = -4 + [-2e^{-2x}]_0^1 = -4 + (-2e^{-2} + 2) = -2 - \frac{2}{e^2}$$

A

6. Begründen Sie die Aussagen.

a) Jede Integralfunktion hat mindestens eine Nullstelle.

b) Jede ganzrationale Funktion geraden Grades besitzt ausschließlich Integralfunktionen als Stammfunktionen.

c) Bei der natürlichen Exponentialfunktion können die Stammfunktionen Integralfunktion sein oder auch nicht.

L

6. a) Für $F_a(x) = \int_a^x f(t)\,dt$ ist $F_a(a) = \int_a^a f(t)\,dt = 0$, folglich ist a Nullstelle.

b) Die Stammfunktionen sind ganzrationale Funktionen ungeraden Grades.
Sie besitzen als über $\mathbb{R}$ stetige Funktionen und wegen ihres Verhaltens für $|x| \to \infty$ nach dem Nullstellensatz mindestens eine Nullstelle.

c) $F(x) = e^x,\ x \in \mathbb{R}$ ist Stammfunktion, jedoch keine Integralfunktion.
$G(x) = e^x - 1,\ x \in \mathbb{R}$ ist Integralfunktion bezüglich der Stelle 0.

7. a) Zeichnen Sie das Schaubild K der Funktion f mit $f(x) = \frac{4}{x},\ x \in \mathbb{R} \setminus \{0\}$ für $1 \leq x \leq 4$. **A**

b) Begründen Sie, dass es zu f eine Integralfunktion F_1 gibt.

c) Bestimmen Sie $F_1(4)$ näherungsweise mit der KEPLER'schen Fassregel.

d) Bestimmen Sie $F_1(4)$ exakt.

7. a) **Schaubild** **L**

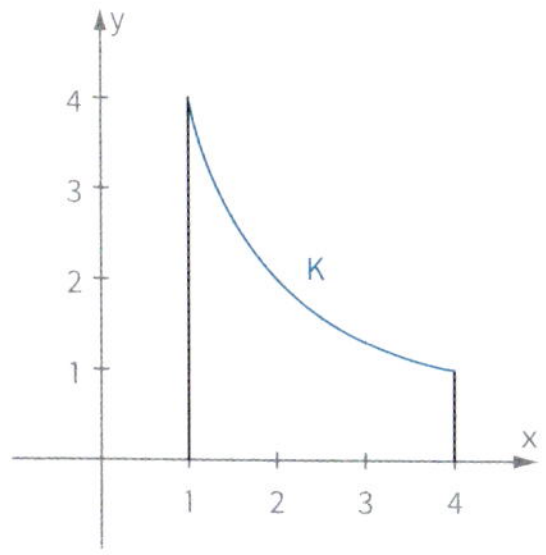

b) f ist insbesondere auf $[1; \infty[$ stetig und damit über $[1; \infty[$ integrierbar. Es existiert also die Integralfunktion F_1 mit

$$F_1(x) = \int_1^x \frac{4}{t}\,dt,\quad x \in [1; \infty[.$$

c) $F_1(4) \approx \frac{4-1}{6}\left(f(1) + 4 \cdot f\left(\frac{5}{2}\right) + f(4)\right) = \frac{1}{2}\left(4 + 4 \cdot \frac{8}{5} + 1\right) = 5{,}7$

d) $F_1(4) = \int_1^4 \frac{4}{t}\,dt = [4 \ln|t|]_1^4 = 4\ln 4 - 4\ln 1 = 4\ln 4$

8. Berechnen Sie die Integrale. **A**

a) $\int_0^2 \left(x - \frac{1}{2}\right)^2 dx$ b) $\int_{-1}^1 (x^3 - x^2 + 4)\,dx$ c) $\int_1^2 \left(\frac{4}{x^2} - \frac{2}{x^3}\right) dx$ d) $\int_1^2 \left(\frac{3}{x} + \frac{1}{x^3}\right)^2 dx$

e) $\int_{-2}^0 e^{-\frac{3}{2}x}\,dx$ f) $\int_0^1 e^{4-2x}\,dx$ g) $\int_0^2 (e^{-x} + x - 2)\,dx$

8. a) $\int_0^2 \left(x^2 - x + \frac{1}{4}\right) dx = \left[\frac{1}{3}x^3 - \frac{1}{2}x^2 + \frac{1}{4}x\right]_0^2 = \frac{8}{3} - 2 + \frac{1}{2} - 0 = \frac{7}{6}$ **L**

b) $\left[\frac{1}{4}x^4 - \frac{1}{3}x^3 + 4x\right]_{-1}^1 = \frac{1}{4} - \frac{1}{3} + 4 - \left(\frac{1}{4} + \frac{1}{3} - 4\right) = 7\frac{1}{3}$

c) $\int_1^2 \left(\frac{4}{x^2} - \frac{2}{x^3}\right) dx = \int_1^2 (4x^{-2} - 2x^{-3})\,dx = [-4x^{-1} + x^{-2}]_1^2 = \left[-\frac{4}{x} + \frac{1}{x^2}\right]_1^2$

$= -2 + \frac{1}{4} - (-4 + 1) = 1\frac{1}{4}$

d) $\int_1^2 \left(\frac{9}{x^2} + \frac{6}{x^4} + \frac{1}{x^6}\right) dx = \int_1^2 (9x^{-2} + 6x^{-4} + x^{-6})\,dx = \left[-9x^{-1} - 2x^{-3} - \frac{1}{5}x^{-5}\right]_1^2$

$= \left[-\frac{9}{x} - \frac{2}{x^3} - \frac{1}{5x^5}\right]_1^2 = -\frac{9}{2} - \frac{1}{4} - \frac{1}{160} - \left(-9 - 2 - \frac{1}{5}\right) = 6\frac{71}{160} \approx 6{,}44$

e) $\left[-\frac{2}{3}e^{-\frac{3}{2}x}\right]_{-2}^{0} = -\frac{2}{3} - \left(-\frac{2}{3}e^{3}\right) = \frac{2}{3}(e^{3}-1) \approx 12{,}72$

f) $\left[-\frac{1}{2}e^{4-2x}\right]_{0}^{1} = -\frac{1}{2}e^{2} - \left(-\frac{1}{2}e^{4}\right) = \frac{1}{2}(e^{4}-e^{2}) \approx \frac{1}{2}e^{2}\cdot(e^{2}-1) \approx 23{,}60$

g) $\left[-e^{-x} + \frac{x^2}{2} - 2x\right]_{0}^{2} = -\frac{1}{e^2} + 2 - 4 - (-1) = -1 - \frac{1}{e^2} \approx -1{,}14$

A

9. Die Abbildung stellt den zeitlichen Verlauf der momentanen Änderungsrate V′ des Wasservolumens V in einem kleinen eiszeitlichen See dar (V' in $\frac{m^3}{s}$, t in h).
Die Nullstellen von V′ seien t_1, t_2, t_3.
Zum Zeitpunkt $t = 0$ hatte das Wasser im See ein Volumen $V(0) = 84\,000\,m^3$.

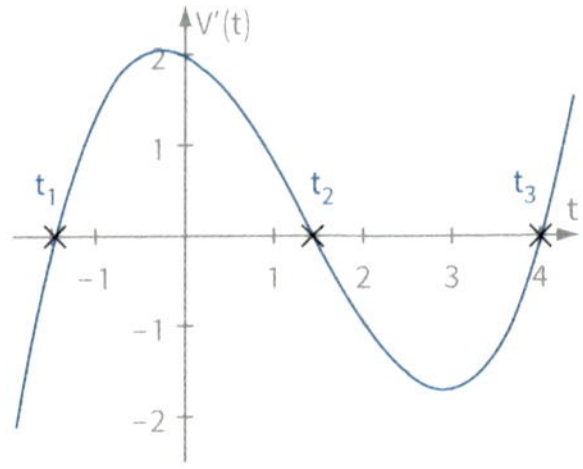

a) Wann tritt zum ersten Mal ein Maximum des Volumens auf? Wie groß ist es? Schätzen Sie die Zunahme des Volumens bis zu diesem Zeitpunkt anhand des Diagramms ab.

b) Welchen Näherungswert für das Volumen von einer Stunde kann man mithilfe des Diagramms ermitteln? Begründen Sie auch mit der zu V′ gehörenden Integralfunktion F_0, dass das Volumen vor einer Stunde geringer war.

c) Begründen Sie, dass das anfängliche Volumen V(0) auch zu einem Zeitpunkt $t > t_3$ nochmals erreicht wird.

L

9. a) Da die momentane Änderungsrate zwischen 0 und t_2 positiv ist, erfolgt in diesem Zeitraum ein Volumenzuwachs. Erst nach dem Zeitpunkt t_2 nimmt das Volumen vorübergehend wieder ab. Also tritt zum Zeitpunkt t_2 zum ersten Mal ein Maximum des Volumens auf.

$V(t_2) = 84\,000 + \int_0^{t_2} V'(t)\,dt$. Durch Auszählen von Flächeneinheiten einer etwa gleich großen Dreiecksfläche findet man

$$\int_0^{t_2} V'(t)\,dt \approx \frac{1}{2}\cdot\frac{3}{2}\cdot 2\cdot 3600 = 5400 \;\Rightarrow\; V_{max} \approx 84\,000 + 5400 = 89\,400.$$

Das Maximum des Volumens beträgt etwa $89\,400\,m^3$.

b) $V(-1) = 84\,000 + \int_0^{-1} V'(t)\,dt$

Mit dem orientierten Inhalt einer etwa gleich großen Rechtecksfläche erhält man

$$\int_0^{-1} V'(t)\,dt = -2\cdot 1\cdot 3600 = -7200 \;\Rightarrow\; V(-1) \approx 84\,000 - 7200 = 76\,800$$

Vor einer Stunde war das Volumen ungefähr $76\,800\,m^3$.

Die Integralfunktion F_0 mit $F_0(x) = \int_0^{x} V'(t)\,dt$ beschreibt die Zu- oder Abnahme des

Volumens bezüglich des Zeitpunktes $t = 0$. Sie nimmt für $x = -1$ einen negativen Wert an, denn die Integrandfunktion V′ hat über dem Intervall $[0; -1]$ nur positive Werte, die orientierte Intervalllänge von $[0; -1]$ ist jedoch negativ, weil die obere Grenze kleiner als die untere ist.

c) Auf die Zunahme bis zum Zeitpunkt t_2 folgt eine Abnahme bis zum Zeitpunkt t_3. Letztere ist aber betragsmäßig größer (Flächenvergleich), sodass sich zum Zeitpunkt t_3 mit Sicherheit weniger Wasser im See befindet als zu Beginn. Durch die ab dem Zeitpunkt t_3 einsetzende Volumenzunahme wird das vorübergehende Defizit wieder ausgeglichen und das anfängliche Volumen nochmals erreicht.

10. Die folgenden Abbildungen zeigen die Schaubilder einer Integrandfunktion f und der dazu gehörenden Integralfunktion F_{-1}. A

a) Beschreiben Sie den veranschaulichten Zusammenhang zwischen f und F_{-1}.

b) Bestimmen Sie den Inhalt der Fläche zwischen dem Schaubild von f und der t-Achse im Intervall [1; 2] näherungsweise durch geeignetes Ablesen aus der Abbildung.

c) Begründen Sie, warum F_{-1} für $x < -1$ negative Werte besitzt.

d) Welchen Wert hat F_{-1} an der Stelle -2? Was bedeutet dieser Wert?

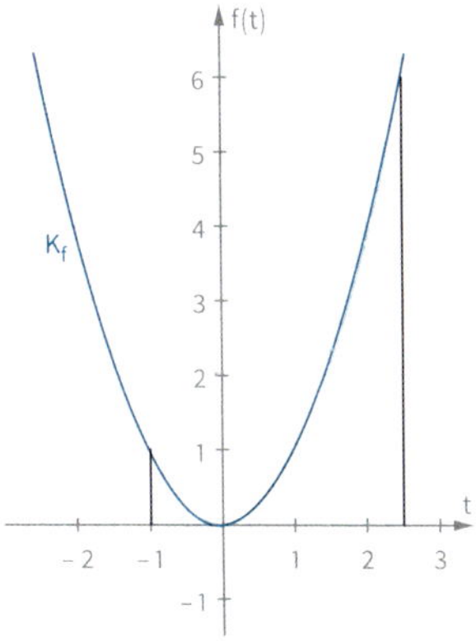

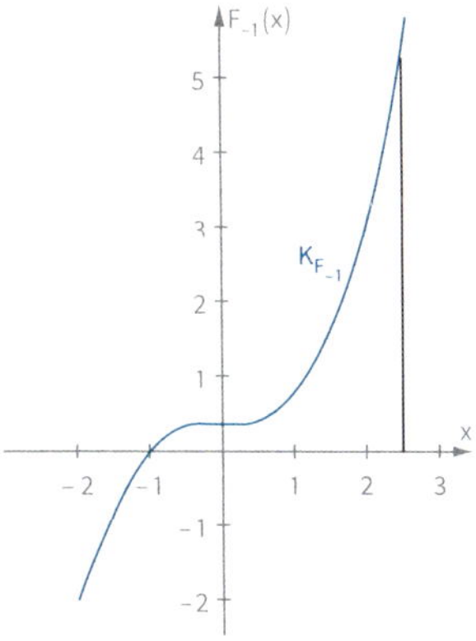

10. a) $F_{-1}(2{,}5)$ wird beim Schaubild von f als Flächeninhalt dargestellt, beim Schaubild von F_{-1} als Streckenlänge mit gleicher Maßzahl. L

b) Da F_{-1} eine Stammfunktion von f ist, gilt nach dem Hauptsatz:

$$\int_1^2 f(t)\,dt = F_{-1}(2) - F_{-1}(1) \approx 3{,}5 - 0{,}7 = 2{,}8$$

c) Für $x < -1$ ist bei der Integralfunktion die obere Grenze x kleiner als die untere Grenze -1, während $f(t) > 0$ für $t < -1$. Hieraus ergibt sich die negative Orientierung der Integrale.

d) Man liest $F_{-1}(-2) = -2$ ab. Das bedeutet: $\int_{-1}^{-2} f(t)\,dt = -2$

1.5.2 Integrationstechniken

Wissen

Im Zusammenhang mit Integrationstechniken nennt man eine Stammfunktion F zu f auch unbestimmtes Integral und schreibt dann $\int f(x)\,dx$ statt $F(x)$.

Zur Bestimmung von Stammfunktionen benötigt man häufig die

Produktintegration $\int u(x)\cdot v'(x)\,dx = u(x)\cdot v(x) - \int u'(x)\cdot v(x)\,dx$ und die

Substitution $\int f(g(x))\cdot g'(x)\,dx = \int f(u)\,du$ mit $u = g(x)$.

Ein wichtiger Spezialfall der Substitution ist die

lineare Substitution $\int f(ax+b)\,dx = \frac{1}{a}\cdot F(ax+b)$ für $a \neq 0$.

A

1. Zeigen Sie:

a) $\int \frac{h'(x)}{h(x)}\,dx = \ln|h(x)|$ für $h(x) \neq 0$

b) $\int \frac{a}{bx+c}\,dx = \frac{a}{b}\ln|bx+c|$ für $b \neq 0$

L

1. Die Ableitung der Stammfunktion muss die Integrandfunktion ergeben.

a) Ist $h(x) > 0$, dann ist $\ln|h(x)| = \ln(h(x))$ und $\ln(h(x))' = \frac{1}{h(x)}\cdot h'(x) = \frac{h'(x)}{h(x)}$ nach der Kettenregel.

Ist $h(x) < 0$, dann ist $\ln|h(x)| = \ln(-h(x))$ und

$(\ln(-h(x)))' = \frac{1}{-h(x)}\cdot(-h'(x)) = \frac{h'(x)}{h(x)}$.

b) Ist $bx+c > 0$, dann ist $\frac{a}{b}\ln|bx+c| = \frac{a}{b}\ln(bx+c)$ und

$\left(\frac{a}{b}\ln(bx+c)\right)' = \frac{a}{b}\cdot\frac{1}{bx+c}\cdot b = \frac{a}{bx+c}$ nach der Kettenregel.

Entsprechend zeigen Sie den anderen Fall.

A

2. Bestimmen Sie eine Stammfunktion zu f, wenn

a) $f(x) = \frac{3}{x-1}$

b) $f(x) = \frac{5}{4-2x}$

c) $f(x) = \frac{x}{x^2+1}$

d) $f(x) = \frac{6e^x}{e^x+2}$

e) $f(x) = \frac{e^x - 2e^{-2x}}{e^{-2x}+e^x}$

f) $f(x) = \frac{\cos x}{4-\sin x}$

L

2. Mithilfe der Regeln aus Aufgabe 1 erhält man

a) $\int \frac{3}{x-1}\,dx = 3\int \frac{1}{x-1}\,dx = 3\ln|x-1|$

b) $\int \frac{5}{4-2x}\,dx = -\frac{5}{2}\int \frac{-2}{4-2x}\,dx = -\frac{5}{2}\ln|4-2x|$

c) $\int \frac{x}{x^2+1}\,dx = \frac{1}{2}\int \frac{2x}{x^2+1}\,dx = \frac{1}{2}\ln|x^2+1| = \frac{1}{2}\ln(x^2+1)$

d) $\int \frac{6e^x}{e^x+2}\,dx = 6\int \frac{e^x}{e^x+2}\,dx = 6\ln|e^x+2| = 6\ln(e^x+2)$

e) $\int \frac{e^x-2e^{-2x}}{e^{-2x}+e^x}\,dx = \ln|e^{-2x}+e^x| = \ln(e^{-2x}+e^x)$

f) $\int \frac{\cos x}{4-\sin x}\,dx = -\int \frac{-\cos x}{4-\sin x}\,dx = -\ln|4-\sin x| = -\ln(4-\sin x)$

3. Bestimmen Sie mittels Produktintegration eine Stammfunktion zu f, wenn A

a) $f(x) = x e^{-x}$ b) $f(x) = \frac{1}{2} x \ln x$ c) $f(x) = \sin x \cos x$ d) $f(x) = \frac{\ln x}{x^2}$

3. a) $\int x e^{-x} dx$, setze $u = x$, $v' = e^{-x}$ L

$$\int \underbrace{x}_{u} \cdot \underbrace{e^{-x}}_{v'} dx = \underbrace{x}_{u} \cdot \underbrace{(-e^{-x})}_{v} - \int \underbrace{1}_{u'} \cdot \underbrace{(-e^{-x})}_{v} dx = -x e^{-x} + \int e^{-x} dx = -x e^{-x} - e^{-x} = -e^{-x}(x+1)$$

b) $\int \frac{1}{2} x \ln x \, dx = \frac{1}{2} \int x \ln x \, dx$, setze $u = \ln x$, $v' = x$

$$\frac{1}{2} \int \underbrace{(\ln x)}_{u} \cdot \underbrace{x}_{v'} dx = \frac{1}{2}\left(\underbrace{(\ln x)}_{u} \cdot \underbrace{\frac{1}{2} x^2}_{v} - \int \underbrace{\frac{1}{x}}_{u'} \cdot \underbrace{\frac{1}{2} x^2}_{v} dx \right) = \frac{1}{2}\left(\frac{1}{2} x^2 \ln x - \int \frac{1}{2} x \, dx \right)$$

$$= \frac{1}{2}\left(\frac{1}{2} x^2 \ln x - \frac{1}{4} x^2 \right) = \frac{1}{4} x^2 \left(\ln x - \frac{1}{2} \right)$$

c) $\int \sin x \cos dx$, setze $u = \sin x$, $v' = \cos x$

$$\int \underbrace{\sin x}_{u} \cdot \underbrace{\cos x}_{v'} dx = \underbrace{\sin x}_{u} \cdot \underbrace{\sin x}_{v} - \int \underbrace{\cos x}_{u'} \cdot \underbrace{\sin x}_{v} dx$$

Da das ursprüngliche Integral erneut auftritt, gilt:
$2 \int \sin x \cos dx = \sin^2 x$ und $\int \sin x \cos dx = \frac{1}{2} \sin^2 x$

Anmerkung: $\sin^2 x = (\sin x)^2$

d) $\int \frac{\ln x}{x^2} = \int (\ln x) \cdot \frac{1}{x^2} dx$, setze $u = \ln x$, $v' = \frac{1}{x^2}$

$$\int \underbrace{(\ln x)}_{u} \cdot \underbrace{\frac{1}{x^2}}_{v'} dx = \underbrace{(\ln x)}_{u} \cdot \underbrace{\left(-\frac{1}{x}\right)}_{v} - \int \underbrace{\frac{1}{x}}_{u'} \cdot \underbrace{\left(-\frac{1}{x}\right)}_{v} dx = -\frac{1}{x} \ln x + \int \frac{1}{x^2} dx = -\frac{1}{x} \ln x - \frac{1}{x} = -\frac{1}{x}(\ln x + 1)$$

Zusatzübung: Bestätigen Sie die gefundenen Stammfunktionen durch Differenzieren.

4. Bestimmen Sie mittels Substitutionsregel eine Stammfunktion zu h, wenn A

a) $h(x) = \frac{1}{3}(5x-7)^8, \; x \in \mathbb{R}$

b) $h(x) = \sin(\pi - x), \; x \in \mathbb{R}$

c) $h(x) = \frac{x}{4-x}, \; x \in \mathbb{R} \setminus \{4\}$

d) $h(x) = x e^{3-x^2}, \; x \in \mathbb{R}$

e) $h(x) = \frac{\ln 3x}{2x}, \; x \in \mathbb{R}$

f) $h(x) = \frac{e^{2x}}{1+e^x}, \; x \in \mathbb{R}$

4. a) L

$$\frac{1}{3} \int (5x-7)^8 dx = \frac{1}{15} \int \underbrace{(5x-7)^8}_{f(g(x))} \cdot \underbrace{5}_{g'(x)} dx = \frac{1}{15} \int u^8 du = \frac{1}{15} \cdot \frac{1}{9} u^9 = \frac{1}{135}(5x-7)^9,$$

oder man setzt $5x - 7 = u$, also $\frac{du}{dx} = 5 \Leftrightarrow dx = \frac{du}{5}$ und erhält

$$\frac{1}{3} \int u^8 \cdot \frac{du}{5} = \frac{1}{15} \int u^8 du = \frac{1}{15} \cdot \frac{1}{9} \cdot u^9 = \frac{1}{135}(5x-7)^9.$$

b) $$\int \sin(\pi - x) dx = -\int \underbrace{\sin(\pi - x)}_{f(g(x))} \cdot \underbrace{(-1)}_{g'(x)} dx = -\int \sin u \, du = \cos u = \cos(u - x)$$

oder man setzt $\pi - x = u$, also $\frac{du}{dx} = -1 \Leftrightarrow dx = -du$ und erhält
$\int \sin u \cdot (-1)\,du = -\int \sin u\,du = \cos u = \cos(\pi - x)$.

c) Bei $\int \frac{x}{4-x}\,dx$ setzt man $4 - x = u \Leftrightarrow x = 4 - u$, also $\frac{du}{dx} = -1 \Leftrightarrow dx = -du$ und erhält
$\int \frac{4-u}{u}(-1)\,du = \int \frac{u-4}{u}\,du = \int\left(1 - \frac{4}{u}\right)du = u - 4\ln|u| = 4 - x - 4\ln|4 - x|$.

d) $\int x\,e^{3-x^2}\,dx = -\frac{1}{2}\int \underbrace{e^{3-x^2}}\cdot\underbrace{(-2x)}\,dx = -\frac{1}{2}\int e^u\,du = -\frac{1}{2}e^u = -\frac{1}{2}e^{3-x^2}$
$f(g(x)) \cdot g'(x)$

e) Bei $\int \frac{\ln 3x}{2x}\,dx$ setzt man $\ln 3x = u$, also $\frac{du}{dx} = \frac{1}{x} \Leftrightarrow du = \frac{dx}{x}$ und erhält
$\int \frac{u}{2}\,du = \frac{u^2}{4} = \frac{1}{4}(\ln 3x)^2$.

f) Bei $\int \frac{e^{2x}}{1+e^x}\,dx$ setzt man $1 + e^x = u \Leftrightarrow e^x = u - 1$,
$\frac{du}{dx} = e^x \Leftrightarrow \frac{du}{e^x} = dx \Leftrightarrow dx = \frac{du}{u-1}$ und erhält
$\int \frac{(u-1)^2}{u} \cdot \frac{du}{u-1} = \int \frac{u-1}{u}\,du = \int\left(1 - \frac{1}{u}\right)du = u - \ln|u| = 1 + e^x - \ln|1 + e^x|$
$= 1 + e^x - \ln(1 + e^x)$.

Zusatzübung: Bestätigen Sie die gefundenen Stammfunktionen durch Differenzieren.

A

5. Geben Sie unter Verwendung der linearen Substitution eine Stammfunktion an, wenn

a) $f(x) = -12(6x - 2)^3$, $x \in \mathbb{R}$
b) $f(x) = \frac{10}{(1-2x)^6}$, $x \in \mathbb{R} \setminus \left\{\frac{1}{2}\right\}$
c) $f(x) = 7e^{3x+1}$, $x \in \mathbb{R}$
d) $f(x) = -2e^{4-2x}$, $x \in \mathbb{R}$
e) $f(x) = 5\sin(\pi x + 1)$
f) $f(x) = -\cos(\pi - 9x)$
g) $f(x) = \frac{7}{7x-5}$, $x \in \mathbb{R} \setminus \left\{\frac{5}{7}\right\}$
h) $f(x) = \frac{10}{(8-2x)^2}$, $x \in \mathbb{R} \setminus \{4\}$

Überprüfen Sie Ihre Lösung jeweils durch Differenzieren der Stammfunktion.
Beachten Sie die Kettenregel.

L

5. a) $F(x) = -12 \cdot \frac{1}{4}(6x - 2)^4 \cdot \frac{1}{6} = -\frac{1}{2}(6x - 2)^4$

b) $f(x) = 10(1 - 2x)^{-6}$, $F(x) = 10 \cdot \left(-\frac{1}{5}\right)(1 - 2x)^{-5} \cdot \left(-\frac{1}{2}\right) = (1 - 2x)^{-5} = \frac{1}{(1-2x)^5}$

c) $F(x) = 7e^{3x+1} \cdot \frac{1}{3} = \frac{7}{3}e^{3x+1}$

d) $F(x) = -2e^{4-2x} \cdot 1\left(-\frac{1}{2}\right) = e^{4-2x}$

e) $F(x) = 5(-\cos(\pi x + 1)) \cdot \frac{1}{\pi} = -\frac{5}{\pi}\cos(\pi x + 1)$

f) $F(x) = -\sin(\pi - 9x) \cdot \left(-\frac{1}{9}\right) = \frac{1}{9}\sin(\pi - 9x)$

g) $F(x) = 7\ln|7x - 5| \cdot \frac{1}{7} = \ln|7x - 5|$

h) $f(x) = 10(8 - 2x)^{-2}$, $F(x) = 10(8 - 2x)^{-1} \cdot (-1) \cdot \left(-\frac{1}{2}\right) = \frac{5}{8-2x}$

1.6 Flächeninhalt und Rauminhalt

Wissen

Inhalte **krummlinig** begrenzter Flächen und Körper lassen sich mit Integralen exakt und beispielsweise mit der **KEPLER'schen Fassregel** näherungsweise berechnen.
Wenn die Fläche oder der Körper ins Unendliche reicht und der Inhalt dennoch endlich ist, bestimmt man ihn durch Einführung einer Hilfsintegrationsgrenze u mit anschließender Grenzwertbetrachtung. Es gibt zwei Fälle:

Das **Integrationsintervall** ist (hier für $x \to -\infty$) **unbeschränkt**.

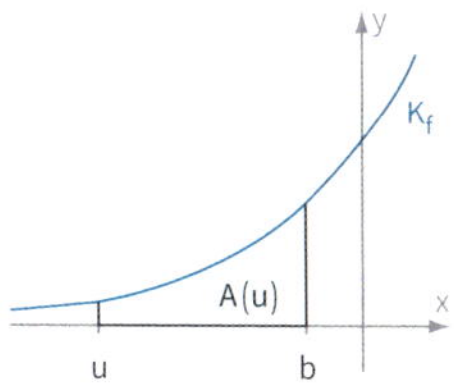

$A(u) = \int_u^b f(x)\,dx, \quad A = \lim_{u \to -\infty} A(u).$

Die **Integrandfunktion** ist (hier für $x \to 0+$) **unbeschränkt**.

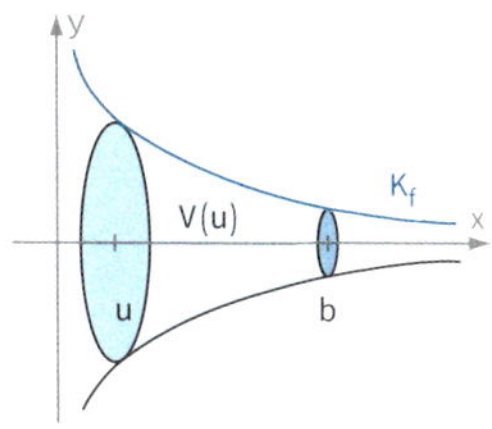

$V(u) = \pi \int_u^b (f(x))^2\,dx, \quad V = \lim_{u \to 0+} V(u).$

1. Geben Sie den absoluten Inhalt der farbigen Flächen als Summe oder Differenz von geeigneten Integralen an. Dabei seien K_f und K_g die Schaubilder der nicht näher zu bestimmenden Funktionen f und g. **A**

a)

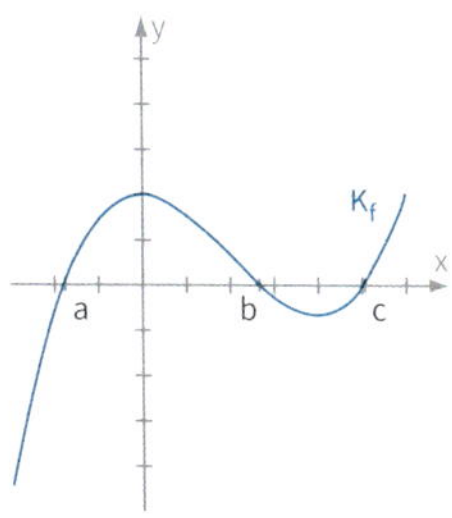

b)

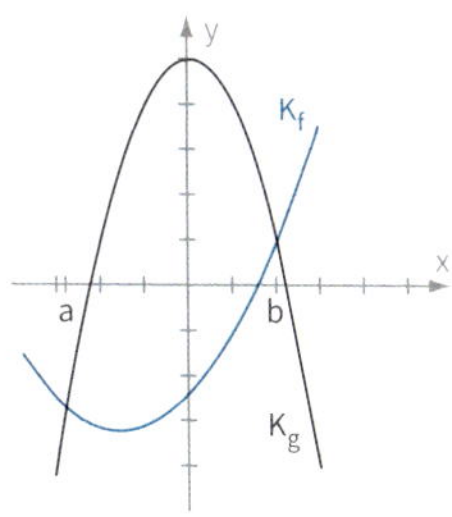

c)

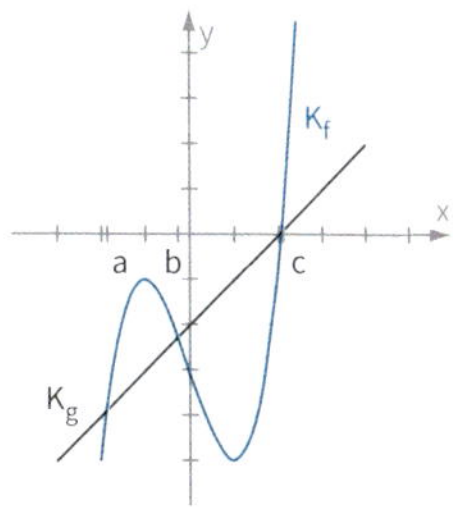

L

1. a) $A = \int_a^b f(x)\,dx - \int_b^c f(x)\,dx$, da $\int_b^c f(x) < 0$, oder: $A = \left|\int_a^b f(x)\,dx\right| + \left|\int_b^c f(x)\,dx\right|$

b) $A = \int_a^b [g(x) - f(x)]\,dx$, da $g(x) \geq f(x)$ für alle $x \in [a; b]$

c) $A = \int_a^b [f(x) - g(x)]\,dx + \int_b^c [g(x) - f(x)]\,dx$, da $f(x) \geq g(x)$ für alle $x \in [a; b]$ und $g(x) \geq f(x)$ für alle $x \in [b; c]$

A

2. a) K_f sei das Schaubild der Funktion f. In Abhängigkeit von a und b ist das Volumen des Drehkörpers anzugeben, der entsteht, wenn K_f für $a \le x \le b$ um die x-Achse rotiert.

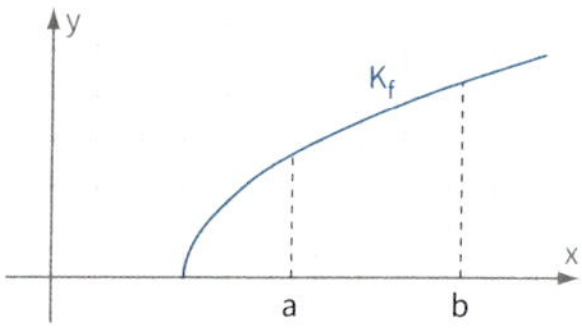

b) Die Schaubilder K_f und K_g der Funktionen f und g begrenzen mit der y-Achse eine Fläche. Geben Sie in Abhängigkeit von a das Volumen des Körpers an, der entsteht, wenn diese Fläche um die x-Achse rotiert.

c) Die Schaubilder K_f und K_g der Funktionen f und g begrenzen mit der x-Achse eine Fläche. Geben Sie in Abhängigkeit von a und b das Volumen des Drehkörpers an, der bei Rotation der Fläche um die x-Achse entsteht.

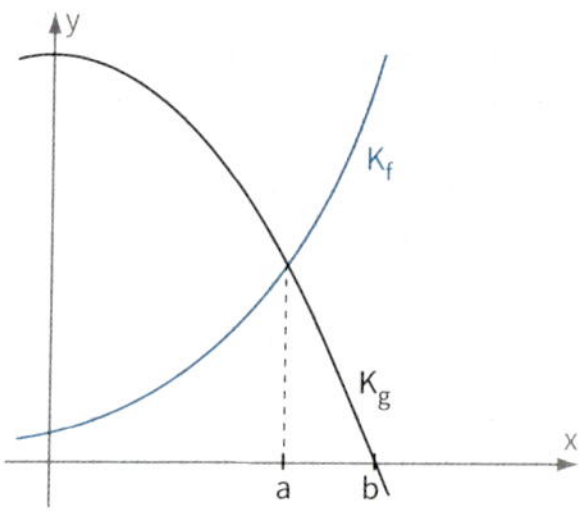

L

2. a) $V = \pi \int_a^b [f(x)]^2 \, dx$

b) $V = \pi \int_0^a [g(x)]^2 \, dx - \pi \int_0^a [f(x)]^2 \, dx$

c) $V = \pi \int_0^a [f(x)]^2 \, dx + \pi \int_a^b [g(x)]^2 \, dx$

A

3. Berechnen Sie den absoluten Inhalt der Fläche, den das Schaubild von f mit der x-Achse begrenzt, wenn f gegeben ist durch $f(x) = x^3 + 2x^2 - x - 2,\ x \in \mathbb{R}$. Skizzieren Sie die Fläche.

L

3. Integrationsgrenzen

$f(x) = 0$ führt durch Erkennen einer Nullstelle und Polynomdivision auf die Nullstellen $-2, -1, 1$.

Flächeninhalt

$$A = \int_{-2}^{-1} f(x)\,dx - \int_{-1}^{1} f(x)\,dx$$

$$= \left[\frac{x^4}{4} + \frac{2}{3}x^3 - \frac{x^2}{2} - 2x\right]_{-2}^{-1} - \left[\frac{x^4}{4} + \frac{2}{3}x^3 - \frac{x^2}{2} - 2x\right]_{-1}^{1}$$

$$= \frac{1}{4} - \frac{2}{3} - \frac{1}{2} + 2 - \left(4 - \frac{16}{3} - 2 + 4\right) - \left[\frac{1}{4} + \frac{2}{3} - \frac{1}{2} - 2 - \left(\frac{1}{4} - \frac{2}{3} - \frac{1}{2} + 2\right)\right]$$

$$= \frac{5}{12} - \left(-\frac{8}{3}\right) = \frac{37}{12} \approx 3{,}08$$

Skizze

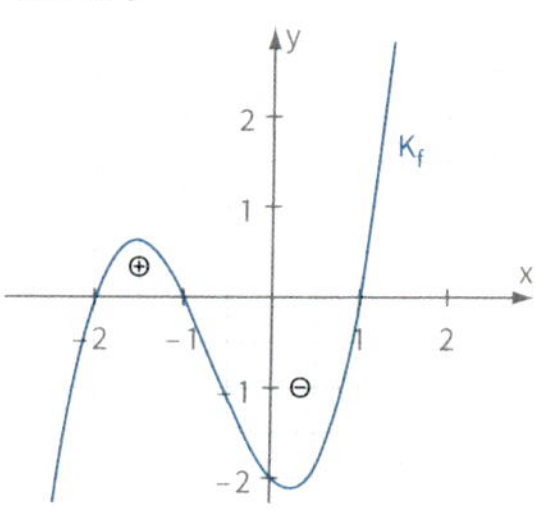

4. Berechnen Sie den Inhalt der Fläche, die die Schaubilder von f und g begrenzen, wenn $f(x) = -x^3 + 2x^2 + 1,\ x \in \mathbb{R},\ g(x) = x + 1,\ x \in \mathbb{R}$. Skizzieren Sie die Fläche. A

4. Integrationsgrenzen L

$$f(x) = g(x) \Leftrightarrow -x^3 + 2x^2 + 1 = x + 1$$
$$\Leftrightarrow -x^3 + 2x^2 - x = 0$$
$$\Leftrightarrow -x(x^2 - 2x + 1) = 0$$
$$\Leftrightarrow -x(x-1)^2 = 0$$
$$\Leftrightarrow x = 0 \ \vee \ x = 1$$

Flächeninhalt

$$A = \int_0^1 [g(x) - f(x)]\,dx = \int_0^1 (x^3 - 2x^2 + x)\,dx$$
$$= \left[\frac{x^4}{4} - \frac{2}{3}x^3 + \frac{x^2}{2}\right]_0^1 = \frac{1}{4} - \frac{2}{3} + \frac{1}{2} - 0 = \frac{1}{12}$$

Skizze

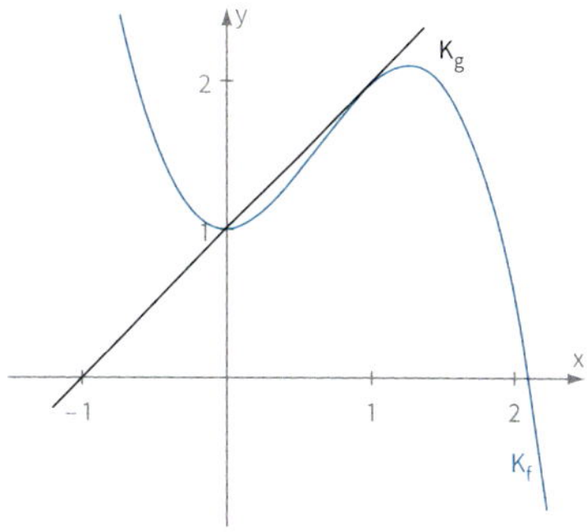

5. Berechnen Sie den Inhalt der Fläche, den die Schaubilder von f und g mit der y-Achse begrenzen, wenn $f(x) = -x^3 + 2x^2 - x,\ x \in \mathbb{R},\ g(x) = x - 1,\ x \in \mathbb{R}$. Skizzieren Sie die Fläche. A

5. Integrationsgrenzen L

$$f(x) = g(x) \Leftrightarrow -x^3 + 2x^2 - x = x - 1$$
$$\Leftrightarrow -x^3 + 2x^2 - 2x + 1 = 0$$
$$\Leftrightarrow x^3 - 2x^2 + 2x - 1 = 0$$

$x_1 = 1$ ist Lösung dieser Gleichung.

Polynomdivision liefert:

$$(x^3 - 2x^2 + 2x - 1) : (x - 1) = x^2 - x + 1$$
$$\underline{-(x^3 - x^2)}$$
$$-x^2 + 2x - 1$$
$$\underline{-(-x^2 + x)}$$
$$x - 1$$
$$\underline{-(x - 1)}$$
$$0$$

Da $x^2 - x + 1 = 0$ keine Lösung besitzt, ist $x_1 = 1$ die einzige Lösung der ursprünglichen Gleichung.

Flächeninhalt

$$A = \int_0^1 (f(x) - g(x))\,dx = \int_0^1 (-x^3 + 2x^2 - 2x + 1)\,dx$$
$$= \left[-\frac{x^4}{4} + \frac{2}{3}x^3 - x^2 + x\right]_0^1$$
$$= -\frac{1}{4} + \frac{2}{3} - 1 + 1 - 0 = \frac{5}{12}$$

Skizze

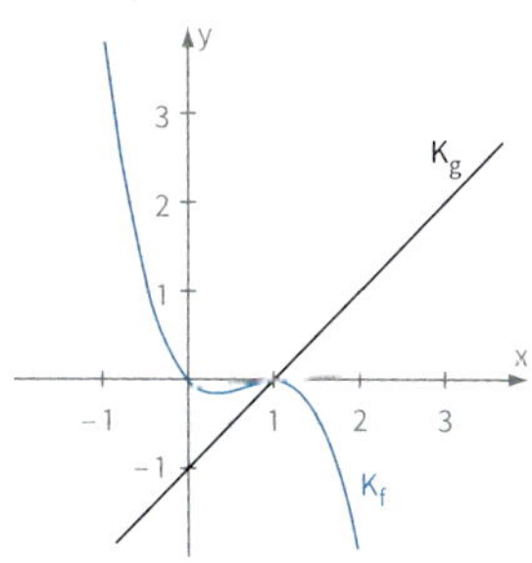

A

6. Berechnen Sie den Inhalt der Fläche, die von den Schaubildern von f und g sowie der x-Achse begrenzt wird, wenn $f(x) = \frac{8}{3x^2} - \frac{2}{3}$, $x \in \mathbb{R} \setminus \{0\}$, $g(x) = 2x^2$, $x \in \mathbb{R}$.
Skizzieren Sie die Fläche.

L

6. Integrationsgrenzen

$f(x) = 0 \Leftrightarrow x = -2 \lor x = 2$

$g(x) = 0 \Leftrightarrow x = 0$

$f(x) = g(x) \Leftrightarrow \frac{8}{3x^2} - \frac{2}{3} = 2x^2 \Leftrightarrow 8 - 2x^2 = 6x^4 \Leftrightarrow x^4 + \frac{1}{3}x^2 - \frac{4}{3} = 0$

Man setzt $x^2 = u$ und erhält: $u^2 + \frac{1}{3}u - \frac{4}{3} = 0$, $u_{1,2} = -\frac{1}{6} \pm \sqrt{\frac{1}{36} + \frac{48}{36}} = -\frac{1}{6} \pm \frac{7}{6}$,

$u_1 = 1$ liefert $x_{1,2} = \pm 1$, $u_2 = -\frac{4}{3}$ liefert keine Lösung.

Flächeninhalt

Unter Berücksichtigung der Symmetrie gilt:

$$A = 2\int_0^1 g(x)\,dx + 2\int_1^2 f(x)\,dx = 2\int_0^1 2x^2\,dx + 2\int_1^2 \left(\frac{8}{3x^2} - \frac{2}{3}\right)dx$$

$$= 2\left[\frac{2}{3}x^3\right]_0^1 + 2\left[-\frac{8}{3x} - \frac{2}{3}x\right]_1^2$$

$$= 2 \cdot \frac{2}{3} + 2\left[-\frac{4}{3} - \frac{4}{3} - \left(-\frac{8}{3} - \frac{2}{3}\right)\right] = \frac{4}{3} + 2 \cdot \frac{2}{3} = \frac{8}{3}$$

Skizze

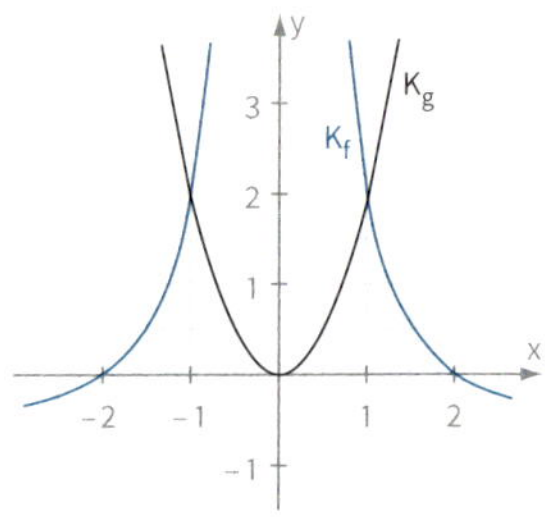

A

7. Berechnen Sie den Inhalt A der ins Unendliche reichenden Fläche im 1. Feld, welche durch die Koordinatenachsen und das Schaubild der Funktion f mit $f(x) = e^{-\frac{1}{2}x}$, $x \in \mathbb{R}$ begrenzt wird. Fertigen Sie eine Skizze an.

L

7. Mit der Hilfsintegrationsgrenze u erhält man

$$A(u) = \int_0^u e^{-\frac{1}{2}x}\,dx = \left[-2e^{-\frac{1}{2}x}\right]_0^u = -2e^{-\frac{1}{2}u} + 2,$$

$$A = \lim_{u \to \infty} A(u) = 2.$$

Skizze

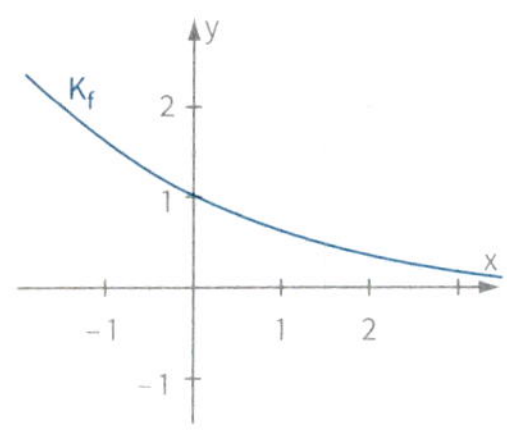

A

8. Gegeben ist die Funktion f mit $f(x) = \frac{2}{1-x}$, $x \in \mathbb{R} \setminus \{1\}$.
Ihr Schaubild sei K_f.

a) Skizzieren Sie K_f samt vertikaler Asymptote a.

b) K_f begrenzt mit den Geraden $g\colon x = 2$ und $h\colon x = 4$ sowie der x-Achse eine Fläche. Berechnen Sie deren Inhalt näherungsweise mit der KEPLER'schen Fassregel und exakt mithilfe einer Stammfunktion.

c) Die Fläche aus Teilaufgabe b) rotiere um die x-Achse. Berechnen Sie den Inhalt des entstehenden Drehkörpers.

d) Welche zu g parallele Gerade i zerlegt bei Rotation um die x-Achse den Drehkörper aus Teilaufgabe c) in zwei volumengleiche Teile?

8. a) **Skizze**

L

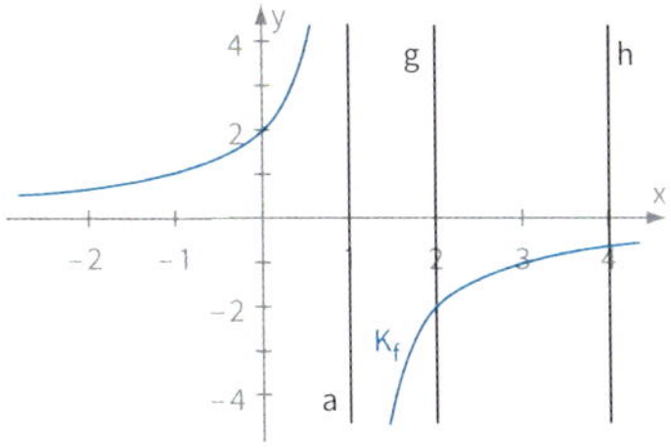

b) Da die Fläche unterhalb der x-Achse liegt, erhält man näherungsweise

$$A = -\int_2^4 f(x)\,dx \approx -\frac{4-2}{6}\cdot[f(2) + 4f(3) + f(4)] = -\frac{1}{3}\left(-2 + 4\cdot(-1) - \frac{2}{3}\right) = \frac{20}{9}$$

und exakt $A = -\int_2^4 \frac{2}{1-x}\,dx = -[-2\ln|1-x|]_2^4 = (-2\ln 3 - (-2\ln 1)) = 2\ln 3$

c) $V = \pi\int_2^4 \frac{4}{(1-x)^2}\,dx = 4\pi\int_2^4 (1-x)^{-2}\,dx = 4\pi[(1-x)^{-1}]_2^4 = 4\pi\left[\frac{1}{1-x}\right]_2^4 = 4\pi\left(-\frac{1}{3} - (-1)\right) = \frac{8}{3}\pi$

d) i: x = b, es muss gelten:

$$\pi\int_2^b \frac{4}{(x-1)^2}\,dx = \frac{4}{3}\pi \Leftrightarrow 4\pi\left[-\frac{1}{x-1}\right]_2^b = \frac{4}{3}\pi \Leftrightarrow 4\pi\left(-\frac{1}{b-1} + 1\right) = \frac{4}{3}\pi$$

$$\Leftrightarrow 1 - \frac{1}{b-1} = \frac{1}{3} \Leftrightarrow -\frac{1}{b-1} = -\frac{2}{3} \Leftrightarrow b - 1 = \frac{3}{2} \Leftrightarrow b = \frac{5}{2}$$

i: $x = \frac{5}{2}$ ist die gesuchte Gerade.

9. Das Schaubild K der Funktion f mit $f(x) = e^{2-\frac{1}{2}x}$, $x \in \mathbb{R}$ rotiere im Bereich $1 \leq x \leq 3$ um die x Achse.

A

a) Skizzieren Sie das Schaubild von f.

b) Berechnen Sie das Volumen des entstehenden Drehkörpers, sowohl mit Integration als auch näherungsweise mit der KEPLER'schen Fassregel. Welche prozentuale Abweichung liegt vor?

9. a) **Skizze**

L

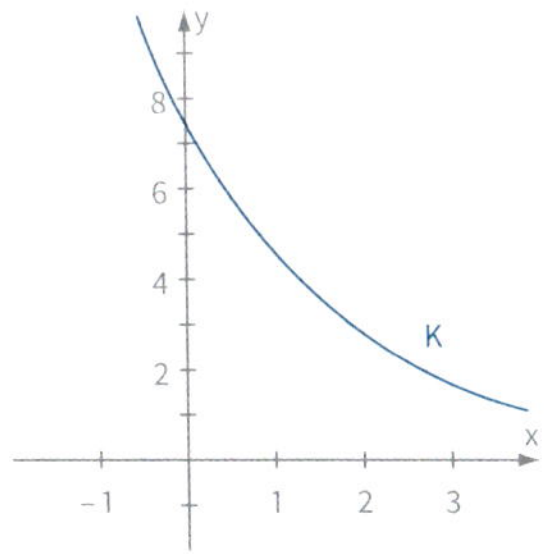

b) Durch Integration ergibt sich:

$$V = \pi\int_1^3 \left(e^{2-\frac{1}{2}x}\right)^2 dx = \pi\int_1^3 e^{4-x}\,dx = \pi[-e^{4-x}]_1^3$$

$$= \pi(-e + e^3) \approx 54{,}56$$

Die KEPLER'sche Fassregel liefert:

$$\pi\int_1^3 e^{4-x}\,dx \approx \frac{1}{3}\pi(e^3 + 4e^2 + e) \approx 54{,}83$$

Die prozentuale Abweichung beträgt

$$p\,\% \approx \frac{54{,}83 - 54{,}56}{54{,}56}\cdot 100\,\% \approx 0{,}5\,\%.$$

A

10. Gegeben ist die Funktion f mit $f(x) = 1 - e^x,\ x \in \mathbb{R}$. Ihr Schaubild K begrenzt mit der Asymptote a, der y-Achse und der Geraden $g{:}\ x = u\ (u < 0)$ eine Fläche.

a) Skizzieren Sie K und a sowie die beschriebene Fläche.

b) Berechnen Sie den Flächeninhalt A(u). Existiert $\lim\limits_{u \to -\infty} A(u)$?

c) Berechnen Sie das Volumen V(u) des Drehkörpers, der entsteht, wenn diese Fläche um die x-Achse rotiert. Existiert $\lim\limits_{u \to -\infty} V(u)$?

L

10. a) **Skizze**

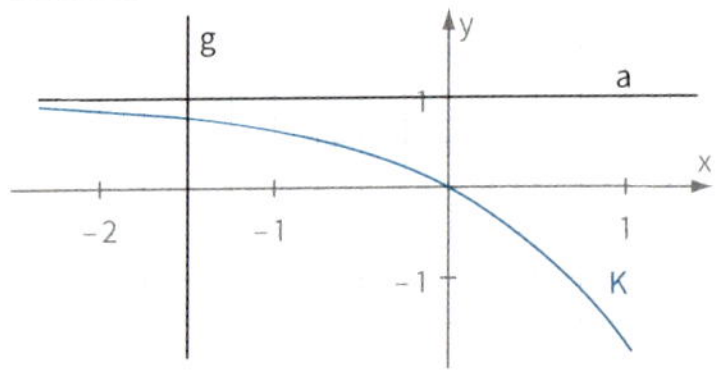

b) $A(u) = \int\limits_u^0 [\,1 - f(x)\,]\,dx = \int\limits_u^0 e^x\,dx = [\,e^x\,]_u^0 = 1 - e^u$

$\lim\limits_{u \to -\infty} A(u) = 1$

c) Der Drehkörper ist ein Zylinder mit Volumen $-\pi u$ (Grundkreisradius 1 und Höhe $-u$, da $u < 0$), aus dem ein Körper herausgebohrt wird, der durch Rotation eines Teils von K um die x-Achse entsteht. Also gilt:

$$V(u) = -\pi u - \pi \int\limits_u^0 f(x)^2\,dx$$

$$= -\pi u - \pi \int\limits_u^0 \left(1 - 2e^x + e^{2x}\right) dx$$

$$= -\pi u - \pi \left[x - 2e^x + \tfrac{1}{2}e^{2x}\right]_u^0$$

$$= -\pi u - \pi \left[-2 + \tfrac{1}{2} - \left(u - 2e^u + \tfrac{1}{2}e^{2u}\right)\right]$$

$$= \tfrac{3}{2}\pi + 2\pi e^u - \tfrac{\pi}{2}e^{2u}$$

$\lim\limits_{u \to -\infty} V(u) = \frac{3}{2}\pi$

1.7 Extremwertprobleme

Wissen

Sehr oft tritt die Frage auf, wann eine Größe unter gewissen **Nebenbedingungen** extremal wird. Bei der Problemlösung ist eine Funktion mit **geeignetem Definitionsbereich** zu bestimmen, welche die Größe **in Abhängigkeit von nur einer Variablen** beschreibt. Dies gelingt mithilfe der Nebenbedingungen. Anschließend muss die gefundene Funktion auf Extremstellen und -werte untersucht und das Ergebnis interpretiert werden.

1. Eine zylinderförmige Getränkedose soll so hergestellt werden, dass sie einen Liter fassen kann, und der Blechverbrauch möglichst gering wird. A

a) Zeichnen Sie eine Skizze des Körpers.

b) Welche Größen werden benötigt? Notieren Sie entsprechende Formeln.

c) Stellen Sie eine Funktion O auf, die den Blechverbrauch in Abhängigkeit von nur einer Variablen beschreibt.

d) Bestimmen Sie die Extremstelle und den Extremwert von O.

e) Formulieren Sie einen Antwortsatz.

f) Zeichnen Sie das Schaubild K der Funktion O.

1. a) L

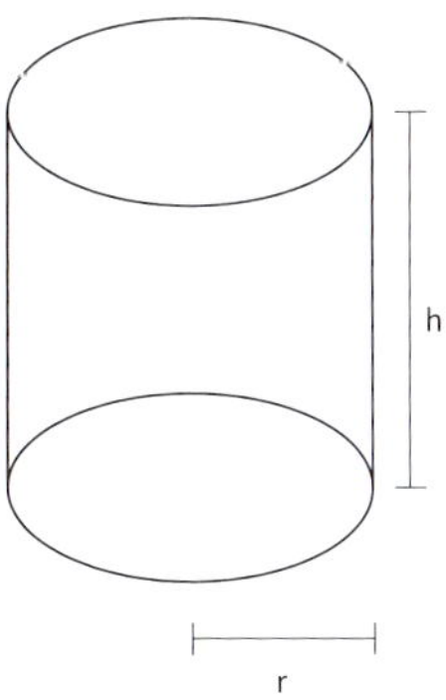

b) $V = \pi r^2 h = 1\,\text{dm}^3$, $1\,\text{l} = 1\,\text{dm}^3$

$O = 2\pi r(r + h)$

c) Da die Formel für die Oberfläche zwei Variablen enthält, muss eine Variable unter Verwendung der Nebenbedingung $V = 1$ eliminiert werden:

$\pi r^2 h = 1 \Leftrightarrow h = \frac{1}{\pi r^2}$ (*)

Einsetzen liefert:

$O(r) = 2\pi r\left(r + \frac{1}{\pi r^2}\right) = 2\pi r^2 + \frac{2}{r}$, $r > 0$;

r in dm, O(r) in dm²

d) $O'(r) = 4\pi r - \frac{2}{r^2}$, $O''(r) = 4\pi + \frac{4}{r^3}$

$O'(r) = 0 \Leftrightarrow 4\pi r = \frac{2}{r^2} \Leftrightarrow 4\pi r^3 = 2 \Leftrightarrow r^3 = \frac{1}{2\pi} \Leftrightarrow r = \sqrt[3]{\frac{1}{2\pi}} \approx 0{,}542$

$O''\left(\sqrt[3]{\frac{1}{2\pi}}\right) = 4\pi + \frac{4}{\frac{1}{2\pi}} = 12\pi > 0$, $O\left(\sqrt[3]{\frac{1}{2\pi}}\right) = 2\pi\left(\frac{1}{2\pi}\right)^{\frac{2}{3}} + \frac{2}{\sqrt[3]{\frac{1}{2\pi}}} \approx 5{,}54$

Wegen $O(r) \to \infty$ für $r \to 0+$ und $O(r) \to \infty$ für $r \to \infty$ ist

$O\left(\sqrt[3]{\frac{1}{2\pi}}\right)$ absolutes Minimum.

Aus (*) ergibt sich die zugehörige Höhe $h = \frac{1}{\pi\left(\frac{1}{2\pi}\right)^{\frac{2}{3}}} \approx 1{,}08$

e) Wählt man den Radius mit etwa 0,54 dm und die Höhe mit etwa 1,08 dm, dann ist die Oberfläche der zylindrischen Dose mit ungefähr 5,54 dm^2 am kleinsten.

f) **Schaubild**

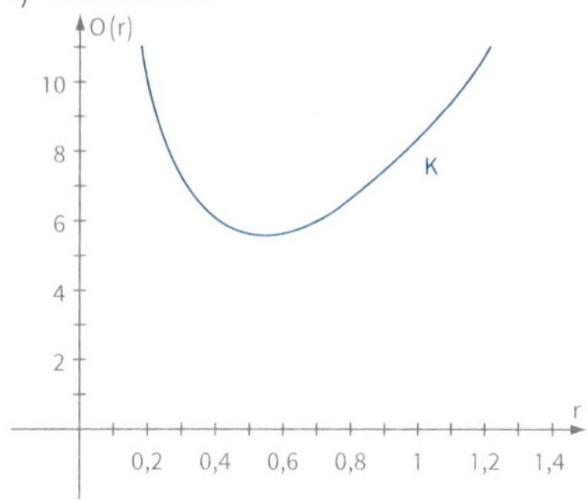

A

2. Gegeben ist die Funktion f mit $f(x) = -x^2 + 4x,\ x \in \mathbb{R}$. Ihr Schaubild sei die Kurve K. Die Punkte $O(0\,|\,0)$, $Q(a\,|\,0)$ und der Kurvenpunkt $P\big(a\,|\,f(a)\big)$ mit $0 < a < 4$ bilden ein Dreieck.

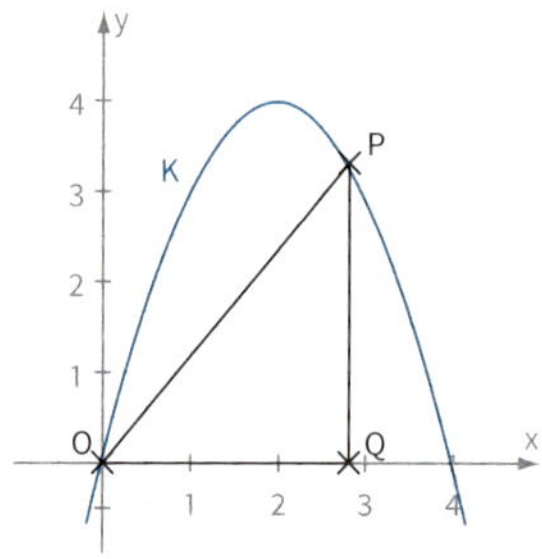

a) Wie muss a gewählt werden, damit der Inhalt des Dreiecks OPQ maximal wird? Geben Sie den maximalen Flächeninhalt an.

b) Bei welchem Dreieck ist die Hypotenuse am längsten?

L

2. a) Da der Punkt P auf K liegt, gilt für den Flächeninhalt A des rechtwinkligen Dreiecks:

$A(a) = \frac{1}{2}a \cdot f(a) = \frac{1}{2}a(-a^2 + 4a) = -\frac{1}{2}a^3 + 2a^2,\ 0 < a < 4$

$A'(a) = -\frac{3}{2}a^2 + 4a,\ A''(a) = -3a + 4$

$A'(a) = 0 \Leftrightarrow a\left(-\frac{3}{2}a + 4\right) = 0 \Leftrightarrow a = 0 \ \vee$ Man wählt $a = \frac{8}{3}$

Die Lösung $a = 0$ entfällt, da sie nicht im Intervall $]0; 4[$ liegt.

Wegen $A''\left(\frac{8}{3}\right) = -4 < 0$, $A(a) \to 0$ für $a \to 0+$ und $A(a) \to 0$ für $a \to 4-$ ist $A\left(\frac{8}{3}\right) = \frac{128}{27} \approx 4{,}74$ absolutes Maximum des Flächeninhalts.

Es ist also $a = \frac{8}{3}$ zu wählen.

b) $\overline{OP}$ ist die Hypotenuse.

Für den Abstand zweier Punkte $P_1(x_1\,|\,y_1)$ und $P_2(x_2\,|\,y_2)$ entnimmt man aus der Formelsammlung:

$|\overline{P_1P_2}| = \sqrt{(x_2 - x_1)^2 + (y_2 - y_1)^2}$,

hier: $|\overline{OP}| = \sqrt{a^2 + (f(a))^2} = \sqrt{a^2 + (-a^2 + 4a)^2} = \sqrt{a^2 + a^4 - 8a^3 + 16a^2}$

$= \sqrt{a^4 - 8a^3 + 17a^2}$

Man verwendet die Hilfsfunktion h mit $h(a) = a^4 - 8a^3 + 17a^2,\ 0 < a < 4$,

$h'(a) = 4a^3 - 24a^2 + 34a = 4a(a^2 - 6a + 8{,}5a),\ h''(a) = 12a^2 - 48a + 34$,

$h'(a) = 0$ führt auf die nicht relevante Lösung $a_1 = 0$ und $0 < a < 4$.

$a_{2/3} = 3 \pm \sqrt{9 - 8{,}5} = 3 \pm \sqrt{0{,}5}$

$a_2 \approx 3{,}71$ mit $h''(3{,}71) \approx 21 > 0$ und $\lim\limits_{a \to 4-} h(a) = 16$

$a_3 \approx 2{,}29$ mit $h''(2{,}29) \approx -13 < 0$ und $h(2{,}29) \approx 20{,}6 > 16$

Die Hypotenuse ist für $a \approx 2{,}29$ am längsten.

Wegen $f(2{,}29) \approx 3{,}92$ bilden die Punkte $0(0|0)$, $P(2{,}29|3{,}92)$, $Q(2{,}29|0)$ das gesuchte Dreieck.

3. Gegeben ist die Funktion mit $f(x) = -x^2 + 4$, $x \in \,]-2; 2[$ **A**

Die nebenstehende Abbildung zeigt ihr Schaubild. Dem Schaubild wird ein achsenparalleles Rechteck einbeschrieben, wobei der Punkt P einer der Eckpunkte des Rechtecks ist.

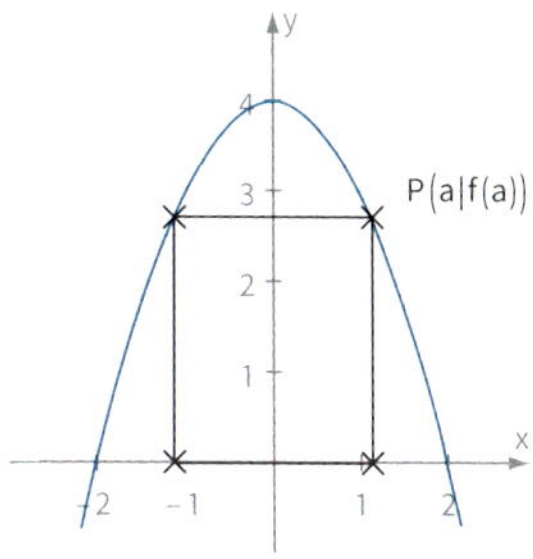

Wie müssen die Koordinaten des Punktes P gewählt werden, damit

a) der Umfang des Rechtecks maximal wird?

b) der Inhalt des Rechtecks maximal wird?

c) das Volumen des Drehkörpers, der bei einer Rotation des Rechtecks um die y-Achse entsteht, extremal wird?

d) das Volumen des Drehkörpers, der bei einer Rotation des Rechtecks um die x-Achse entsteht, extremal wird?

e) Veranschaulichen Sie Ihre Lösungen zu den Teilaufgaben a) bis d) in geeigneter Weise.

3. a) Da P auf dem Schaubild von f liegt, ist **L**

$U(a) = 4a + 2f(a) = 4a - 2a^2 + 8 = -2a^2 + 4a + 8$.

Aus Symmetriegründen betrachtet man $0 < a < 2$.

$U'(a) = -4a + 4$, $U''(a) = -4$, $U'(a) = 0 \Leftrightarrow a = 1$

Wegen $U''(1) = -4 < 0$ ist $U(1)$ zunächst relatives Maximum des Umfangs.

$U(1)$ ist jedoch auch absolutes Maximum, denn es gilt:

$\lim\limits_{a \to 0+} U(a) = \lim\limits_{a \to 2-} U(a) = 8$ und $U(1) = 10 > 8$

Am Rand des Definitionsbereichs treten also nicht noch größere Werte für U auf.

Man wählt $P(1|3)$.

b) $A(a) = 2a \cdot f(a) = 2a(-a^2 + 4) = -2a^3 + 8a$, $0 < a < 2$

$A'(a) = -6a^2 + 8$, $A''(a) = -12a$, $A'(a) = 0 \Leftrightarrow a^2 = \frac{4}{3} \Leftrightarrow a = \frac{2}{\sqrt{3}} \vee a = \frac{-2}{\sqrt{3}}$

Die Lösung $a = -\frac{2}{\sqrt{3}}$ entfällt, denn sie liegt nicht im Intervall $]0; 2[$.

$A''\left(\frac{2}{\sqrt{3}}\right) = -\frac{24}{\sqrt{3}} < 0$

Wegen $\lim\limits_{a \to 0+} A(a) = \lim\limits_{a \to 2-} A(a) = 0$ ist

$A\left(\frac{2}{\sqrt{3}}\right) = -2 \cdot \frac{8}{3\sqrt{3}} + \frac{16}{\sqrt{3}} = -\frac{16}{3\sqrt{3}} + \frac{48}{3\sqrt{3}} = \frac{32}{3\sqrt{3}} \approx 6{,}16$ absolutes Maximum des Flächeninhalts. Man wählt $P\left(\frac{2}{\sqrt{3}}\middle|\frac{8}{3}\right) \approx P(1{,}15|2{,}67)$.

c) Es entsteht ein Zylinder mit der Höhe f(a) und dem Radius a.

$V(a) = \pi a^2 \cdot f(a) = \pi a^2(-a^2+4) = -\pi a^4 + 4\pi a^2,\ 0 < a < 2$

$V'(a) = -4\pi a^3 + 8\pi a,\ V''(a) = -12\pi a^2 + 8\pi$

$V'(a) = 0 \Leftrightarrow 4\pi a(-a^2+2) = 0 \Leftrightarrow a = 0 \ \vee \ a = \sqrt{2} \ \vee \ a = -\sqrt{2}$

Die Lösungen $a = -\sqrt{2}$ und $a = 0$ entfallen, denn sie liegen nicht im Intervall $]0; 2[$.

Wegen $V''(\sqrt{2}) = -24\pi + 8\pi = -16\pi < 0$ und $\lim\limits_{a \to 0+} V(a) = \lim\limits_{a \to 2-} V(a) = 0$

ist $V(\sqrt{2}) = 4\pi \approx 12{,}57$ absolutes Maximum des Volumens.

Man wählt $P(\sqrt{2} \mid 2) \approx P(1{,}41 \mid 2)$.

d) Es entsteht ein Zylinder mit der Höhe 2 a und dem Radius f(a).

$V(a) = \pi(-a^2+4)^2 \cdot 2a = 2\pi a^5 - 16\pi a^3 + 32\pi a,\ 0 < a < 2$

$V'(a) = 10\pi a^4 - 48\pi a^2 + 32\pi$

$V''(a) = 40\pi a^3 - 96\pi a$

$V'(a) = 0 \Leftrightarrow 2\pi(5a^4 + 24a^2 + 16) = 0 \Leftrightarrow a^4 - \frac{24}{5}a^2 + \frac{16}{5} = 0$

Mit $a^2 = u$ ergibt sich: $u^2 - \frac{24}{5}u + \frac{16}{5} = 0$ und $u_{1,2} = \frac{12}{5} \pm \sqrt{\frac{144}{25} - \frac{80}{25}} = \frac{12}{5} \pm \frac{8}{5}$

$u_1 = 4,\ u_2 = \frac{4}{5}$, also $a = 2 \ \vee \ a = -2 \ \vee \ a = \frac{2}{\sqrt{5}} \ \vee \ a = -\frac{2}{\sqrt{5}}$

Unter Berücksichtigung von $0 < a < 2$ ist $a = \frac{2}{\sqrt{5}}$ die einzige mögliche Lösung.

Da $V''\left(\frac{2}{\sqrt{5}}\right) = 40\pi \cdot \frac{8}{5\sqrt{5}} - 96\pi \cdot \frac{2}{\sqrt{5}} = \frac{320\pi - 960\pi}{5\sqrt{5}} = -\frac{640}{5\sqrt{5}}\pi < 0$

und $\lim\limits_{a \to 0+} V(a) = \lim\limits_{a \to 2-} V(a) = 0$, ist $V\left(\frac{2}{\sqrt{5}}\right)$ absolutes Maximum des Volumens.

Wegen $f\left(\frac{2}{\sqrt{5}}\right) = -\left(\frac{2}{\sqrt{5}}\right)^2 + 4 = -\frac{4}{5} + 4 = \frac{16}{5}$ ist $P\left(\frac{2}{\sqrt{5}} \,\middle|\, \frac{16}{5}\right) \approx P(0{,}89 \mid 3{,}2)$ zu wählen.

e) Die Abbildungen zeigen die Schaubilder der zu untersuchenden Funktionen, aus denen die Extremstellen und -werte zu entnehmen sind.

a) Umfang

$U(a) = -2a^2 + 4a + 8;\ 0 < a < 2$

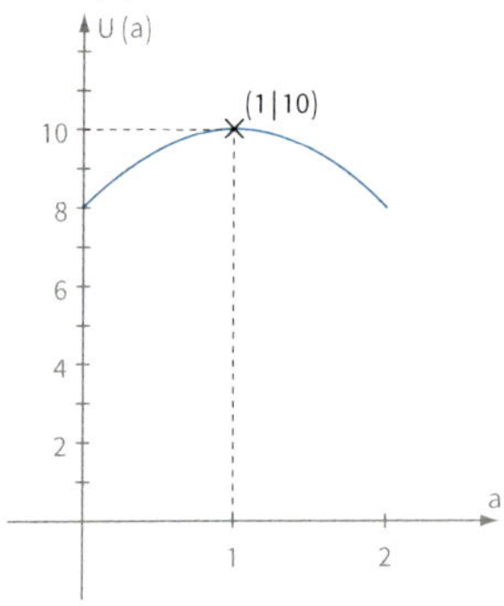

$a = 1;\ U(1) = 10\,LE$

b) Flächeninhalt

$A(a) = -2a^3 + 8a;\ 0 < a < 2$

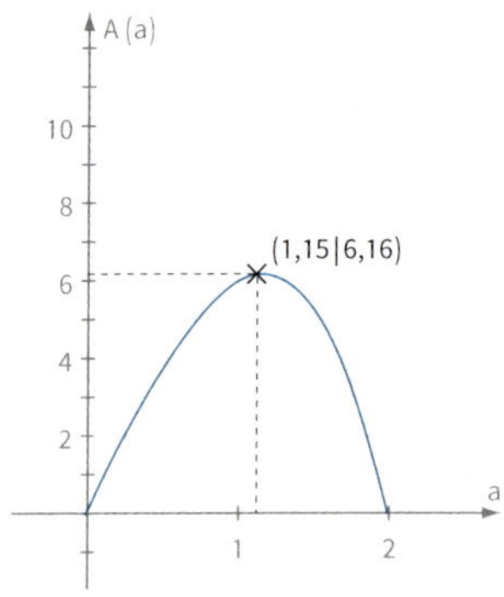

$a = \frac{2}{3}\sqrt{3} \approx 1{,}15;\ A\left(\frac{2}{3}\sqrt{3}\right) = \frac{32}{9}\sqrt{3} \approx 6{,}16\,FE$

c) Volumen (Drehkörper um die y-Achse)
$V(a) = -\pi a^4 + 4\pi a^2;\ 0 < a < 2$

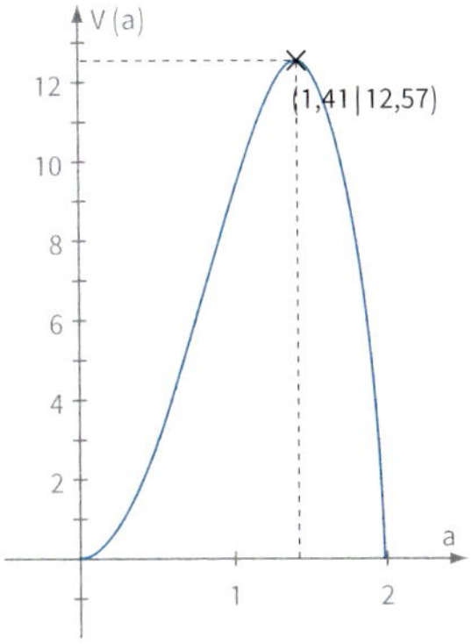

$a = \sqrt{2} \approx 1{,}41;\ V(\sqrt{2}) = 4\pi \approx 12{,}6\,\text{VE}$

d) Volumen (Drehkörper um die x-Achse)
$V(a) = 2\pi a^5 - 16\pi a^3 + 32\pi a;\ 0 < a < 2$

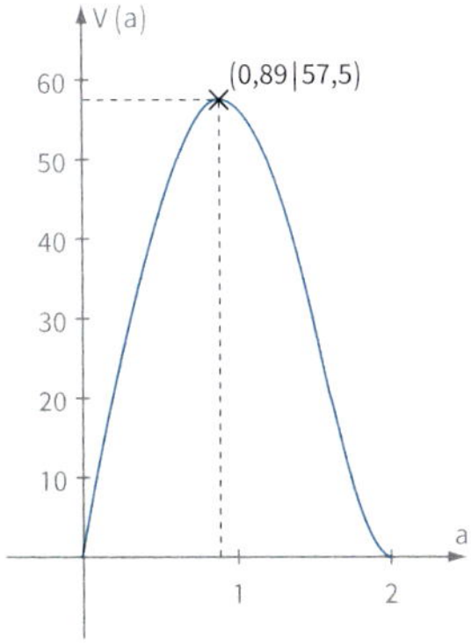

$a = \frac{2}{5}\sqrt{5} \approx 0{,}89;$
$V\left(\frac{2}{5}\sqrt{5}\right) = \frac{1024}{25 \cdot \sqrt{5}} \cdot \pi \approx 57{,}5\,\text{VE}$

4. Einem Kegel mit Grundkreisradius $R = 5\,\text{cm}$ und der Höhe $H = 10\,\text{cm}$ ist ein Zylinder so einzubeschreiben, dass er ein möglichst großes Volumen hat. A

4. Man zeichnet eine räumliche und eine ebene Längsschnitt-Skizze. L

Das Volumen des Zylinders hängt zunächst von zwei Variablen r und h ab, weil $V = \pi \cdot r^2 \cdot h$.

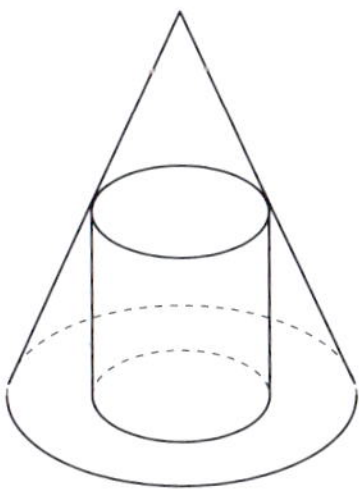

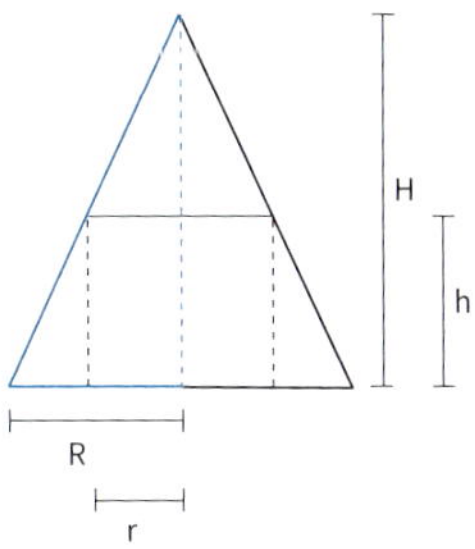

Mithilfe des zweiten Strahlensatzes kann eine der beiden eliminiert werden:

$\frac{H}{H-h} = \frac{R}{r} \Leftrightarrow \frac{10}{10-h} = \frac{5}{r} \Leftrightarrow r = \frac{50-5h}{10} \Leftrightarrow h = 10 - 2r\ (*)$

Das Zylindervolumen lässt sich nun beschreiben durch die Funktion V mit

$V(r) = \pi r^2 \cdot (10 - 2r),\ 0 < r < 5;\ r \text{ in cm}, V(r) \text{ in cm}^3$

$V(r) = 10\pi r^2 - 2\pi r^3,\ V'(r) = 20\pi r - 6\pi r^2,\ V''(r) = 20\pi - 12\pi r$

$V'(r) = 0 \Leftrightarrow 2\pi(10r - 3r^2) = 0 \Leftrightarrow r(10 - 3r) = 0 \Leftrightarrow r = 0 \vee r = \frac{10}{3}.$

Die Lösung $r = 0$ entfällt, da sie nicht im Intervall $]0; 5[$ liegt.

Wegen $V''\left(\frac{10}{3}\right) = 20\pi - 40\pi = -20\pi < 0$

und $\lim\limits_{r \to 0+} V(r) = \lim\limits_{r \to 5-} V(r) = 0$ ist $V\left(\frac{10}{3}\right)$ absolutes Maximum.

Die zum Radius $r = \frac{10}{3}$ gehörende Höhe h ergibt sich aus (*): $h = 10 - \frac{20}{3} = \frac{10}{3}.$

Beim Zylinder mit maximalem Volumen messen Radius und Höhe jeweils $3\frac{1}{3}\,\text{cm}$.

Das maximale Volumen beträgt $V\left(\frac{10}{3}\right) = \frac{1000}{27}\pi \approx 37\pi \approx 116{,}4\,\text{cm}^3.$

1.8 Funktionenscharen

Wissen Bei Funktionenscharen treten im Funktionsterm neben der Funktionsvariablen noch **Scharparameter** auf. Häufig müssen **Ortslinien** von besonderen Punkten bestimmt werden.

A

1. Gegeben ist die Funktionenschar f_t durch $f_t(x) = x^3 + \frac{1}{t}x^2 - t,\ x \in \mathbb{R},\ (t > 0)$.
K_t sei das Schaubild von f_t.

a) Untersuchen Sie K_t auf Extrem- und Wendepunkte.

b) Auf welchen Ortslinien liegen die Extrempunkte aller K_t?

c) Skizzieren Sie K_1, K_2 und K_3 samt Extrempunkten und Ortslinien.

L

1. $f_t'(x) = 3x^2 + \frac{2}{t}x,\ f_t''(x) = 6x + \frac{2}{t},\ f_t'''(x) = 6$

a) **Extrempunkte**

$f_t'(x) = 0 \Leftrightarrow x\left(3x + \frac{2}{t}\right) = 0$

$\Leftrightarrow x = 0 \vee x = -\frac{2}{3t}$

$f_t''(0) = \frac{2}{t} > 0,\ f_t(0) = -t \Rightarrow T_t(0|-t)$

$f_t''\left(-\frac{2}{3t}\right) = -\frac{2}{t} < 0,\ f_t\left(-\frac{2}{3t}\right) = \frac{4}{27t^3} - t$

$\Rightarrow H_t\left(-\frac{2}{3t}\middle|\frac{4}{27t^3} - t\right)$

Wendepunkt

$f_t''(x) = 0 \Leftrightarrow x = -\frac{1}{3t},\ f_t'''\left(-\frac{1}{3t}\right) = 6 \neq 0,$

$f_t\left(-\frac{1}{3t}\right) = \frac{2}{27t^3} - t \Rightarrow W_t\left(-\frac{1}{3t}\middle|\frac{2}{27t^3} - t\right)$

b) **Ortslinien der Extrempunkte**

Für die Tiefpunkte $T_t(0|-t)$ gilt:

$x = 0$ und $y = -t$

Die Tiefpunkte liegen auf der negativen y-Achse.

Für die Hochpunkte $H_t\left(-\frac{2}{3t}\middle|\frac{4}{27t^3} - t\right)$ gilt:

$x = -\frac{2}{3t} \Leftrightarrow t = -\frac{2}{3x}$ und $y = \frac{4}{27t^3} - t$

Durch Einsetzen erhält man $y = \frac{4}{27\left(-\frac{2}{3x}\right)^3} + \frac{2}{3x} = -\frac{1}{2}x^3 + \frac{2}{3x}$

Die Hochpunkte liegen auf der Ortslinie mit der Gleichung $y = -\frac{1}{2}x^3 + \frac{2}{3x},\ x < 0$.

c) **Skizze**

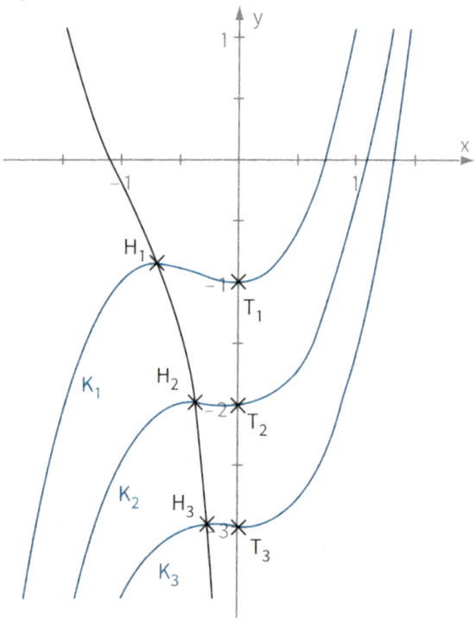

A

2. Gegeben sind die Funktionen f_t mit $f_t(x) = \frac{t}{x^2} + \frac{1}{t},\ x \in \mathbb{R}\setminus\{0\},\ (t > 0)$.
K_t sei das Schaubild von f_t.

a) Zeichnen Sie K_1 für $-3 \leq x \leq 3$ samt Asymptoten.

b) Geben Sie die Asymptoten von K_t an.

c) Jede Kurve K_t begrenzt mit den Geraden $g: x = 1$ und $h: x = 2$ sowie der x-Achse ein Flächenstück mit Inhalt $A(t)$. Wie ist t zu wählen, damit der Inhalt $A(t)$ am kleinsten wird? Welchen Wert hat er dann?

L

2. a) **Schaubild** (siehe rechts)

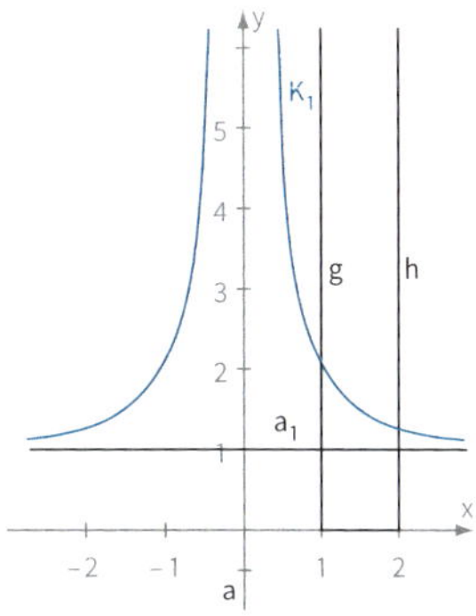

b) **Asymptoten** sind $a_t: y = \frac{1}{t}$ und $a: x = 0$.

c) **Minimaler Flächeninhalt**

$$A(t) = \int_1^2 f_t(x)\,dx = \left[-\frac{t}{x} + \frac{x}{t}\right]_1^2 = -\frac{t}{2} + \frac{2}{t} - \left(-t + \frac{1}{t}\right)$$

$$= \frac{t}{2} + \frac{1}{t},\ t \in \mathbb{R}^+$$

$$A'(t) = \frac{1}{2} - \frac{1}{t^2},\ A''(t) = \frac{2}{t^3}$$

$$A'(t) = 0 \Leftrightarrow t^2 = 2 \Leftrightarrow t = \sqrt{2} \ \vee\ t = -\sqrt{2}$$

Die negative Lösung entfällt wegen $t > 0$.

Wegen $A''(\sqrt{2}) = \frac{2}{2\sqrt{2}} = \frac{1}{\sqrt{2}} > 0$, $A(\sqrt{2}) = \frac{\sqrt{2}}{2} + \frac{1}{\sqrt{2}} = \frac{2}{\sqrt{2}} = \sqrt{2}$,

$A'(t) \to \infty$ für $t \to 0+$ und $A(t) \to \infty$ für $t \to \infty$ ist $\sqrt{2}$ absolutes Minimum.

Für $t = \sqrt{2}$ ist der Flächeninhalt am kleinsten, er hat dann den Wert $\sqrt{2}$ FE.

A

3. Gegeben sind die Funktionen f_t mit $f_t(x) = \frac{1}{t}e^{-tx}$, $x \in \mathbb{R}$, $(t > 0)$.

K_t sei das Schaubild von f_t.

a) Zeichnen Sie $K_{\frac{1}{2}}$ für $-\frac{3}{2} \le x \le 3$.

b) Zeigen Sie: Alle Schaubilder K_t schneiden die y-Achse unter einem gleich großen Winkel Wie groß ist er?

c) P_t sei ein Punkt auf dem Schaubild von f_t im 1. Quadranten. Die Parallelen zu den Koordinatenachsen durch P_t bilden mit den Koordinatenachsen ein Rechteck. Untersuchen Sie, ob P_t so gewählt werden kann, dass der Rechtecksinhalt extremal wird. Geben Sie den Extremwert und seine Art an.

L

3. a) **Schaubild** (siehe rechts)

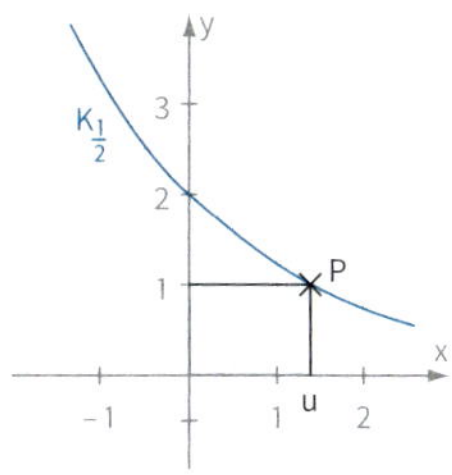

b) **Schnittwinkel**

$f_t'(x) = -e^{-tx}$, $f_t'(0) = -1 \Rightarrow$ Alle Tangenten haben in den Schnittpunkten mit der y-Achse die Steigung -1 und bilden damit auch gleich große Winkel mit der y-Achse. Sie messen jeweils 45°.

c) **Extremaler Rechtecksinhalt**

$A_t(u) = u \cdot f_t(u) = \frac{1}{t} u e^{-tu},\ u \in \mathbb{R}^+$

$A_t'(u) = \frac{1}{t}\left(e^{-tu} - tu e^{-tu}\right) = \frac{1}{t} e^{-tu}(1 - tu)$

$A_t'(u) = 0 \Leftrightarrow 1 - tu = 0 \Leftrightarrow u = \frac{1}{t} > 0$

A_t' wechselt an der Stelle $\frac{1}{t}$ das Vorzeichen von + nach –.

Außerdem ist $\lim\limits_{u \to \infty} A_t(u) = \lim\limits_{u \to 0+} A_t(u) = 0.$

Es ist $f_t\left(\frac{1}{t}\right) = \frac{1}{t} e^{-t \cdot \frac{1}{t}} = \frac{1}{et}$ und $A_t\left(\frac{1}{t}\right) = \frac{1}{t} \cdot \frac{1}{t} e^{-t \cdot \frac{1}{t}} = \frac{1}{et^2}$

Also liegt für $P_t\left(\frac{1}{t} \middle| \frac{1}{et}\right)$ ein absolutes Maximum des Flächeninhalts vor.

Es hat den Wert $\frac{1}{et^2}$.

A

4. Gegeben sind die Funktionen f_t mit $f_t(x) = \frac{1}{3}x^3 - 2tx^2 + (4t^2 + 1)x,\ x \in \mathbb{R},\ (t > 0).$
K_t sei das Schaubild von f_t.

a) Bestimmen Sie die Ortslinie der Wendepunkte aller K_t.

b) Zeigen Sie: Alle Funktionen f_t sind streng monoton wachsend.

c) Untersuchen Sie die Anzahl der Schnittpunkte von K_{t_1} und K_{t_2} für $t_1 \neq t_2$.

d) Zeichnen Sie K_1 und K_2 für $-1 \leq x \leq 6$ in ein gemeinsames Achsenkreuz. Wählen Sie geeignete Längeneinheiten auf den Koordinatenachsen.

L

4. $f_t'(x) = x^2 - 4tx + 4t^2 + 1,\ f_t''(x) = 2x - 4t,\ f_t'''(x) = 2$

a) **Wendepunkte**

$f_t''(x) = 0 \Leftrightarrow 2x - 4t = 0 \Leftrightarrow x = 2t$

$f_t'''(2t) = 2 \neq 0,\ f_t(2t) = \frac{1}{3} \cdot 8t^3 - 2t \cdot 4t^2 + (4t^2 + 1)2t = \frac{8}{3}t^3 + 2t$

$\Rightarrow W_t\left(2t \middle| \frac{8}{3}t^3 + 2t\right)$

Ortslinie

$x = 2t \Leftrightarrow t = \frac{x}{2}$ und $y = \frac{8}{3}t^3 + 2t$

Durch Einsetzen erhält man $y = \frac{8}{3}\left(\frac{x}{2}\right)^3 + x.$

Die Ortslinie der Wendepunkte hat die Gleichung $y = \frac{1}{3}x^3 + x,\ x > 0.$

b) Es ist zu zeigen: $f_t'(x) > 0$ für alle $x \in \mathbb{R}$ und alle $t > 0$.

$f_t'(x) = x^2 - 4tx + 4t^2 + 1 = (x - 2t)^2 + 1 > 0.$

c) Es sei $t_1 \neq t_2$

$$f_{t_1}(x) = f_{t_2}(x) \Leftrightarrow \frac{1}{3}x^3 - 2t_1x^2 + \left(4t_1^2 + 1\right)x = \frac{1}{3}x^3 - 2t_2x^2 + \left(4t_2^2 + 1\right)x$$

$$\Leftrightarrow (2t_2 - 2t_1)x^2 + \left(4t_1^2 - 4t_2^2\right)x = 0 \Leftrightarrow x\left[2(t_2 - t_1)x + 4\left(t_1^2 - t_2^2\right)\right] = 0$$

$$\Leftrightarrow x = 0 \lor x = -\frac{4\left(t_1^2 - t_2^2\right)}{2(t_2 - t_1)} = 2(t_1 + t_2)$$

Wegen $2(t_1 + t_2) > 0$ gibt es stets zwei Schnittpunkte von K_{t_1} und K_{t_2}.

d) **Schaubild**

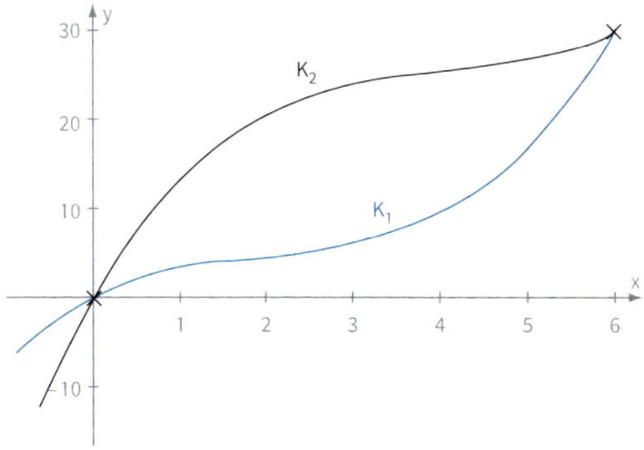

5. a) Bestimmen Sie die ganzrationalen Funktionen dritten Grades, deren Schaubilder die x-Achse in $N(2|0)$ berühren und einen Wendepunkt mit der Abszisse 1 besitzen. A

b) Welches dieser Schaubilder verläuft durch $S(0|1)$?

5. a) $f(x) = ax^3 + bx^2 + cx + d,\ f'(x) = 3ax^2 + 2bx + c,\ f''(x) = 6ax + 2b$ L

Die Bedingungen führen auf ein lineares Gleichungssystem:

(1) $f(2) = 0 \Leftrightarrow \quad 8a + 4b + 2c + d = 0$

(2) $f'(2) = 0 \Leftrightarrow \quad 12a + 4b + c \quad = 0$

(3) $f''(1) = 0 \Leftrightarrow \quad 6a + 2b \quad = 0$

Hieraus ergibt sich: $b = -3a,\ c = 0,\ d = 4a$

Die Funktionen f_a mit $f_a(x) = ax^3 - 3ax^2 + 4a,\ x \in \mathbb{R}$ erfüllen die Bedingungen.

b) $f_a(0) = 1 \Leftrightarrow 4a = 1 \Leftrightarrow a = \frac{1}{4}$

Das Schaubild von $f_{\frac{1}{4}}$ verläuft durch S.

6. Für jedes $t > 0$ ist eine Funktion f_t mit $f_t(x) = \frac{1}{t^2}\left(4x - \frac{x^3}{t^2}\right)$ gegeben. A

Zeigen Sie: Alle Schaubilder der Funktionen f_t begrenzen mit der x-Achse eine im ersten Quadranten liegende Fläche von gleichem Inhalt.

6. Integrationsgrenzen L

$f_t(x) = 0 \Leftrightarrow 4x - \frac{x^3}{t^2} = 0 \Leftrightarrow 4t^2x - x^3 = 0 \Leftrightarrow x(4t^2 - x^2) = 0 \Rightarrow x_1 = 0,\ x_{2,3} = \pm 2t.$

Als Integrationsgrenzen kommen nur 0 und 2t in Betracht.

Integral

$$\int_0^{2t} f_t(x)dx = \int_0^{2t} \left(\frac{1}{t^2}\left(4x - \frac{x^3}{t^2}\right)\right)dx = \frac{1}{t^2}\int_0^{2t}\left(4x - \frac{x^3}{t^2}\right)dx = \frac{1}{t^2}\left[2x^2 - \frac{x^4}{4t^2}\right]_0^{2t} = \frac{1}{t^2}(8t^2 - 4t^2) = 4$$

Da das Integral positiv ist, verläuft jedes Schaubild von f_t im Intervall $[0; 2t]$ oberhalb der x-Achse und damit im ersten Quadranten. Außerdem ist der Flächeninhalt 4 von t unabhängig.

1.9 Vollständige Induktion

Wissen

Die **vollständige Induktion** ist eine Beweismethode dafür, dass eine Aussageform A(n) für alle (oder fast alle) natürlichen Zahlen n wahr ist.
Sie umfasst den **Induktionsanfang** und den **Induktionsschluss**.
Der Induktionsanfang besteht aus dem Nachweis, dass A(1) eine wahre Aussage ist.
Beim Induktionsschluss ist zu zeigen, dass aus der angenommenen Gültigkeit von A(n) (**Induktionsannahme**) auch die Gültigkeit von A(n + 1) (**Induktionsbehauptung**) folgt.
Damit ist A(n) für alle natürlichen Zahlen n eine wahre Aussage, wie das folgende Schema zeigt:

$\xrightarrow{\text{Induktionsanfang}}$ A(1) ist wahr $\xrightarrow{\text{Induktionsschluss}}$ A(2) ist wahr

$\xrightarrow{\text{Induktionsschluss}}$ A(3) ist wahr $\xrightarrow{\text{Induktionsschluss}}$ u.s.w.

Bemerkung: Wenn die Aussageform erst ab einem Index $k > 1$ wahre Aussagen liefert, dann ist beim Induktionsanfang zu zeigen, dass A(k) für diesen Index wahr ist und der Induktionsschluss wird unter der Bedingung $n \geq k$ vollzogen.

A

1. Zeigen Sie: $3 + 7 + 11 + \ldots + 4n - 1 = n(2n + 1)$ für alle $n \in \mathbb{N}$.

L

1. Vollständige Induktion $A(n)$: $3 + 7 + 11 + \ldots + 4n - 1 = n(2n + 1)$

1. Induktionsanfang: $A(1)$: $3 = 1 \cdot (2 \cdot 1 + 1)$ ist eine wahre Aussage.

2. Induktionsschluss: Zu zeigen ist:

$A(n) \Rightarrow A(n+1): 3 + 7 + 11 + \ldots + (4n - 1) + (4(n+1) - 1) = (n+1)[2(n+1) + 1]$

Dazu rechnen Sie beide Seiten der Gleichung unter der Annahme, dass A(n) gültig ist, aus:

Linke Seite: $3 + 7 + 11 + \ldots + (4n - 1) + (4(n+1) - 1)$

$$= \underbrace{n(2n+1)}_{\text{nach Induktionsannahme}} + 4(n+1) - 1 = 2n^2 + n + 4n + 3 = 2n^2 + 5n + 3$$

Rechte Seite: $(n+1)[2(n+1) + 1] = (n+1)(2n+3) = 2n^2 + 5n + 3$

Beide Seiten ergeben denselben Term. Also ist A(n) für alle natürlichen Zahlen n wahr.

A

2. Zeigen Sie: $7^n - 1$ ist für alle $n \in \mathbb{N}$ durch 6 teilbar.

L

2. Vollständige Induktion $A(n)$: $7^n - 1$ ist für alle $n \in \mathbb{N}$ durch 6 teilbar.

1. Induktionsanfang: $A(1)$: $7^1 - 1$ ist durch 6 teilbar. Dies ist eine wahre Aussage, da 6 durch 6 teilbar ist.

2. Induktionsschluss: Zu zeigen ist:

$A(n) \Rightarrow A(n+1)$:

$7^n - 1$ ist für alle $n \in \mathbb{N}$ durch 6 teilbar $\Rightarrow 7^{n+1} - 1$ ist durch 6 teilbar.

Es gilt: $7^{n+1} - 1 = 7 \cdot 7^n - 1 = 7 \cdot 7^n - 7 + 6 = 7 \cdot (7^n - 1) + 6$.

Der letzte Term besteht aus den Summanden $7 \cdot (7^n - 1)$ und 6, die beide durch 6 teilbar sind, der erste nach Induktionsannahme, der zweite offensichtlich. Also ist auch die Summe durch 6 teilbar.

3. Gegeben ist die Funktion f mit $f(x) = x e^{2-x}$, $x \in \mathbb{R}$. A

a) Bestimmen Sie die ersten vier Ableitungen von f.
Welche Gesetzmäßigkeit vermuten Sie?

b) Beweisen Sie Ihre Vermutung aus Teilaufgabe a).

3. a) $f'(x) = 1 \cdot e^{2-x} + x \cdot e^{2-x} \cdot (-1) = e^{2-x} - x e^{2-x} = (1-x) e^{2-x}$ L

$f''(x) = -1 \cdot e^{2-x} + (1-x) e^{2-x} \cdot (-1) = -e^{2-x} + (x-1) e^{2-x} = (x-2) e^{2-x}$

$f'''(x) = (3-x) e^{2-x}$

$f^{(4)}(x) = (x-4) e^{2-x}$

Hieraus ergibt sich die Vermutung: $f^{(n)}(x) = (-1)^n (x-n) e^{2-x}$

b) Vollständige Induktion: $A(n)$: $f^{(n)}(x) = (-1)^n (x-n) e^{2-x}$ für alle $n \in \mathbb{N}$.

1. Induktionsanfang: $A(1)$: $f'(x) = (-1)^1 (x-1) e^{2-x}$ ist eine wahre Aussage,
da $(-1)^1 (x-1) e^{2-x} = (1-x) e^{2-x}$

2. Induktionsschluss: $A(n+1)$: $f^{(n+1)}(x) = (-1)^{n+1} [x - (n+1)] e^{2-x}$

$A(n) \Rightarrow A(n+1)$, denn

$$f^{(n+1)}(x) = \left[f^{(n)}(x)\right]' = \underbrace{\left[(-1)^n (x-n) e^{2-x}\right]'}_{\text{nach Induktionsannahme}}$$

$$= (-1)^n \left(1 \cdot e^{2-x} + (x-n) e^{2-x} \cdot (-1)\right) \quad | \text{ Produkt- und Kettenregel}$$

$$= (-1)^n \left(e^{2-x} - (x-n) e^{2-x}\right) \quad | \text{ vereinfacht}$$

$$= (-1)^n (1 - x + n) e^{2-x} \quad | \; e^{2-x} \text{ ausgeklammert}$$

$$= (-1)^n \cdot (-1)(x - n - 1) e^{2-x} \quad | \; (-1) \text{ ausgeklammert}$$

$$= (-1)^{n+1} \left(x - (n+1)\right) e^{2-x} \quad | \text{ Potenzgesetz}$$

4. Zeigen Sie: $2^n > n^2$ für alle $n \in \mathbb{N}$ mit $n \geq 5$. A

4. Vollständige Induktion: $A(n)$: $2^n > n^2$ für alle $n \in \mathbb{N}$ mit $n \geq 5$. L

1. Induktionsanfang: $A(5)$: $2^5 > 5^2$ ist eine wahre Aussage, denn $32 > 25$.

2. Induktionsschluss: $A(n+1)$: $2^{n+1} > (n+1)^2$

$A(n) \Rightarrow A(n+1)$, denn $2^{n+1} = 2 \cdot 2^n > 2 \cdot \underbrace{n^2}_{\text{nach Induktionsannahme}} = n^2 + n^2 \underbrace{>}_{\text{für } n > 2} n^2 + 2n + 1 = (n+1)^2$.

Also ist $2^{n+1} > (n+1)^2$ fur $n \geq 5$.

1.10 Test zum Verständnis wichtiger Begriffe und Sätze

A

1. Gegeben ist das Schaubild $K_{f'}$ einer ganzrationalen Ableitungsfunktion f'.
Entscheiden Sie, ob die folgenden Aussagen wahr oder falsch sind. Begründen Sie geeignet.

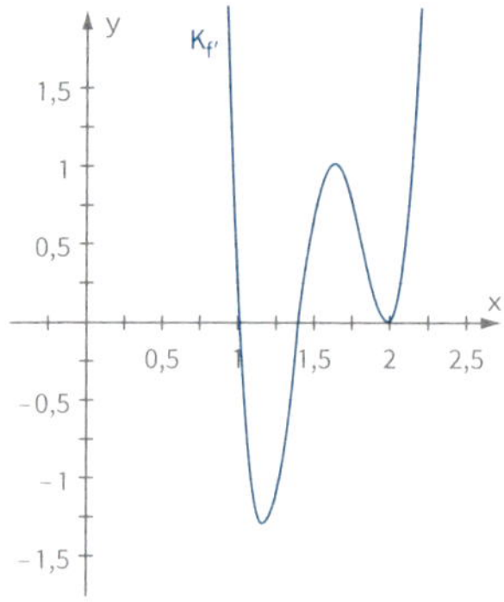

a) Das Schaubild von f hat im Intervall $[0{,}9; 2{,}2]$ drei Extrempunkte.
b) $f''(1) > 0$
c) $f''(2) = 0$
d) Es gibt zwei Stellen, an denen die dritte Ableitung null ist.
e) $f(2) < f(1{,}5)$
f) Das Schaubild von f ist für $x < 1$ links gekrümmt.
g) Das Schaubild von f hat drei Wendepunkte.
h) $\int_{1{,}5}^{1} f'(x)\,dx$ ist negativ.
i) f' ist für $x > 2$ streng monoton wachsend.
j) f' ist eine ganzrationale Funktion dritten Grades.

L

1. a) Die Aussage ist falsch, da f' nur zwei Nullstellen mit Vorzeichenwechsel besitzt.
b) Die Aussage ist falsch, denn aus $f''(1) > 0$ würde folgen, dass f' an der Stelle 1 lokal wächst, f' fällt dort jedoch.
c) Die Aussage ist wahr, da f' die Extremstelle 2 besitzt. Hierfür notwendig ist, dass die erste Ableitung von f', also f'', an der Stelle 2 den Wert null annimmt.
d) Die Aussage ist wahr, weil das Schaubild von f' zwei Wendepunkt hat. Notwendig hierfür ist, dass die zweite Ableitung von f', also f''', an zwei Stellen null wird.
e) Die Aussage ist falsch, denn f' ist für $x > 1{,}5$ nur mit der Ausnahme 2 stets positiv. Aus dem Monotoniesatz folgt, dass f dort streng monoton wächst, also ist $f(2) > f(1{,}5)$.
f) Die Aussage ist falsch, da f' für $x < 1$ streng monoton fällt. Dann ist das Schaubild von f aber rechtsgekrümmt.
g) Die Aussage ist wahr, denn f' besitzt genau drei Extremstellen, diese sind die Wendestellen von f. Also hat das Schaubild von f drei Wendepunkte.
h) Die Aussage ist falsch, weil die unterhalb der x-Achse liegende Teilfläche dem Betrag nach größer ist als die oberhalb liegende, also wäre $\int_{1}^{1{,}5} f(x)\,dx$ negativ. Die obere Integrationsgrenze ist kleiner als die untere. Das vorgegebene Integral ist damit positiv.

i) Die Aussage ist wahr, wie man sofort an den zunehmenden Funktionswerten von f′ sieht.

j) Die Aussage ist falsch, obwohl f′ drei Nullstellen hat, also mindestens dritten Grades sein muss. Wegen $f'(x) \to \infty$ für $x \to \infty$ und für $x \to -\infty$ kann aber f′ nur einen geraden Grad haben, muss also mindestens vierten Grades sein.

Bemerkung: Die Abbildung zeigt das Schaubild $K_{f'}$ von f′ und ein mögliches Schaubild K_f von f.

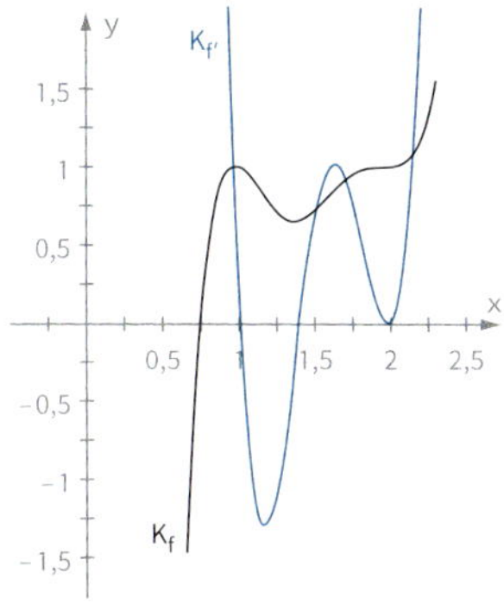

2. Die Funktion f mit dem Schaubild K sei dreimal differenzierbar auf ihrer Definitionsmenge D. Es sei $x_0 \in D$ und I eine Teilmenge von D. Entscheiden Sie, ob die folgenden Aussagen wahr oder falsch sind. Begründen Sie geeignet. **A**

a) $f'(x_0) = 0 \Rightarrow x_0$ ist Extremstelle von f.
b) $f''(x) < 0$ für alle $x \in I \Rightarrow$ K ist rechtsgekrümmt.
c) $f''(x) < 0$ für alle $x \in I \Rightarrow$ f ist streng monoton wachsend.
d) f ist streng monoton wachsend auf $I \Rightarrow f'(x) > 0$ für alle $x \in \mathbb{R}$.
e) $f(x_0) = 0$ und $f''(x_0) = 0$ und $f'''(x_0) = 1 \Rightarrow P(x_0 | 0)$ ist Wendepunkt von K.
f) $f'(x) < 0$ für $x < x_0$ und $f'(x) > 0$ für $x > x_0 \Rightarrow f(x_0)$ ist absolutes Minimum von f.
g) $P(x_0 | f(x_0))$ ist Extrempunkt von $K \Rightarrow f''(x_0) \neq 0$.
h) $f(x_0) = f'(x_0) = f''(x_0) = 0 \Rightarrow P(x_0 | 0)$ ist kein Extrempunkt von K.
i) $f(x_0) = -1$ und $f'(x_0) = 2 \Rightarrow$ Die Gerade $t: y = 2(x - x_0) - 1$ ist Tangente an K.
j) $f'(x_0) = -\frac{2}{3} \Rightarrow$ Die Normale im Punkt $P(x_0 | f(x_0))$ hat die Steigung $\frac{3}{2}$.

2. **L**
a) Die Aussage ist falsch, denn $f'(x_0) = 0$ ist bei einer differenzierbaren Funktion zwar notwendig, aber nicht hinreichend für die Existenz einer Extremstelle. Betrachten Sie die Funktion f mit $f(x) = x^3$ an der Stelle $x_0 = 0$.
b) Die Aussage ist wahr, denn aus $f''(x) < 0$ folgt, dass f′ auf I streng monoton fällt, die Tangentensteigung also abnimmt. Damit ist K rechtsgekrümmt.
c) Die Aussage ist falsch, denn aus $f''(x) < 0$ kann nur die Rechtskrümmung von K gefolgert werden. Es gibt aber sowohl streng monoton wachsende als auch streng monoton fallende Funktionen mit rechtsgekrümmten Schaubildern.
d) Die Aussage ist falsch, denn f mit $f(x) = x^3$ ist auf $I = \mathbb{R}$ streng monoton wachsend, doch es ist $f'(0) = 0$.
e) Die Aussage ist wahr, denn $f''(x_0) = 0$ und $f'''(x_0) = 1 \neq 0$ ist hinreichend für die Wendestelle x_0. Aus $f(x_0) = 0$ ergibt sich dann der Wendepunkt $P(x_0 | 0)$ von K.
f) Die Aussage ist falsch, denn der Vorzeichenwechsel der Ableitungsfunktion an der Stelle x_0 von − nach + sichert nur, dass $f(x_0)$ ein relatives Minimum ist.

g) Die Aussage ist falsch, denn das Schaubild von f mit $f(x) = x^4$ besitzt den Tiefpunkt $P(0|0)$. Dennoch ist $f''(0) = 0$.

h) Die Aussage ist falsch, denn bei f mit $f(x) = x^4$ sind die drei Bedingungen für $x_0 = 0$ erfüllt. Aber $P(0|0)$ ist Tiefpunkt von K.

i) Die Aussage ist wahr, denn $f'(x_0) = 2$ ist die Steigung der Tangente im Punkt P von K. Mit der Punkt-Steigungsform einer Geraden erhält man die angegebene Geradengleichung.

j) Die Aussage ist wahr, denn die negativ-reziproke Tangentensteigung $-\frac{1}{f'(x_0)} = \frac{3}{2}$ ist die Steigung der Normalen in $P(x_0|f(x_0))$.

A

3. Gegeben ist die Funktion f mit $f(x) = \frac{1}{2}x^2 - 2$, $x \in \mathbb{R}$ und ihr Schaubild K.
F_{-1} sei die Integralfunktion zu f bezüglich der Stelle -1.

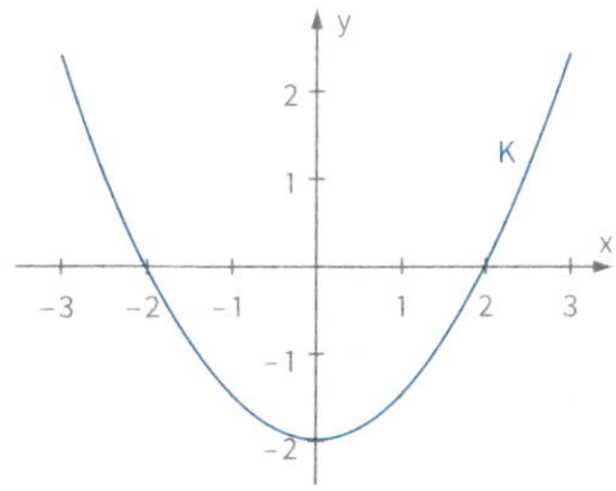

a) Begründen Sie: F_{-1} besitzt genau drei Nullstellen.

b) Begründen Sie: F_{-1} besitzt genau zwei Extremstellen und genau eine Wendestelle.

c) Skizzieren Sie den groben Verlauf das Schaubilds I von F_{-1} für $-4 \leq x \leq 4$ unter Berücksichtigung der Aussagen in den Teilaufgaben a) und b).

d) Stellen Sie die Termdarstellung von F_{-1} auf.

L

3. a) Zunächst ist die untere Grenze $x_1 = -1$ Nullstelle der Integralfunktion. Summiert man dann die orientierten Flächeninhalte für $x > -1$ auf, dann gehen diese bis zur Stelle 2 negativ (Werte von f sind negativ und obere Grenze x ist größer als die untere Grenze -1), danach ausschließlich positiv (Werte von f sind positiv und obere Grenze x ist größer als die unter Grenze -1) in die Summe ein. Also gibt es eine Stelle $x_2 > 2$ mit $F_{-1}(x_2) = 0$.

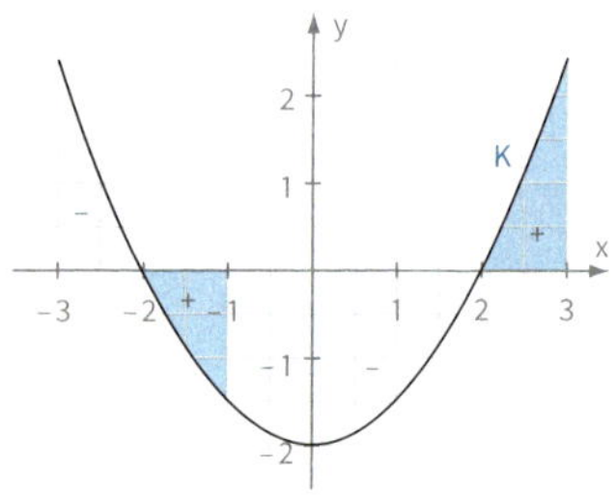

Summiert man schließlich die orientierten Flächeninhalte für $x < -1$ auf, dann gehen diese bis zur Stelle -2 positiv (Werte von f sind negativ und obere Grenze ist kleiner als die untere Grenze -1), danach ausschließlich negativ (Werte von f sind positiv und obere Grenze x ist kleiner als untere Grenze -1) in die Summe ein. Also gibt es eine Stelle $x_3 < -2$ mit $F_{-1}(x_3) = 0$.

b) $F'_{-1}(x) = f(x) = \frac{1}{2}x^2 - 2$
$F''_{-1}(x) = f'(x) = x$
Wegen $F'_{-1}(x) = 0 \Leftrightarrow x = 2 \vee x = -2$ sowie $F''_{-1}(2) = 2 > 0$ und $F''_{-1}(-2) = -2 < 0$ sind 2 und -2 die beiden einzigen Extremstellen von F_{-1}.

Wegen $F''_{-1}(x) = 0 \Leftrightarrow x = 0$ und des Vorzeichenwechsels von F''_{-1} an der Stelle 0 gibt es nur diese eine Wendestelle von F_{-1}.

c)

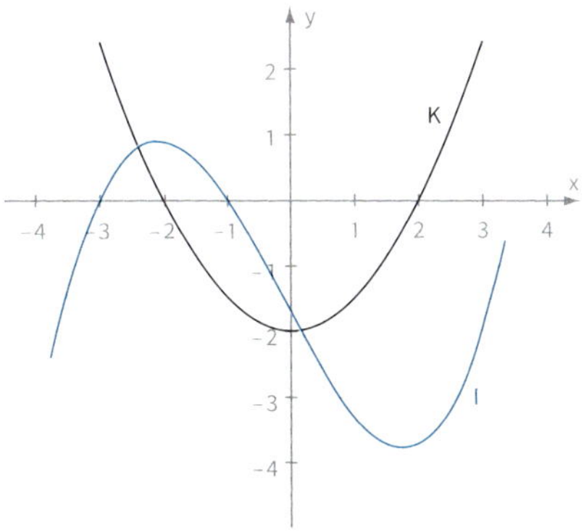

d) F_{-1} ist diejenige Stammfunktion von f, die an der Stelle – 1 den Wert 0 annimmt.
Aus $F(x) = \frac{1}{6}x^3 - 2x + c$ und $F(-1) = 0$ ergibt sich sofort $c = -\frac{11}{6}$ und damit
$F_{-1}(x) = \frac{1}{6}x^3 - 2x - \frac{11}{6}$, $x \in \mathbb{R}$.

4. Die Abbildung zeigt das Schaubild K_F einer Stammfunktion F zur Funktion f.
Entscheiden Sie, ob die Aussagen wahr oder falsch sind.
Begründen Sie geeignet.

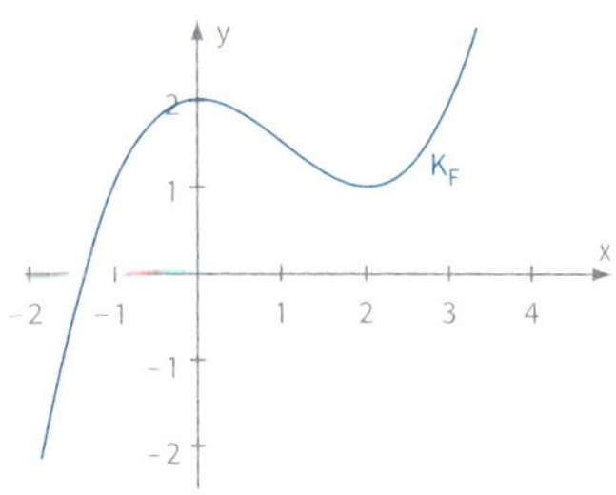

A

a) f ist für $-1 < x < 0$ monoton wachsend.
b) f besitzt im Zeichenbereich genau zwei Nullstellen.
c) $\int_0^2 f(x)\,dx < 0$
d) f′ besitzt keine Nullstelle.

4. a) K_F ist für $-1 < x < 0$ rechtsgekrümmt, also ist $F''(x) = f'(x) < 0 \Rightarrow$ f ist streng monoton fallend, die Aussage damit falsch.

L

b) F besitzt genau zwei Extremstellen, also muss $F' = f$ genau zwei Nullstellen haben. Die Aussage ist wahr.
c) $\int_0^2 f(x)\,dx = F(2) - F(0) = 1 - 2 = -1 < 0$
Die Aussage ist wahr.
d) Da F genau eine Wendestelle besitzt, muss $F'' = f'$ genau eine Nullstelle haben. Die Aussage ist falsch.

1.11 Aufgaben wie im mündlichen Abitur

Die nachfolgende Aufgabenzusammenstellung stellt eine Checkliste sowohl für die schriftliche als auch die mündliche Abiturprüfung dar.
Angehende Abiturientinnen und Abiturienten sollten in der Lage sein, die Aufgaben unter korrekter Verwendung der Fachsprache zu bearbeiten und dazu passende grafische Darstellungen zu entwickeln.

1. Gleichungslehre

a) Geben Sie einen Überblick zu den bekannten Gleichungstypen und dem passenden Lösungsverfahren.

b) Erläutern Sie das NEWTON-Verfahren.

2. Differentialrechnung

a) Wie ist die Ableitung einer Funktion f an der Stelle a ihres Definitionsbereiches definiert?

b) Welche geometrische Bedeutung haben die erste und die zweite Ableitung? Begründen Sie.

c) Erklären Sie die Begriffe Änderungsrate und momentane Änderungsrate.

d) Welche Ableitungsregeln kennen Sie? Geben Sie jeweils ein Beispiel an.

3. Tangente und Normale

a) Was versteht man unter der Tangente und der Normale in einem Punkt des Schaubilds einer Funktion. Vergleichen Sie diesen Tangentenbegriff mit demjenigen, den Sie im Zusammenhang mit Kreisen kennen.

b) Beschreiben Sie, wie man von einem Punkt, der nicht auf dem Funktionsschaubild liegt, die Tangente an das Funktionsschaubild legen kann.

4. Funktionsuntersuchungen

a) Erläutern Sie notwendige und hinreichende Kriterien für Extremstellen und Wendestellen von Funktionen.

b) Was versteht man unter Monotonie bei Funktionen?
Wie kann man diese Eigenschaft mit der Differentialrechnung nachweisen?

c) Stellen Sie die verschiedenen Arten von Definitionslücken bei gebrochenenrationalen Funktionen zusammen. Geben Sie Beispiele an.

d) Welche Arten von Asymptoten bei Funktionsschaubildern kennen Sie?
Zeigen Sie anhand von Beispielen, wie man Asymptotengleichungen aufstellen kann.

e) Was versteht man unter Extremwertaufgaben?
Erläutern Sie die prinzipielle Vorgehensweise beim Lösen solcher Aufgaben.

5. Integralrechnung

a) Wie ist das Integral einer Funktion f über einem Intervall [a; b] definiert?
b) Worin unterscheiden sich Stammfunktionen und Integralfunktionen?
c) Was besagt der Hauptsatz der Differential- und Integralrechnung?
d) Welche Integrationsregeln kennen Sie? Geben Sie Beispiele an.
e) Zeigen Sie, wie man mit der Integralrechnung Flächeninhalte berechnen kann. Geben Sie einen Überblick zu den auftretenden Fällen.
f) Begründen Sie, dass auch Drehkörpervolumina mit Integralen berechnet werden können. Geben Sie ein Beispiel an.
g) Welche Typen von uneigentlichen Integralen gibt es? Geben Sie jeweils ein Beispiel an.

6. Funktionstypen

Geben Sie Beispiele zu den Funktionstypen und arbeiten Sie deren besondere Eigenschaften heraus.

a) lineare Funktion
b) quadratische Funktion
c) Potenzfunktion
d) ganzrationale Funktion
e) Exponentialfunktion
f) trigonometrische Funktion

1.12 Aufgaben wie im schriftlichen Abitur

Wissen In diesem Kapitel werden Aufgaben bearbeitet, die für die schriftliche Abiturprüfung typisch sind. Dabei geht jeder Lösung stets eine kurze Problemanalyse voran.
Die Problemanalyse vermittelt einerseits den **Überblick**, der zuerst gewonnen werden sollte, ehe eine Aufgabe durchgerechnet wird. Andererseits stellt sie ein **Stichwortverzeichnis** dar, das Hinweise auf eventuell zu wiederholende Begriffe gibt.

1.12.1 Ganzrationale Funktionen

A

1. Gegeben ist die Funktion f mit $f(x) = \frac{1}{8}x^4 - 4x,\ x \in \mathbb{R}$. Ihr Schaubild sei K.

a) Untersuchen Sie K auf Schnittpunkte mit der x-Achse, Extrem- und Wendepunkte. Zeichnen Sie K für $-1 \le x \le 3{,}5$ (LE 1 cm).

b) K begrenzt mit der Normalen im Koordinatenursprung eine Fläche. Berechnen Sie deren Inhalt.

c) $P(u\,|\,v)$ sei ein Punkt auf K mit negativer Ordinate. Wie ist P zu wählen, damit das Dreieck $P(u\,|\,v)$, $Q(u\,|\,0)$ und $O(0\,|\,0)$ einen maximalen Flächeninhalt A_2 besitzt? Es genügt, die Abszisse von P anzugeben.

d) Gegeben ist die Funktionenschar f_t durch $f_t(x) = t x^4 - \frac{x}{2t},\ x \in \mathbb{R}\ (t \ne 0)$.
Begründen Sie: f gehört zu f_t.
Zeigen Sie: Alle Schaubilder von f_t verlaufen durch einen gemeinsamen Punkt und haben paarweise genau zwei gemeinsame Punkte.

L

1. Problemanalyse

a) Kurvendiskussion bei einer ganzrationalen Funktion

b) Normalengleichung, Fläche zwischen zwei Kurven, Einsatz des TR

c) Extremwertaufgabe zu einem Dreieck, Einsatz des TR

d) Koeffizientenvergleich, Schnittproblem mit Parameter

Lösung

Schaubild

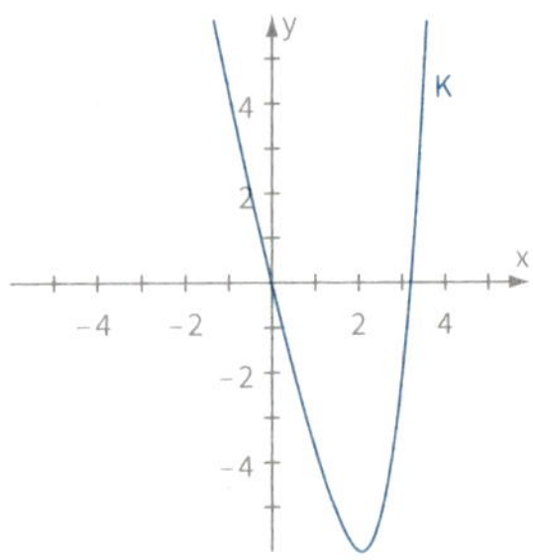

a) **Ableitungen**

$f'(x) = \frac{1}{2}x^3 - 4,\ f''(x) = \frac{3}{2}x^2,\ f'''(x) = 3x$

Schnittpunkte mit der x-Achse

$f(x) = 0 \Leftrightarrow \frac{1}{8}x^4 - 4x = 0 \Leftrightarrow x^4 - 32x = 0$

$\Leftrightarrow x(x^3 - 32) = 0$

$x_1 = 0 \Rightarrow N_1(0\,|\,0)$;

$x_2 = \sqrt[3]{32} \Rightarrow N_2(\sqrt[3]{32}\,|\,0) \approx N_2(3{,}17\,|\,0)$

Extrempunkte

$f'(x) = 0 \Leftrightarrow \frac{1}{2}x^3 - 4 = 0 \Leftrightarrow x^3 = 8 \Leftrightarrow x = 2;\ f(2) = 6 > 0,\ f(2) = -6 \Rightarrow T(2\,|\,-6)$

Wendepunkte

$f''(x) = 0 \Leftrightarrow \frac{3}{2}x^2 = 0 \Leftrightarrow x = 0$; $f'''(0)$ erlaubt keine Aussage.

Da $f''(x) > 0$ für alle $x \neq 0$, besitzt K keine Wendepunkte.

b) Die Normale im Ursprung ist festgelegt durch $m_n = -\frac{1}{f'(0)} = \frac{1}{4}$ und $O(0|0)$.

Sie hat also die Gleichung $n: y = \frac{1}{4}x$.

Integrationsgrenzen sind die Abszissen der Schnittpunkte von K und n.

Also muss gelten:

$\frac{1}{8}x^4 - 4x = \frac{1}{4}x \Leftrightarrow \frac{1}{8}x^4 - \frac{17}{4}x = 0 \Leftrightarrow x^4 - 34x = 0$

$\Leftrightarrow x(x^3 - 34) = 0$

$x_1 = 0,\ x_2 = \sqrt[3]{34} \approx 3{,}24$

Skizze

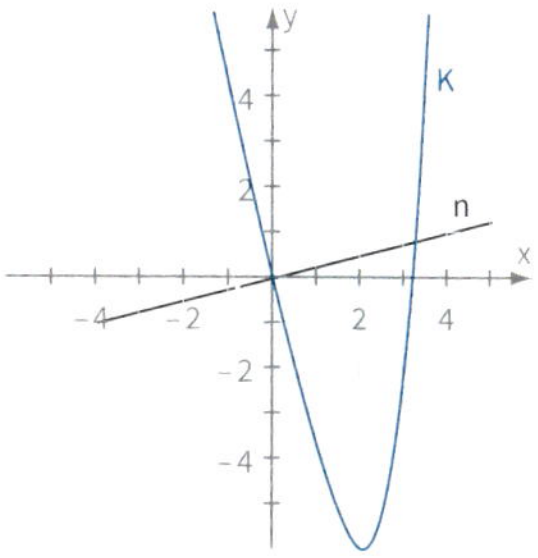

Flächeninhalt

$$A_1 = \int_0^{\sqrt[3]{34}} \left[\frac{1}{4}x - \left(\frac{1}{8}x^4 - 4x\right)\right]dx = \int_0^{\sqrt[3]{34}} \left(\frac{17}{4}x - \frac{1}{8}x^4\right)dx$$

$$= \left[\frac{17}{8}x^2 - \frac{1}{40}x^5\right]_0^{\sqrt[3]{34}} \approx 13{,}4$$

Der Flächeninhalt beträgt etwa 13,4 FE.

c) **Maximaler Dreiecksinhalt**

Wegen $f(u) < 0$ ist

$A_2(u) = -\frac{1}{2} \cdot f(u) \cdot u = -\frac{1}{2}\left(\frac{1}{8}u^4 - 4u\right)u = -\frac{1}{16}u^5 + 2u^2,\ 0 < u < \sqrt[3]{32}$

$A_2'(u) = -\frac{5}{16}u^4 + 4u;\ A_2''(u) = -\frac{5}{4}u^3 + 4$

$A_2'(u) = 0 \Leftrightarrow u\left(-\frac{5}{16}u^3 + 4\right) = 0 \Leftrightarrow u = 0 \lor u = \sqrt[3]{\frac{64}{5}}$

Da $u = 0$ nach Aufgabenstellung entfällt und

$A_2''\left(\sqrt[3]{\frac{64}{5}}\right) = -4 < 0$, ist $\sqrt[3]{\frac{64}{5}}$ die gesuchte Abszisse von P.

Skizze

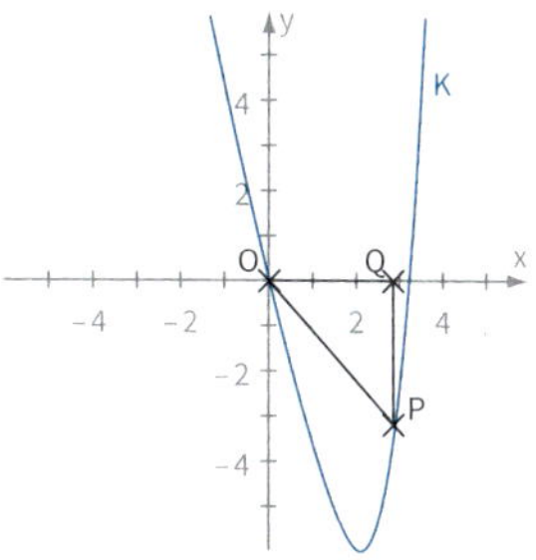

d) f gehört zu f_t, denn für $t = \frac{1}{8}$ ergibt sich

$f_{\frac{1}{8}}(x) = \frac{1}{8}x^4 - 4x = f(x)$.

Gemeinsame Punkte aller K_t

Es seien $t_1 \neq t_2$ beliebig gewählt. Gemeinsame Punkte existieren, wenn

$$f_{t_1}(x) = f_{t_2}(x) \Leftrightarrow t_1x^4 - \frac{1}{2t_1}x = t_2x^4 - \frac{1}{2t_2}x \Leftrightarrow (t_1 - t_2)x^4 + \left(\frac{1}{2t_2} - \frac{1}{2t_1}\right)x = 0$$

$$\Leftrightarrow x\left[(t_1 - t_2)x^3 + \frac{t_1 - t_2}{2t_1t_2}\right] = 0 \Leftrightarrow x = 0 \lor (t_1 - t_2)x^3 + \frac{t_1 - t_2}{2t_1t_2} = 0$$

$$\Leftrightarrow x = 0 \lor x^3 = -\frac{t_1 - t_2}{(2t_1t_2)(t_1 - t_2)} \Leftrightarrow x = 0 \lor x^3 = -\frac{1}{2t_1t_2}$$

$$\Leftrightarrow x = 0 \lor x = -\sqrt[3]{\frac{1}{2t_1t_2}}.$$

Das heißt aber: Für alle t gibt es den von t unabhängigen Schnittpunkt mit der Abszisse 0. Außerdem besitzen zwei Schaubilder wegen der stets eindeutig lösbaren Gleichung $x^3 = -\frac{1}{2t_1t_2}$ genau einen weiteren Schnittpunkt, der von t_1 und t_2 abhängt und von 0 verschieden ist.

A

2. Für jedes $t > 0$ ist eine Funktion f_t gegeben durch $f_t(x) = x(tx - 2)^2$, $x \in \mathbb{R}$.
K_t sei das Schaubild von f_t.

a) Untersuchen Sie K_t auf Schnittpunkte mit der x-Achse, Extrem- und Wendepunkte.
Zeichnen Sie K_1 für $-1 \leq x \leq 3$.

b) K_t begrenzt mit der x-Achse eine Fläche. Berechnen Sie deren Inhalt $A(t)$.
Begründen Sie: $A(t)$ kann alle positiven Werte annehmen, wenn t die zugelassenen Werte durchläuft.

c) Die Tangente im Hochpunkt begrenzt mit K_1 eine Fläche A_1.
Berechnen Sie deren Inhalt.

d) Zeigen Sie: Die Extrempunkte von K_t liegen stets symmetrisch zum Wendepunkt.

L

2. Problemanalyse

a) Kurvendiskussion bei einer ganzrationalen Funktionenschar, Schaubild

b) Fläche zwischen Kurve und x-Achse

c) Tangentengleichung, Fläche zwischen zwei Kurven

d) Punktsymmetrie

Lösung

a) $f_t(x) = x(tx-2)^2 = t^2x^3 - 4tx^2 + 4x$

Ableitungen

$f_t'(x) = 3t^2x^2 - 8tx + 4$, $f_t''(x) = 6t^2x - 8t$, $f_t'''(x) = 6t^2$

Schnittpunkte mit der x-Achse

$f_t(x) = 0 \Leftrightarrow x(tx-2)^2 = 0$, $x_1 = 0 \Rightarrow N_1(0|0)$, $x_2 = \frac{2}{t} \Rightarrow N_2\left(\frac{2}{t}\middle|0\right)$

Extrempunkte

$f_t'(x) = 0 \Leftrightarrow 3t^2x^2 - 8tx + 4 = 0$

$\Leftrightarrow x^2 - \frac{8}{3t}x + \frac{4}{3t^2} = 0$

$x_{3,4} = \frac{4}{3t} \pm \sqrt{\frac{16}{9t^2} - \frac{12}{9t^2}} = \frac{4}{3t} \pm \frac{2}{3t}$

$x_3 = \frac{2}{t}$, $f_t''\left(\frac{2}{t}\right) = 6t^2 \cdot \frac{2}{t} - 8t = 4t > 0$,

$f_t\left(\frac{2}{t}\right) = 0 \Rightarrow T\left(\frac{2}{t}\middle|0\right)$

$x_4 = \frac{2}{3t}$, $f_t''\left(\frac{2}{3t}\right) = 6t^2 \cdot \left(\frac{2}{3t}\right) - 8t = -4t < 0$,

$f_t\left(\frac{2}{3t}\right) = \frac{32}{27t} \Rightarrow H\left(\frac{2}{3t}\middle|\frac{32}{27t}\right)$

Schaubild

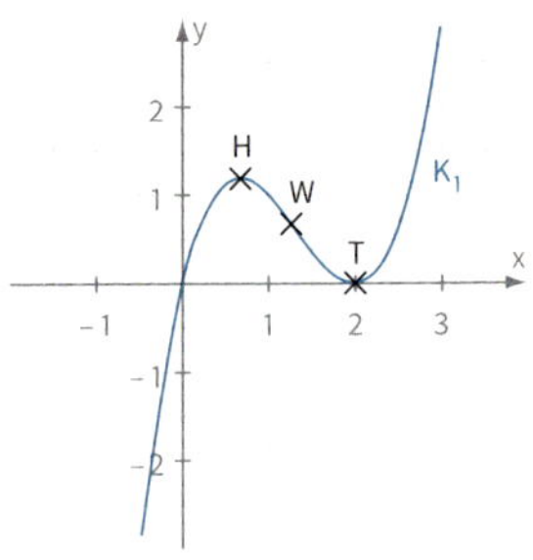

Wendepunkte

$f_t''(x) = 0 \Leftrightarrow 6t^2x - 8t = 0$

$x_5 = \frac{4}{3t}$, $f'''\left(\frac{4}{3t}\right) = 6t^2 \neq 0$

$f_t\left(\frac{4}{3t}\right) = \frac{4}{3t}\left(\frac{4}{3} - 2\right)^2 = \frac{16}{27t} \Rightarrow W\left(\frac{4}{3t}\middle|\frac{16}{27t}\right)$

b) Die Nullstellen sind die **Integrationsgrenzen**.

Flächeninhalt

$$A(t)=\int_0^{\frac{2}{t}} f_t(x)\,dx=\int_0^{\frac{2}{t}}\left(t^2x^3-4tx^2+4x\right)dx=\left[\frac{t^2}{4}x^4-\frac{4}{3}tx^3+2x^2\right]_0^{\frac{2}{t}}$$

$$=\frac{t^2}{4}\cdot\frac{16}{t^4}-\frac{4}{3}t\cdot\frac{8}{t^3}+2\cdot\frac{4}{t^2}-0=\frac{4}{t^2}-\frac{32}{3t^2}+\frac{8}{t^2}=\frac{12}{t^2}-\frac{32}{3t^2}=\frac{36}{3t^2}-\frac{32}{3t^2}=\frac{4}{3t^2}$$

Wertebereich der Flächeninhalte

$A(t)=\frac{4}{3t^2}$ ist Term einer für $t>0$ stetigen Funktion. Wegen $\lim\limits_{t\to\infty}$ und $A(t)\to\infty$ für $t\to 0+$ nimmt $A(t)$ alle positiven Werte an.

c) Integrationsgrenzen sind die Abszissen der Schnittpunkte der Tangente im Hochpunkt mit K_1.

Die Tangente hat die Gleichung $y=\frac{32}{27}$. Also muss gelten:

$$f_1(x)=\frac{32}{27}\Leftrightarrow x^3-4x^2+4x=\frac{32}{27}\Leftrightarrow x^3-4x^2+4x-\frac{32}{27}=0$$

Da die Tangente durch den Hochpunkt verläuft, ist die Lösung $x_1=\frac{2}{3}$ bekannt.

Polynomdivision liefert:

$$\left(x^3-4x^2+4x-\frac{32}{27}\right):\left(x-\frac{2}{3}\right)=x^2-\frac{10}{3}x+\frac{16}{9}$$

$$-\left(x^3-\frac{2}{3}x^2\right)$$

$$-\frac{10}{3}x^2+4x-\frac{32}{27}$$

$$-\left(-\frac{10}{3}x^2+\frac{20}{9}x\right)$$

$$\frac{16}{9}x-\frac{32}{27}$$

$$-\left(\frac{16}{9}x-\frac{32}{27}\right)$$

$$0$$

Schaubild

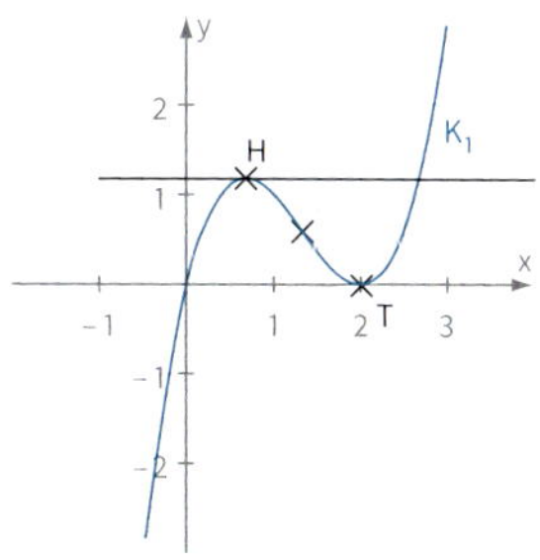

Die weitere Schnittstelle ergibt sich aus: $x^2-\frac{10}{3}x+\frac{16}{9}=0$,

$$x_{2,3}=\frac{5}{3}\pm\sqrt{\frac{25}{9}-\frac{16}{9}}=\frac{5}{3}\pm 1$$

$$x_2=\frac{2}{3}=x_1,\ x_3=\frac{8}{3}$$

Flächeninhalt

$$A_1=\int_{\frac{2}{3}}^{\frac{8}{3}}\left(\frac{32}{27}-f_1(x)\right)dx=\int_{\frac{2}{3}}^{\frac{8}{3}}\left(\frac{32}{27}-x^3+4x^2-4x\right)dx=\left[-\frac{x^4}{4}+\frac{4}{3}x^3-2x^2+\frac{32}{27}x\right]_{\frac{2}{3}}^{\frac{8}{3}}=\frac{4}{3}\text{FE}$$

d) Es ist zu zeigen: W ist der Mittelpunkt von $\overline{HT}$.

$$\frac{x_H+x_T}{2}=\frac{\frac{2}{3t}+\frac{2}{t}}{2}=\frac{\frac{8}{3t}}{2}=\frac{4}{3t}=x_W$$

$$\frac{y_H+y_T}{2}=\frac{\frac{32}{27t}+0}{2}=\frac{16}{27t}=y_W$$

A

3. Das Schaubild K einer ganzrationalen Funktion f dritten Grades verläuft durch die Punkte P(0|4), Q(4|5), R(10|9) und hat den Wendepunkt $W(5|y_W)$.
Die Abbildung zeigt K für $0 \le x \le 13$.

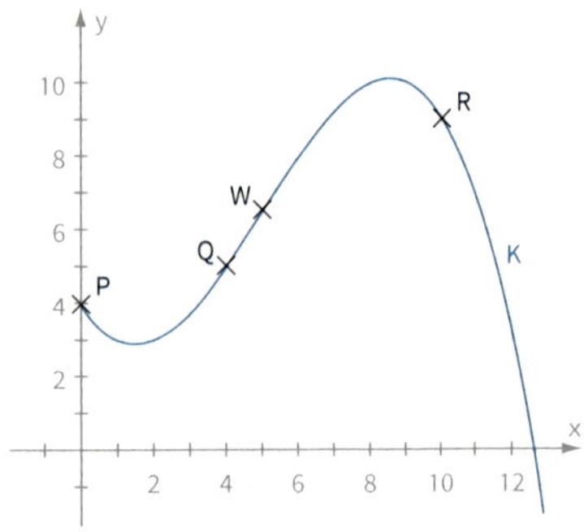

a) Bestimmen Sie eine Termdarstellung von f.

b) Zeigen Sie: f besitzt in [12; 13] eine Nullstelle.
Berechnen Sie die Nullstelle mit dem NEWTON-Verfahren auf drei Dezimalen genau, indem Sie mit dem Wert 12,5 starten und abbrechen, wenn sich die vierte Dezimale nicht mehr ändert.

c) Berechnen Sie den Inhalt der Fläche, die von K, den Koordinatenachsen und der Geraden mit der Gleichung $x = 4$ begrenzt wird, exakt und anschließend näherungsweise mit der KEPLER'schen Fassregel.

d) K stellt das Profil einer Landschaft dar. Dabei entsprechen 10 Meter einer Längeneinheit. Vom unterirdisch liegenden Punkt $A\left(0 \middle| \frac{13}{6}\right)$ soll ein Stollen vorangetrieben werden, der möglichst steil ist, jedoch komplett unterirdisch verläuft. An welcher Stelle des Tales ist der Stollen direkt zugänglich? Wo endet der Stollen und wie lang ist er?

L

3. Problemanalyse

a) Bestimmung einer ganzrationalen Funktion

b) Nullstellensatz, NEWTON-Verfahren

c) Fläche zwischen Kurve und x-Achse, KEPLER'sche Fassregel

d) Tangentengleichung (Berührpunkt nicht bekannt)

Lösung

a) Termdarstellung von f

$f(x) = ax^3 + bx^2 + cx + d,\ f'(x) = 3ax^2 + 2bx + c,\ f''(x) = 6ax + 2b$

Bedingungen

(1) $f(0) = 4 \Leftrightarrow \quad d = 4$

(2) $f(4) = 5 \Leftrightarrow \quad 64a + 16b + 4c + d = 5$

(3) $f(10) = 9 \Leftrightarrow \quad 1000a + 100b + 10c + d = 9$

(4) $f''(5) = 0 \Leftrightarrow \quad 30a + 2b = 0$

Hieraus folgt: $a = -\frac{1}{24},\ b = \frac{5}{8},\ c = -\frac{19}{12},\ d = 4,$

somit ist $f(x) = -\frac{1}{24}x^3 + \frac{5}{8}x^2 - \frac{19}{12}x + 4,\ x \in \mathbb{R}.$

b) $f(x) = 0 \Leftrightarrow -\frac{1}{24}x^3 + \frac{5}{8}x^2 - \frac{19}{12}x + 4 = 0 \Leftrightarrow x^3 - 15x^2 + 38x - 96 = 0$

$f(12) \cdot f(13) = 3 \cdot \left(-\frac{5}{2}\right) = -\frac{15}{2} < 0$

Nach dem Nullstellensatz hat f in]12; 13[eine Nullstelle.

NEWTON-Verfahren

Wegen $f(x) = 0 \Leftrightarrow -\frac{1}{24}x^3 + \frac{5}{8}x^2 - \frac{19}{12}x + 4 = 0 \Leftrightarrow x^3 - 15x^2 + 38x - 96 = 0$

betrachtet man die Hilfsfunktion h mit $h(x) = x^3 - 15x^2 + 38x - 96 = 0$,

$h'(x) = 3x^2 - 30x + 38, \; x_{n+1} = x_n - \frac{h(x_n)}{h'(x_n)}$.

Mit $x_0 = 12{,}5$ und $x_{n+1} = x_n - \frac{x_n^3 - 15x_n^2 + 38x_n - 96}{3x_n^2 - 30x_n + 38}$ erhält man:

$x_1 \approx 12{,}588\,235, \; x_2 \approx 12{,}586\,94, \; x_3 \approx 12{,}586\,939 \Rightarrow x \approx 12{,}587$

c) **Flächeninhalt**

Mit Integral:

$$A = \int_0^4 f(x)\,dx = \int_0^4 \left(-\frac{1}{24}x^3 + \frac{5}{8}x^2 - \frac{19}{12}x + 4\right)dx = \left[-\frac{1}{96}x^4 + \frac{5}{24}x^3 - \frac{19}{24}x^2 + 4x\right]_0^4 = 14$$

Mit KEPLER'scher Fassregel:

$A \approx \frac{2}{3}[f(0) + 4 \cdot f(2) + f(4)] = 14$

Bemerkung: Die KEPLER'sche Fassregel liefert für ganzrationale Funktionen höchstens 3. Grades exakte Werte. Der Flächeninhalt beträgt 14 FE.

d) Vom Punkt A ist die Tangente t an K zu legen. Der unbekannte Berührpunkt sei $B(u\,|\,f(u))$.

Skizze

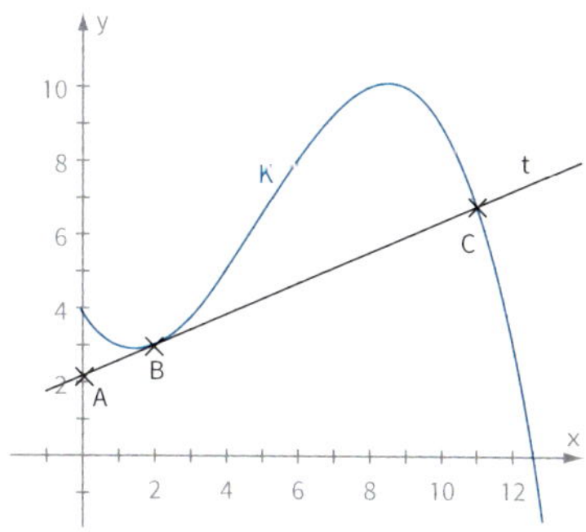

Mit der allgemeinen Tangentengleichung $t: y = f'(u) \cdot (x - u) + f(u)$ erhält man

$t: y = \left(-\frac{1}{8}u^2 + \frac{5}{4}u - \frac{19}{12}\right)(x - u)$

$\quad - \frac{1}{24}u^3 + \frac{5}{8}u - \frac{19}{12}u + 4$

Die Punktprobe mit $A\left(0\,\middle|\,\frac{13}{6}\right)$ führt auf:

$\frac{13}{6} = \frac{1}{8}u^3 - \frac{5}{4}u^2 + \frac{19}{12}u - \frac{1}{24}u^3 + \frac{5}{8}u - \frac{19}{12}u + 4$

$\Leftrightarrow -\frac{1}{12}u^3 + \frac{5}{8}u^2 - \frac{11}{6} = 0$

$\Leftrightarrow 2u^3 - 15u^2 + 44 = 0$

Durch Probieren findet man die Lösung $u_1 = 2, \; f(2) = 3 \Rightarrow B(2\,|\,3)$.

Die beiden anderen Lösungen (es gibt insgesamt drei Tangenten) kommen nicht infrage, da der Berührpunkt entweder außerhalb des betrachteten Bereiches oder aber zu einer Tangente gehört, die auch oberhalb von K verläuft.

Mit $t: y = f'(2) \cdot (x - 2) + f(2)$ erhält man die Tangente $t: y = \frac{5}{12}x + \frac{13}{6}$.

Der Punkt C ergibt sich aus dem Ansatz:

$f(x) = \frac{5}{12}x + \frac{13}{6} \Leftrightarrow -\frac{1}{24}x^3 + \frac{5}{8}x^2 - \frac{19}{12}x + 4 = \frac{5}{12}x + \frac{13}{6}$

$\Leftrightarrow -\frac{1}{24}x^3 + \frac{5}{8}x^2 - 2x + \frac{11}{6} = 0$

$\Leftrightarrow x^3 - 15x^2 + 48x - 44 = 0$

Da $x_1 = 2$ Lösung dieser Gleichung sein muss, führt eine Polynomdivision zum Ziel:

$$
\begin{array}{l}
(x^3 - 15x^2 + 48x - 44) : (x - 2) = x^2 - 13x + 22 \\
\underline{-(x^3 - 2x^2)} \\
\quad -13x^2 + 48x - 44 \\
\quad \underline{-(-13x^2 + 26x)} \\
\qquad 22x - 44 \\
\qquad \underline{-(22x - 44)} \\
\qquad\qquad 0
\end{array}
$$

Die weiteren Lösungen erhält man aus $x^2 - 13x + 22 = 0$ mit

$x_{2,3} = \frac{13}{2} \pm \sqrt{\frac{169}{4} - \frac{88}{4}} = \frac{13}{2} \pm \frac{9}{2}$, $x_2 = 2 = x_1$, $x_3 = 11$.

$f(11) = \frac{27}{4} \Rightarrow C\left(11 \middle| \frac{27}{4}\right)$, $|\overline{BC}| = \sqrt{9^2 + \left(\frac{15}{4}\right)^2} = \frac{39}{4} = 9{,}75$

Der Stollen ist im Punkt $B(2|3)$ zugänglich, hat eine Länge von 97,5 m und endet im Punkt $C\left(11 \middle| \frac{27}{4}\right)$.

A

4. Gegeben sind die Funktionen f_a durch $f_a(x) = 2x^2\left(1 - \frac{x}{a}\right)$, $x \in \mathbb{R}$, $(a \in \mathbb{R}^+)$.
K_a sei das Schaubild von f_a.

a) Untersuchen Sie K_a auf Schnittpunkte mit der x-Achse, Extrem- und Wendepunkte. Zeichnen Sie K_9 im Bereich $-2 \le x \le 9$. Wählen Sie geeignete Längeneinheiten auf den Achsen.

b) Auf welcher Kurve liegen die Wendepunkte aller K_a?

c) Gegeben ist die Funktion g mit $g(x) = cx^2$, $x \in \mathbb{R}$, $(c > 0)$.
Wie ist c zu wählen, damit das Schaubild von g im Bereich $0 \le x \le 6$ unterhalb von K_9 verläuft?

d) Die Gerade $g: x = u$ mit $0 < u < 4{,}5$ schneidet die x-Achse in P_1 und K_9 in P_4.
Die Gerade $h: x = 2u$ schneidet die x-Achse in P_2 und K_9 in P_3.
Für welchen Wert von u wird der Inhalt des Vierecks $P_1P_2P_3P_4$ maximal?
Geben Sie diesen größten Wert an.

L

4. Problemanalyse

a) Kurvendiskussion bei einer ganzrationalen Funktionenschar, Schaubild

b) Ortslinie

c) Schnittproblem

d) Extremwertaufgabe zu einem Trapez

Lösung

$f_a(x) = 2x^2\left(1 - \frac{x}{a}\right) = 2x^2 - \frac{2}{a}x^3$

Ableitungen

$f_a'(x) = 4x - \frac{6}{a}x^2$, $f_a''(x) = 4 - \frac{12}{a}x$, $f_a'''(x) = -\frac{12}{a}$

a) **Schnittpunkte mit der x-Achse**

$f_a(x) = 0 \Leftrightarrow x = 0 \vee x = a \Rightarrow N_1(0|0),\ N_2(a|0)$

Extrempunkte

$f_a'(x) = 0 \Leftrightarrow x\left(4 - \frac{6}{a}x\right) = 0 \Leftrightarrow x = 0 \vee x = \frac{2}{3}a$

$f_a''(0) = 4 > 0,\ f_a(0) = 0 \Rightarrow T(0|0)$

$f_a''\left(\frac{2}{3}a\right) = -4 < 0,\ f_a\left(\frac{2}{3}a\right) = 2 \cdot \frac{4}{9}a^2\left(1 - \frac{2}{3}\right) = \frac{8}{27}a^2 \Rightarrow H\left(\frac{2}{3}a \middle| \frac{8}{27}a^2\right)$

Wendepunkt

$f_a''(x) = 0 \Leftrightarrow x = \frac{1}{3}a$

$f_a'''\left(\frac{1}{3}a\right) = -\frac{12}{a} \neq 0,\ f_a\left(\frac{1}{3}a\right) = \frac{4}{27}a^2 \Rightarrow W\left(\frac{1}{3}a \middle| \frac{4}{27}a^2\right)$

Schaubild

$f_9(x) = 2x^2\left(1 - \frac{x}{9}\right)$, K_9 mit $N_1(0|0)$, $N_2(9|0)$, $T(0|0)$, $H(6|24)$, $W(3|12)$

Mit $1\ \text{LE} = 1\ \text{cm}$ auf der x-Achse und $1\ \text{LE} = 0{,}25\ \text{cm}$ auf der y-Achse erhält man K_9.

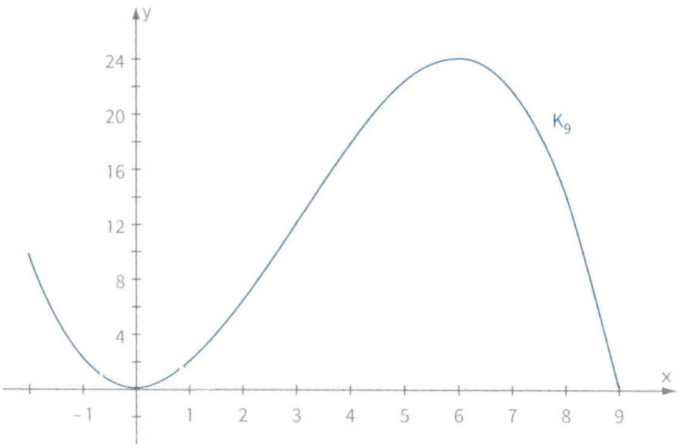

b) **Ortslinie der Wendepunkte**

$W\left(\frac{1}{3}a \middle| \frac{4}{27}a^2\right)$ bedeutet:

$x = \frac{1}{3}a \Leftrightarrow a = 3x$ und $y = \frac{4}{27}a^2$

Durch Einsetzen erhält man $y = \frac{4}{27}(3x)^2$ oder $y = \frac{4}{3}x^2$.

Die Wendepunkte liegen auf der Kurve (Parabel) mit der Gleichung $y = \frac{4}{3}x^2$.

c) Es ist c so zu bestimmen, dass das Schaubild von g die Kurve K_9 für $x = 0$ und $x = 6$ schneidet.

$f_9(x) = g(x) \Leftrightarrow 2x^2\left(1 - \frac{x}{9}\right) = cx^2 \Leftrightarrow 2x^2\left(1 - \frac{x}{9}\right) - cx^2 = 0 \Leftrightarrow x^2\left[2 \cdot \left(1 - \frac{x}{9}\right) - c\right] = 0$

$\Leftrightarrow x = 0 \vee 2 - \frac{2}{9}x - c = 0 \Leftrightarrow x = 0 \vee -\frac{2}{9}x = c - 2 \Leftrightarrow x = 0 \vee x = -\frac{9}{2}c + 9$

Wegen $x = 0$ und $x = 6$ muss gelten: $-\frac{9}{2}c + 9 = 6 \Leftrightarrow c = \frac{2}{3}$

Man wählt $c = \frac{2}{3}$.

d) **Skizze**

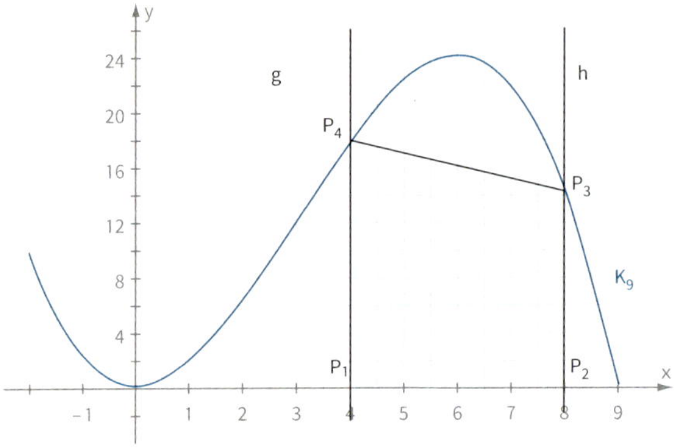

Maximaler Trapezinhalt

Für den Flächeninhalt A(u) des Trapezes gilt:

$$A(u) = \frac{1}{2}\left(f_9(u) + f_9(2u)\right) \cdot (2u - u)$$

$$= \frac{1}{2}\left[2u^2\left(1 - \frac{u}{9}\right) + 8u^2\left(1 - \frac{2u}{9}\right)\right] \cdot u$$

$$= u^3\left[1 - \frac{u}{9} + 4\left(1 - \frac{2u}{9}\right)\right]$$

$$= u^3(5 - u) = -u^4 + 5u^3, \quad u \in \left]0; \frac{9}{2}\right[$$

$A'(u) = -4u^3 + 15u^2, \quad A''(u) = -12u^2 + 30u$

$A'(u) = 0 \Leftrightarrow u^2(-4u + 15) = 0 \Leftrightarrow u = 0 \lor u = \frac{15}{4}$

Die Lösung 0 entfällt, denn $0 \notin \left]0, \frac{9}{2}\right[$.

$A''\left(\frac{15}{4}\right) = -12 \cdot \frac{225}{16} + 30 \cdot \frac{15}{4} = -\frac{225}{4} < 0 \Rightarrow A\left(\frac{15}{4}\right) = \left(\frac{15}{4}\right)^3\left(5 - \frac{15}{4}\right) = \frac{3375}{64} \cdot \frac{5}{4} \approx 65{,}9$ ist relatives Maximum.

Da $\lim\limits_{u \to 0+} A(u) = 0 < 65{,}9$ und $\lim\limits_{u \to \frac{9}{2}-} A(u) = \frac{729}{16} \approx 45{,}6 < 65{,}9$

beträgt der absolut größte Flächeninhalt etwa 65,9 FE.

1.12.2 Gebrochenrationale Funktionen

1. Gegeben ist die Funktion f mit $f(x) = \frac{x^3 - 3x + 2}{(x+1)^2}$, $x \in \mathbb{R} \setminus \{-1\}$. **A**

K sei das Schaubild der Funktion f.

a) K verläuft durch den Punkt $N_1(1 \mid 0)$. Untersuchen Sie K auf Asymptoten, Schnittpunkte mit den Koordinatenachsen, Extrem- und Wendepunkte.
Zeichnen Sie K für $-4 \leq x \leq 5$ samt Asymptoten.
Hinweis: Verwenden Sie zur Bestimmung der Extremstellen eine Restbruchdarstellung der ersten Ableitung.

b) Die Kurve K schließt im ersten Quadranten mit den Koordinatenachsen eine Fläche ein. Berechnen Sie deren Inhalt. Wie groß ist die prozentuale Abweichung, wenn man K durch eine Parabel dritter Ordnung ersetzt, die mit den Schnittpunkten von K mit der positiven x-Achse, der y-Achse und den Steigungen in diesen Punkten übereinstimmt?

c) Die y-Achse, die Kurve K, die schiefe Asymptote und die Gerade $h: x = z$ für $z > 0$ schließen eine Fläche ein. Bestimmen Sie deren Inhalt $A(z)$. Bestimmen Sie den Grenzwert dieses Flächeninhalts für $z \to +\infty$.

d) R sei der Schnittpunkt der schiefen Asymptote mit der y-Achse. Die schiefe Asymptote und die Gerade $h: x = z$ für $z > 0$ schneiden sich in P. Weiter schneidet h die Kurve K in Q. Bestimmen Sie den Flächeninhalt des Dreiecks PQR in Abhängigkeit von z. Für welchen Wert von z wird der Flächeninhalt extremal?

1. Problemanalyse **L**

a) Kurvendiskussion bei einer gebrochenrationalen Funktion

b) Fläche zwischen Kurve und x-Achse, Bestimmung einer ganzrationalen Funktion, Prozentrechnung

c) Fläche zwischen zwei Kurven, uneigentliches Integral

d) Extremwertaufgabe zu einem Dreieck

Lösung

a) **Polynomdivision**

$$\begin{array}{l} x^3 \qquad\quad - 3x + 2) : (x^2 + 2x + 1) = x - 2 + \frac{4}{x^2 + 2x + 1} \\ \underline{-(x^3 + 2x^2 + \ \ x)} \\ \qquad -2x^2 - 4x + 2 \\ \quad \underline{-(-2x^2 - 4x - 2)} \\ \qquad\qquad\quad 4 \end{array}$$

Also ist $f(x) = x - 2 + \frac{4}{(x+1)^2} = x - 2 + 4(x+1)^{-2}$.

Ableitungen

$f'(x) = 1 - 8(x+1)^{-3} = 1 - \frac{8}{(x+1)^3}$, $f''(x) = 24(x+1)^{-4} = \frac{24}{(x+1)^4}$

Asymptoten

Wegen $f(x) \to \infty$ für $x \to -1$ ist $a_1: x = -1$ Asymptote parallel zur y-Achse.

Wegen $\lim\limits_{|x| \to \infty} [f(x) - (x-2)] = \lim\limits_{|x| \to \infty} \frac{4}{(x+1)^2} = 0$ ist $a_2: y = x - 2$ schiefe Asymptote.

Schnittpunkte mit den Koordinatenachsen

$f(x) = 0 \Leftrightarrow x^3 - 3x + 2 = 0$

Wegen $N_1(1|0)$ ist $x_1 = 1$.

Polynomdivision liefert:

$$\begin{array}{l} (x^3 \quad\quad - 3x + 2) : (x - 1) = x^2 + x - 2 \\ \underline{-(x^3 - x^2)} \\ \quad x^2 - 3x + 2 \\ \quad \underline{-(x^2 - x \quad)} \\ \quad\quad -2x + 2 \\ \quad\quad \underline{-(-2x + 2)} \\ \quad\quad\quad 0 \end{array}$$

$x^2 + x - 2 = 0$

$x_{2,3} = -\frac{1}{2} \pm \sqrt{\frac{1}{4} + \frac{8}{4}} = -\frac{1}{2} \pm \frac{3}{2}$

$x_2 = -2, \quad x_3 = 1 \Rightarrow N_1(1|0), N_2(-2|0),$

$f(0) = 2 \Rightarrow S(0|2)$

Extrempunkte

$f'(x) = 0 \Leftrightarrow 1 - \frac{8}{(x+1)^3} = 0 \Leftrightarrow (x+1)^3 = 8$

$\Leftrightarrow x + 1 = 2 \Leftrightarrow x = 1$

$f''(1) = \frac{24}{16} = \frac{3}{2} > 0, \; f(1) = 0 \Rightarrow T(1|0) = N_1$

Wendepunkte

Es gibt keine Wendepunkte, weil $f''(x) \neq 0$ für alle $x \in D$.

Schaubild

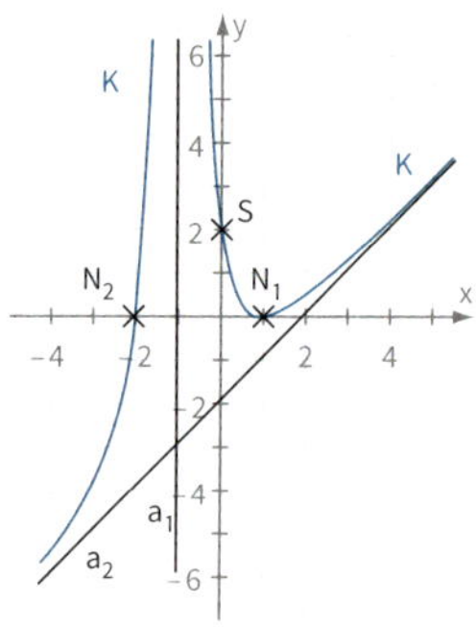

b) **Flächeninhalt**

$A = \int_0^1 f(x)\,dx = \int_0^1 \left(x - 2 + \frac{4}{(x+1)^2}\right) dx = \int_0^1 \left(x - 2 + 4(x+1)^{-2}\right) dx$

$= \left[\frac{1}{2}x^2 - 2x - 4(x+1)^{-1}\right]_0^1 = \left[\frac{1}{2}x^2 - 2x - \frac{4}{(x+1)}\right]_0^1$

$= \frac{1}{2} - 2 - 2 - (-4) = \frac{1}{2}$ FE

Skizze

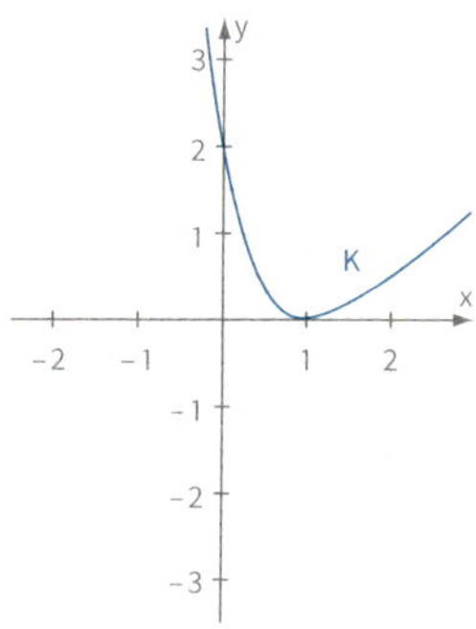

Ganzrationale Funktion dritten Grades

$p(x) = ax^3 + bx^2 + cx + d, \; (a \in \mathbb{R} \neq 0; \; b, c, d \in \mathbb{R})$

$p'(x) = 3ax^2 + 2bx + c$

Bedingungen:

(1) $p(0) = 2 \quad \Leftrightarrow \quad d = 2$

(2) $p'(0) = f'(0) \quad \Leftrightarrow \quad c = -7$

(3) $p(1) = 0 \quad \Leftrightarrow \quad a + b + c + d = 0$

(4) $p'(1) = 0 \quad \Leftrightarrow \quad 3a + 2b + c = 0$

Hieraus folgt $a = -3, \; b = 8, \; c = -7, \; d = 2$,

also $p(x) = -3x^3 + 8x^2 - 7x + 2$.

Flächeninhalt

$A^* = \int_0^1 p(x)\,dx = \int_0^1 (-3x^3 + 8x^2 - 7x + 2)\,dx = \left[-\frac{3}{4}x^4 + \frac{8}{3}x^3 - \frac{7}{2}x^2 + 2x\right]_0^1$

$= -\frac{3}{4} + \frac{8}{3} - \frac{7}{2} + 2 = \frac{5}{12}$ FE

Prozentuale Abweichung

Absolute Abweichung $|A - A^*| = \left|\frac{1}{2} - \frac{5}{12}\right| = \frac{1}{12}$

Prozentuale Abweichung $p\,\% = \frac{|A - A^*|}{A} \cdot 100\,\% = \frac{\frac{1}{12}}{\frac{1}{2}} \cdot 100\,\% = \frac{1}{6} \cdot 100\,\% \approx 16{,}7\,\%$

c) **Flächeninhalt**

$A(z) = \int_0^z (f(x) - a_2(x))\,dx = \int_0^z \left(x - 2 + \frac{4}{(x+1)^2} - (x-2)\right)dx$

$= \int_0^z \frac{4}{(x+1)^2}\,dx$

$= \int_0^z 4(x+1)^{-2}\,dx$

$= \left[-4(x+1)^{-1}\right]_0^z$

$= \left[-\frac{4}{x+1}\right]_0^z$

$= -\frac{4}{z+1} - (-4)$

$= 4 - \frac{4}{z+1}$, $\lim\limits_{z\to\infty} A(z) = 4$

Skizze

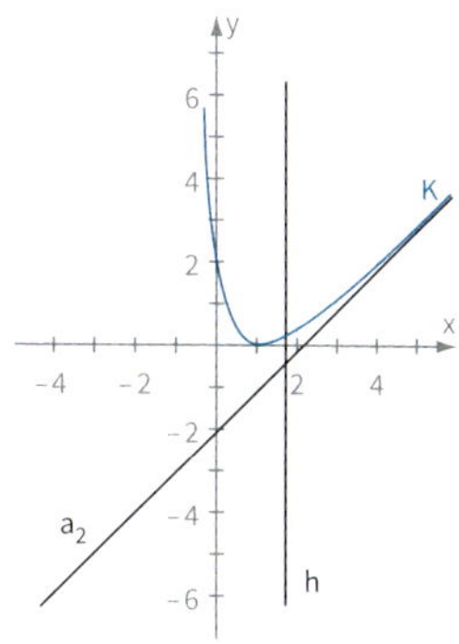

d) **Extremaler Dreiecksinhalt**

Beim Dreieck PQR hat die Grundseite die Länge $y_Q - y_P$. Die zugehörige Höhe ist $x_P = z$.
Mit $y_Q = y(z)$ und $y_P = a_2(z)$ ergibt sich:

$F(z) = \frac{1}{2}(f(z) - a_2(z)) \cdot z = \frac{1}{2}z \cdot \frac{4}{(z+1)^2} = \frac{2z}{(z+1)^2}$

$F'(z) = \frac{2(z+1)^2 - 2z \cdot 2(z+1)}{(z+1)^4} = \frac{2(z+1) - 4z}{(z+1)^3} = \frac{-2z+2}{(z+1)^3}$

$F''(z) = \frac{-2(z+1)^3 - (-2z+2) \cdot 3(z+1)^2}{(z+1)^6} = \frac{-2(z+1) - (-6z+6)}{(z+1)^4}$

$= \frac{4z-8}{(z+1)^4}$

$F'(z) = 0 \Leftrightarrow z = 1$, $F''(1) = \frac{4-8}{2^4} = -\frac{1}{4} < 0$

Skizze

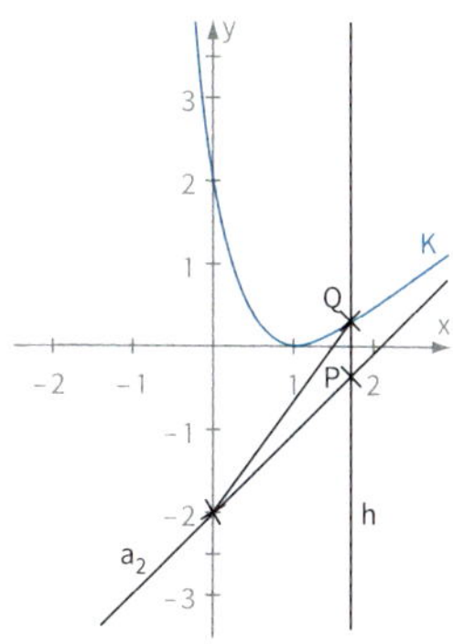

Wegen $\lim\limits_{z\to\infty} F(z) = \lim\limits_{z\to 0+} F(z) = 0 < F(1) = \frac{1}{2}$ ist der Flächeninhalt für $z = 1$ absolut maximal und beträgt $\frac{1}{2}$ FE.

A

2. Gegeben ist die Funktion f mit $f(x)=\frac{4x}{x^2+x-2}$, $x\in D$. Ihr Schaubild sei K.

a) Geben Sie die maximale Definitionsmenge von f an. Untersuchen Sie das Schaubild von f auf Schnittpunkte mit den Koordinatenachsen, Extrempunkte und Asymptoten. Zeichnen Sie K für $-5\le x\le 4$ samt Asymptoten. Berechnen Sie den Wendepunkt mithilfe des NEWTON-Verfahrens auf zwei Dezimalen genau. Auf die hinreichende Bedingung für den Wendepunkt wird verzichtet.

b) Zeigen Sie: Die erste Winkelhalbierende schneidet K in genau drei Punkten. Berechnen Sie die Weite des Winkels unter dem die erste Winkelhalbierende das Schaubild K im Ursprung schneidet.

c) Die Gerade $g: x=u$ mit $u>1$ schneidet K in P und die x-Achse in Q.
Für welchen Wert von u besitzt das Dreieck, bestehend aus P, Q und dem Koordinatenursprung, einen extremalen Flächeninhalt?
Welche Werte kann der Flächeninhalt eines solchen Dreiecks annehmen?

L

2. Problemanalyse

a) Definitionslücken, Kurvendiskussion bei einer gebrochenrationalen Funktion, NEWTON-Verfahren

b) Schnittproblem, Schnittwinkelweite

c) Extremwertaufgabe zu einem Dreieck, Wertemenge einer Funktion

d) Tangentenbegriff, Wertemenge der Ableitungsfunktion

Lösung

a) Die maximale Definitionsmenge ergibt sich aus den Nullstellen des Nenners (Definitionslücken).

$x^2+x-2=(x+2)(x-1)=0 \Leftrightarrow x=-2 \vee x=1,\ D=\mathbb{R}\setminus\{-2;1\}$

Ableitungen

$$f'(x)=\frac{4(x^2+x-2)-4x\cdot(2x+1)}{(x^2+x-2)^2}=\frac{-4x^2-8}{(x^2+x-2)^2}=-4\,\frac{x^2+2}{(x^2+x-2)^2}$$

$$f''(x)=-4\,\frac{2x(x^2+x-2)^2-(x^2+2)2(x^2+x-2)(2x+1)}{(x^2+x-2)^4}$$

$$=-4\,\frac{2x(x^2+x-2)-(x^2+2)(4x+2)}{(x^2+x-2)^3}=-4\,\frac{-2x^3-12x-4}{(x^2+x-21)^3}=8\,\frac{x^3+6x+2}{(x^2+x-2)^3}$$

Schnittpunkte mit den Koordinatenachsen

$f(x)=0 \Leftrightarrow 4x=0 \Leftrightarrow x=0 \Rightarrow N(0|0)$

Extrempunkte

Es gibt keine Extrempunkte, da $f'(x)\ne 0$ für alle $x\in D$.

Asymptoten

Die Definitionslücken -2 und 1 sind Polstellen.
Hieraus ergeben sich die vertikalen Asymptoten
$a_1: x=-2$ und $a_2: x=1$.
Wegen $\lim\limits_{x\to\infty} f(x)=0$ ist $a_3: y=0$ die horizontale Asymptote.

Wendepunkt

$f''(x) = 0 \Leftrightarrow x^3 + 6x + 2 = 0$

Man untersucht die Hilfsfunktion h mit

$h(x) = x^3 + 6x + 2$ auf Nullstellen.

Es gilt: $h(0) \cdot h(-1) = 2 \cdot (-5) = -10 < 0$

Also gibt es eine Nullstelle im Intervall $]-1; 0[$.

Sie ist die einzige, da h streng monoton wächst.

Dies folgt aus $h'(x) > 0$ für alle $x \in \mathbb{R}$.

Newton-Verfahren

$h'(x) = 3x^2 + 6, \; x_{n+1} = x_n - \frac{h(x_n)}{h'(x_n)} = x_n - \frac{x_n^3 + 6x_n + 2}{3x_n^2 + 6}$

Mit $x_0 = -0{,}5$ liefert der TR:

$x_1 \approx -0{,}3333333, \; x_2 \approx -0{,}3274853, \; x_3 \approx -0{,}32748$

$x_W \approx -0{,}33 \Rightarrow y_W = f(x_W) \approx 0{,}59 \Rightarrow W(-0{,}33 \,|\, 0{,}59)$

Schaubild

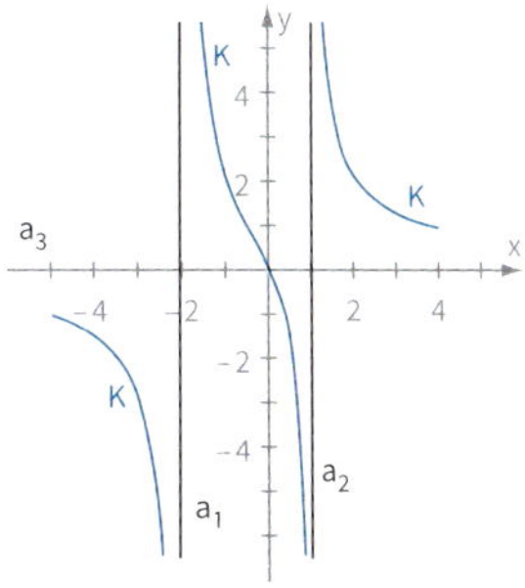

b) **Schnittpunkte von K mit der ersten Winkelhalbierenden**

$f(x) = x \Leftrightarrow 4x = x(x^2 + x - 2) \Leftrightarrow 0 = x^3 + x^2 - 6x \Leftrightarrow x(x^2 + x - 6) = 0$

$x_1 = 0, \; x_{2,3} = -\frac{1}{2} \pm \sqrt{\frac{1}{4} + \frac{24}{4}} = -\frac{1}{2} \pm \frac{5}{2}, \; x_2 = -3, \; x_3 = 2$

$\Rightarrow S_1(0 \,|\, 0), \; S_2(2 \,|\, 2), \; S_3(-3 \,|\, -3)$ sind die Schnittpunkte.

Weite des Schnittwinkels

$f'(0) = -2 = m_1, \; m_2 = 1$

$\tan\delta = \left|\frac{m_2 - m_1}{1 + m_1 m_2}\right| = \left|\frac{3}{1-2}\right| = |-3| = 3$

$\Rightarrow \delta \approx 71{,}6°$

c) **Extremaler Dreiecksinhalt**

$A(u) = \frac{1}{2} u \cdot f(u) = \frac{2u^2}{u^2 + u - 2}, \; u > 1$

$A'(u) = \frac{4u(u^2 + u - 2) - 2u^2(2u + 1)}{(u^2 + u - 2)^2}$

$= \frac{2u^2 - 8u}{(u^2 + u - 2)^2} = \frac{2u(u-4)}{(u^2 + u - 2)^2}$

$A'(u) = 0 \Leftrightarrow u = 0 \vee u = 4,$

$u = 0$ entfällt wegen $u < 1$.

Die Funktion A′ hat an der Stelle 4 einen Vorzeichenwechsel von – nach +, also ist A(4) relatives Minimum.

A(4) ist auch absolutes Minimum wegen

$A(u) \to \infty$ für $u \to 1+, \; \lim\limits_{u \to \infty} A(u) = 2$ und $A(4) = \frac{16}{9} < 2.$

Also besitzt das Dreieck für $u = 4$ einen minimalen Inhalt.

Der Flächeninhalt A kann alle Werte aus dem Intervall $\left[\frac{16}{9}; \infty\right[$ annehmen.

Skizze

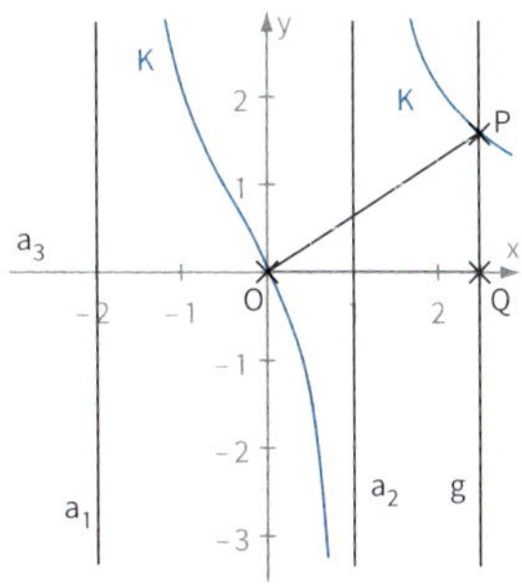

A

3. Für jedes $t \in \mathbb{R} \setminus \{0\}$ ist eine Funktion f_t gegeben mit $f_t(x) = \frac{12(x-t)}{tx^2}$, $x \in \mathbb{R} \setminus \{0\}$.
K_t sei das Schaubild von f_t.

a) Untersuchen Sie K_t auf Asymptoten, Schnittpunkte mit der x-Achse, Hoch-, Tief- und Wendepunkte. Zeichnen Sie K_1 für $-6 \leq x \leq 6$.
Bestimmen Sie eine Gleichung der Ortslinie, auf der die Hochpunkte aller K_t liegen.

b) Gegeben ist die Funktion g mit $g(x) = \frac{12}{x}$, $x \in \mathbb{R} \setminus \{0\}$.
C sei das Schaubild von g.
K_1, C und die Geraden $h_1\colon x = 1$ und $h_2\colon x = z$ mit $z > 1$ schließen eine Fläche ein. Berechnen Sie deren Inhalt $A(z)$.
Welchen Grenzwert besitzt der Inhalt dieser Fläche für $z \to +\infty$?

c) Der Ursprung und der Hochpunkt der Kurve K_t sind Eckpunkte eines achsenparallelen Rechtecks. Für welches $t > 0$ wird der Umfang des Rechtecks minimal?
Geben Sie den minimalen Umfang an.

d) K_1, die x-Achse und die Gerade mit der Gleichung $x = 4$ begrenzen eine Fläche. Rotiert diese Fläche um die x-Achse, so entsteht ein Drehkörper.
Berechnen Sie dessen Volumen.

L

3. Problemanalyse

a) Kurvendiskussion bei einer gebrochenrationalen Funktionenschar, Ortslinie
b) Fläche zwischen zwei Kurven, uneigentliches Integral
c) Extremwertaufgabe zu einem Rechteck
d) Volumen eines Drehkörpers

Lösung

a) $f_t(x) = \frac{12}{t} \cdot \frac{x-t}{x^2} = \frac{12}{t}\left(\frac{1}{x} - \frac{t}{x^2}\right) = \frac{12}{t}\left(x^{-1} - tx^{-2}\right)$

Ableitungen

$f_t'(x) = \frac{12}{t}\left(-x^{-2} + 2tx^{-3}\right) = -\frac{12}{t}\left(\frac{1}{x^2} - \frac{2t}{x^3}\right) = -\frac{12}{t} \cdot \frac{x-2t}{x^3}$

$f_t''(x) = \frac{12}{t}\left(2x^{-3} - 6tx^{-4}\right) = \frac{12}{t}\left(\frac{2}{x^3} - \frac{6t}{x^4}\right) = \frac{12}{t} \cdot \frac{2x-6t}{x^4}$, $f_t'''(x) = -\frac{72}{t} \cdot \frac{x-4t}{x^5}$

Asymptoten

Da 0 Polstelle, ist $a_1\colon x = 0$ vertikale Asymptote.

Wegen $\lim\limits_{|x| \to \infty} f(x) = 0$ ist $a_2\colon y = 0$ waagrechte Asymptote.

Schnittpunkte mit der x-Achse

$f_t(x) = 0 \Leftrightarrow x - t = 0 \Leftrightarrow x = t \Rightarrow N(t\,|\,0)$

Extrempunkte

$f_t'(x) = 0 \Leftrightarrow x - 2t = 0 \Leftrightarrow x = 2t$

$f_t''(2t) = \frac{12}{t} \cdot \frac{4t-6t}{16t^4} = -\frac{3}{2t^4} < 0$

$f_t(2t) = \frac{12}{t} \cdot \frac{t}{4t^2} = \frac{3}{t^2} \Rightarrow H\left(2t\,\middle|\,\frac{3}{t^2}\right)$

Wendepunkte

$f_t''(x) = 0 \Leftrightarrow 2x - 6t = 0 \Leftrightarrow x = 3t,$

$f_t'''(3t) = \frac{72}{t} \cdot \frac{t}{243t^5} = \frac{8}{27t^5} \neq 0$

$f_t(3t) = \frac{8}{3t^2} \Rightarrow W\left(3t \middle| \frac{8}{3t^2}\right)$

Ortslinie der Hochpunkte

$H\left(2t \middle| \frac{3}{t^2}\right)$ bedeutet $x = 2t \Leftrightarrow t = \frac{1}{2}x$ und $y = \frac{3}{t^2}$

Durch Einsetzen erhält man $y = \frac{3}{\left(\frac{1}{2}x\right)^2}$ oder

$y = \frac{12}{x^2}.$

Schaubild

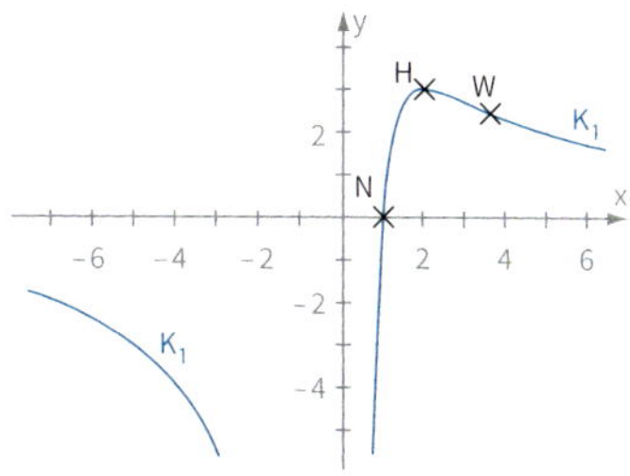

Die Hochpunkte liegen auf der Ortslinie mit der Gleichung $y = \frac{12}{x^2}$.

b) Wegen $f_1(x) = \frac{12}{x} \cdot \frac{x-1}{x} < \frac{12}{x} = g(x)$ für alle $x \geq 1$, gilt:

$A(z) = \int_1^z (g(x) - f_1(x))\,dx = \int_1^z \left[\frac{12}{x} - \left(\frac{12}{x} - \frac{12}{x^2}\right)\right] dx$

$= \int_1^z \frac{12}{x^2}\,dx = \int_1^z 12x^{-2}\,dx = [-12x^{-1}]_1^z$

$= \left[-\frac{12}{x}\right]_1^z = -\frac{12}{z} - (-12) = 12 - \frac{12}{z}$

$\lim\limits_{z \to \infty} A(z) = 12$

Der Flächeninhalt besitzt einen Grenzwert von 12 FE.

Skizze

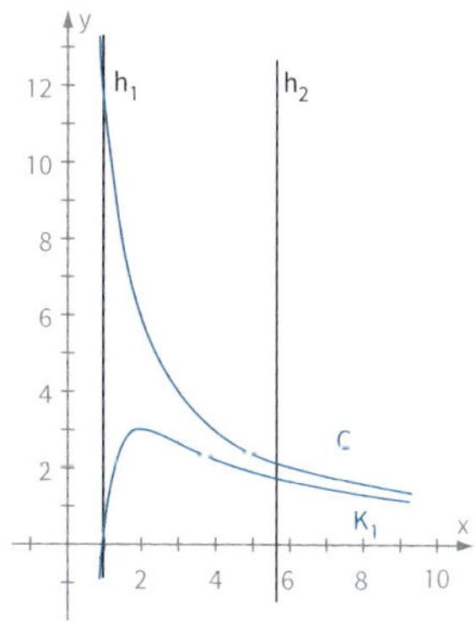

c) **Minimaler Rechtecksumfang**

Für den Umfang U(t) gilt:

$U(t) = 2 \cdot 2t + 2 \cdot \frac{3}{t^2} = 4t + \frac{6}{t^2},\ t > 0$

$U'(t) = 4 - \frac{12}{t^3},\ U''(t) = \frac{36}{t^4}$

$U'(t) = 0 \Leftrightarrow 4 - \frac{12}{t^3} = 0 \Leftrightarrow 4t^3 = 12 \Leftrightarrow t^3 = 3$

$\Leftrightarrow t = \sqrt[3]{3}$

$U''(\sqrt[3]{3}) = \frac{36}{(\sqrt[3]{3})^4} > 0$

Skizze

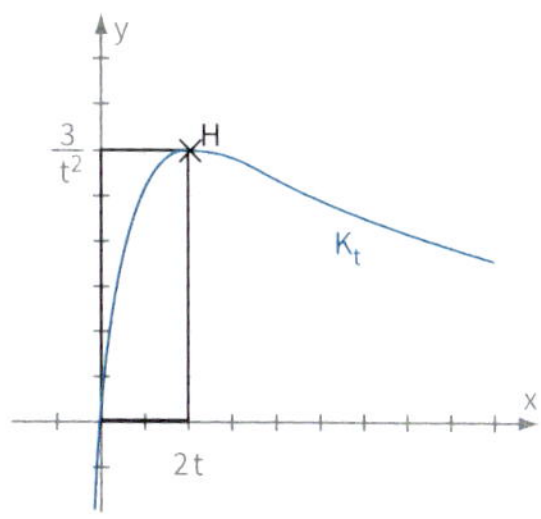

Wegen $U(t) \to \infty$ für $t \to 0+$ und für $t \to \infty$ ist der Umfang des Rechtecks für $t = \sqrt[3]{3}$ absolut minimal und beträgt $5 \cdot \sqrt[3]{3} \approx 7{,}2$ FE.

d) **Drehkörpervolumen**

Für das Volumen V des Drehkörpers gilt:

$V = \pi \int_1^4 (f(x))^2\,dx = \pi \int_1^4 \left(12\frac{x-1}{x^2}\right)^2 dx$

$= 144\pi \int_1^4 \frac{(x-1)^2}{x^4}\,dx = 144\pi \int_1^4 \left(\frac{1}{x^2} - \frac{2}{x^3} + \frac{1}{x^4}\right) dx$

Skizze

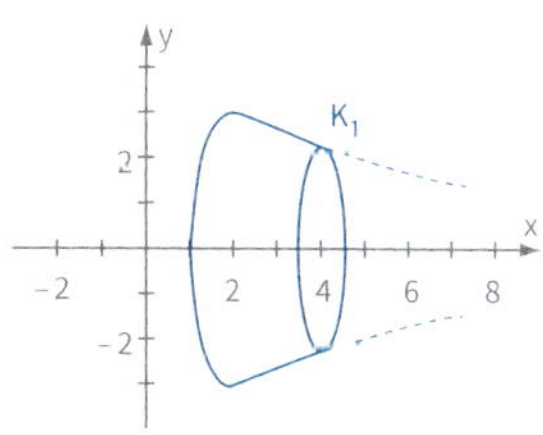

$$= 144\pi\left[-x^{-1}+x^{-2}-\frac{1}{3}x^{-3}\right]_1^4 = 144\pi\left[-\frac{1}{x}+\frac{1}{x^2}-\frac{1}{3x^3}\right]_1^4$$

$$= 144\pi\left[-\frac{1}{4}+\frac{1}{16}-\frac{1}{192}-\left(-1+1-\frac{1}{3}\right)\right] = 144\pi\cdot\left(\frac{9}{64}\right) = \frac{81}{4}\pi$$

Der Körper hat ein Volumen von $\frac{81}{4}\pi$ VE.

A

4. Gegeben ist die Funktion f mit $f(x)=\frac{x^2}{2(x-2)}$, $x \in \mathbb{R}\setminus\{2\}$. Ihr Schaubild sei K.

a) Beschreiben Sie das Verhalten von f für $x \to 2$ und $|x| \to \infty$.
Untersuchen Sie K auf Extrempunkte und Asymptoten.
Zeichnen Sie K für $-6 \le x \le 8$ samt Asymptoten (LE 1 cm).

b) Zeigen Sie: K ist symmetrisch zum Schnittpunkt der Asymptoten.

c) K begrenzt mit den Geraden $g_1: x=4$ und $g_2: x=6$ sowie der x-Achse eine Fläche mit dem Inhalt A. Berechnen Sie A exakt und geben Sie einen auf zwei Dezimalen gerundeten Näherungswert an.

d) Gegeben sind die Funktionen f_a mit $f_a(x)=\frac{x^2}{x-a}$, $x \in \mathbb{R}\setminus\{a\}$ $(a \in \mathbb{R})$.
Beschreiben Sie den groben Verlauf der Schaubilder von f_a.
Gibt es Schaubilder ohne Extrempunkte?
Auf welcher Ortslinie liegen die Extrempunkte der Schaubilder von f_a?

L

4. Problemanalyse

a) Definitionslücken, Grenzwertuntersuchung, Kurvendiskussion bei einer gebrochenrationalen Funktion

b) Punktsymmetrie

c) Fläche zwischen Kurve und x-Achse, Integral, KEPLER'sche Fassregel, Prozentrechnung

d) Gebrochenrationale Funktionenschar, Fallunterscheidung, Ortslinie

Lösung

a) $f(x)=\frac{1}{2}\cdot\frac{x^2}{x-2}$

Polynomdivision:

$$x^2 : (x-2) = x+2+\frac{4}{x-2}$$
$$\underline{-(x^2-2x)}$$
$$2x$$
$$\underline{-(2x-4)}$$
$$4$$

Also ist $f(x)=\frac{1}{2}x+1+\frac{2}{x-2}$

Ableitungen

$f'(x)=\frac{1}{2}-\frac{2}{(x-2)^2}$, $f''(x)=\frac{4}{(x-2)^3}$

Randverhalten

$f(x) \to \pm\infty$ für $x \to 2\pm$ $\Rightarrow$ 2 ist ein Pol mit Vorzeichenwechsel.

$f(x) \to \pm\infty$ für $x \to \pm\infty$, da der Zählergrad größer ist als der Nennergrad, und der Zähler stets positiv ist, der Nenner dagegen unterschiedliche Vorzeichen annimmt.

Extrempunkte

$f'(x) = 0 \Leftrightarrow \frac{1}{2} = \frac{2}{(x-2)^2}$

$\Leftrightarrow (x-2)^2 = 4$

$\Leftrightarrow |x-2| = 2$

$\Leftrightarrow x-2 = 2 \vee x-2 = -2$

$\Leftrightarrow x = 4 \vee x = 0$

$f''(4) = \frac{1}{2} > 0, \quad f(4) = 4, \Rightarrow T(4|4)$

$f''(0) = -\frac{1}{2} < 0, \; f(0) = 0, \Rightarrow H(0|0)$

Schaubild

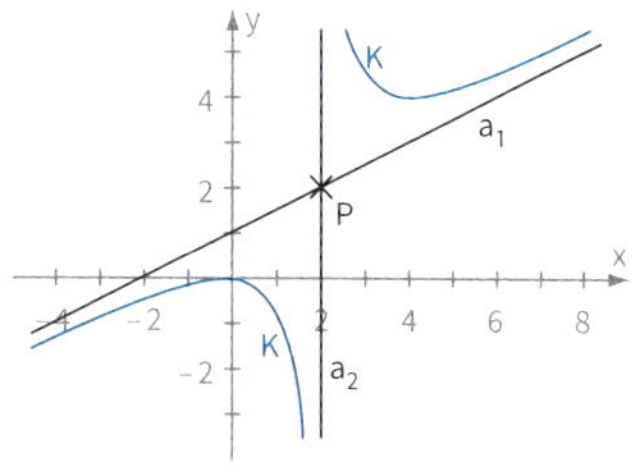

Asymptoten

a_1: $y = \frac{1}{2}x + 1$, a_2: $x = 2$

b) $P(2|2)$ ist der Schnittpunkt der Asymptoten a_1 und a_2.
Es ist zu zeigen: $f(x_p + h) + f(x_p - h) = 2 \cdot y_p$
für alle $h > 0$, also $f(2+h) + f(2-h) = 2 \cdot 2$.

$f(2+h) + f(2-h) = \frac{(2+h)^2}{2h} + \frac{(2-h)^2}{-2h} = \frac{(2+h)^2 - (2-h)^2}{2h} = \frac{8h}{2h} = 4 = 2 \cdot 2$

c) **Flächeninhalt**

$A = \int_4^6 f(x)\,dx = \int_4^6 \left(\frac{1}{2}x + 1 + \frac{2}{x-2}\right) dx = \left[\frac{1}{4}x^2 + x + 2\ln|x-2|\right]_4^6$

$= 9 + 6 + 2\ln 4 - (4 + 4 + 2\ln 2) = 7 + 2\ln 2 \approx 8{,}38$ FE

d) **Funktionenschar**

Nach einer Polynomdivision erkennt man an $f_a(x) = x + a + \frac{a^2}{x-a}$ die Asymptoten a_1: $y = x + a$ und a_2: $x = a$. Außerdem findet man mit $f_a'(x) = 1 - \frac{a^2}{(x-a)^2} = 0$ die Extremstellen 2 a und 0.

Für $a \neq 0$ haben die Schaubilder von f_a den groben Verlauf von K aus Teilaufgabe a), besitzen also eine vertikale und eine schiefe Asymptote sowie zwei Extrempunkte.

Für $a = 0$ erhält man $f_0(x) = \frac{x^2}{x} = x$, $x \in \mathbb{R} \setminus \{0\}$.

Das Schaubild zu f_0 ist die erste Winkelhalbierende ohne Koordinatenursprung. Es besitzt keinen Extrempunkt.

Ortslinie der Extrempunkte

$f_a'(x) = 1 - \frac{a^2}{(x-a)^2} = \frac{(x-a)^2 - a^2}{(x-a)^2} = \frac{x^2 - 2ax}{(x-a)^2} = \frac{x(x-2a)}{(x-a)^2}$

Man sieht, dass f_a' an den Stellen 0 und 2 a immer das Vorzeichen wechselt.
Wegen $f_a(0) = 0$ und $f_a(2a) = 4a$ sind $E_1(0|0)$ und $E_2(2a|4a)$ die Extrempunkte.
Sie liegen auf der Geraden g: $y = 2x$.

1.12.3 Exponentialfunktionen

Häufig lassen sich Wachstums- und Abnahmeprozesse durch Exponentialfunktionen beschreiben. Danach sollten sie zunächst im Überblick dargestellt werden.

Wissen **Wachstums- und Abnahmeprozesse**

Im Folgenden sei $f(t)$ der momentane Bestand, $f'(t)$ das momentane Wachstum (momentane Änderungsrate), G der Grenzwert und $G - f(t)$ das momentane Sättigungsdefizit. Man unterscheidet verschiedene **Wachstumsformen**.

1. **Lineares Wachstum/lineare Abnahme**
   Charakteristische Differentialgleichung: $f'(t) = k$
   Das momentane Wachstum (die momentane Abnahme) ist konstant.
   Funktionsterm: $f(t) = kt + c$ mit $c \geq 0$
   Für $k > 0$ $(k < 0)$ liegt eine Wachstumsfunktion (Abnahmefunktion) vor.

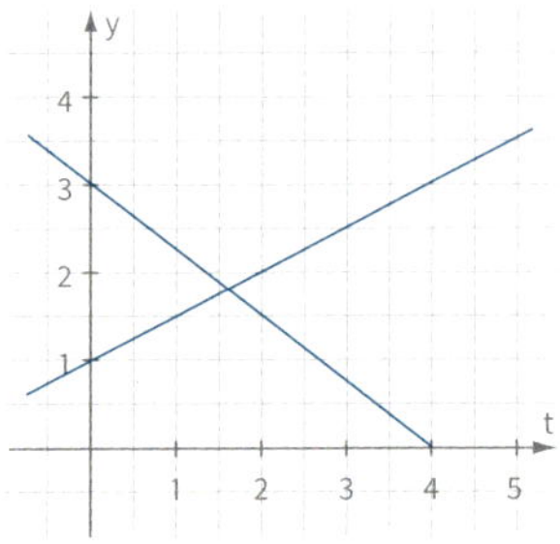

2. **Exponentielles Wachstum/exponentielle Abnahme**
   Charakteristische Differentialgleichung:
   $f'(t) = k \cdot f(t)$.
   Das momentane Wachstum (die momentane Abnahme) ist proportional zum momentanen Bestand.
   Funktionsterm: $f(t) = a \cdot e^{kt}$ mit $a > 0$
   Für $k > 0$ $(k < 0)$ liegt eine Wachstumsfunktion (Abnahmefunktion) vor.

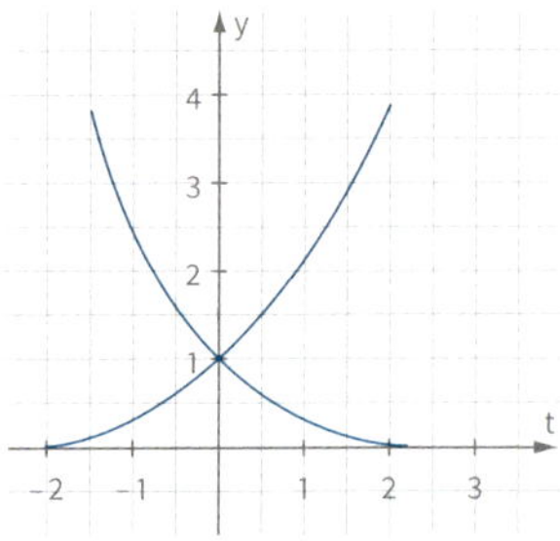

3. **Beschränktes exponentielles Wachstum/beschränkte exponentielle Abnahme**
   Charakteristische Differentialgleichung:
   $f'(t) = k \cdot (G - f(t))$
   Das momentane Wachstum (die momentane Abnahme) ist proportional zum momentanen Sättigungsdefizit.

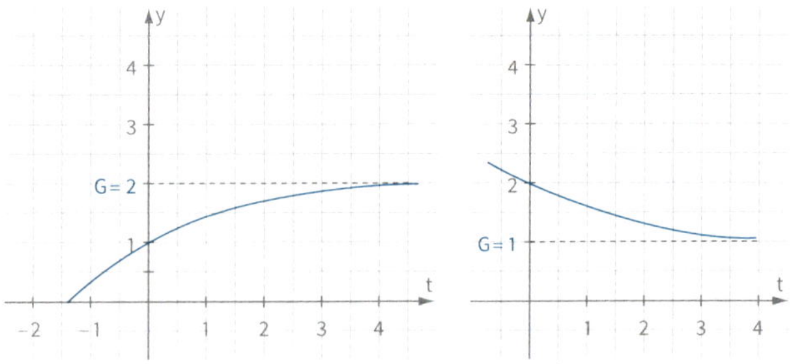

>> Funktionsterm: $f(t) = G - a \cdot e^{-kt}$ für $k > 0$ $\left(f(t) = G + a \cdot e^{-kt}\text{ für } k > 0\right)$ mit $a > 0$

4. Logistisches Wachstum

Charakteristische Differentialgleichung:
$f'(t) = k \cdot f(t) \cdot (G - f(t))$
Das momentane Wachstum ist sowohl zum momentanen Bestand als auch zum momentanen Sättigungsdefizit proportional.
Funktionsterm: $f(t) = \frac{a \cdot G}{a + e^{-Gkt}}$ oder $f(t) = \frac{G}{1 + b e^{-Gkt}}$
mit $k > 0,\ a > 0,\ b > 0$

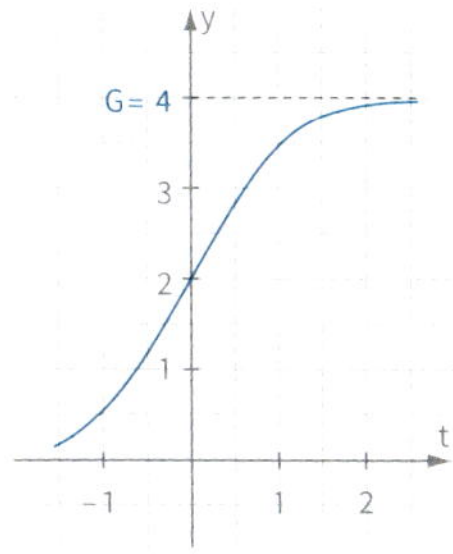

>> Wissen

A

1. Gegeben ist die Funktion f mit $f(x) = x - 2 + e^{1-x},\ x \in \mathbb{R}$. K sei das Schaubild von f.

a) Untersuchen Sie K auf Asymptoten sowie auf Hoch-, Tief- und Wendepunkte. Zeichnen Sie K und die Asymptote a für $-1 \le x \le 4$ (LE 2 cm).

b) K schließt mit dem Koordinatenachsen im ersten Quadranten ein Flächenstück ein. Berechnen Sie dessen Inhalt A.

c) K, die y-Achse und die Geraden $g: x = z$ mit $z > 0$ und $a: y = x - 2$ schließen eine Fläche ein. Berechnen Sie deren Inhalt $A(z)$ und den Grenzwert des Flächeninhaltes für $z \to \infty$.

d) Zur y-Achse und zur Gerade $a: y = x - 2$ gibt es jeweils eine Parallele durch den Kurvenpunkt $P(u \mid v)$ mit $u > 0$. Berechnen Sie den Inhalt der von den vier Geraden begrenzten Fläche in Abhängigkeit von u. Für welches u wird der Flächeninhalt extremal? Um welche Art eines Extremwertes handelt es sich?

L

1. Problemanalyse

a) Kurvendiskussion bei einer Exponentialfunktion, Schaubild
b) Fläche zwischen Kurve und x-Achse
c) Fläche zwischen zwei Kurven, uneigentliches Integral
d) Extremwertaufgabe zu einem Parallelogramm

Lösung

a) $f(x) = x - 2 + e^{1-x}$

Ableitungen

$f'(x) = 1 - e^{1-x},\ f''(x) = e^{1-x}$

Asymptoten

Wegen $\lim\limits_{x \to \infty} e^{1-x} = 0$ ist $a: y = x - 2$ Asymptote.

Extrempunkte

$f'(x) = 0 \Leftrightarrow 1 - e^{1-x} = 0 \Leftrightarrow e^{1-x} = 1 \Leftrightarrow x = 1$

$f''(1) = e^0 = 1 > 0,\ f(1) = 0,\ T(1 \mid 0)$

Wendepunkte

gibt es nicht, da $f''(x) > 0$ für alle $x \in \mathbb{R}$.

Schaubild

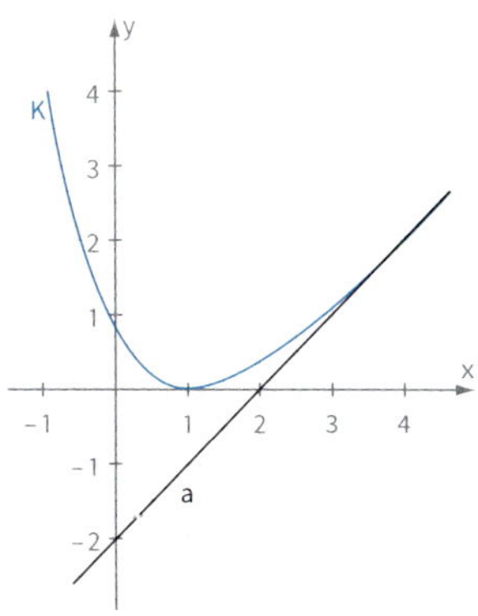

b) **Flächeninhalt**

$$A = \int_0^1 f(x)\,dx$$
$$= \int_0^1 \left(x - 2 + e^{1-x}\right) dx$$
$$= \left[\frac{x^2}{2} - 2x - e^{1-x}\right]_0^1$$
$$= \frac{1}{2} - 2 - 1 - \left(-e^1\right)$$
$$= e - \frac{5}{2} \approx 0{,}22$$

Die Fläche misst etwa 0,22 FE.

Skizze

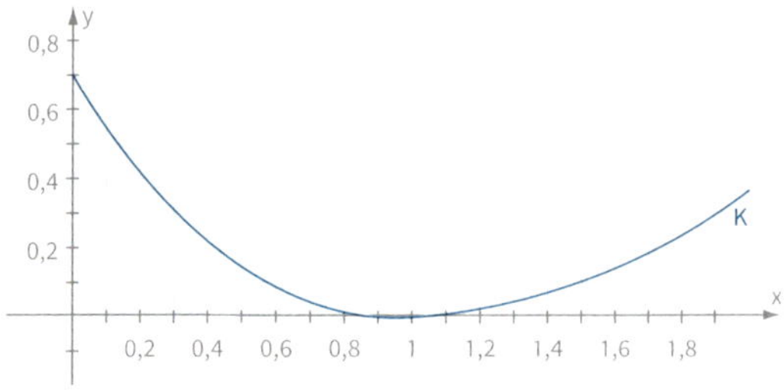

c) **Flächeninhalt**

$$A(z) = \int_0^z \left(f(x) - (x-2)\right) dx = \int_0^z e^{1-x}\,dx$$
$$= \left[-e^{1-x}\right]_0^z = -e^{1-z} - \left(-e^1\right) = e - e^{1-z}$$

$$\lim_{z\to\infty} A(z) = e$$

Die ins Unendliche reichende Fläche hat einen Inhalt von e FE.

Skizze

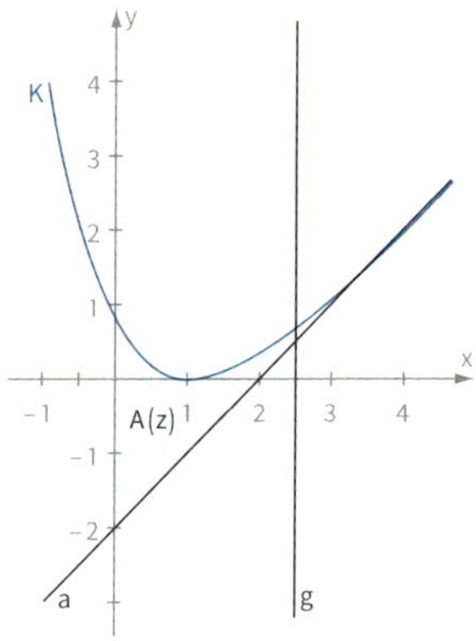

d) **Extremaler Parallelogramminhalt**

Mit $P(u\,|\,f(u))$ und $Q(u\,|\,u-2)$ erhält man die Grundseitenlänge $|\overline{PQ}|$ und die Höhe u des Parallelogramms. Dann gilt für den Flächeninhalt:

$$A(u) = |\overline{PQ}| \cdot u = \left(f(u) - (u-2)\right) \cdot u$$
$$= \left(u - 2 + e^{1-u} - (u-2)\right) \cdot u = u\,e^{1-u},\quad u \in \mathbb{R}^+$$

$$A'(u) = 1 \cdot e^{1-u} + u\,e^{1-u} \cdot (-1) = (1-u)\,e^{1-u}$$

$$A'(u) = 0 \Leftrightarrow u = 1$$

Da $e^{1-u} > 0$ für alle $u \in \mathbb{R}$, wechselt A′ an der Stelle 1 das Vorzeichen von + nach –.

Also ist $A(1) = 1$ relatives Maximum.

1 ist auch absolutes Maximum, denn

$$\lim_{u\to 0+} A(u) = \lim_{u\to\infty} A(u) = 0 < 1.$$

Für $u = 1$ wird der Flächeninhalt absolut maximal.

Skizze

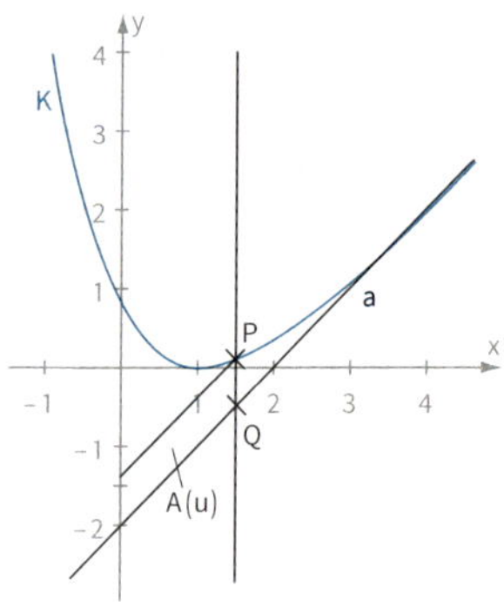

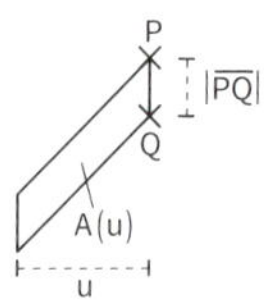

2. Gegeben ist die Funktion f mit $f(x) = 2x e^{-\frac{1}{2}x}$, $x \in \mathbb{R}$. Ihr Schaubild sei K. **A**

a) Untersuchen Sie K auf Schnittpunkte mit der x-Achse, Extrem- und Wendepunkte.
Geben Sie die Asymptote von K an.
Zeichnen Sie K für $-1 \leq x \leq 8$ mithilfe einer Wertetabelle.

b) K begrenzt mit der x-Achse eine ins Unendliche reichende Fläche.
Untersuchen Sie, ob deren Inhalt endlich ist.

c) Die Gerade $g: x = z,\ z > 0$ schneidet K in P und die x-Achse in Q. O sei der Koordinatenursprung.
Bestimmen Sie z so, dass das Dreieck OPQ einen extremalen Flächeninhalt besitzt.
Geben Sie Art und Wert des Extremums an.

d) Begründen Sie anhand von K:
f nimmt an genau zwei Stellen s_1, s_2 den Funktionswert 1 an. Berechnen Sie die Stelle s_1 mit $s_1 < s_2$ mithilfe des NEWTON-Verfahrens auf drei Dezimalen.

2. Problemanalyse **L**

a) Kurvendiskussion bei einer Exponentialfunktion, Schaubild

b) Flächen zwischen Kurve und x-Achse, uneigentliches Integral

c) Extremwertaufgabe zu einem Dreieck

d) Schnittproblem, NEWTON-Verfahren

Lösung

a) $f(x) = 2x e^{-\frac{1}{2}x}$

Ableitungen

$f'(x) = 2e^{-\frac{1}{2}x} + 2x e^{-\frac{1}{2}x} \cdot \left(-\frac{1}{2}\right) = (2 - x)e^{-\frac{1}{2}x}$

$f''(x) = -e^{-\frac{1}{2}x} + (2 - x)e^{-\frac{1}{2}x} \cdot \left(-\frac{1}{2}\right) = -e^{-\frac{1}{2}x} - e^{-\frac{1}{2}x} + \frac{1}{2}x e^{-\frac{1}{2}x} = \left(\frac{1}{2}x - 2\right)e^{-\frac{1}{2}x}$

Schnittpunkte mit der x-Achse

$f(x) = 0 \Leftrightarrow x = 0 \qquad \Rightarrow N(0\,|\,0)$

Extrempunkte

$f'(x) = 0 \Leftrightarrow 2 - x = 0 \Leftrightarrow x = 2$

$f''(2) = -e^{-1} < 0$ $f(2) = \frac{4}{e} \Rightarrow H\left(2\,\middle|\,\frac{4}{e}\right) \approx H(2\,|\,1{,}5)$

Wendepunkte

$f''(x) = 0 \Leftrightarrow \frac{1}{2}x - 2 = 0 \Leftrightarrow x = 4$

f″ wechselt an der Stelle 4 das Vorzeichen,

$f(4) = \frac{8}{e^2} \Rightarrow W\left(4\,\middle|\,\frac{8}{e^2}\right) \approx W(4\,|\,1{,}1)$

Asymptote

a: $y = 0$, da $\lim\limits_{x \to \infty} 2x e^{-\frac{1}{2}x} = 0$

Schaubild

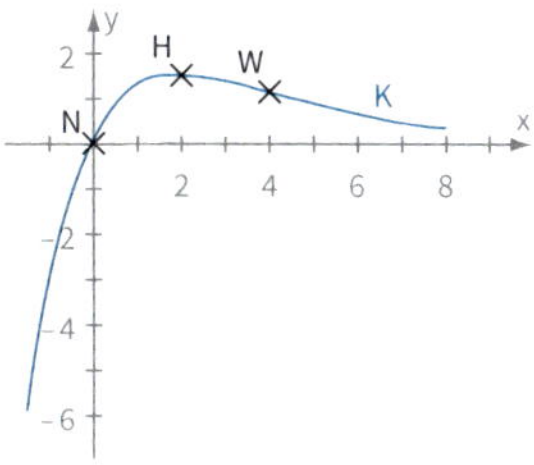

Wertetabelle

x	−1	0	1	2	4	6	8
f(x)	−3,3	0	1,2	1,5	1,1	0,6	0,3

b) Man bestimmt zuerst eine Stammfunktion mittels Produktintegration:

Skizze

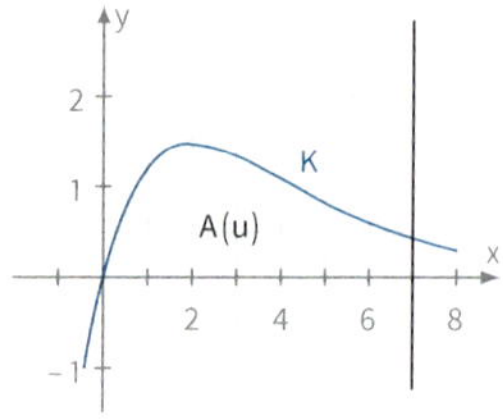

$$\int \underbrace{2x}_{u}\cdot\underbrace{e^{-\frac{1}{2}x}}_{v'}\,dx = \underbrace{2x}_{u}\cdot\underbrace{e^{-\frac{1}{2}x}\cdot(-2)}_{v} - \int \underbrace{2}_{u'}\cdot\underbrace{e^{-\frac{1}{2}x}\cdot(-2)}_{v}\,dx$$

$$= -4x\,e^{-\frac{1}{2}x} + 4\int e^{-\frac{1}{2}x}\,dx = -4x\,e^{-\frac{1}{2}x} - 8\,e^{-\frac{1}{2}x}$$

Flächeninhalt

$$A(u) = \int_0^u f(x)\,dx = \left[-4x\,e^{-\frac{1}{2}x} - 8\,e^{-\frac{1}{2}x}\right]_0^u$$

$$= \left[-4\,e^{-\frac{1}{2}x}(x+2)\right]_0^u = -4\,e^{-\frac{1}{2}u}(u+2) - (-4\cdot(2)) = -4\,e^{-\frac{1}{2}u}(u+2) + 8$$

$$= -4\,\frac{u+2}{e^{\frac{1}{2}u}} + 8$$

$$\lim_{u\to\infty} A(u) = \lim_{u\to\infty}\left(-4\,\frac{u+2}{e^{\frac{1}{2}u}} + 8\right) = 8$$

Die Fläche besitzt den endlichen Inhalt von 8 FE.

c) **Maximaler Dreiecksinhalt**

Skizze

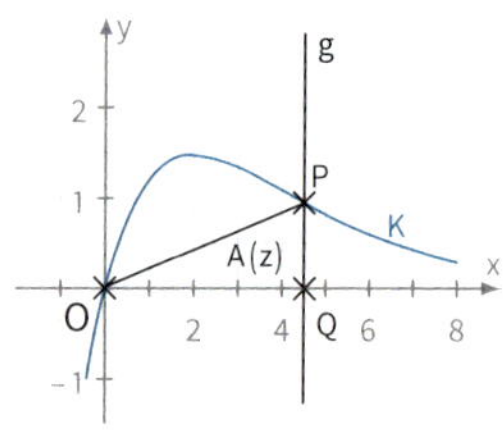

Wegen $g\colon x = z$ ist $P(z\,|\,f(z))$ und $Q(z\,|\,0)$.

So ergibt sich für den Flächeninhalt des Dreiecks:

$$A(z) = \tfrac{1}{2}\,|\overline{OQ}|\cdot|\overline{PQ}| = \tfrac{1}{2}z\cdot f(z) = z^2\,e^{-\frac{1}{2}z},\quad z \in \mathbb{R}^+$$

$$A'(z) = 2z\,e^{-\frac{1}{2}z} + z^2\,e^{-\frac{1}{2}z}\cdot\left(-\tfrac{1}{2}\right) = \left(2z - \tfrac{1}{2}z^2\right)e^{-\frac{1}{2}z}$$

$$= z\left(2 - \tfrac{1}{2}z\right)e^{-\frac{1}{2}z}$$

$A'(z) = 0 \Leftrightarrow z = 0 \lor z = 4,\ z = 0 \notin \mathbb{R}^+$ entfällt.

A' wechselt an der Stelle 4 das Vorzeichen von + nach −.

Somit ist $A(4) = \frac{16}{e^2}$ ein relatives Maximum.

Wegen $\lim\limits_{z\to 0+} A(z) = \lim\limits_{z\to\infty} A(z) = 0 < A(4) = \frac{16}{e^2}$ ist $\frac{16}{e^2}$ der absolut größte Dreiecksinhalt.

d) **Stellen mit Funktionswert 1**

Skizze

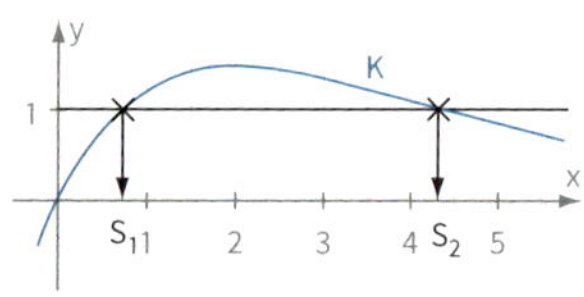

Aus der Wertetabelle entnimmt man $f(0) = 0$ und $f(2) \approx 1{,}5$. Wegen der Stetigkeit und strengen Monotonie muss f im Intervall $[0; 2]$ den Zwischenwert 1 genau einmal annehmen. Da f im Intervall $[2; \infty[$ streng monoton gegen 0 fällt, tritt der Funktionswert 1 genau noch einmal auf.

Für $x < 0$ sind alle Funktionswerte negativ.

$$f(x) = 1 \Leftrightarrow 2x\,e^{-\frac{1}{2}x} = 1 \Leftrightarrow 2x\,e^{-\frac{1}{2}x} - 1 = 0$$

Newton-Verfahren

$h(x) = 2x\,e^{-\frac{1}{2}x} - 1,\ h'(x) = (2-x)\,e^{-\frac{1}{2}x}$ (Produktregel)

$$x_{n+1} = x_n - \frac{h(x_n)}{h'(x_n)} = x_n - \frac{2x_n\,e^{-\frac{1}{2}x_n} - 1}{(2-x)\,e^{-\frac{1}{2}x_n}} = x_n - \frac{2x_n - e^{\frac{1}{2}x_n}}{2 - x_n}$$

Mit dem Startwert $x_0 = 0{,}7$ erhält man die Näherungswerte:

$x_1 \approx 0{,}7146673,\ x_2 \approx 0{,}7148059,\ x_3 \approx 0{,}7148059 \Rightarrow s_1 \approx 0{,}715$

3. Gegeben ist die Funktion f mit $f(x) = 2e^x - e^{2x}$, $x \in \mathbb{R}$. K sei das Schaubild von f. **A**

a) Untersuchen Sie K auf Asymptoten, Schnittpunkte mit den Koordinatenachsen, Extrem- und Wendepunkte. Zeichnen Sie K für $-4 \le x \le 1$ (LE = 2 cm).

b) Die x-Achse, die y-Achse, die Kurve K und die Gerade $h: x = z$, für $z < 0$ schließen eine Fläche ein. Berechnen Sie deren Inhalt $A(z)$ und den Grenzwert des Flächeninhalts für $z \to -\infty$.

c) Gegeben ist die Funktion g mit $g(x) = 2e^x$. Ihr Schaubild sei C.
Zeichnen Sie C in das Koordinatensystem von Teilaufgabe a) ein.
Die Gerade $i: x = u$, für $u < 0$ schneidet die Kurve K im Punkt P und die Kurve C im Punkt Q. Der Ursprung O sowie die Punkte P und Q bilden ein Dreieck.
Berechnen Sie den Inhalt des Dreiecks OPQ in Abhängigkeit von u.
Bestimmen Sie u so, dass der Inhalt des Dreiecks maximal wird.

d) Die y-Achse, die x-Achse und die Kurve K begrenzen eine Fläche. Durch Rotation dieser Fläche um die x-Achse entsteht ein Drehkörper.
Berechnen Sie dessen Volumen exakt und auf zwei Dezimalen gerundet.

3. Problemanalyse **L**

a) Kurvendiskussion bei einer Exponentialfunktion, Schaubild

b) Fläche zwischen Kurve und x-Achse, uneigentliches Integral

c) Extremwertaufgabe zu einem Dreieck

d) Drehkörpervolumen

Lösung

a) $f(x) = 2e^x - e^{2x}$

Ableitungen

$f'(x) = 2e^x - 2e^{2x}$, $f''(x) = 2e^x - 4e^{2x}$, $f'''(x) = 2e^x - 8e^{2x}$

Asymptoten

Wegen $\lim\limits_{x \to -\infty} f(x) = 0$ ist die x-Achse Asymptote.

Schnittpunkte mit den Koordinatenachsen

$f(x) = 0 \Leftrightarrow 2e^x - e^{2x} = 0 \Leftrightarrow e^x(2 - e^x) = 0 \Leftrightarrow 2 - e^x = 0 \Leftrightarrow e^x = 2 \Leftrightarrow x = \ln 2$

$\Rightarrow N(\ln 2 \mid 0) \approx N(0{,}39 \mid 0)$

$f(0) = 1 \Rightarrow S(0 \mid 1)$

Extrempunkte

$f'(x) = 0 \Leftrightarrow 2(e^x - e^{2x}) = 0 \Leftrightarrow 2e^x(1 - e^x) = 0 \Leftrightarrow 1 - e^x = 0 \Leftrightarrow e^x = 1 \Leftrightarrow x = 0$

$f''(0) = 2 - 4 = -2 < 0$, $f(0) = 1 \Rightarrow H(0 \mid 1) = S$

Wendepunkte

$$f''(x) = 0 \Leftrightarrow 2(e^x - 2e^{2x}) = 0$$
$$\Leftrightarrow 2e^x(1 - 2e^x) = 0$$
$$\Leftrightarrow 1 - 2e^x = 0$$
$$\Leftrightarrow e^x = \frac{1}{2}$$
$$\Leftrightarrow x = \ln\frac{1}{2} = -\ln 2$$

Schaubild

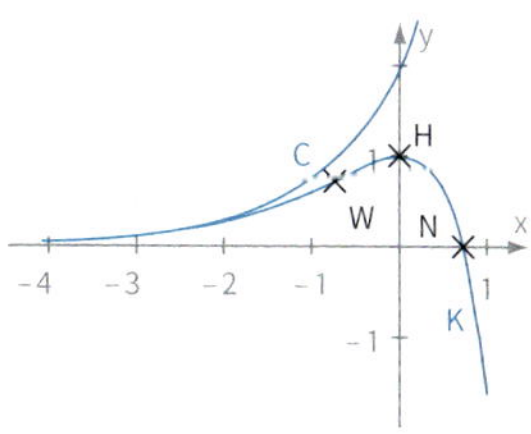

$$f'''\left(\ln\frac{1}{2}\right) = 2\,e^{\ln\frac{1}{2}} - 8\,e^{2\ln\frac{1}{2}} = 2\cdot\frac{1}{2} - 8\cdot\left(e^{\ln\frac{1}{2}}\right)^2 = 1 - 8\cdot\frac{1}{4} = -1 \neq 0$$

$$f\left(\ln\frac{1}{2}\right) = 2\,e^{\ln\frac{1}{2}} - e^{2\ln\frac{1}{2}} = 2\cdot\frac{1}{2} - \frac{1}{4} = \frac{3}{4} \Rightarrow W\left(-\ln 2\,\middle|\,\frac{3}{4}\right) \approx W(-0{,}69\,|\,0{,}75)$$

b) **Flächeninhalt**

Skizze

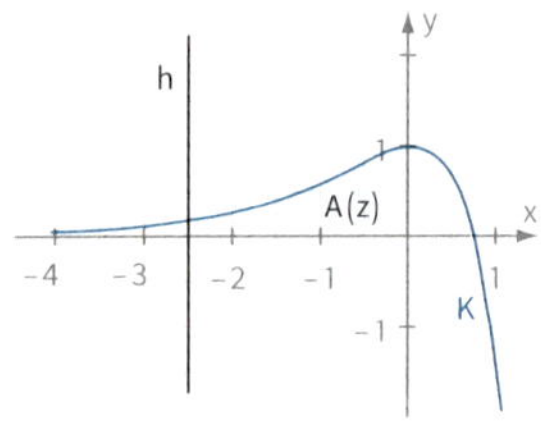

$$A(z) = \int_z^0 f(x)\,dx = \int_z^0 (2\,e^x - e^{2x})\,dx = \left[2\,e^x - \frac{1}{2}e^{2x}\right]_z^0$$

$$= 2\,e^0 - \frac{1}{2}e^0 - \left(2\,e^z - \frac{1}{2}e^{2z}\right) = 2 - \frac{1}{2} - \left(2\,e^z - \frac{1}{2}e^{2z}\right)$$

$$= \frac{3}{2} - 2\,e^z + \frac{1}{2}e^{2z}$$

$$\lim_{z\to-\infty} A(z) = 1{,}5$$

Die ins Unendliche reichende Fläche hat einen Inhalt von1,5 FE.

c) **Maximaler Dreiecksinhalt**

Skizze

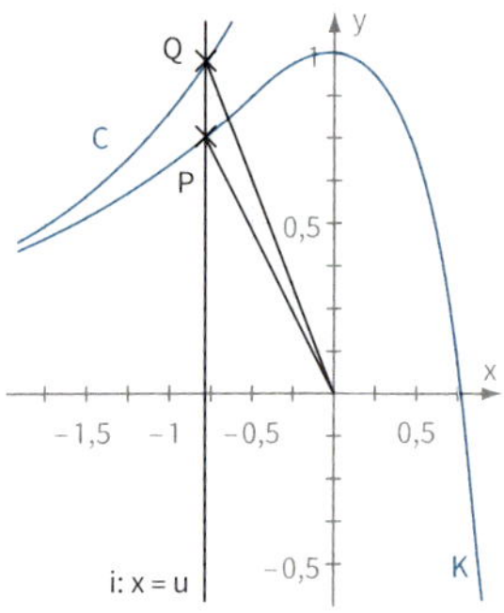

Bei der Berechnung des Dreiecksinhaltes A(u) betrachtet man die Strecke $\overline{PQ}$ als Grundseite mit der zugehörigen Höhe $-x_p = -u$.

$$A(u) = \frac{1}{2}[g(u) - f(u)]\cdot(-u) = \frac{1}{2}e^{2u}\cdot(-u)$$

$$= -\frac{1}{2}u\,e^{2u},\; u \in \mathbb{R}^-$$

$$A'(u) = -\frac{1}{2}(1\cdot e^{2u} + u\,e^{2u}\cdot 2) = -\frac{1}{2}\left(e^{2u} + 2\,u\,e^{2u}\right)$$

$$= -\frac{1}{2}e^{2u} - u\,e^{2u} = -\left(\frac{1}{2} + u\right)e^{2u}$$

$$A'(u) = 0 \Leftrightarrow \frac{1}{2} + u = 0 \Leftrightarrow u = -\frac{1}{2}$$

Da A′ an der Stelle $-\frac{1}{2}$ das Vorzeichen von + nach – wechselt und $\lim\limits_{u\to 0-} A(u) = \lim\limits_{u\to-\infty} A(u) = 0$, ist der Flächeninhalt für $u = -\frac{1}{2}$ absolut maximal und beträgt $A\left(-\frac{1}{2}\right) = \frac{1}{4e}$ FE.

d) **Drehkörpervolumen**

Skizze

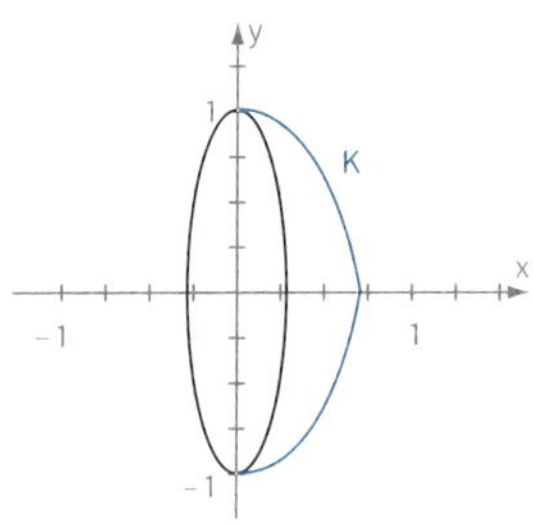

$$V = \pi\int_0^{\ln 2} f(x)^2\,dx = \pi\int_0^{\ln 2} (2\,e^x - e^{2x})^2\,dx$$

$$= \pi\int_0^{\ln 2} (4\,e^{2x} - 4\,e^{3x} + e^{4x})\,dx$$

$$= \pi\left[2\,e^{2x} - \frac{4}{3}e^{3x} + \frac{1}{4}e^{4x}\right]_0^{\ln 2}$$

$$= \pi\left[2\,e^{2\ln 2} - \frac{4}{3}e^{3\ln 2} + \frac{1}{4}e^{4\ln 2} - \left(2 - \frac{4}{3} + \frac{1}{4}\right)\right]$$

$$= \pi\left(2\cdot 2^2 - \frac{4}{3}\cdot 2^3 + \frac{1}{4}\cdot 2^4 - \frac{11}{12}\right) = \pi\left(8 - \frac{32}{3} + 4 - \frac{11}{12}\right) = \frac{5}{12}\pi \approx 1{,}31$$

Der Drehkörper hat ein Volumen von etwa 1,31 VE.

4. TR Gegeben ist die Funktion f mit $f(x) = \frac{e^x}{x^2}$, $x \in \mathbb{R} \setminus \{0\}$. K sei das Schaubild von f. A

a) Bestimmen Sie die erste Ableitungsfunktion von f.
Begründen Sie, dass f eine Polstelle ohne Vorzeichenwechsel besitzt.
Geben Sie das Verhalten von f für $|x| \to \infty$ an.

b) Berechnen Sie die Koordinaten des Tiefpunktes von K.
Erstellen Sie eine Wertetabelle zu f und zeichnen Sie damit K im Bereich $-1 \le x \le 6$. Begründen Sie, dass f kein absolutes Minimum besitzt.

c) K rotiere für $1 \le x \le 3$ um die x-Achse. Berechnen Sie das Volumen V des entstehenden Rotationskörpers auf zwei Dezimalen gerundet.

d) Zwei zur y-Achse parallele Geraden g und h mit Abstand 2 schneiden K in P und Q $(x_P > x_Q > 0)$ sowie die x-Achse in R und S $(x_R < x_S)$.
Bestimmen Sie die Koordinaten von R und S so, dass das Viereck PQRS einen möglichst kleinen Flächeninhalt hat. Runden Sie auf drei Dezimalen.

4. Problemanalyse L

a) Anwendung der Quotientenregel, Begriff Polstelle, Wachstumsverhalten von Exponential- und Potenzfunktionen

b) Kriterien für Extremstellen einer Funktion, Begriffe absolutes und relatives Minimum, TR-Einsatz

c) Formel für Drehkörpervolumina, TR-Einsatz

d) Formel für den Flächeninhalt eines Trapezes, Extremwertaufgabe, TR-Einsatz

Lösung

a) **Ableitungsfunktion**

$$f'(x) = \frac{e^x \cdot x^2 - e^x \cdot 2x}{x^4} = \frac{x e^x - 2e^x}{x^3} = \frac{e^x (x-2)}{x^3}$$

Polstelle ohne Vorzeichenwechsel

$f(x) \to \infty$ für $|x| \to 0$, denn der Nenner strebt gegen 0 und ist wegen des Quadrates stets positiv, der Zähler strebt gegen 1.

Verhalten für $|x| \to \infty$

$f(x) \to \infty$ für $x \to \infty$, da die natürliche Exponentialfunktion schneller wächst als die Quadratfunktion, $\lim\limits_{x \to -\infty} f(x) = 0$, weil der Zähler gegen 0 und der Nenner gegen ∞ strebt.

b) **Tiefpunkt**

Aus $f'(x) = 0$ schließt man aus der Produktdarstellung sofort $x = 2$. Außerdem hängt das Vorzeichen von $f'(x)$ nahe bei 2 nur vom Term $x - 2$ ab.

So erkennt man, dass f' an der Stelle 2 das Vorzeichen von – nach + wechselt und damit $f(2) = \frac{e^2}{4}$ ein relatives Minimum ist $\Rightarrow T\left(2 \middle| \frac{e^2}{4}\right)$.

Schaubild

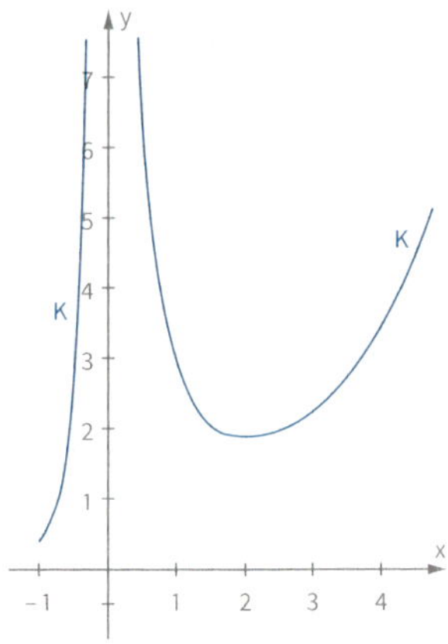

Wertetabelle

x	−1	0	1	2	3	4	5	6
f(x)	0,37	–	2,72	1,85	2,23	3,41	5,94	11,21

Absolutes Minimum

Da f nur die Extremstelle 2 mit dem relativen Minimum $\frac{e^2}{4} \approx 1{,}8$ besitzt und für $x \to -\infty$ noch beliebig kleinere Funktionswerte auftreten, gibt es kein absolutes Minimum.

c) **Rotationskörpervolumen**

$$V = \pi \int_1^3 (f(x))^2\,dx = \pi \int_1^3 \frac{e^{2x}}{x^4}\,dx$$

Der TR liefert $V \approx 26{,}16\,\text{VE}$.

Skizze

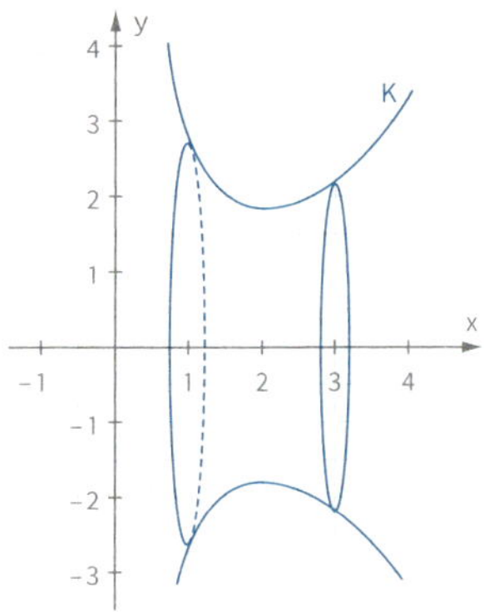

d) **Minimaler Trapezinhalt**

Der Flächeninhalt des Trapezes hängt von der Lage der Parallelen ab. Wegen des Abstandes 2 LE können die Parallelen durch die Geraden $g: x = u$ und $h: x = u + 2$ mit $u > 0$ beschrieben werden. Dann gilt für den Flächeninhalt A(u) des Trapezes:

$$A(u) = \frac{1}{2}\big(f(u) + f(u+2)\big) \cdot 2 = f(u) + f(u+2)$$
$$= \frac{e^u}{u^2} + \frac{e^{u+2}}{(u+2)^2}$$

Mit TR findet man die Extremstelle $u \approx 1{,}349$.

Die gesuchten Punkte sind also $R(1{,}349 \mid 0)$ und $S(3{,}349 \mid 0)$.

Skizze

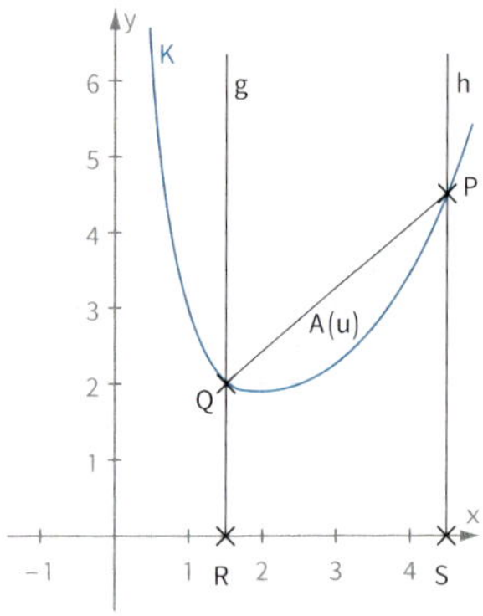

A

5. Gegeben ist die Funktion f mit $f(t) = 10\,000 - 10\,000\,e^{-0{,}05t}$, $t \in \mathbb{R}_0^+$.
Ihr Schaubild K ist abgebildet.

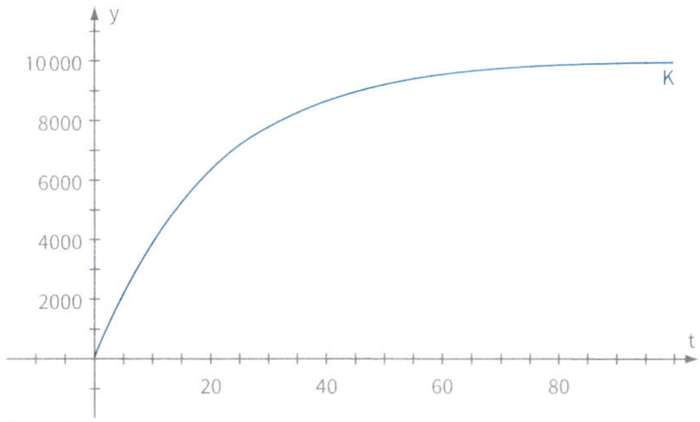

a) Zeigen Sie: f ist streng monoton steigend und besitzt keine Wendestelle. Geben Sie die Gleichung der Asymptote von K an.

b) Berechnen Sie den Inhalt der ins Unendliche reichenden Fläche, die von K, der Asymptote und der y-Achse begrenzt wird.

c) Es sei g eine Parallele zur y-Achse, die K in P und die Asymptote in Q schneidet. R sei der Schnittpunkt von Asymptote und y-Achse.
Welche Parallele zur y-Achse ist zu wählen, damit der Flächeninhalt des Dreiecks PQR maximal wird?

d) Die Funktion f beschreibt die Anzahl der insgesamt verkauften Stücke eines neuen Produkts nach t Wochen. Um welche Form von Wachstum handelt es sich? Wie ist der Absatz in der 20. Woche? In welcher Woche liegt der Absatz erstmals unter 30 Stück? Nach wie vielen Wochen sind bereits 90 % der produzierten 10 000 Stück verkauft?

L

5. Problemanalyse

a) Monotonie, Wendestelle, Asymptote

b) Fläche zwischen zwei Kurven, uneigentliches Integral

c) Extremwertaufgabe zu einem Dreieck

d) Wachstumsformen, Funktions- und Ableitungsbegriff, Prozentrechnung.

Lösung

a) **Ableitungen**

$f'(t) = -10\,000\,e^{-0{,}05t} \cdot (-0{,}05) = 500\,e^{-0{,}05t}$, $f''(t) = -25\,e^{-0{,}05t}$

Wegen $f'(t) > 0$ und $f''(t) \neq 0$ für alle $t \in \mathbb{R}_0^+$ ist f streng monoton steigend und besitzt keine Wendestelle.

Asymptote ist a: $y = 10\,000$, denn $\lim\limits_{t \to \infty} f(t) = 10\,000$.

b) **Skizze**

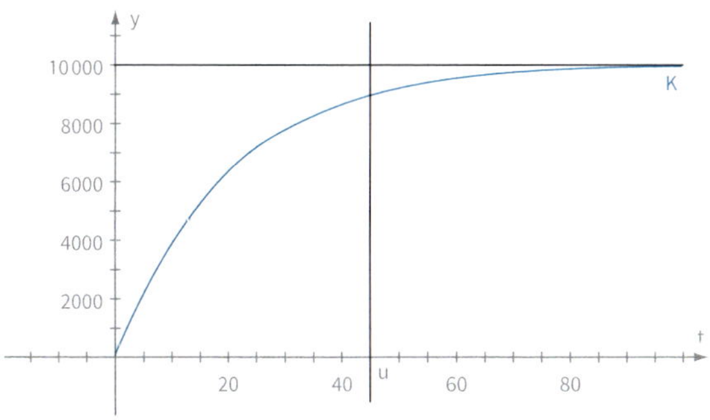

Flächeninhalt

$$A(u) = \int_0^u \left(10\,000 - f(t)\right)\,dt = \int_0^u 10\,000\,e^{-0{,}05t}\,dt = \left[-200\,000\,e^{-0{,}05t}\right]_0^u$$

$$= -200\,000\,e^{-0{,}05u} - (-200\,000) = 200\,000 - 200\,000\,e^{-0{,}05u}$$

$$= 200\,000 \cdot (1 - e^{-0{,}05u})$$

$$\lim_{u \to \infty} A(u) = 200\,000$$

Die Fläche hat einen Inhalt von 200 000 FE.

c) **Skizze**

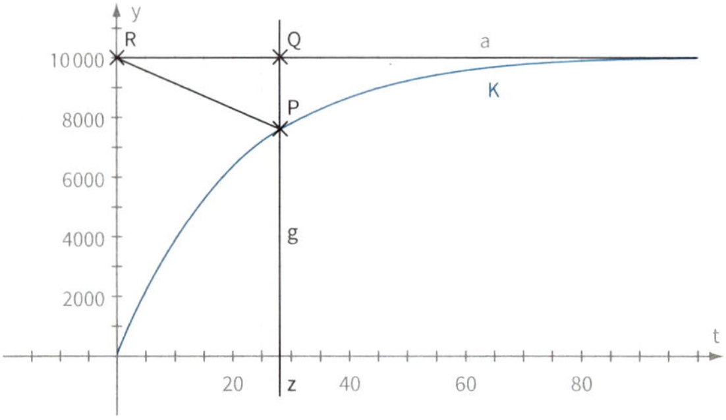

Maximaler Dreiecksinhalt

Mit $P(z\,|\,f(z))$ und $Q(z\,|\,10\,000)$ erhält man für den Flächeninhalt:

$A(z) = \frac{1}{2}\left(10\,000 - f(z)\right) \cdot z,\ z \in \mathbb{R}^+ = \frac{1}{2}\left(10\,000\,e^{-0{,}05z}\right) \cdot z = 5000\,z\,e^{-0{,}05z}$

$A'(z) = 5000\left(1 \cdot e^{-0{,}05z} + z\,e^{-0{,}05z} \cdot (-0{,}05)\right) = 5000\,(1 - 0{,}05z)\,e^{-0{,}05z}$

$A'(z) = 0 \;\Leftrightarrow\; (1 - 0{,}05z) = 0 \;\Leftrightarrow\; z = 20$

Da f′ an der Stelle 20 das Vorzeichen von + nach – wechselt und

$\lim_{z \to 0^+} A(z) = \lim_{z \to \infty} A(z) = 0$, ist $A(20)$ ein absolutes Maximum des Dreiecksinhalts. Man muss also die Parallele $g\colon t = 20$ wählen.

d) **Wachstumsform und Absatz**

$f(t) = 10\,000 - 10\,000\,e^{-0{,}05t}$, t in Wochen, $f(t)$ Absatzmenge

Es handelt sich um beschränktes exponentielles Wachstum. In der zugehörigen Funktionsgleichung $f(t) = G - a\,e^{-kt}$ ist hier $G = a = 1000$ und $k = 0{,}05$.

$f(20) - f(19) \approx 6321{,}2 - 6132{,}6 \approx 188{,}6$

In der 20. Woche wurden 188 Stücke verkauft.

$f'(t) = 30 \;\Leftrightarrow\; 500\,e^{-0{,}05t} = 30 \;\Leftrightarrow\; e^{-0{,}05t} = 0{,}06 \;\Leftrightarrow\; -0{,}05t = \ln 0{,}06$

$\Leftrightarrow\; t = \frac{\ln 0{,}06}{-0{,}05} \approx 56{,}3$

Die Überprüfung $f(57) - f(56) \approx 9421{,}6 - 9391{,}8 \approx 29{,}66$ zeigt, dass in der 57. Woche der Absatz erstmals unter 30 Stücken liegt.

$f(t) = 9000 \;\Leftrightarrow\; 10\,000 - 10\,000\,e^{-0{,}05t} = 9000$

$\Leftrightarrow\; 10\,000\,e^{-0{,}05t} = 1000 \;\Leftrightarrow\; 10\,e^{-0{,}05t} = 1 \;\Leftrightarrow\; e^{-0{,}05t} = 0{,}1$

$\Leftrightarrow\; -0{,}05t = \ln 0{,}1 \;\Leftrightarrow\; t = \frac{\ln 0{,}1}{-0{,}05} \approx 46{,}1$

Nach etwa 46 Wochen sind bereits 90 % der produzierten Menge verkauft.

1.12.4 Trigonometrische Funktionen

Beim Modellieren periodischer Vorgänge werden trigonometrische Funktionen benötigt. Zunächst sollen die erforderlichen Grundkenntnisse vorgestellt werden.

Wissen

Die trigonometrischen Funktionen werden am **Einheitskreis** definiert. Zu jedem vorgegebenen **Winkelmaß α** und **Bogenmaß $x = \frac{\pi}{180} \cdot \alpha$** gibt es einen Punkt P auf dem **Einheitskreis.**

Man nennt den x-Wert des Punktes P den **Cosinus von α bzw. Cosinus von x** und den y-Wert von P den **Sinus von α bzw. Sinus von x.**

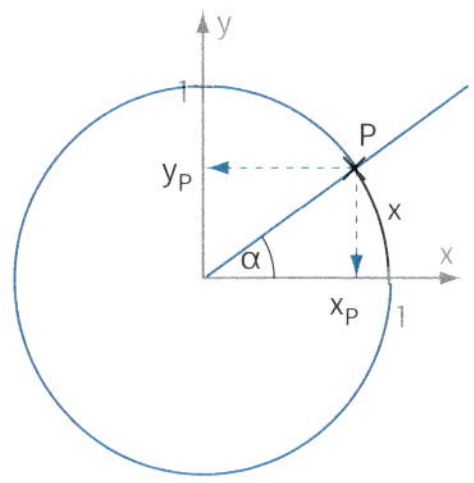

Kurz: $x_P = \cos x$
$y_P = \sin x$

Schaubilder

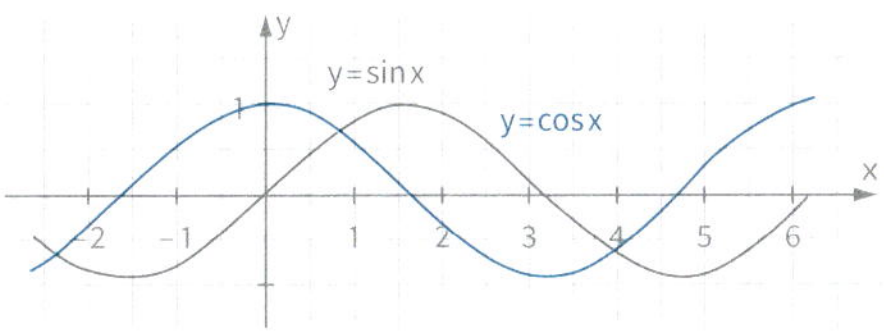

Standardwerte

α	0°	30°	45°	60°	90°
x	0	$\frac{\pi}{6}$	$\frac{\pi}{4}$	$\frac{\pi}{3}$	$\frac{\pi}{2}$
sin x	0	$\frac{1}{2}$	$\frac{1}{2}\sqrt{2}$	$\frac{1}{2}\sqrt{3}$	1
cos x	1	$\frac{1}{2}\sqrt{3}$	$\frac{1}{2}\sqrt{2}$	$\frac{1}{2}$	0

Eigenschaften

f(x)	Nullstellen	Extremstellen	Wendestellen	Amplitude	Periodenlänge
sin x	$k\pi$	$\frac{\pi}{2} + k\pi$	$k\pi$	1	2π
cos x	$\frac{\pi}{2} + k\pi$	$k\pi$	$\frac{\pi}{2} + k\pi$	1	2π

$k \in \mathbb{Z}$

Ableitungs- und Stammfunktionen

f(x)	f′(x)	F(x)
sin x	cos x	– cos x
cos x	– sin x	sin x

Die Funktionen f mit $f(x) = a \cdot \sin(bx + c) + d$, $x \in \mathbb{R}$ ($a, b, c, d \in \mathbb{R}$, $a \neq 0$, $b \neq 0$)
Ihre Ableitungsfunktionen erhält man mit der Kettenregel, die Stammfunktionen durch lineare Substitution:
$f'(x) = ab \cdot \cos(bx + c)$
$f''(x) = -ab^2 \cdot \sin(bx + c)$
$f'''(x) = -ab^3 \cdot \cos(bx + c)$
$F(x) = -\frac{a}{b} \cdot \cos(bx + c) + dx + k,\ k \in \mathbb{R}$

Die Schaubilder der Funktionen f können durch geeignete Abbildungen aus dem Schaubild der Sinusfunktion erzeugt werden.
Dazu schreibt man zunächst den Funktionsterm um: $f(x) = a \cdot \sin\left[b\left(x + \frac{c}{b}\right)\right] + d$
Aus dieser Termdarstellung kann man die Abbildungen ablesen, welche die Sinuskurve in das Schaubild von f überführen:
- Streckung senkrecht zur x-Achse mit Faktor a, falls a positiv ist, andernfalls Streckung senkrecht zur x-Achse mit Faktor $|a|$ und Spiegelung an der x-Achse
- Streckung senkrecht zur y-Achse mit Faktor $\frac{1}{b}$, falls $\frac{1}{b}$ positiv ist, andernfalls Streckung senkrecht zur y-Achse mit Faktor $\left|\frac{1}{b}\right|$ und Spiegelung an der y-Achse
- Verschiebung in positiver x-Richtung um $\left|\frac{c}{b}\right|$ Einheiten, falls $\frac{c}{b}$ negativ ist, andernfalls Verschiebung um $\frac{c}{b}$ Einheiten in negativer x-Richtung
- Verschiebung in positiver y-Richtung um d Einheiten, falls d positiv ist, andernfalls Verschiebung um $|d|$ Einheiten in negativer y-Richtung

Bemerkung: Die Reihenfolge der Abbildungen ist nicht beliebig. Die Streckungen müssen zuerst ausgeführt werden. Durch die genannten Abbildungen entsteht aus der Amplitude 1 die Amplitude $|a|$ und aus der Periodenlänge 2π die Periodenlänge $\frac{2\pi}{|b|}$.

A

1. In der Abbildung ist neben der Sinuskurve noch ein weiteres Schaubild K_f einer trigonometrischen Funktion f gezeichnet.

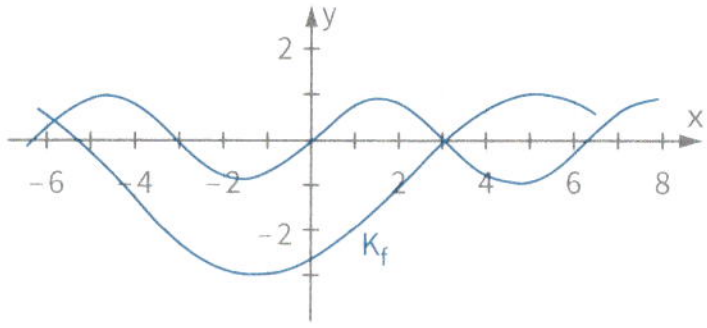

a) Die Periodenlänge von K_f ist hier ein natürliches Vielfaches von π. Bestimmen Sie die Periodenlänge und die Amplitude von K_f mithilfe der Abbildung.

b) Die Funktion f besitzt einen Term des Typs $f(x) = 2\sin\left(\frac{1}{2}(x + c)\right) + d$. Bestimmen Sie die ganzzahligen Parameter c und d.

c) K_f begrenzt im vierten Quadranten mit den Koordinatenachsen eine Fläche mit Inhalt A. Berechnen Sie A. Runden Sie auf drei Dezimalen.

d) Bestimmen Sie die Extremstellen von f im Intervall $[-4; 6]$. Runden Sie auf zwei Dezimalen. Auf die hinreichende Bedingung wird verzichtet.

L

1. Problemanalyse

a) Periodenlänge und Amplitude am Schaubild erkennen

b) Abbildungen der Sinuskurve

c) Fläche zwischen Kurve und x-Achse

d) Begriff Extremstelle

Lösung

a) Die **Periodenlänge** von K ist etwas größer als 12. Der exakte Wert ist 4π.
Die **Amplitude** beträgt 2.

b) **Abbildungen der Sinuskurve**

Der Faktor 2 bedeutet eine Verdoppelung der Amplitude gegenüber der Standardsinuskurve. Der Faktor $\frac{1}{2}$ zeigt eine Verdoppelung der Periodenlänge an.
Man betrachtet jetzt die Funktion g mit $g(x) = 2\sin\left(\frac{1}{2}x\right)$. Ihr Schaubild K_g geht aus der Standardsinuskurve durch eine Streckung senkrecht zur x-Achse mit Faktor 2 und eine Streckung senkrecht zur y-Achse mit Faktor 2 hervor. Auf K_g müssen jetzt noch geeignete Verschiebungen in x- und y-Richtung angewendet werden, damit K_g in K_f übergeht.

Skizze

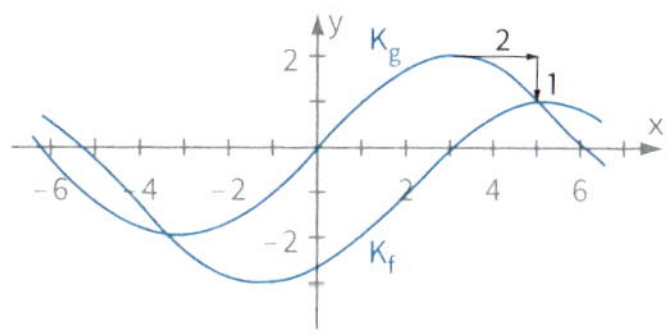

Durch Vergleich der Hochpunkte beider Kurven erkennt man eine Verschiebung um 2 Längeneinheiten in positiver x-Richtung und 1 Längeneinheit in negativer y-Richtung.
Folglich ist $c = 2$ und $d = -1$.

c) **Flächeninhalt**

Skizze

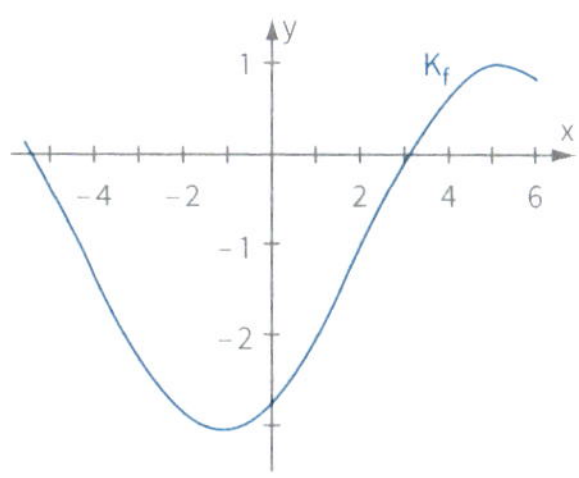

Integrationsgrenzen sind 0 und die erste positive Nullstelle von f. Man sieht dies an der zugehörigen Skizze.

$$f(x) = 0 \Leftrightarrow 2\sin\left(\frac{1}{2}x - 1\right) - 1 = 0$$
$$\Leftrightarrow \sin\left(\frac{1}{2}x - 1\right) = \frac{1}{2}$$
$$\Leftrightarrow \frac{1}{2}x - 1 = \frac{\pi}{6} + 2k\pi$$
$$\vee \; \frac{1}{2}x - 1 = \frac{5}{6}\pi + 2k\pi$$

mit $k \in \mathbb{Z}$

Für $k = 0$ ergibt sich: $\frac{1}{2}x - 1 = \frac{\pi}{6} \Leftrightarrow x = 2 + \frac{\pi}{3}$

Flächeninhalt

$$\int_0^{2+\frac{\pi}{3}} f(x)\,dx = \int_0^{2+\frac{\pi}{3}} \left[2\sin\left(\frac{1}{2}x - 1\right) - 1\right]dx = \left[-4\cos\left(\frac{1}{2}x - 1\right) - x\right]_0^{2+\frac{\pi}{3}}$$

$$= \left[-4\cdot\cos\left(\frac{1}{2}\left(2 + \frac{\pi}{3}\right) - 1\right) - \left(2 + \frac{\pi}{3}\right)\right] - \left[-4\cdot\cos(-1)\right]$$

$$= -4\cdot\cos\frac{\pi}{6} - \left(2 + \frac{\pi}{3}\right) + 4\cdot\cos(-1) \approx -4{,}35$$

$A \approx 4{,}35$ FE

d) **Extremstellen**

Am Schaubild ist erkennbar, dass im vorgegebenen Intervall zwei Extremstellen x_3 und x_4 vorliegen. Deshalb kann auf die hinreichende Bedingung für Extremstellen verzichtet werden.

$f'(x) = \cos\left(\frac{1}{2}x - 1\right)$

$f'(x) = 0 \Leftrightarrow \frac{1}{2}x - 1 = \frac{\pi}{2} + k\pi,\ k \in \mathbb{Z}$

$\Leftrightarrow x = \pi + 2 + 2k\pi \Leftrightarrow x = 2 + (2k+1) \cdot \pi$

Für $k = 0$ erhält man $x_3 \approx 5{,}14$, für $k = -1$ erhält man $x_4 \approx -1{,}14$.

Die Extremstellen sind $5{,}14$ und $-1{,}14$.

A

2. Gegeben ist die Funktion f mit $f(x) = -1{,}5\sin(\pi x + 2\pi),\ x \in \mathbb{R}$. Ihr Schaubild sei K.

a) Beschreiben Sie, wie K aus der Standardsinuskurve durch geeignete Abbildungen hervorgeht. Welche Periodenlänge hat f?
Zeichnen Sie K im Intervall $[0; 4]$.

b) Berechnen Sie die Nullstellen von f im Intervall $[0; 4]$.
Geben Sie damit die Koordinaten der Hochpunkte von K für $-1 \le x \le 2$ an.

c) Berechnen Sie den Inhalt A der Fläche, welche K für $0 \le x \le 2$ mit der x-Achse begrenzt.

d) Die Normale im Punkt $P(2\,|\,0)$ begrenzt mit den Koordinatenachsen ein Dreieck. Berechnen Sie die längste Seite dieses Dreiecks.

L

2. Problemanalyse

a) Geometrische Bedeutung der im Funktionsterm auftretenden Variablen, Begriff Periodenlänge, Schaubild zeichnen

b) Begriff Nullstelle, Lösen einer trigonometrischen Gleichung

c) Fläche zwischen Kurve und x-Achse, Integral

d) Begriff Normale, Satz des Pythagoras

Lösung

a) **Abbildungen**

Durch Ausklammern erhält man $f(x) = -1{,}5\sin(\pi(x+2))$.

K entsteht aus der Standardsinuskurve durch eine Streckung senkrecht zur x-Achse mit Faktor 1,5; eine Spiegelung an der x-Achse; eine Streckung senkrecht zur y-Achse mit Faktor $\frac{1}{\pi}$ und durch eine Verschiebung um 2 Einheiten in negativer x-Richtung.

Schaubild

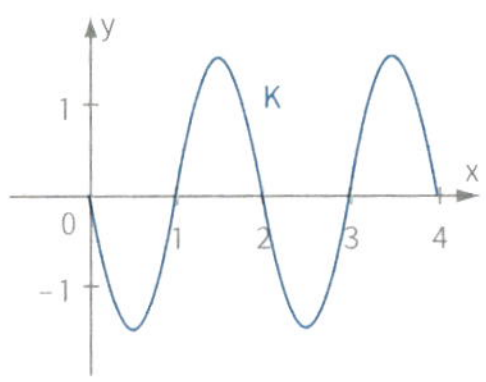

b) **Nullstellen**

$f(x) = 0 \Leftrightarrow \pi x + 2\pi = k\pi,\ k \in \mathbb{Z}$

$\Leftrightarrow x + 2 = k \Leftrightarrow x = k - 2$

Für $k = 2$, $k = 3$, $k = 4$, $k = 5$ und $k = 6$ erhält man die Nullstellen 0, 1, 2, 3, 4.

Da die Abzissen der Hochpunkte Mitten zweier Nullstellen sind, und die Periodenlänge 2 beträgt, liegen im vorgegebenen Intervall die Hochpunkte $H_1\left(-\frac{1}{2}\middle|\frac{3}{2}\right)$ und $H_2\left(\frac{3}{2}\middle|\frac{3}{2}\right)$.

c) **Flächeninhalt**

$$A = 2 \cdot \int_1^2 f(x)\,dx = 2\left[\frac{1{,}5}{\pi}\cos(\pi x + 2\pi)\right]_1^2 = \frac{3}{\pi}[\cos(4\pi) - \cos(3\pi)] = \frac{3}{\pi}[1 - (-1)] = \frac{6}{\pi}\text{ FE}$$

$\approx 1{,}91$ FE

d) **Normale**

$f'(x) = -\frac{3}{2}\pi\cos(\pi x + 2\pi)$, $f'(2) = -\frac{3}{2}\pi\cos(4\pi) = -\frac{3}{2}\pi \Rightarrow m_n = \frac{2}{3\pi}$,

$n\colon y = \frac{2}{3\pi}(x - 2)$ oder $n\colon y = \frac{2}{3\pi}x - \frac{4}{3\pi}$

Längste Dreiecksseite

Es handelt sich um ein rechtwinkliges Dreieck mit der Hypotenuse $\overline{PQ}$.

Dabei ist Q Schnittpunkt von n mit der y-Achse $\Rightarrow Q\left(0\middle|-\frac{4}{3\pi}\right)$.

$|\overline{PQ}| = \sqrt{(2+0)^2 + \left(0 + \frac{4}{3\pi}\right)^2} = \sqrt{4 + \frac{16}{9\pi^2}} \approx 2{,}04$ LE

Die längste Dreiecksseite misst etwa 2,04 LE.

1.12.5 Anwendungsaufgaben

A

1. TR Bei Fahrtenschreibern wird zu bestimmten Zeitpunkten die momentan gefahrene Geschwindigkeit eingetragen.
Die Tabelle zeigt die Aufzeichnungen für einen Lastkraftwagen.

Zeitpunkt	8:00 Uhr	8:05 Uhr	8:15 Uhr	8:20 Uhr
Geschwindigkeit $\left(\frac{\text{km}}{\text{h}}\right)$	70	90	45	70

a) Welche Streckenlänge hätte der Lkw zwischen 8:00 Uhr und 8:20 Uhr zurückgelegt, wenn er die gemessenen Momentangeschwindigkeiten jeweils bis zum nächsten Messzeitpunkt beibehalten hätte? Runden Sie auf eine Dezimale.

b) Da sprunghafte Geschwindigkeitsänderungen realitätsfremd sind, soll die zurückgelegte Streckenlänge nun mithilfe einer differenzierbaren Funktion bestimmt werden. Stellen Sie diese Funktion auf. Skizzieren Sie ihr Schaubild.

c) Wie lang ist die Strecke, die der Lkw auf Grundlage des in Teilaufgabe b) entwickelten Modells zurücklegte? Runden Sie auf eine Dezimale.

d) Ermitteln Sie die im Beobachtungszeitraum gefahrene mittlere Geschwindigkeit mithilfe der Integralrechnung. Runden Sie auf eine Dezimale.

L

1. Problemanalyse

a) Berechnung der Summe der Wege bei angenommener gleichförmiger Geschwindigkeit in den einzelnen Zeitintervallen

b) Bestimmung einer ganzrationalen Funktion dritten Grades durch Lösen eines linearen Gleichungssystems oder Funktionsanpassung mittels TR

c) Integral interpretiert als Streckenlänge

d) Berechnung des mittleren Funktionswerts mithilfe eines Integrals

Lösung

a) Da 5 Minuten $\frac{1}{12}$ h entsprechen, ergibt sich die Streckenlänge
$s_1 = (70 + 2 \cdot 90 + 45) \cdot \frac{1}{12} \approx 24{,}6$. Der Lkw hätte etwa 24,6 km zurückgelegt.

b) Mit dem Ansatz
$f(x) = a x^3 + b x^2 + c x + d$
(Einheiten h und $\frac{km}{h}$) erhält man das lineare Gleichungssystem:

8:00 Uhr:
(1) $f(0) = 70 \Leftrightarrow d = 70$

8:05 Uhr:
(2) $f\left(\frac{1}{12}\right) = 90$
$\Leftrightarrow \left(\frac{1}{12}\right)^3 a + \left(\frac{1}{12}\right)^2 b + \frac{1}{12} c + d = 90$

8:15 Uhr:
(3) $f\left(\frac{1}{4}\right) = 45$
$\Leftrightarrow \left(\frac{1}{4}\right)^3 a + \left(\frac{1}{4}\right)^2 b + \frac{1}{4} c + d = 45$

8:20 Uhr:
(4) $f\left(\frac{1}{3}\right) = 70$
$\Leftrightarrow \left(\frac{1}{3}\right)^3 a + \left(\frac{1}{3}\right)^2 b + \frac{1}{3} c + d = 70$

Skizze

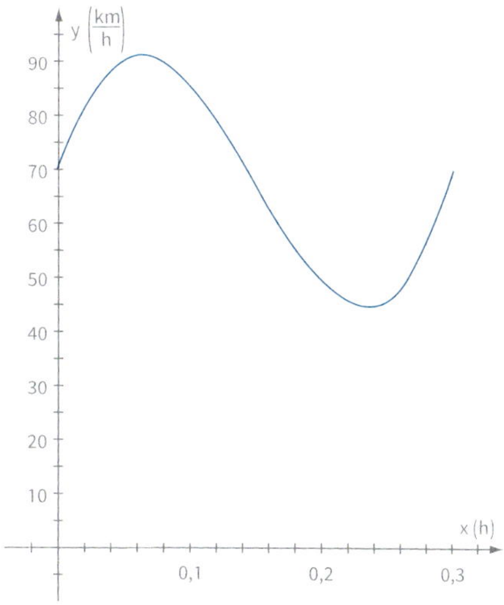

Hieraus erhält man f mit $f(x) = 12\,960 x^3 - 6360 x^2 + 680 x + 70,\ x \in \left[0; \frac{1}{3}\right]$ und das zugehörige Schaubild.

c) Die Länge s_2 der zurückgelegten Strecke entspricht dem Inhalt der Fläche zwischen dem Schaubild von f und der x-Achse.

$$s_2 = \int_0^{\frac{1}{3}} f(x)\,dx = \int_0^{\frac{1}{3}} (12\,960 x^3 - 6360 x^2 + 680 x + 70)\,dx \approx 22{,}6$$

Nach diesem Modell wurden etwa 22,6 km zurückgelegt.

d) Für den mittleren Funktionswert erhält man

$$\overline{v} = \frac{1}{\frac{1}{3} - 0} \cdot \int_0^{\frac{1}{3}} f(x)\,dx = 3 \cdot \int_0^{\frac{1}{3}} (12\,960 x^3 - 6360 x^2 + 680 x + 70)\,dx \approx 67{,}8.$$

Die mittlere gefahrene Geschwindigkeit während der 20-minütigen Zeitspanne beträgt etwa $67{,}8 \frac{km}{h}$.

2. Die Abbildung zeigt den Querschnitt eines Entwässerungskanals mit den angegebenen Maßen.

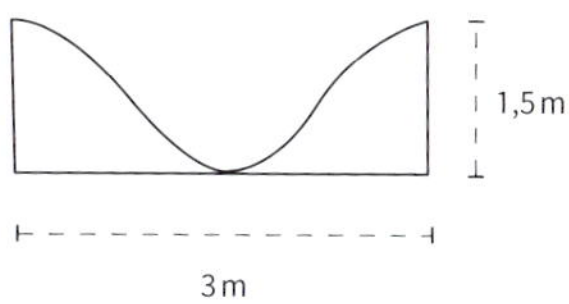

A

a) Stellen Sie eine trigonometrische Funktion f auf, welche den Querschnitt beschreiben kann.

b) Berechnen Sie die Größe der Querschnittsfläche.

c) Während eines Starkregens strömt Wasser 20 Minuten lang mit einer Geschwindigkeit von $45 \frac{km}{h}$ durch den Kanal, der dabei bis zur halben Höhe gefüllt ist. Welche Wassermenge fließt insgesamt durch den Kanal ab?

L

2. Problemanalyse

a) Funktionsanpassung durch eine trigonometrische Funktion

b) Fläche zwischen Kurve und x-Achse

c) Fläche zwischen zwei Kurven, Volumen eines Körpers

Lösung

a) **Funktionsanpassung**

Der Abbildung entnimmt man die Periodenlänge 3 und die Amplitude $\frac{3}{4}$.
Mit dem gewählten Koordinatensystem bietet sich die Anpassung durch eine Cosinusfunktion des Typs f mit $f(x) = a\cos(bx) + d$ an.
Aus Periodenlänge und Amplitude ergibt sich $a = \frac{3}{4}$ und $b = \frac{2\pi}{3}$. Damit die begrenzenden Hochpunkte auf der x-Achse liegen wählt man $d = -\frac{3}{4}$.
Somit ist $f(x) = \frac{3}{4}\cos\left(\frac{2\pi}{3}x\right) - \frac{3}{4} = \frac{3}{4}\left(\cos\left(\frac{2\pi}{3}\right)x - 1\right)$.

b) **Querschnittsfläche**

$$\int_0^3 f(x)\,dx = \frac{3}{4}\int_0^3\left(\cos\left(\frac{2\pi}{3}x\right) - 1\right)dx = \frac{3}{4}\left[\frac{3}{2\pi}\sin\left(\frac{2\pi}{3}x\right) - x\right]_0^3$$
$$= \frac{3}{4}\left(\frac{3}{2\pi}\sin(2\pi) - 3 - \left(\frac{3}{2\pi}\sin(0) - 0\right)\right) = \frac{3}{4}(-3) = -\frac{9}{4}$$

Die Querschnittsfläche misst $2{,}25\,m^2$.

c) **Wassermenge**

Das Wasser strömt in 20 Minuten 15 km weit. Man kann sich also einen Körper mit einer durch ein Integral zu berechnenden Querschnittsfläche und der Länge 15 000 m vorstellen. Der Kanal ist bis zur halben Höhe gefüllt, wenn f den Funktionswert $-\frac{3}{4}$ annimmt.

Skizze

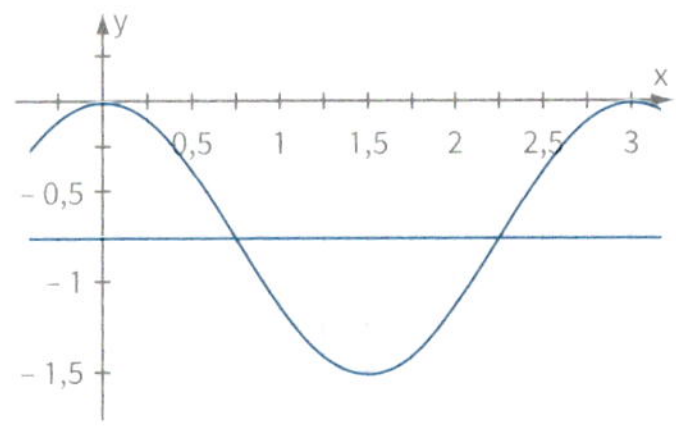

Integrationsgrenzen

$f(x) = -\frac{3}{4} \Leftrightarrow \frac{3}{4}\cos\left(\frac{2\pi}{3}x\right) - \frac{3}{4} = -\frac{3}{4} \Leftrightarrow \cos\left(\frac{2\pi}{3}x\right) = 0 \Leftrightarrow \frac{2\pi}{3}x = \frac{\pi}{2} + k\pi,\ k \in \mathbb{Z}$

Für $k = 1$ erhält man $\frac{2\pi}{3}x_1 = \frac{\pi}{2} \Leftrightarrow x_1 = \frac{3}{4}$,

für $k = 2$ erhält man $\frac{2\pi}{3}x_2 = \frac{3\pi}{2} \Leftrightarrow x_2 = \frac{9}{4}$.

Integral

$$\int_{\frac{3}{4}}^{\frac{9}{4}}\left(-\frac{3}{4} - f(x)\right)dx = \int_{\frac{3}{4}}^{\frac{9}{4}}\left(-\frac{3}{4}\cos\left(\frac{2\pi}{3}x\right)\right)dx$$
$$= \left[-\frac{3}{4}\cdot\frac{3}{2\pi}\sin\left(\frac{2\pi}{3}x\right)\right]_{\frac{3}{4}}^{\frac{9}{4}}$$
$$= -\frac{9}{8\pi}\sin\left(\frac{3\pi}{2}\right) - \left(-\frac{9}{8\pi}\sin\left(\frac{\pi}{2}\right)\right) = \frac{9}{8\pi} + \frac{9}{8\pi} = \frac{9}{4\pi}$$

Für das Volumen V des Wassers gilt: $V = \frac{9}{4\pi}\cdot 15\,000\,m^3 = \frac{33\,750}{\pi}\,m^3$.

Insgesamt fließen etwa $10\,743\,m^3$ Wasser durch den Kanal.

3. TR Gegeben ist die Funktion f mit $f(x) = 0{,}01\,x^2 e^{-0{,}1\,x}$, $x \in \mathbb{R}$. K_f sei ihr Schaubild. A

a) Untersuchen Sie, ob f absolute Extremwerte besitzt.
Skizzieren Sie K für $-10 \le x \le 60$.
Die Funktion f sei nun eingeschränkt auf das Intervall $\mathbb{R}_0^+$ und beschreibe die momentane Wachstumsrate eines Baumes $\left(\text{in } \frac{\text{m}}{\text{Jahr}}\right)$, der als Setzling 0,5 m hoch war.

b) Stellen Sie eine Funktion h auf, welche die Entwicklung der Bauhöhe beschreibt. Skizzieren Sie das Schaubid K_h von h. Welche Höhe kann der Baum theoretisch nicht überschreiten? Nach wie vielen Jahren ist der Baum zu 85 % ausgewachsen?

c) Wann ist die momentane Wachstumsrate kleiner als $0{,}2\,\frac{\text{m}}{\text{Jahr}}$?

d) Welche Bedeutung hat die Zahl $0{,}1 \int\limits_{20}^{30} f(x)\,dx$? Berechnen Sie diese auf zwei Dezimalen gerundet.

3. Problemanalyse L

a) Ableiten mit der Produktregel, Bestimmung der Extremwerte im Inneren der Definitionsmenge mittels Ableitungsfunktion und am Rand mittels Grenzwertbetrachtung, Skizze des Schaubilds unter Verwendung des TR

b) Funktionsbestimmung unter Verwendung einer Integralfunktion, Produktintegration, Skizzieren des Schaubildes einer Funktion, Lösen einer Gleichung mit TR

c) Lösen einer Gleichung mit TR

d) Mittelwert der Funktionswerte, Berechnung eines Integrals mit TR

Lösung

a) **Absolute Extremwerte**

$f'(x) = 0{,}02\,x\,e^{-0{,}1\,x} + 0{,}01\,x^2 e^{-0{,}1\,x}(-0{,}1)$
$= \left(0{,}02\,x - 0{,}001\,x^2\right) e^{-0{,}1\,x}$
$= 0{,}001\,x\,(20 - x)\,e^{-0{,}1\,x}$

$f'(x) = 0 \Leftrightarrow x = 0 \;\vee\; x = 20$

Da f′ an der Stelle 0 das Vorzeichen von – nach + wechselt, ist $f(0) = 0$ ein relatives Minimum von f.

Da f′ an der Stelle 20 das Vorzeichen von + nach – wechselt, ist $f(20) \approx 0{,}541$ ein relatives Maximum von f.

Skizze

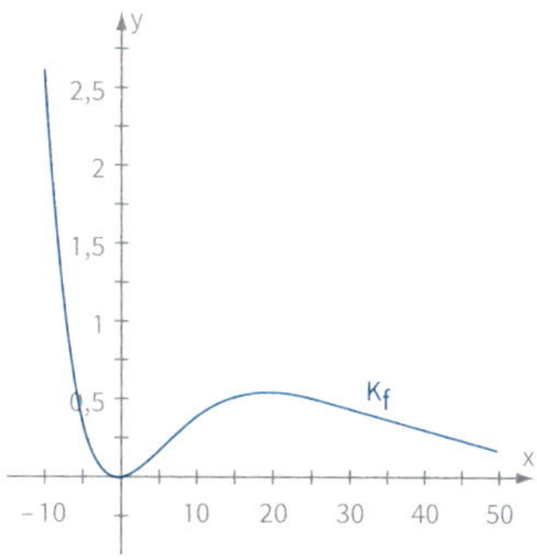

Wegen $\lim\limits_{x \to \infty} f(x) = 0$ und $f(x) \to \infty$ für $x \to \infty$ ist 0 das absolute Minimum von f.
Ein absolutes Maximum existiert aber nicht.

b) **Baumhöhenfunktion**

Die Funktion h mit $h(x) = 0{,}5 + \int_0^x f(t)\,dt,\ x \in \mathbb{R}_0^+$ beschreibt die Höhe des Baumes in Metern nach x Jahren. K_h sei das Schaubild von h.

Mit der Produktintegration bestimmt man eine Stammfunktion zu f.

Dabei wird der Faktor 0,01 zunächst vernachlässigt,

$$\int x^2 e^{-0{,}1x}\,dx = x^2 e^{-0{,}1x} \cdot (-10) - \int 2x e^{-0{,}1} \cdot (-10)\,dx = -10x^2 e^{-0{,}1x} + 20 \int x e^{-0{,}1x}\,dx$$

$$= -10x^2 e^{-0{,}1x} + 20\left(-10x e^{-0{,}1x} - \int -10 e^{-0{,}1x}\,dx\right)$$

$$= -10x^2 e^{-0{,}1x} - 200x e^{-0{,}1x} - 2000 e^{-0{,}1x},$$

$$h(x) = 0{,}5 + \left[-0{,}1t^2 e^{-0{,}1t} - 2t e^{-0{,}1t} - 20 e^{-0{,}1t}\right]_0^x$$

$$= 0{,}5 - 0{,}1x^2 e^{-0{,}1x} - 2x e^{-0{,}1x} - 20 e^{-0{,}1x} + 20$$

$$= 20{,}5 - 0{,}1x^2 e^{-0{,}1x} - 2x e^{-0{,}1x} - 20 e^{-0{,}1x}$$

$$= 20{,}5 - (0{,}1x^2 + 2x + 20) \cdot e^{-0{,}1x}$$

$$\lim_{x \to \infty} h(x) = 20{,}5$$

Die theoretisch nicht zu überschreitende Baumhöhe ist 20,5 m.

$h(x) = 0{,}85 \cdot 20{,}5$

$\Leftrightarrow\ 20{,}5 + (-0{,}1x^2 - 2x - 20) \cdot e^{-0{,}1x} = 17{,}425$

Der TR liefert $x \approx 46{,}86$.

Nach knapp 47 Jahren ist der Baum zu 85 % ausgewachsen.

Skizze

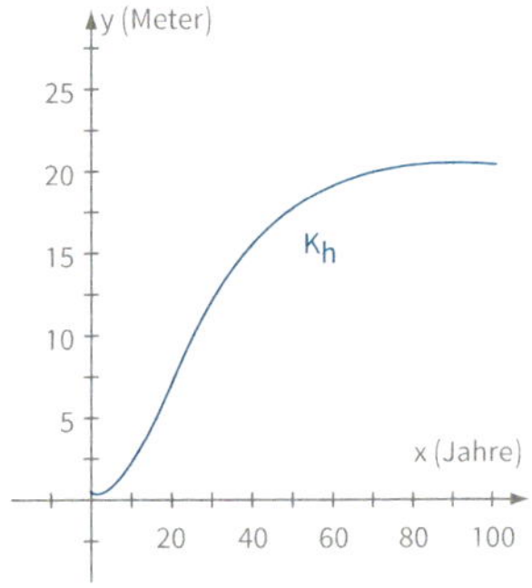

c) **Momentane Änderungsrate**

$f(x) < 0{,}2$

Mit dem TR erhält man von K_f die nebenstehende Skizze. Hieran erkennt man, dass die zugehörige Ungleichung $f(x) < 0{,}2$ zwei Lösungsintervalle hat.

Der TR liefert die Lösungen $x_1 \approx 6{,}05$ und $x_2 \approx 47{,}07$.

Die momentane Wachstumsrate ist ungefähr in den ersten 6 Jahren und ab dem 48. Jahr kleiner als $0{,}2 \frac{\text{m}}{\text{Jahr}}$.

Skizze

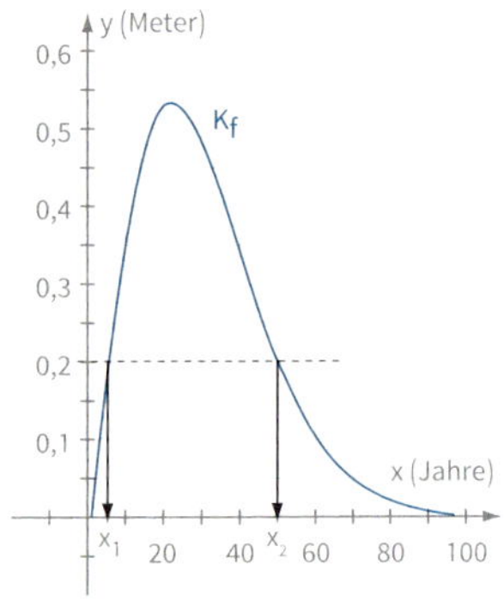

d) **Mittlerer Funktionswert**

$0{,}1 \cdot \int_{20}^{30} f(x)\,dx = \frac{1}{30-20} \cdot \int_{20}^{30} f(x)\,dx \approx 0{,}51$ ist der mittlere Funktionswert im Intervall [20; 30]. Er bedeutet die mittlere momentane Wachstumsrate im dritten Jahrzehnt nach der Pflanzung des Baumes. Sie beträgt etwa $0{,}51 \frac{\text{m}}{\text{Jahr}}$.

4. TR Gegeben ist die Funktion f mit $f(x) = \frac{20x}{(x+1)^2}$, $x \in \mathbb{R}_0^+$. Ihr Schaubild sei K. A

a) Zeichnen Sie K mithilfe des TR.

b) K schließt mit den Koordinatenachsen und der Geraden $g: x = 10$ eine Fläche ein. Berechnen Sie ihren Inhalt mithilfe des TR auf drei Dezimalen genau.

Nun beschreibe f die Konzentration eines Medikaments im Blut eines Patienten (x in Stunden seit der Verabreichung des Medikaments), f(x) in $\frac{\text{mg}}{\text{l}}$.

c) Wie groß ist die mittlere Konzentration zwischen 2 und 6 Stunden nach der Einnahme? Geben Sie das Ergebnis auf Zehntel gerundet an.

d) Wann ist die Konzentration am höchsten? Wie groß ist die maximale Konzentration?

e) Wann ist die Konzentration nur halb so groß wie die maximale? Runden Sie auf zwei Dezimalen.

f) Wann nimmt die Konzentration am schnellsten ab?

4. Problemanalyse L

a) Der TR liefert eine Wertetabelle zu f.

b) Flächeninhalt mit Integral berechnen

c) Mittelwert der Funktionswerte

d) Bestimmung von Extremstelle und Maximum einer Funktion

e) Stellen mit speziellem Funktionswert bestimmen

f) Berechnung einer Wendestelle

Lösung

a) siehe Abbildung rechts.

Schaubild

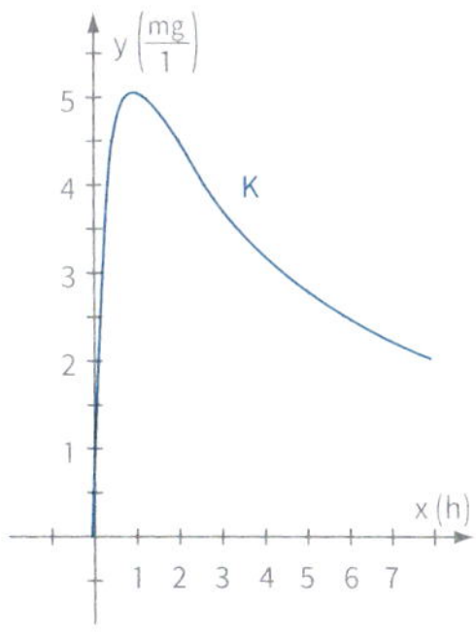

b) **Flächeninhalt**

Mit dem TR ergibt sich $A = \int_0^{10} f(x)\,dx \approx 29{,}8$.

Der Flächeninhalt beträgt etwa 29,8 FE.

c) **Mittlere Konzentration**

$$m = \frac{1}{6-2}\int_2^6 f(x)\,dx \approx 3{,}3.$$

Zwischen 2 und 6 Stunden nach Einnahme besteht eine mittlere Konzentration von etwa $3{,}3\,\frac{\text{mg}}{\text{l}}$.

d) **Maximale Konzentration**

Mit der Quotienten- und der Kettenregel findet man

$$f'(x) = 20 \cdot \frac{1 \cdot (x+1)^2 - x \cdot 2 \cdot (x+1)}{(x+1)^4} = 20 \cdot \frac{1-x}{(x+1)^3}.$$

Man sieht sofort, dass f′(x) nur für $x = 1$ den Wert 0 annimmt.

Außerdem wechselt f′ dort das Vorzeichen von + nach –.

Also ist die Konzentration nach einer Stunde am höchsten.

Wegen $f(1) = 5$ beträgt die maximale Konzentration $5\,\frac{\text{mg}}{\text{l}}$.

e) **Halbe maximale Konzentration**
Der Ansatz $f(x) = 2{,}5$ führt auf die Gleichung $\frac{20x}{(x+1)^2} = 2{,}5$.
Bei der Betrachtung von K erkennt man, dass es zwei Lösungen gibt.
Mit dem TR findet man $x_1 \approx 0{,}17$ und $x_2 \approx 5{,}83$.
Nach etwa 0,17 und 5,83 Stunden ist die Konzentration halb so hoch wie die maximale.

f) **Schnellste Konzentrationsabnahme**
An $f''(x) = \frac{40(x-2)}{(x+1)^4}$ erkennt man, dass 2 die einzige Wendestelle von f ist.
Folglich nimmt die Konzentration nach 2 Stunden am schnellsten ab.

A

5. TR Nach dem Tod eines Organismus zerfällt die ursprünglich vorhandene Menge C^{14} mit einer Halbwertszeit von 5730 Jahren. Es sei eine Ausgangsmenge von 250 mg angenommen.

a) Bestimmen Sie eine Funktion f mit $f(t) = a \cdot e^{kt}$, $t \in \mathbb{R}_0^+$ $\left(a \in \mathbb{R}^+,\ k \in \mathbb{R} \setminus \{0\}\right)$, die den Zerfallsprozess beschreibt. Skizzieren Sie ihr Schaubild K für $0 \le t \le 20\,000$. Wählen Sie sinnvolle Längeneinheiten auf den Koordinatenachsen.

b) Welche Menge C^{14} ist nach 2000 Jahren noch vorhanden?
Wie viel Prozent der ursprünglich vorhandenen C^{14}-Menge ist nach 20 000 Jahren zerfallen?
Berechnen Sie das Alter einer Probe, bei der nur noch 60 mg C^{14} nachgewiesen werden.
In welchem Jahrtausend nach Zerfallsbeginn nimmt der C^{14}-Anteil erstmals um weniger als 5 mg ab?

c) Bestimmen Sie für den Zeitraum von 6000 bis 12 000 Jahre nach Zerfallsbeginn einen mittleren Wert für die bereits zerfallene C^{14}-Menge.

d) Zeigen Sie: Die Funktionen f mit $f(t) = a \cdot e^{-t}$ erfüllen für jedes $a \in \mathbb{R}^+$ die Differentialgleichung $f'(t) = k \cdot f(t)$. Welche Wachstumsform wird dadurch beschrieben?

L

5. Problemanalyse

a) Bestimmung einer Exponentialfunktion,
Skizze des Schaubilds mithilfe eines TR

b) Funktionsbegriff, Prozentrechnung, lösen einer Exponentialgleichung

c) Mittelwert der Funktionswerte, Integral

d) Ableitungsregeln, Differentialgleichung, Wachstumsformen

Lösung

a) **Funktionsbestimmung**

$f(t) = a \cdot e^{kt}$, t in Jahren,

f(t) in mg

$f(0) = 250 \Leftrightarrow a = 250$

$f(5730) = \frac{1}{2}a$

$\Leftrightarrow a \cdot e^{5730k} = \frac{1}{2}a$

$\Leftrightarrow e^{5730k} = \frac{1}{2}$

$\Leftrightarrow 5730k = \ln\left(\frac{1}{2}\right)$

$\Leftrightarrow k = -\frac{\ln 2}{5730} \approx -1{,}21 \cdot 10^{-4} \frac{1}{\text{Jahre}}$

Damit ist f mit

$f(t) = 250 \cdot e^{-\frac{\ln 2}{5730}t}$

Skizze

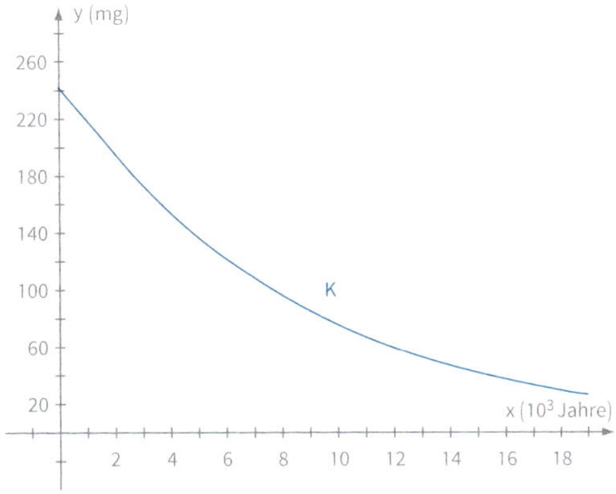

die gesuchte Funktion. Wegen $e^{\ln 2} = 2$ kann der Funktionsterm auch umgeformt werden zu $f(t) = 250 \cdot 2^{-\frac{t}{5730}}$.

b) **C^{14}-Menge nach 2000 Jahren**

$f(2000) = 250 \cdot 2^{-\frac{2000}{5730}} \approx 196{,}3$

Nach 2000 Jahren sind noch 196,3 mg C^{14} vorhanden.

Zerfallener C^{14}-Anteil nach 20 000 Jahren

$f(20\,000) \approx 22{,}2$

$250 - 22{,}2 = 227{,}8$

$p \approx \frac{227{,}8}{250} \cdot 100 \approx 91{,}1$

Nach 20 000 Jahren sind etwa 91 % der ursprünglich vorhandenen C^{14}-Menge zerfallen.

Alter der Probe

$f(t) = 60 \Leftrightarrow 250 \cdot 2^{-\frac{t}{5730}} = 60$

$\Leftrightarrow 2^{-\frac{t}{5730}} = \frac{6}{25}$

$\Leftrightarrow \ln\left(2^{-\frac{t}{5730}}\right) = \ln\frac{6}{25}$

$\Leftrightarrow -\frac{t}{5730}\ln 2 = \ln\frac{6}{25}$

$\Leftrightarrow t = -5730\,\frac{\ln\frac{6}{25}}{\ln 2} \approx 11\,797$

Die Probe ist also knapp 12 000 Jahre alt.

Jahrtausend

$f(t) - f(t+1000) = 5 \Leftrightarrow 250 \cdot 2^{-\frac{t}{5730}} - 250 \cdot 2^{-\frac{t+1000}{5730}} = 5 \Leftrightarrow 2^{-\frac{t}{5730}} - 2^{-\frac{t+1000}{5730}} = \frac{1}{50}$

Der TR liefert $t \approx 14\,383$, wobei der Startwert 12 000 anhand des Schaubilds grob geschätzt wurde. Da im Zeitraum [14 383; 15 383] die Abnahme nach obiger Rechnung genau 5 mg beträgt, muss die C^{14}-Menge erstmals im 16. Jahrtausend nach Zerfallsbeginn um weniger als 5 mg abnehmen.

c) **Mittelwert**

Der mittlere Funktionswert gibt die im Mittel noch vorhandenen C^{14}-Menge an. Weil aber die mittlere bereits zerfallene C^{14}-Menge zu bestimmen ist, gilt:

$$M = 250 - \frac{1}{6000}\int_{6000}^{12\,000} f(t)\,dt = 250 - \frac{1}{6000}\int_{6000}^{12\,000} 250\cdot 2^{-\frac{t}{5730}}\,dt$$

$$= 250 - \frac{1}{24}\int_{6000}^{12\,000} 2^{-\frac{t}{5730}}\,dt = 250 - \frac{1}{24}\int_{6000}^{12\,000} e^{-\frac{\ln 2}{5730}t}\,dt$$

$$\approx 250 + 344{,}4\cdot\left[e^{-\frac{\ln 2}{5730}\cdot t}\right]_{6000}^{12\,000}$$

$$\approx 250 + 344\cdot(-0{,}2497)$$

$$\approx 164{,}0$$

Während des Zeitraums $[6000; 120\,000]$ sind im Mittel bereits etwa 164 mg C^{14} zerfallen.

d) **Differentialgleichung und Wachstumsform**

Aus $f(t) = a\cdot e^{kt}$ folgt sofort $f'(t) = a\cdot e^{kt}\cdot k = k\,a\,e^{kt} = k\cdot f(t)$

Für $k > 0$ wird exponentielles Wachstum, für $k < 0$ exponentielle Abnahme beschrieben.

A

6. TR Gegeben ist die Funktion f mit $f(x) = \frac{15}{2}x\,e^{2-\frac{1}{2}x}$, $x \in \mathbb{R}$.

Ihr Schaubild ist K_f.

a) Zeichnen Sie K_f für $0 \le x \le 10$. Verwenden Sie geeignete Längeneinheiten.
Bestimmen Sie den Extrempunkt und den Wendepunkt von K_f.

b) Bestimmen Sie den x-Wert des Punktes P auf K_f, der vom Punkt $Q(2\,|\,0)$ den kleinsten Abstand hat.
Geben Sie den kleinsten Abstand an.
Runden Sie jeweils auf zwei Dezimalen.

c) Die im gesamten Definitionsbereich differenzierbare Funktion g mit

$$g(x) = \begin{cases} \frac{15}{2}x\,e^{2-\frac{1}{2}x} & \text{für } 0 \le x \le 6 \\ ax + b & \text{für } 6 < x \le c \end{cases}$$

beschreibt die Niederschlagsintensität eines Gewitterregens (x in Stunden, $g(x)$ in Liter pro Quadratmeter und Stunde). Der Regen endet zum Zeitpunkt c.
Bestimmen Sie a, b und c exakt.
Skizzieren Sie das Schaubild K_g von g für $a = -\frac{15}{e}$, $b = \frac{135}{e}$, $c = 9$.
Auf einem asphaltierten Platz kann der Niederschlag mit einer Rate von 30 Liter pro Quadratmeter und Stunde ablaufen.
Wie viel Wasser staut sich maximal pro Quadratmeter? Wie lange staut sich das Regenwasser auf dem Platz?

d) Gegeben ist die Funktion h mit $h(x) = x e^{2-\frac{1}{2}x}$
Zeigen Sie mit vollständiger Induktion:
Die n-te Ableitung $h^{(n)}$ von h hat für alle $n \in \mathbb{N}$ den Term
$h^{(n)}(x) = \left(-\frac{1}{2}\right)^n (x - 2n) e^{2-\frac{1}{2}x}$.

6. Problemanalyse

L

a) Zeichnen des Schaubildes einer Funktion mit TR, Berechnung von Extrem- und Wendepunkt mit oder ohne TR
b) Abstand zweier Punkte, Extremwertaufgabe
c) Abschnittsweise definierte Funktion, Differenzierbarkeit an einer Stelle, Anwendung des Integralbegriffs, Skizzieren eines Schaubildes einer Funktion
d) Vollständige Induktion

Lösung

a) **Schaubild**

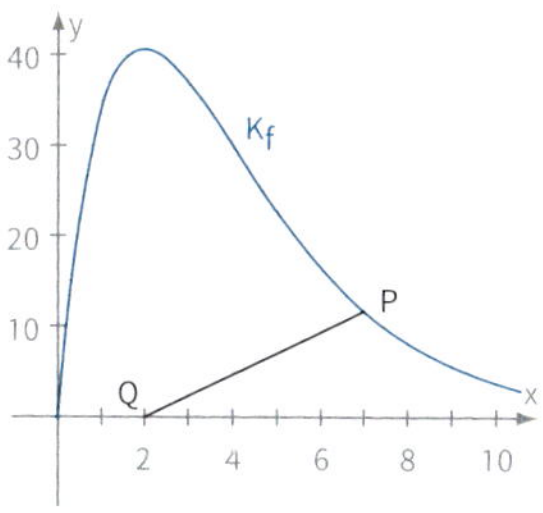

Extrem- und Wendepunkt

$f'(x) = \frac{15}{2}\left(1 - \frac{1}{2}x\right) \cdot e^{2-\frac{1}{2}x}$, $f''(x) = \frac{15}{2}\left(\frac{1}{4}x - 1\right) \cdot e^{2-\frac{1}{2}x}$

Mit den Faktordarstellungen von $f'(x)$ und $f''(x)$ findet man $H(2\,|\,15e)$, $W(4\,|\,30)$.

b) **Kleinster Abstand**

$P(u\,|\,f(u)) \in K_f$, $Q(2\,|\,0)$, $d(u) = |\overline{PQ}|$

$d(u) = \sqrt{(u-2)^2 + f(u)^2}$, $u > 0$

Der Abstand ist für $u \approx 9{,}60$ am kleinsten und beträgt ungefähr 8,77 LE.

c) **Bestimmung der Variablen**

$$g'(x) = \begin{cases} \frac{15}{2}\left(1 - \frac{1}{2}x\right) \cdot e^{2-\frac{1}{2}x} & \text{für } 0 \le x < 6 \\ a & \text{für } 6 < x \le c \end{cases}$$

Damit g auch an der Stelle 6 differenzierbar ist, muss gelten:

$g(6) = \lim\limits_{x \to 6} g(x)$ und $\lim\limits_{x \to 6-} g'(x) = \lim\limits_{x \to 6+} g'(x) \Leftrightarrow \frac{45}{e} = 6a + b$ und $-\frac{15}{e} = a$

$\Leftrightarrow a = -\frac{15}{e}$ und $b = \frac{135}{e}$

Aus $g(x) = \begin{cases} \frac{15}{2} x e^{2-\frac{1}{2}x} & \text{für } 0 \le x \le 6 \\ -\frac{15}{e}x + \frac{135}{e} & \text{für } 6 < x \le c \end{cases}$ und $g(x) = 0$ folgt $c = 9$.

Skizze

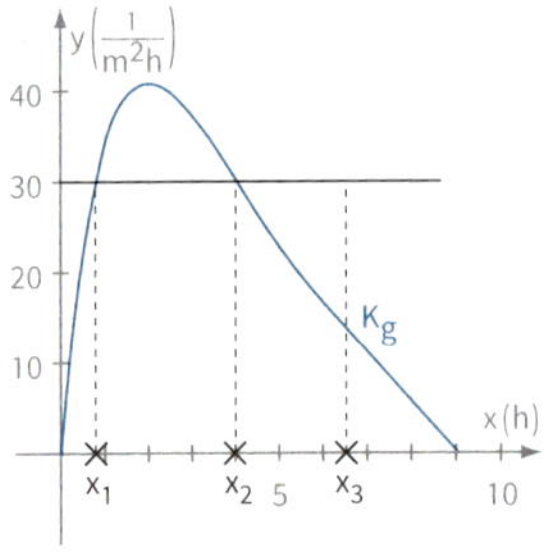

Stauwasser

Der Ansatz $f(x) = 30$ liefert mit dem TR die Integrationsgrenzen $x_1 \approx 0{,}81$ und $x_2 = 4$, $\int\limits_{0,81}^{4} f(x) - 30)\,dx \approx 22{,}0$ zeigt, dass maximal etwa 22 Liter Wasser pro Quadratmeter stauen. Mit dem Ansatz $\int\limits_{0,81}^{6} (f(x) - 30)\,dx = \int\limits_{6}^{x_3} (30 - g(x))\,dx$ und dem TR findet man $x_3 \approx 6{,}53$ und $x_3 - x_1 \approx 5{,}72$. Somit steht das Stauwasser etwa 5,72 Stunden.

d) **Vollständige Induktion**

Es ist zu zeigen:

Für $h(x) = x\,e^{2-\frac{1}{2}x}$ ist $h^{(n)}(x) = \left(-\frac{1}{2}\right)^n (x - 2n)\,e^{2-\frac{1}{2}x}$.

Induktionsanfang

Mit den Ableitungsregeln erhält man

$$\begin{aligned} h'(x) &= e^{2-\frac{1}{2}x} + x\,e^{2-\frac{1}{2}x} \cdot \left(-\frac{1}{2}\right) \\ &= e^{2-\frac{1}{2}x}\left(1 - \frac{1}{2}x\right) = \left(-\frac{1}{2}\right)(x-2)\,e^{2-\frac{1}{2}x} \\ &= \left(-\frac{1}{2}\right)^1 (x - 2 \cdot 1)\,e^{2-\frac{1}{2}x} \\ &= h^{(1)}(x). \end{aligned}$$

Induktionsschluss

Es sei $h^{(n)}(x) = \left(-\frac{1}{2}\right)^n (x - 2n)\,e^{2-\frac{1}{2}x}$.

Dann folgt mit den Ableitungsregeln:

$$\begin{aligned} \left(h^{(n)}\right)'(x) &= \left(-\frac{1}{2}\right)^n \left[e^{2-\frac{1}{2}x} + (x - 2n)\,e^{2-\frac{1}{2}x} \cdot \left(-\frac{1}{2}\right)\right] \\ &= \left(-\frac{1}{2}\right)^n \cdot \left(-\frac{1}{2}\right)\left[-2\,e^{2-\frac{1}{2}x} + (x - 2n)\,e^{2-\frac{1}{2}x}\right] \\ &= \left(-\frac{1}{2}\right)^{n+1} \left[(x - 2n - 2)\,e^{2-\frac{1}{2}x}\right] \\ &= \left(-\frac{1}{2}\right)^{n+1} \left[(x - 2(n+1))\,e^{2-\frac{1}{2}x}\right] \\ &= h^{(n+1)}(x) \end{aligned}$$

7. TR Ein Fieberthermometer zeigt zunächst die Raumtemperatur von 21 °C an. Nach 40 Sekunden kann man 30° ablesen. Der Patient weist eine erhöhte Temperatur von 39 °C auf. A

a) Stellen Sie eine Funktion T auf, die zu jedem Zeitpunkt t die angezeigte Temperatur beschreibt (Zeitpunkt t in Minuten nach Beginn der Messung, Temperatur T in °C).

b) Geben Sie eine Differentialgleichung zu diesem Vorgang an. Welche Wachstumsform beschreibt sie?

c) Welche Temperatur wird nach zwei Minuten angezeigt?

d) Wie lange dauert es, bis eine Messgenauigkeit von 0,2 °C vorliegt?

7. Problemanalyse L

a) Funktionsanpassung zu einem beschränkten Wachstumsprozess, Lösen zweier Gleichungen mit zwei Variablen, Exponentialgleichung

b) Differentialgleichung zum beschränkten Wachstum

c) Funktionswert berechnen

d) Stelle zu vorgegebenem Funktionswert berechnen, Exponentialgleichung

Lösung

a) **Funktionsanpassung**

Es kann beschränktes Wachstum angenommen werden.

Mit dem Ansatz $T(t) = G - a\,e^{-kt}$ und $G = 39$ erhält man:

(1) $T(0) = 21 \Rightarrow 39 - a = 21 \Leftrightarrow a = 18$ in (2)

(2) $T\left(\frac{2}{3}\right) = 30 \Rightarrow 39 - a\,e^{-\frac{2}{3}k} = 30$

$39 - 18\,e^{-\frac{2}{3}k} = 30 \Leftrightarrow 18\,e^{-\frac{2}{3}k} = 9 \Leftrightarrow e^{-\frac{2}{3}k} = \frac{1}{2}$

$\Leftrightarrow -\frac{2}{3}k = \ln\left(\frac{1}{2}\right) \Leftrightarrow k = -\frac{3}{2}\ln\frac{1}{2} \approx 1{,}04$

$\Rightarrow T(t) = 39 - 18\,e^{-1{,}04\,t}$

b) **Differentialgleichung und Wachstumsform**

$T'(t) = 1{,}04 \cdot ((39 - T(t))$

Die Differentialgleichung beschreibt beschränktes Wachstum.

c) **Temperaturanzeige**

$T(2) \approx 36{,}8$

Nach zwei Minuten werden etwa 36,8°C angezeigt.

d) **Messgenauigkeit**

$T(t) = 38{,}8 \Leftrightarrow 39 - 18\,e^{-1{,}04\,t} = 38{,}8 \Leftrightarrow -18\,e^{-1{,}04\,t} = -0{,}2 \Leftrightarrow e^{-1{,}04\,t} \approx 0{,}011$

$\Leftrightarrow -1{,}04\,t \approx \ln(0{,}011) \Leftrightarrow t \approx -\frac{\ln(0{,}011)}{1{,}04} \approx 4{,}3$

Nach etwa 4,3 Minuten wird eine Messgenauigkeit von 0,2°C erreicht.

Überblick: Rund um eine Funktion

Funktion f mit

$$f(x) = e^2 - e^{-\frac{1}{2}x},\ x \in \mathbb{R}$$

Kurvendiskussion

1) Verhalten für $|x| \to \infty$ (Asymptoten):
   $f(x) \to -\infty$ für $x \to -\infty$; $\lim\limits_{x \to \pm\infty} f(x) = e^2 \Rightarrow$ a: $y = e^2$ ist die Asymptote von K.
2) Schnittpunkte mit den Koordinatenachsen
   $f(x) = 0 \Leftrightarrow e^2 - e^{-\frac{1}{2}x} = 0 \Leftrightarrow e^2 = e^{-\frac{1}{2}x} \Leftrightarrow 2 = -\frac{1}{2}x \Leftrightarrow x = -4 \Rightarrow N(-4\,|\,0)$
   $f(0) = e^2 - 1 \approx 6{,}4 \Rightarrow S(0\,|\,e^2 - 1)$
3) Extrempunkte
   $f'(x) = 0 \Leftrightarrow \frac{1}{2}e^{-\frac{1}{2}x} = 0$ ist unlösbar $\Rightarrow$ K besitzt keine Extrempunkte
4) Wendepunkte
   $f''(x) = 0 \Leftrightarrow -\frac{1}{4}e^{-\frac{1}{2}x} = 0$ ist unlösbar $\Rightarrow$ K besitzt keine Wendepunkte
5) Ergänzende Wertetabelle

x	−5	−3	−2	−1	2	4	6
f(x)	−4,8	2,9	4,7	5,7	7,0	7,3	7,4

Schaubild von f

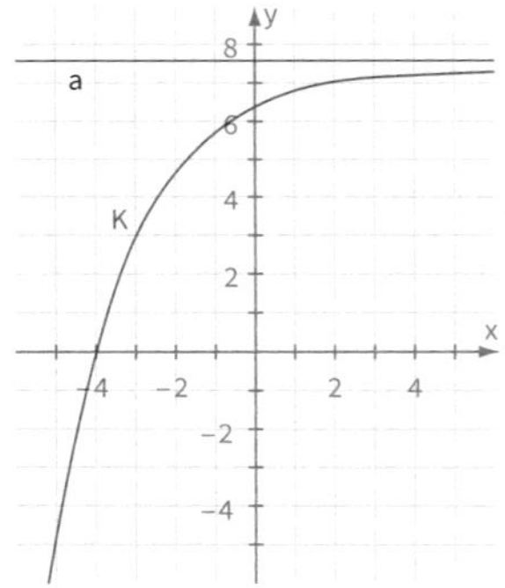

Ableitungen

$f'(x) = \frac{1}{2}e^{-\frac{1}{2}x}$ $f''(x) = -\frac{1}{4}e^{-\frac{1}{2}x}$

$f'''(x) = \frac{1}{8}e^{-\frac{1}{2}x}$

Tangente und Normale

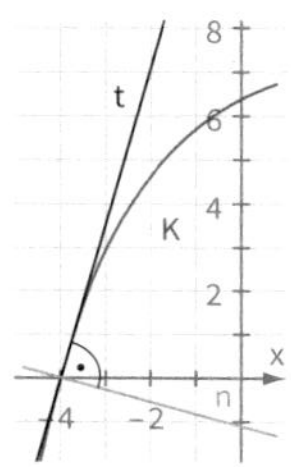

Bestimmen Sie die Gleichung der Tangente und der Normalen im Schnittpunkt von K mit der x-Achse.

$m_t = f'(-4) = \frac{1}{2}e^2$

Punktprobe für $N(-4\,|\,0)$ in $y = \frac{1}{2}e^2 \cdot x + c$ liefert

Beschränktes Wachstum

f beschreibt für $x \geq -4$ ein beschränktes exponentielles Wachstum in 1000 Einheiten, das vor 4 Zeiteinheiten begann.

Stammfunktion

$F(x) = e^2 x + 2e^{-\frac{1}{2}x},\ x \in \mathbb{R}$

Flächenberechnung

Berechnen Sie den Inhalt A(u) der Fläche, den K, a, die y-Achse und die Gerade g: $x = u$ mit $u > 0$ einschließen. Existiert $\lim\limits_{u \to \infty} A(u)$?

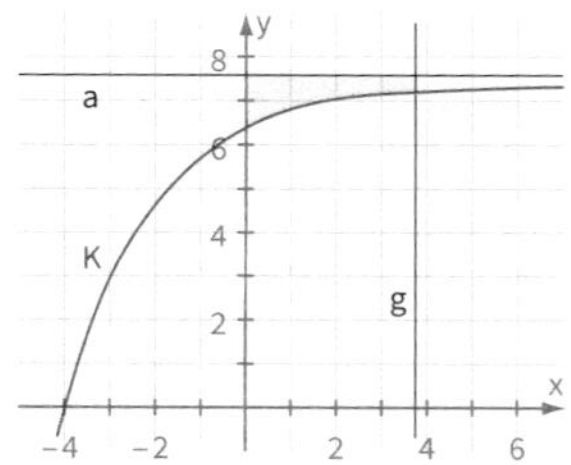

Differentialrechnung

$0 = -2e^2 + c \Leftrightarrow c = 2e^2$

$\Rightarrow$ t: $y = \frac{1}{2}e^2 \cdot x + 2e^2$

$m_n = -\frac{1}{m_t} = -\frac{2}{e^2}$

Punktprobe für N (–4 | 0) in

$y = -\frac{2}{e^2} \cdot x + c$ liefert $0 = \frac{8}{e^2} + c \Leftrightarrow$

$c = -\frac{8}{e^2} \Rightarrow$ n: $y = -\frac{2}{e^2} \cdot x - \frac{8}{e^2}$

Extremwertproblem

P $(0 \mid e^2)$ und der Kurvenpunkt Q $(u \mid v)$ sind Eckpunkte eines achsenparallelen Rechtecks. Wie muss $u > 0$ gewählt werden, damit der Inhalt des Rechtecks maximal wird?

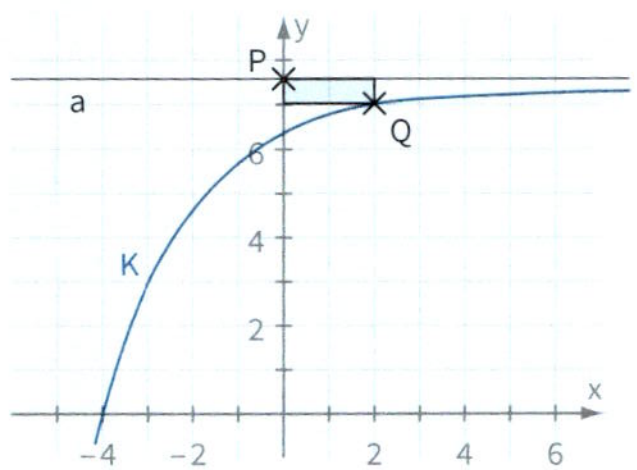

$A(u) = u \cdot [e^2 - f(u)] = u \cdot e^{-\frac{1}{2}u}, \; u \in \mathbb{R}^+$

$A'(u) = 1 \cdot e^{-\frac{1}{2}u} + u \cdot e^{-\frac{1}{2}u} \cdot \left(-\frac{1}{2}\right)$

$= \left(1 - \frac{1}{2}u\right) \cdot e^{-\frac{1}{2}u}$

$A'(u) = 0 \Leftrightarrow u = 2$

Da $A'(u) > 0$ für $u < 2$, $A'(u) < 0$ für $u > 2$ und $\lim\limits_{u \to 0+} A(u) = \lim\limits_{u \to \infty} A(u) = 0$ ist $A(2) = \frac{2}{e}$ der absolut größte Inhalt.

1) Wie groß ist der Bestand 5 Zeiteinheiten nach Beobachtungsbeginn?
   Da $f(1) = 6{,}78$ betrug der Bestand 6 780 Einheiten.
2) Wann wird das Sättigungsdefizit 1 % betragen?

   $f(x) = \frac{99}{100}e^2$

   $\Leftrightarrow e^2 - e^{-\frac{1}{2}x} = \frac{99}{100}e^2$

   $\Leftrightarrow \frac{1}{100}e^2 = e^{-\frac{1}{2}x}$

   $\Leftrightarrow -\frac{1}{2}x = \ln\left(\frac{1}{100}e^2\right)$

   $\Leftrightarrow x = -2 \cdot \ln\left(\frac{1}{100}e^2\right) \approx 5{,}2$

   Etwa 9,2 Zeiteinheiten nach Beobachtungsbeginn beträgt das Sättigungsmarko 1 %.
3) Wie groß ist das momentane Wachstum?
   $f'(0) = \frac{1}{2}$ Das momentane Wachstum beträgt 500 Einheiten pro Zeiteinheit.
4) Wie groß war der mittlere Bestand in den ersten 4 Zeiteinheiten?

   $\overline{B} = \frac{1}{4}\int\limits_{-4}^{0} \left(e^2 - e^{-\frac{1}{2}x}\right) dx = \frac{1}{4}$

   $\cdot \left[e^2 \cdot x + 2 \cdot e^{-\frac{1}{2}x}\right]_{-4}^{0}$

   $= \frac{1}{4}[2 - (-2e^2)] \approx 4{,}195$

   Er betrug 4195 Einheiten.

Integralrechnung

$A(u) = \int\limits_0^u e^2 - \left(e^2 - e^{-\frac{1}{2}x}\right) dx = \int\limits_0^u e^{-\frac{1}{2}x} dx$

$= \left[-2e^{-\frac{1}{2}x}\right]_0^u = -2e^{-\frac{1}{2}u} - (-2e^0)$

$= 2 - 2e^{-\frac{1}{2}u}$

$\lim\limits_{u \to \infty} A(u) = 2$

Volumen eines Drehkörpers

Die Kurve K, die x-Achse und die y-Achse schließen eine Fläche ein. Rotiert diese Fläche um die x-Achse, so entsteht ein Drehkörper. Berechnen Sie sein Volumen.

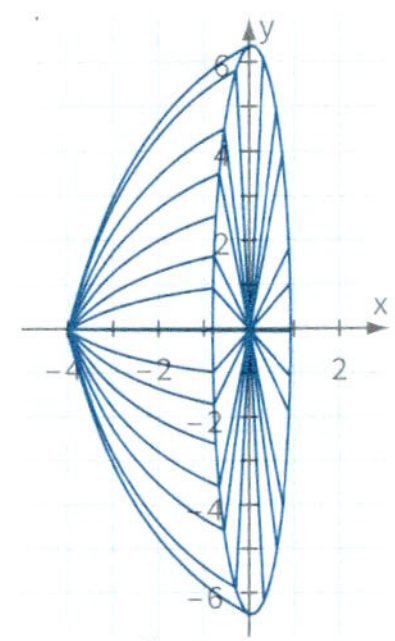

$V = \pi \cdot \int\limits_{-4}^{0} \left(e^2 - e^{-\frac{1}{2}x}\right)^2 dx$

$= \pi \cdot \int\limits_{-4}^{0} \left(e^4 - 2e^2 e^{-\frac{1}{2}x} + e^{-x}\right) dx$

$= \pi \cdot \left[e^4 x + 4e^2 e^{-\frac{1}{2}x} - e^{-x}\right]_{-4}^{0}$

$= \pi \cdot [4e^2 - 1 - (-4e^4 + 4e^4 - e^4)]$

$= \pi \cdot (e^4 + 4e^2 - 1) \approx 261$ VE

2 Analytische Geometrie

In der analytischen Geometrie werden geometrische Probleme mithilfe der Vektorrechnung gelöst.
Dabei spielen lineare Gleichungssysteme eine wesentliche Rolle.

2.1 Grundlagen

2.1.1 Lineare Gleichungssysteme

Wissen

Zum Lösen von linearen Gleichungssystemen gibt es drei verschiedene Lösungsverfahren:
Das **Gleichsetzungsverfahren:** Es bietet sich besonders an, wenn bei zwei Gleichungen mit zwei Unbekannten beide Gleichungen nach derselben Unbekannten aufgelöst vorgegeben sind.
Das **Einsetzungsverfahren:** Man verwendet es bevorzugt, wenn bereits eine der Gleichungen nach einer der Unbekannten aufgelöst oder dies leicht zu erreichen ist.
Das **Additionsverfahren**: Man verwendet es bei zwei Gleichungen mit zwei Unbekannten, wenn keine der Gleichungen nach einer der Unbekannten aufgelöst ist.

Bei Gleichungssystemen mit mehr als zwei Unbekannten führt das Additionsverfahren zusammen mit dem **GAUSS-Algorithmus** schnell zur Lösung. Beim GAUSS-Algorithmus (oder GAUSS-Verfahren) versucht man das Gleichungssystem mithilfe von Äquivalenzumformungen so weit wie möglich auf Diagonalgestalt zu bringen, d. h. in der ersten Gleichung steht nur noch x_1, in der zweiten nur noch x_2 usw.

Lösbarkeit von linearen Gleichungssystemen
Es gibt drei Fälle:
Das Gleichungssystem ist **unlösbar**, d. h. $L = \{\ \}$, wenn man bei den Äquivalenzumformungen eine falsche Aussage erhält.
Lässt sich das Gleichungssystem vollständig auf Diagonalgestalt bringen, so ist es **eindeutig lösbar**.
Andernfalls besitzt das Gleichungssystem **unendlich viele Lösungen**.

1. Bestimmen Sie die Lösungsmenge mithilfe des Gleichsetzungsverfahrens. A

a) $\left|\begin{array}{l} x_1 = 2x_2 + 6 \\ x_1 = -3x_2 + 1 \end{array}\right|$ b) $\left|\begin{array}{l} x_1 = 8x_2 + 1 \\ x_1 = -4x_2 + 7 \end{array}\right|$ c) $\left|\begin{array}{l} x_1 = 3x_2 - 3 \\ x_1 = -3x_2 + 1 \end{array}\right|$ d) $\left|\begin{array}{l} x_1 = -6x_2 - 1 \\ x_1 = 2x_2 + 1 \end{array}\right|$

e) $\left|\begin{array}{l} x_2 = 5x_1 - 1 \\ x_2 = 15x_1 - 7 \end{array}\right|$ f) $\left|\begin{array}{l} x_2 = 9x_1 + 2 \\ x_2 = -3x_1 \end{array}\right|$ g) $\left|\begin{array}{l} x_2 = -4x_1 + 4 \\ x_2 = 4x_1 - 6 \end{array}\right|$ h) $\left|\begin{array}{l} x_2 = -3x_1 + 4 \\ x_2 = -3x_1 - 5 \end{array}\right|$

i) $\left|\begin{array}{l} 2x_1 = 7x_2 - 11 \\ 2x_1 = -2x_2 + 7 \end{array}\right|$ j) $\left|\begin{array}{l} 5x_2 = 8x_1 + 2 \\ 5x_2 = -4x_1 + 8 \end{array}\right|$ k) $\left|\begin{array}{l} -x_2 = -3x_1 + 1 \\ x_2 = 2x_1 + 3 \end{array}\right|$ l) $\left|\begin{array}{l} 4x_2 = 3x_1 - 9 \\ 3x_2 = -2x_1 + 6 \end{array}\right|$

1. a) (1) $x_1 = 2x_2 + 6$ L

(2) $x_1 = -3x_2 + 1$

Aus (1) und (2) folgt: $2x_2 + 6 = -3x_2 + 1 \Leftrightarrow 5x_2 = -5 \Leftrightarrow x_2 = -1$ in (1):

$x_1 = 2 \cdot (-1) + 6 \Leftrightarrow x_1 = 4 \Rightarrow L = \{(4 \mid -1)\}$

b) $L = \left\{\left(5 \,\middle|\, \frac{1}{2}\right)\right\}$ c) $L = \left\{\left(-1 \,\middle|\, \frac{2}{3}\right)\right\}$ d) $L = \left\{\left(\frac{1}{2} \,\middle|\, -\frac{1}{4}\right)\right\}$ e) $L = \left\{\left(\frac{3}{5} \,\middle|\, 2\right)\right\}$

f) $L = \left\{\left(-\frac{1}{6} \,\middle|\, \frac{1}{2}\right)\right\}$ g) $L = \left\{\left(\frac{5}{4} \,\middle|\, -1\right)\right\}$ h) $L = \{\ \}$ i) $L = \left\{\left(\frac{3}{2} \,\middle|\, 2\right)\right\}$

j) $L = \left\{\left(\frac{1}{2} \,\middle|\, \frac{6}{5}\right)\right\}$ k) $L = \{(4 \mid 11)\}$ l) $L = \{(3 \mid 0)\}$

2. Bestimmen Sie die Lösungsmenge mit dem Einsetzungsverfahren. A

a) $\left|\begin{array}{l} x_1 = 4x_2 - 2 \\ 3x_1 - x_2 = 5 \end{array}\right|$ b) $\left|\begin{array}{l} x_1 = x_2 + 5 \\ 2x_1 - 7x_2 = -10 \end{array}\right|$ c) $\left|\begin{array}{l} x_1 = 2x_2 - 1 \\ 3x_1 + 6x_2 = 0 \end{array}\right|$

d) $\left|\begin{array}{l} x_2 - 3x_1 - 5 \\ 6x_1 = -5x_2 + 3 \end{array}\right|$ e) $\left|\begin{array}{l} x_2 = 5x_1 - 2 \\ 10x_1 + 7x_2 - 4 = 0 \end{array}\right|$ f) $\left|\begin{array}{l} x_2 = 5x_1 - 3 \\ 7x_1 + 4x_2 = 6 \end{array}\right|$

g) $\left|\begin{array}{l} x_2 = -3x_1 + 1 \\ -9x_1 + 5x_2 = 9 \end{array}\right|$ h) $\left|\begin{array}{l} x_2 = 7x_1 + 2 \\ 7x_1 + 2x_2 = 7 \end{array}\right|$ i) $\left|\begin{array}{l} 2x_1 = 3x_2 - 16 \\ 2x_1 + x_2 = 8 \end{array}\right|$

j) $\left|\begin{array}{l} 5x_1 = 4x_2 \\ 10x_1 + 4x_2 = 9 \end{array}\right|$ k) $\left|\begin{array}{l} -3x_2 = 8x_1 - 10 \\ 16x_1 - 3x_2 = -16 \end{array}\right|$ l) $\left|\begin{array}{l} 7x_2 = 6x_1 - 6 \\ 15x_1 - 14x_2 = 17 \end{array}\right|$

2. a) (1) $x_1 = 4x_2 - 2$ in (2) L

(2) $3x_1 - x_2 = 5$

$3(4x_2 - 2) - x_2 = 5 \Leftrightarrow 12x_2 - 6 - x_2 = 5 \Leftrightarrow 11x_2 = 11 \Leftrightarrow x_2 = 1$ in (1):

$x_1 = 4 \cdot 1 - 2 \Leftrightarrow x_1 = 2 \Rightarrow L = \{(2 \mid 1)\}$

b) $L = \{(9 \mid 4)\}$ c) $L = \left\{\left(-\frac{1}{2} \,\middle|\, \frac{1}{4}\right)\right\}$ d) $L = \left\{\left(\frac{4}{3} \,\middle|\, -1\right)\right\}$ e) $L = \left\{\left(\frac{2}{5} \,\middle|\, 0\right)\right\}$

f) $L = \left\{\left(\frac{2}{3} \,\middle|\, \frac{1}{3}\right)\right\}$ g) $L = \left\{\left(-\frac{1}{6} \,\middle|\, \frac{3}{2}\right)\right\}$ h) $L = \left\{\left(\frac{1}{7} \,\middle|\, 3\right)\right\}$ i) $L = \{(1 \mid 6)\}$

j) $L = \left\{\left(\frac{3}{5} \,\middle|\, \frac{3}{4}\right)\right\}$ k) $L = \left\{\left(-\frac{1}{4} \,\middle|\, 4\right)\right\}$ l) $L = \left\{\left(\frac{5}{3} \,\middle|\, \frac{4}{7}\right)\right\}$

A

3. Bestimmen Sie die Lösungsmenge mit dem Additionsverfahren.

a) $\left|\begin{array}{l} 5x_1+4x_2=2 \\ 3x_1+5x_2=9 \end{array}\right|$ b) $\left|\begin{array}{l} x_1-4x_2=5 \\ 5x_1+x_2=4 \end{array}\right|$ c) $\left|\begin{array}{l} -x_1+x_2=2 \\ 7x_1-2x_2=1 \end{array}\right|$ d) $\left|\begin{array}{l} x_1+2x_2=13 \\ 4x_1-5x_2=0 \end{array}\right|$

e) $\left|\begin{array}{l} 3x_1+2x_2=-2 \\ 9x_1+5x_2=1 \end{array}\right|$ f) $\left|\begin{array}{l} 4x_1-5x_2=0 \\ 11x_1+3x_2=0 \end{array}\right|$ g) $\left|\begin{array}{l} 8x_1-5x_2=9 \\ 2x_1+4x_2=-3 \end{array}\right|$ h) $\left|\begin{array}{l} 3x_1-2x_2=1 \\ -9x_1+4x_2=-4 \end{array}\right|$

i) $\left|\begin{array}{l} 4x_1-12x_2=1 \\ -6x_1+18x_2=0 \end{array}\right|$

L

3. a) $\left|\begin{array}{l} 5x_1+4x_2=2 \\ 3x_1+5x_2=9 \end{array}\right| \begin{array}{l} |\cdot 3 \\ |\cdot(-5) \end{array}$]+ $\Leftrightarrow \left|\begin{array}{r} 5x_1+4x_2=2 \\ -13x_2=-39 \end{array}\right| \begin{array}{l} \\ |:(-13) \end{array}$

$\Leftrightarrow \left|\begin{array}{r} 5x_1+4x_2=2 \\ x_2=3 \end{array}\right| \begin{array}{l} \\ |\cdot(-4) \end{array}$]+ $\Leftrightarrow \left|\begin{array}{r} 5x_1 \quad =-10 \\ x_2=3 \end{array}\right| \begin{array}{l} |:5 \\ \end{array}$

$\Leftrightarrow \left|\begin{array}{r} x_1 \quad =-2 \\ x_2=3 \end{array}\right|$

$\Rightarrow L=\{(-2|3)\}$

b) $L=\{(1|-1)\}$ c) $L=\{(1|3)\}$ d) $L=\{(5|4)\}$ e) $L=\{(4|-7)\}$

f) $L=|\{(0|0)\}|$ g) $L=\left\{\left(\frac{1}{2}\middle|-1\right)\right\}$ h) $L=\left\{\left(\frac{2}{3}\middle|\frac{1}{2}\right)\right\}$ i) $L=\{\ \}$

A

4. Bestimmen Sie die Lösungsmenge mit dem GAUSS-Algorithmus.

a) $\left|\begin{array}{l} 6x_1-3x_2=5 \\ 8x_1-4x_2=2 \end{array}\right|$ b) $\left|\begin{array}{l} x_1+2x_2-3x_3=1 \\ 3x_1-2x_2+x_3=-5 \\ 5x_1-6x_2+5x_3=-11 \end{array}\right|$ c) $\left|\begin{array}{l} 4x_1+2x_2-x_3=1 \\ -4x_1+2x_2+2x_3=0 \\ 7x_1+3x_2-2x_3=1 \end{array}\right|$

d) $\left|\begin{array}{l} 2x_1+5x_2+3x_3=3 \\ 3x_1-2x_2-4x_3=-1 \\ 5x_1+x_2-3x_3=0 \end{array}\right|$ e) $\left|\begin{array}{l} x_1+4x_2-5x_3=2 \\ 2x_1-2x_2-9x_3=5 \\ 2x_1+7x_2-6x_3=8 \end{array}\right|$ f) $\left|\begin{array}{l} 3x_1-4x_2-4x_3=4 \\ 2x_1+9x_2+x_3=-11 \\ -x_1+3x_2+3x_3=7 \end{array}\right|$

g) $\left|\begin{array}{l} 2x_1+4x_2-6x_3=-2 \\ -3x_1+x_2-2x_3=-7 \\ 5x_1+3x_2-4x_3=2 \end{array}\right|$ h) $\left|\begin{array}{l} x_1-5x_2-7x_3=0 \\ -2x_1+4x_2+5x_3=0 \\ 3x_1-x_2=0 \end{array}\right|$ i) $\left|\begin{array}{l} 2x_1+x_2+x_3=3 \\ -x_1+x_2=3 \\ 3x_1+7x_2+4x_3=5 \end{array}\right|$

j) $\left|\begin{array}{l} 8x_1+x_2+6x_3=18 \\ 2x_1-x_2+4x_3=2 \\ 4x_1+3x_2-2x_3=14 \end{array}\right|$ k) $\left|\begin{array}{l} x_1-6x_2+5x_3=-4 \\ 4x_1-10x_2-x_3=-2 \\ 7x_1+10x_2-4x_3=11 \end{array}\right|$ l) $\left|\begin{array}{l} 7x_1+3x_2+6x_3=0 \\ -x_1+x_2+x_3=1 \\ 3x_1+5x_2-x_3=-3 \end{array}\right|$

m) $\left|\begin{array}{l} 2x_1+x_2-2x_3=7 \\ x_1-x_2-x_3=-1 \\ -3x_1+2x_2+3x_3=0 \end{array}\right|$ n) $\left|\begin{array}{l} 4x_1+3x_2+3x_3=-3 \\ 2x_1-x_2-x_3=1 \\ 7x_1+2x_2+2x_3=-2 \end{array}\right|$ o) $\left|\begin{array}{l} x_1+2x_2-x_3=4 \\ 2x_1+5x_2-2x_3=5 \\ x_1+x_2-x_3=1 \end{array}\right|$

L

4. a) $\left|\begin{array}{l} 6x_1 - 3x_2 = 5 \\ 8x_1 - 4x_2 = 2 \end{array}\right| \begin{array}{l} \cdot 4 \\ \cdot(-3) \end{array} \Big]+ \quad \Leftrightarrow \quad \left|\begin{array}{r} 6x_1 - 3x_2 = 5 \\ 0 = 14 \end{array}\right|$

Dies ist eine falsche Aussage $\Rightarrow L = \{\ \}$

b) $\left|\begin{array}{rcl} x_1 + 2x_2 - 3x_3 &=& 1 \\ 3x_1 - 2x_2 + x_3 &=& -5 \\ 5x_1 - 6x_2 + 5x_3 &=& -11 \end{array}\right| \begin{array}{l} \cdot(-3) \ \Big]+ \quad \cdot(-5) \ \Big]+ \end{array} \Leftrightarrow \left|\begin{array}{rcl} x_1 + 2x_2 - 3x_3 &=& 1 \\ -8x_2 + 10x_3 &=& -8 \\ -16x_2 + 20x_3 &=& -16 \end{array}\right| \begin{array}{l} \cdot 4 \ \Big]+ \quad \cdot(-2) \ \Big]+ \end{array}$

$\Leftrightarrow \left|\begin{array}{rcl} 4x_1 - 2x_3 &=& -4 \\ -8x_2 + 10x_3 &=& -8 \\ 0 &=& 0 \end{array}\right| \begin{array}{l} +2x_3 \\ -10x_3 \\ \end{array} \Leftrightarrow \left|\begin{array}{rcl} 4x_1 &=& -4 + 2x_3 \\ -8x_2 &=& -8 - 10x_3 \\ 0 &=& 0 \end{array}\right| \begin{array}{l} :4 \\ :(-8) \\ \end{array}$

$\Leftrightarrow \left|\begin{array}{l} x_1 = -1 + \frac{1}{2}x_3 \\ x_2 = 1 + \frac{5}{4}x_3 \\ 0 = 0 \end{array}\right|$

Setze $x_3 = 4s \Rightarrow L = \{(-1 + 2s \mid 1 + 5s \mid 4s),\ s \in \mathbb{R}\}$

c) $\left|\begin{array}{rcl} 4x_1 + 2x_2 - x_3 &=& 1 \\ -4x_1 + 2x_2 + 2x_3 &=& 0 \\ 7x_1 + 3x_2 - 2x_3 &=& 1 \end{array}\right| \begin{array}{l} \Big]+ \quad \cdot(-7) \\ \\ \cdot 4 \ \Big]+ \end{array} \Leftrightarrow \left|\begin{array}{rcl} 4x_1 + 2x_2 - x_3 &=& 1 \\ 4x_2 + x_3 &=& 1 \\ -2x_2 - x_3 &=& -3 \end{array}\right| \begin{array}{l} \cdot(-2) \ \Big]+ \\ \\ \cdot 2 \ \Big]+ \end{array}$

$\Leftrightarrow \left|\begin{array}{rcl} -8x_1 + 3x_3 &=& -1 \\ 4x_2 + x_3 &=& 1 \\ -x_3 &=& -5 \end{array}\right| \begin{array}{l} \\ \Big]+ \\ \cdot 3 \ \Big]+ \end{array} \Leftrightarrow \left|\begin{array}{rcl} -8x_1 &=& -16 \\ 4x_2 &=& -4 \\ -x_3 &=& -5 \end{array}\right| \begin{array}{l} \cdot(-8) \\ :4 \\ \cdot(-1) \end{array}$

$\Leftrightarrow \left|\begin{array}{rcl} x_1 &=& 2 \\ x_2 &=& -1 \\ x_3 &=& 5 \end{array}\right|$

$\Rightarrow L = \{(2 \mid -1 \mid 5)\}$

d) $L = \{(3 \mid -3 \mid 4)\}$

e) $L = \{(7 \mid 0 \mid 1)\}$

f) $L = \{(8 \mid -4 \mid 9)\}$

g) $L = \{\ \}$

h) $L = \{(r \mid 3r \mid -2r),\ r \in \mathbb{R}\}$

i) $L = \{(8 \mid 11 \mid -24)\}$

j) $L = \{(2 - t \mid 2 + 2t \mid t),\ t \in \mathbb{R}\}$

k) $L = \left\{\left(\frac{2}{3} \,\middle|\, \frac{1}{2} \,\middle|\, -\frac{1}{3}\right)\right\}$

l) $L = \left\{\left(-\frac{1}{2} \,\middle|\, -\frac{1}{6} \,\middle|\, \frac{2}{3}\right)\right\}$

m) $L = \{(2 + s \mid 3 \mid s),\ s \in \mathbb{R}\}$

n) $L = \{(0 \mid -1 - t \mid t),\ t \in \mathbb{R}\}$

o) $L = \{\ \}$

2.1.2 Punkte im räumlichen Koordinatensystem

Wissen

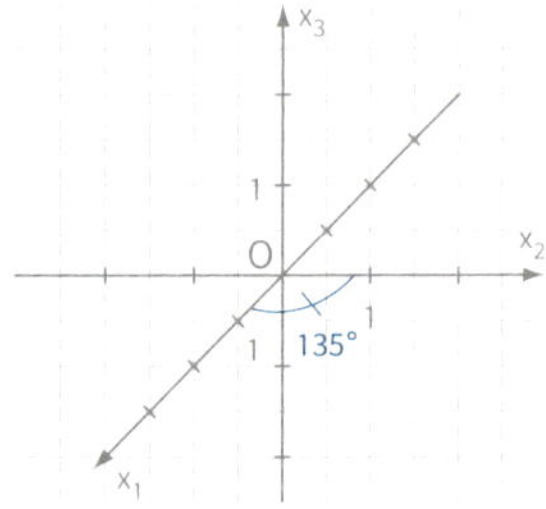

Um die Koordinaten von Punkten im Raum angeben zu können, benötigt man Zahlentripel.
Im **kartesischen Koordinatensystem** verlaufen die **Koordinatenachsen** (x_1-Achse, x_2-Achse, x_3-Achse) paarweise orthogonal durch den **Koordinatenursprung** O.
Die durch jeweils zwei Koordinatenachsen aufgespannten Ebenen heißen **Koordinatenebenen** (x_1x_2-Ebene, x_1x_3-Ebene, x_2x_3-Ebene).
In der zeichnerischen Darstellung des räumlichen Koordinatensystems bilden die x_1-Achse und x_2-Achse üblicherweise einen Winkel von 135°. Auf der x_1-Achse wählt man den Verkürzungsfaktor $\frac{1}{2}\sqrt{2}$.

Mittelpunkt und Länge einer Strecke
Für die Strecke $\overline{AB}$ mit den Endpunkten $A(a_1 | a_2 | a_3)$ und $B(b_1 | b_2 | b_3)$ gilt:

$M\left(\frac{a_1+b_1}{2}\middle|\frac{a_2+b_2}{2}\middle|\frac{a_3+b_3}{2}\right)$ ist der Mittelpunkt von $\overline{AB}$.

$|\overline{AB}| = \sqrt{(a_1-b_1)^2+(a_2-b_2)^2+(a_3-b_3)^2}$ ist die Länge von $\overline{AB}$.

A

1. Zeichnen Sie die nachfolgenden Punkte in ein kartesisches Koordinatensystem ein.
a) $P(2|-2|3)$, $Q(3|2|-1)$, $R(1|3|2)$
b) $A(4|3|1)$, $B(-3|0{,}5|-3)$, $C(0|2{,}5|1)$, $D(1|2|2)$, $E(3|0|3)$, $F(-2|-3|0)$, $G(-2|-3|-2)$, $H(1|0|-1)$
c) $A(-1|0|-2)$, $B(4|4|1)$, $C(2|3|2)$, $D(3|2|3)$, $E(0|-1|1)$, $F(3|-1|3)$, $G(-4|-4|-3)$, $H(0|-1|-1)$.

L

1. a) Hinweis: Die eingezeichneten Hilfslinien sind nicht unbedingt erforderlich. Möchte man jedoch die Koordinaten von Punkten aus dem Koordinatensystem ablesen, so ist dies ohne die Hilfslinien unmöglich.

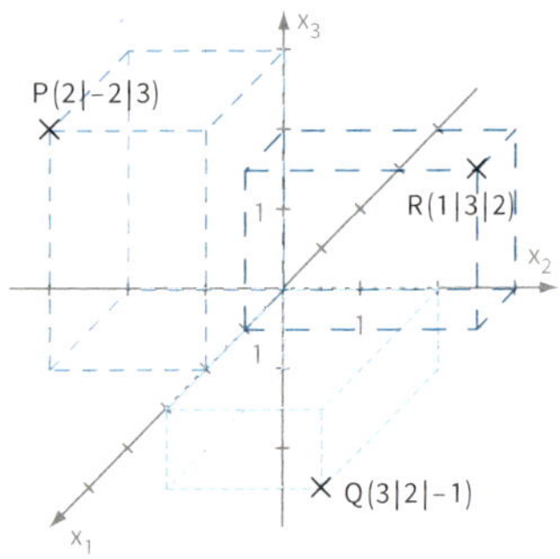

b)

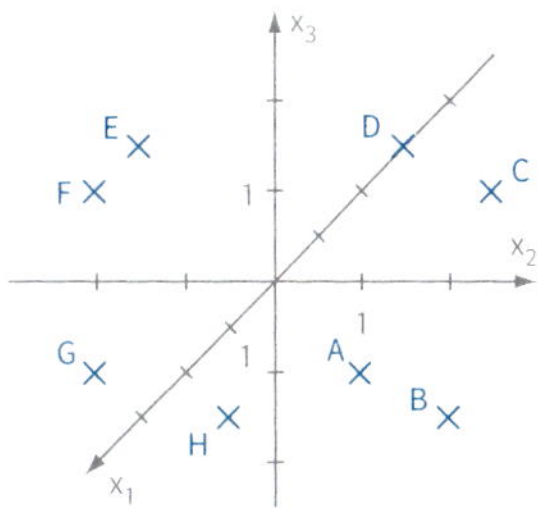

c)

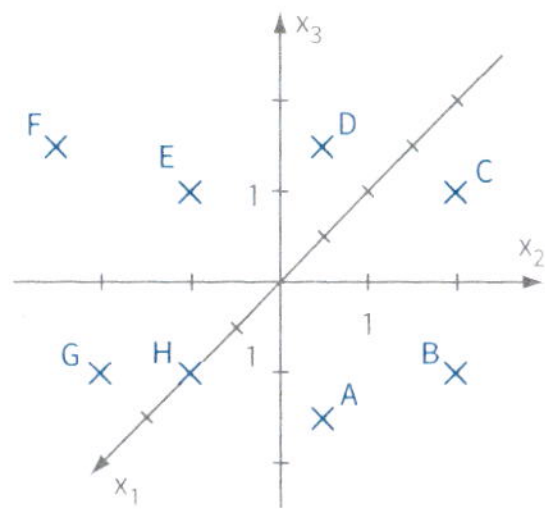

2. Geben Sie für die eingezeichneten Punkte jeweils drei verschiedene mögliche Koordinaten an.
Beispiel: P(3|2|0) bzw.
P(1|1|−1) bzw.
P(−3|−1|−3)

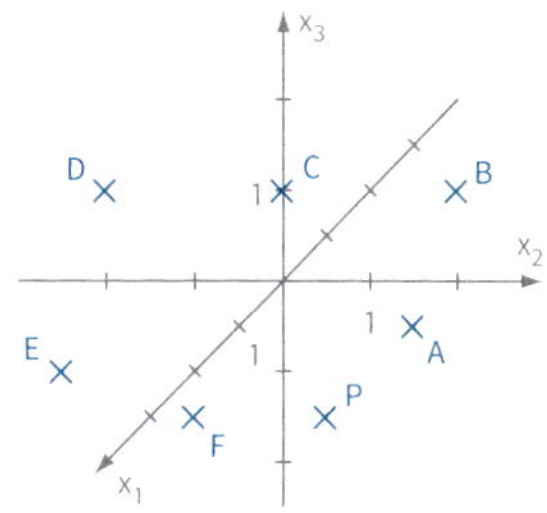

A

2. a) A(1|2|0), A(3|3|1), A(−3|0|−2)
b) B(−2|1|0), B(0|2|1), B(2|3|2)
c) C(0|0|1), C(4|2|3), C(−3|−1,5|−0,5)
d) D(4|0|3), D(2|−1|2), D(−4|−4|−1)
e) E(3|−1|0,5), E(2|−1,5|0), E(−1|−3|−1,5)
f) F(4|1|0,5), F(2|0|−0,5), F(−1|−1,5|−2)
Hinweis: Die Lösung ist nicht eindeutig. Die angegebenen Koordinaten sind mögliche Koordinaten für die eingezeichneten Punkte.

L

3. Lesen Sie die Koordinaten der eingezeichneten Punkte ab, wenn diese in der
a) $x_1 x_2$-Ebene
b) $x_2 x_3$-Ebene
c) $x_1 x_3$-Ebene
liegen.

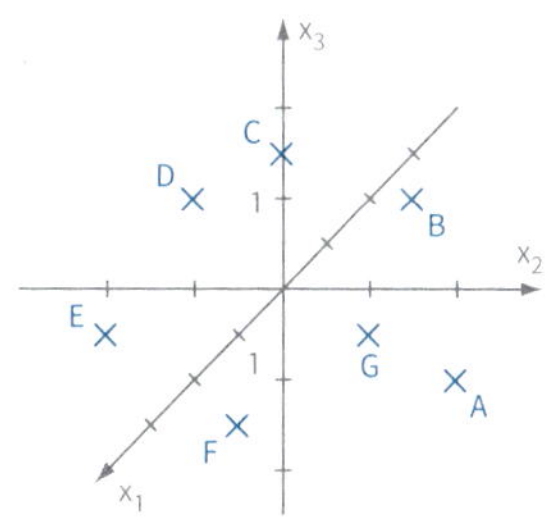

A

3. a) A(2|3|0), B(−2|0,5|0), C(−3|−1,5|0), D(−2|−2|0), E(1|−1,5|0), F(3|1|0), G(1|1,5|0)
b) A(0|2|−1), B(0|1,5|1), C(0|0|1,5), D(0|−1|1), E(0|−2|−0,5), F(0|−0,5|−1,5), G(0|1|−0,5)
c) A(−4|0|−3), B(−3|0|−0,5), C(0|0|1,5), D(2|0|2), E(4|0|1,5), F(1|0|−1), G(−2|0|−1,5)

L

A

4. a) Die Punkte A(3|−5|5), B(8|9|3), C(−3|7|−7), D(−8|−7|−5) und S(−4|3|3) bilden eine Pyramide. Zeichnen Sie die Pyramide.

b) Die Punkte A(0|0|0), B(8|−4|1), C(12|3|−3), D(4|7|−4), E(1|4|8), F(9|0|9), G(13|7|5) und H(5|11|4) bilden einen Würfel. Zeichnen Sie den Würfel.

Beachten Sie: Um verdeckte Linien gestrichelt zeichnen zu können, muss man wissen, welche Linien im Vordergrund und welche im Hintergrund verlaufen. Aufschluss hierüber gibt die x_1-Koordinate. Punkte mit der größeren x_1-Koordinate liegen im Vordergrund, Punkte mit der kleineren x_1-Koordinate im Hintergrund.

L

4. a)

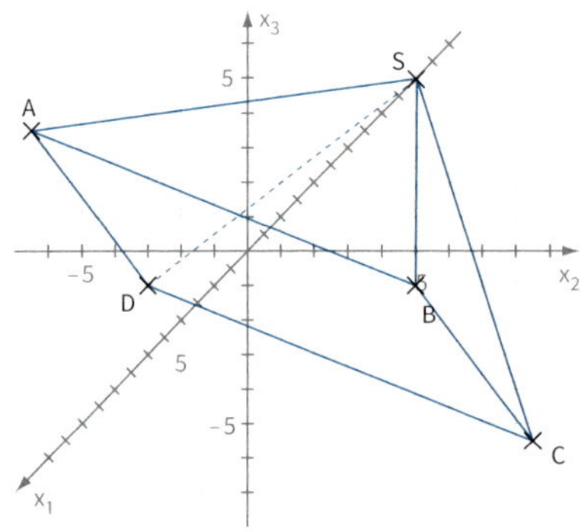

b)

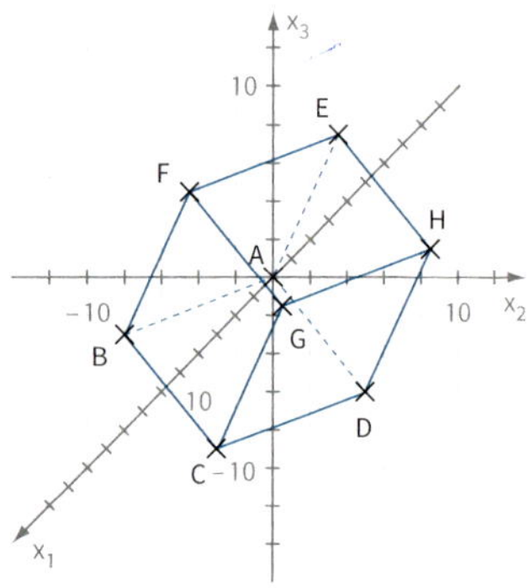

A

5. Bestimmen Sie die Koordinaten des Mittelpunktes von $\overline{AB}$.

a) A(−1|3|−5), B(1|3|−9)
b) A(4|0|−2), B(1|1|8)
c) A(−2|9|11), B(6|5|−1)
d) A(0|−3|−1), B(4|3|7)
e) A(−1|8|8), B(1|−4|−11)
f) A(9|0|2), B(6|−10|−9)

L

5. a) A(−1|3|−5), B(1|3|−9) $\Rightarrow$ $M\left(\frac{-1+1}{2}\middle|\frac{3+3}{2}\middle|\frac{-5+(-9)}{2}\right) = M(0|3|-7)$

b) M(2,5|0,5|3)
c) M(2|7|5)
d) M(2|0|3)
e) M(0|2|−1,5)
f) M(7,5|−5|−3,5)

A

6. Bestimmen Sie die Länge von $\overline{AB}$.

a) A(−1|3|−5), B(1|4|−7)
b) A(1|0|−4), B(7|−6|3)
c) A(−3|8|10), B(6|0|−2)
d) A(27|−13|−8), B(1|5|7)
e) A(−1|7|4), B(0|6|−1)
f) A(3|1|2), B(2|−6|−3)

L

6. a) A(−1|3|−5), B(1|4|−7) $\Rightarrow |\overline{AB}| = \sqrt{(-1-1)^2+(3-4)^2+[-5-(-7)]^2}$
$= \sqrt{(-2)^2+(-1)^2+2^2} = \sqrt{9} = 3$

b) 11 c) 17 d) 35 e) $3\cdot\sqrt{3} \approx 5{,}20$ f) $5\cdot\sqrt{3} \approx 8{,}66$

7. Berechnen Sie die Seitenlängen des Dreiecks ABC. Welche besondere Art eines Dreiecks liegt vor? Berechnen Sie seinen Flächeninhalt exakt. **A**

a) $A(1|0|-1)$, $B(3|4|-1)$, $C(10|-2|5)$
b) $A(1|3|2)$, $B(8|4|2)$, $C(4|7|7)$
c) $A(3|1|0)$, $B(0|-2|12)$, $C(4|5|8)$
d) $A(-8|3|5)$, $B(10|9|6)$, $C(-6|-3|5)$
e) $A(6|2|8)$, $B(0|8|-9)$, $C(6|-2|6)$
f) $A(4|1|2)$, $B(3|2|6)$, $C(4|4|-1)$

7. a) $c = |\overline{AB}| = \sqrt{20} = 2\sqrt{5}$, $a = |\overline{BC}| = 11$, $b = |\overline{AC}| = 11$ **L**

$\Rightarrow$ ABC ist gleichschenklig, jedoch nicht rechtwinklig, da nicht pythagoreisch.

$M_c(2|2|-1)$, $h_c = |\overline{CM_c}| = \sqrt{116} = 2\sqrt{29}$

$\Rightarrow F_{ABC} = \frac{1}{2} \cdot c \cdot h_c = 2\sqrt{145}$

Der Flächeninhalt beträgt $2\sqrt{145}$ FE.

b) $|\overline{AB}| = |\overline{BC}| = |\overline{AC}| = \sqrt{50} = 5\sqrt{2} \Rightarrow$ ABC ist gleichseitig.

$M_a(6|5{,}5|4{,}5)$, $h_a = |\overline{AM_a}| = \frac{5}{2}\sqrt{6} \Rightarrow F_{ABC} = \frac{1}{2} \cdot a \cdot h_a = \frac{25}{2}\sqrt{3}$

Der Flächeninhalt beträgt $\frac{25}{2}\sqrt{3}$ FE.

c) $c = |\overline{AB}| = \sqrt{162} = 9\sqrt{2}$, $a = |\overline{BC}| = 9$, $b = |\overline{AC}| = 9$ und $a^2 + b^2 = c^2$

$\Rightarrow$ ABC ist gleichschenklig und rechtwinklig.

$\Rightarrow F_{ABC} = \frac{1}{2} \cdot a \cdot b = 40{,}5$

Der Flächeninhalt beträgt 40,5 FE.

d) $c = |\overline{AB}| = \sqrt{361} = 19$, $a = |\overline{BC}| = \sqrt{401}$, $b = |\overline{AC}| = \sqrt{40} = 2\sqrt{10}$ und $a^2 + b^2 = c^2$

$\Rightarrow$ ABC ist rechtwinklig, da $a^2 = b^2 + c^2$.

$\Rightarrow F_{ABC} = \frac{1}{2} \cdot b \cdot c = 19\sqrt{10}$

Der Flächeninhalt beträgt $19\sqrt{10}$ FE.

e) $c = |\overline{AB}| = 19$, $a = |\overline{BC}| = 19$, $b = |\overline{AC}| = \sqrt{20} = 2\sqrt{5}$

$\Rightarrow$ ABC ist gleichschenklig, jedoch nicht rechtwinklig, da nicht pythagoreisch.

$M_b(6|0|7)$, $h_b = |\overline{BM_b}| = \sqrt{356} = 2\sqrt{89}$

$\Rightarrow F_{ABC} = \frac{1}{2} \cdot b \cdot h_b = 2\sqrt{445}$

Der Flächeninhalt beträgt $2\sqrt{445}$ FE.

f) $c = |\overline{AB}| = \sqrt{18} = 3\sqrt{2}$, $a = |\overline{BC}| = 3\sqrt{6}$

$b = |\overline{AC}| = \sqrt{18} = 3\sqrt{2}$

$\Rightarrow$ ABC ist gleichschenklig, jedoch nicht rechtwinklig, da nicht pythagoreisch.

$M_a(3{,}5|3|2{,}5)$, $h_a = |\overline{AM_a}| = \frac{3}{2} \cdot \sqrt{2} \Rightarrow F_{ABC} = \frac{1}{2} \cdot a \cdot h_a = \frac{9}{2} \cdot \sqrt{3}$

2.1.3 Vektoren

Wissen

Addition von Vektoren

$$\vec{a} + \vec{b} = \begin{pmatrix} a_1 \\ a_2 \\ a_3 \end{pmatrix} + \begin{pmatrix} b_1 \\ b_2 \\ b_3 \end{pmatrix} = \begin{pmatrix} a_1 + b_1 \\ a_2 + b_2 \\ a_3 + b_3 \end{pmatrix}$$

Subtraktion von Vektoren

$$\vec{a} - \vec{b} = \begin{pmatrix} a_1 \\ a_2 \\ a_3 \end{pmatrix} - \begin{pmatrix} b_1 \\ b_2 \\ b_3 \end{pmatrix} = \begin{pmatrix} a_1 - b_1 \\ a_2 - b_2 \\ a_3 - b_3 \end{pmatrix}$$

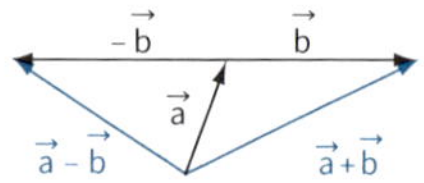

S-Multiplikation (Vervielfachen von Vektoren)

$$r \cdot \vec{a} = r \cdot \begin{pmatrix} a_1 \\ a_2 \\ a_3 \end{pmatrix} = \begin{pmatrix} r \cdot a_1 \\ r \cdot a_2 \\ r \cdot a_3 \end{pmatrix}, \quad r \in \mathbb{R}$$

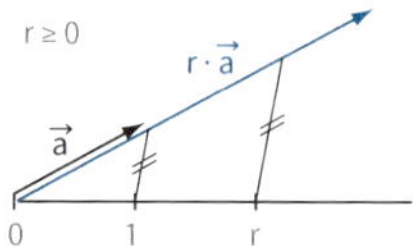

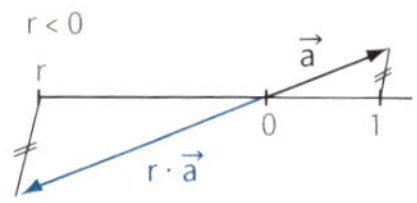

Einen Vektor $\vec{x} = x_1 \vec{v_1} + x_2 \vec{v_2} + \ldots x_n \vec{v_n}$ mit $x_1, x_2, \ldots x_n \in \mathbb{R}$ und $n \in \mathbb{N}$ bezeichnet man als **Linearkomination** der Vektoren $\vec{v_1}, \vec{v_2}, \ldots, \vec{v_n}$.

Punkte und Vektoren

Punkte $O(0|0|0)$, $A(a_1|a_2|a_3)$, $B(b_1|b_2|b_3)$

Nullvektor $\vec{o} = \begin{pmatrix} 0 \\ 0 \\ 0 \end{pmatrix}$, Ortsvektor $\overrightarrow{OA} = \begin{pmatrix} a_1 \\ a_2 \\ a_3 \end{pmatrix}$,

Vektor $\overrightarrow{AB} = \begin{pmatrix} b_1 - a_1 \\ b_2 - a_2 \\ b_3 - a_3 \end{pmatrix}$, Gegenvektor $\overrightarrow{BA} = -\overrightarrow{AB} = \begin{pmatrix} a_1 - b_1 \\ a_2 - b_2 \\ a_3 - b_3 \end{pmatrix}$

Lineare Abhängigkeit und lineare Unabhängigkeit

Wenn die Gleichung $x_1 \vec{v_1} + x_2 \vec{v_2} + \ldots x_n \vec{v_n} = \vec{o}$ nur durch $x_1 = x_2 = \ldots = x_n = 0$ lösbar ist, dann heißen die Vektoren $\vec{v_1}, \vec{v_2}, \ldots \vec{v_n}$ linear unabhängig, andernfalls linear abhängig.

Länge

$$|\vec{a}| = \left| \begin{pmatrix} a_1 \\ a_2 \\ a_3 \end{pmatrix} \right| = \sqrt{a_1^2 + a_2^2 + a_3^2}$$

Wenn $|\vec{a}| = 1$, dann ist $\vec{a}$ **Einheitsvektor**.

Skalarprodukt

$$\vec{a} \cdot \vec{b} = \begin{pmatrix} a_1 \\ a_2 \\ a_3 \end{pmatrix} \cdot \begin{pmatrix} b_1 \\ b_2 \\ b_3 \end{pmatrix} = a_1 b_1 + a_2 b_2 + a_3 b_3$$

Wenn $\vec{a} \cdot \vec{b} = 0$, dann sind $\vec{a}$ und $\vec{b}$ **orthogonal**.

Eingeschlossener Winkel

$$\cos \alpha = \frac{\vec{a} \cdot \vec{b}}{|\vec{a}| \cdot |\vec{b}|}$$

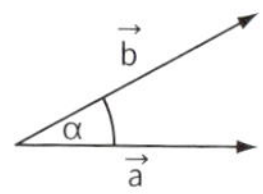

Kreuzprodukt

$$\vec{a} \times \vec{b} = \begin{pmatrix} a_1 \\ a_2 \\ a_3 \end{pmatrix} \times \begin{pmatrix} b_1 \\ b_2 \\ b_3 \end{pmatrix} = \begin{pmatrix} a_2 b_3 - a_3 b_2 \\ a_3 b_1 - a_1 b_3 \\ a_1 b_2 - a_2 b_1 \end{pmatrix}$$

Es gilt: $\vec{a} \times \vec{b} \perp \vec{a}$ und $\vec{a} \times \vec{b} \perp \vec{b}$. Wenn $\vec{a} \times \vec{b} = \vec{o}$, dann sind $\vec{a}$ und $\vec{b}$ linear abhängig.

1. Bestimmen Sie die Koordinaten des Vektors $\overrightarrow{PQ}$ und seines Gegenvektors $\overrightarrow{QP}$. **A**

a) $P(1|-4|2)$, $Q(7|3|-4)$ b) $P(0|0|0)$, $Q(-1|-3|8)$ c) $P(-6|4|0)$, $Q(0|4|7)$

1. a) $P(1|-4|2)$, $Q(7|3|-4) \Rightarrow \overrightarrow{PQ} = \begin{pmatrix} 7-1 \\ 3-(-4) \\ -4-2 \end{pmatrix} = \begin{pmatrix} 6 \\ 7 \\ -6 \end{pmatrix}$ und $\overrightarrow{QP} = \begin{pmatrix} 1-7 \\ -4-3 \\ 2-(-4) \end{pmatrix} = \begin{pmatrix} -6 \\ -7 \\ 6 \end{pmatrix}$ **L**

b) $\overrightarrow{PQ} = \begin{pmatrix} -1 \\ -3 \\ 8 \end{pmatrix}$ und $\overrightarrow{QP} = \begin{pmatrix} 1 \\ 3 \\ -8 \end{pmatrix}$ c) $\overrightarrow{PQ} = \begin{pmatrix} 6 \\ 0 \\ 7 \end{pmatrix}$ und $\overrightarrow{QP} = \begin{pmatrix} -6 \\ 0 \\ -7 \end{pmatrix}$

2. Berechnen Sie. **A**

a) $1{,}5 \cdot \begin{pmatrix} 4 \\ -6 \end{pmatrix}$ b) $-3 \cdot \begin{pmatrix} -5 \\ 2 \\ -1 \end{pmatrix}$ c) $\frac{2}{3} \cdot \begin{pmatrix} 6 \\ 6 \\ 15 \end{pmatrix}$ d) $-\frac{3}{4} \cdot \begin{pmatrix} 8 \\ -2 \\ -4 \end{pmatrix}$

2. a) $1{,}5 \cdot \begin{pmatrix} 4 \\ -6 \end{pmatrix} = \begin{pmatrix} 1{,}5 \cdot 4 \\ 1{,}5 \cdot (-6) \end{pmatrix} = \begin{pmatrix} 6 \\ -9 \end{pmatrix}$ b) $\begin{pmatrix} 15 \\ -6 \\ 3 \end{pmatrix}$ c) $\begin{pmatrix} 4 \\ 4 \\ 10 \end{pmatrix}$ d) $\begin{pmatrix} -6 \\ 1{,}5 \\ 3 \end{pmatrix}$ **L**

3. Lesen Sie aus nebenstehender Abbildung die Koordinaten der Vektoren $\vec{a}, \vec{b}, \vec{c}$ und $\vec{d}$ ab. Bestimmen Sie durch Zeichnung und Rechnung die Koordinaten der Linearkombination. **A**

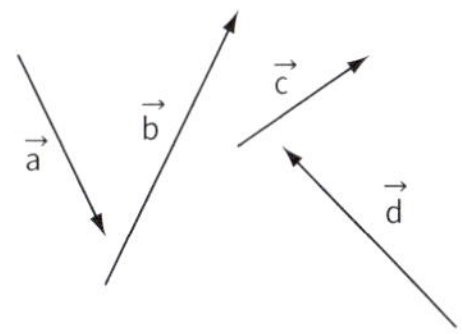

a) $-\frac{2}{3}\vec{b} + 2\vec{c}$ b) $\vec{c} - \frac{3}{2}\vec{d}$ c) $\frac{1}{2}\vec{a} + \vec{c} + \frac{3}{4}\vec{d}$

3. a) $\vec{a} = \begin{pmatrix} 1 \\ -2 \end{pmatrix}$, $\vec{b} = \begin{pmatrix} 1{,}5 \\ 3 \end{pmatrix}$, $\vec{c} = \begin{pmatrix} 1{,}5 \\ 1 \end{pmatrix}$, $\vec{d} = \begin{pmatrix} -2 \\ 2 \end{pmatrix}$ **L**

$-\frac{2}{3}\vec{b} + 2\vec{c} = -\frac{2}{3} \cdot \begin{pmatrix} 1{,}5 \\ 3 \end{pmatrix} + 2 \cdot \begin{pmatrix} 1{,}5 \\ 1 \end{pmatrix} = \begin{pmatrix} -1 \\ -2 \end{pmatrix} + \begin{pmatrix} 3 \\ 2 \end{pmatrix} = \begin{pmatrix} 2 \\ 0 \end{pmatrix}$

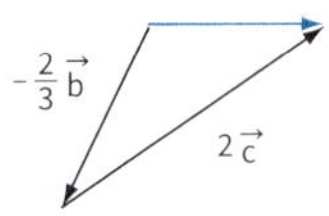

b) $\begin{pmatrix} 1{,}5 \\ 1 \end{pmatrix} - \frac{3}{2}\begin{pmatrix} -2 \\ 2 \end{pmatrix} = \begin{pmatrix} 4{,}5 \\ -2 \end{pmatrix}$

c) $\frac{1}{2}\begin{pmatrix} 1 \\ -2 \end{pmatrix} + \begin{pmatrix} 1{,}5 \\ 1 \end{pmatrix} + \frac{3}{4}\begin{pmatrix} -2 \\ 2 \end{pmatrix} = \begin{pmatrix} 0{,}5 \\ 1{,}5 \end{pmatrix}$

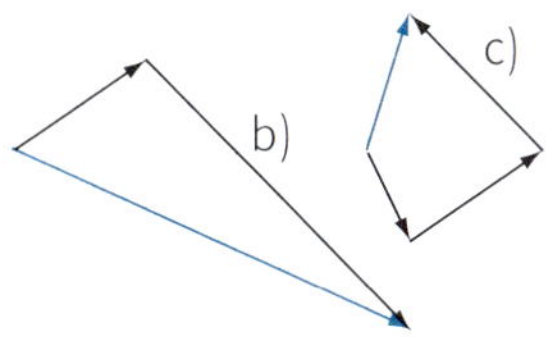

4. Gegeben ist das Dreieck ABC. Die Punkte D, E und F sind die jeweiligen Seitenmitten. **A**

a) Stellen Sie die Vektoren $\overrightarrow{CD}, \overrightarrow{AE}, \overrightarrow{FS}$ und $\overrightarrow{BS}$ als Linearkombination der Vektoren $\vec{a} = \overrightarrow{BD}$ und $\vec{b} = \overrightarrow{BC}$ dar.

b) Stellen Sie die Vektoren $\overrightarrow{AB}, \overrightarrow{EB}, \overrightarrow{AF}$ und $\overrightarrow{FE}$ als Linearkombination der Vektoren $\vec{c} = \overrightarrow{SD}$ und $\vec{d} = \overrightarrow{SB}$ dar.

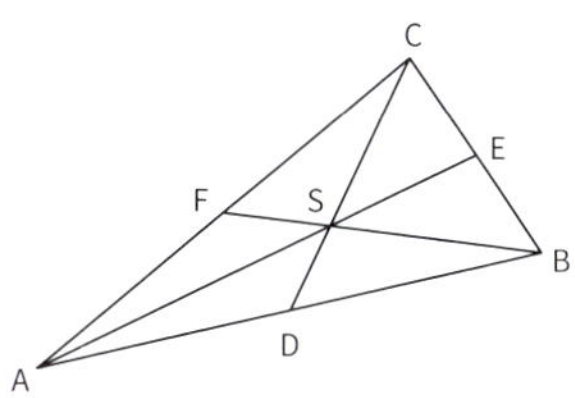

L

4. a) $\overrightarrow{CD} = -\vec{b} + \vec{a}$, $\overrightarrow{AE} = -2\vec{a} + \frac{1}{2}\vec{b}$,

$\overrightarrow{FS} = \overrightarrow{FA} + \overrightarrow{AS} = \frac{1}{2}\overrightarrow{CA} + \frac{2}{3}\overrightarrow{AE} = \frac{1}{2}(-\vec{b} + 2\vec{a}) + \frac{2}{3}\left(-2\vec{a} + \frac{1}{2}\vec{b}\right) = -\frac{1}{3}\vec{a} - \frac{1}{6}\vec{b}$,

$\overrightarrow{BS} = \frac{2}{3}\overrightarrow{BF} = \frac{2}{3}\left(\overrightarrow{BC} + \frac{1}{2}\overrightarrow{CA}\right) = \frac{2}{3}\left(\vec{b} + \frac{1}{2}\left(-\vec{b} + 2\vec{a}\right)\right) = \frac{2}{3}\vec{a} + \frac{1}{3}\vec{b}$

Skizze

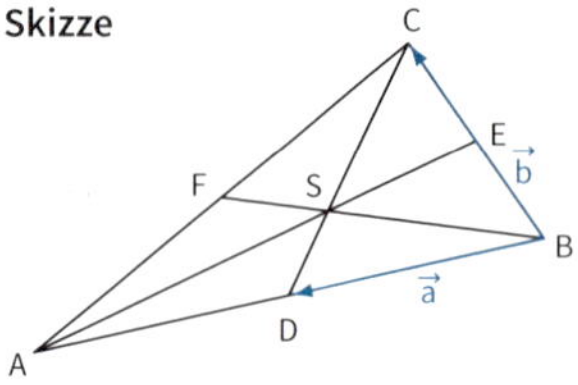

b) $\overrightarrow{AB} = 2\overrightarrow{DB} = 2(\overrightarrow{DS} + \overrightarrow{SB}) = 2(-\vec{c} + d) = -2\vec{c} + 2\vec{d}$,

$\overrightarrow{EB} = \frac{1}{2}\overrightarrow{CB} = \frac{1}{2}\left(\overrightarrow{CS} + \overrightarrow{SB}\right) = \frac{1}{2}(2\vec{c} + d) = \vec{c} + \frac{1}{2}\vec{d}$,

$\overrightarrow{AF} = \overrightarrow{AD} + \overrightarrow{DS} + \overrightarrow{SF} = \overrightarrow{DB} + \overrightarrow{DS} + \overrightarrow{SF} = -\vec{c} + \vec{d} - \vec{c} - \frac{1}{2}\vec{d} = -2\vec{c} + \frac{1}{2}\vec{d}$

$\overrightarrow{FE} = \overrightarrow{FB} + \overrightarrow{BE} = \overrightarrow{FB} - \overrightarrow{EB} = \frac{3}{2}\vec{d} - \left(\vec{c} + \frac{1}{2}\vec{d}\right) = -\vec{c} + \vec{d}$

Skizze

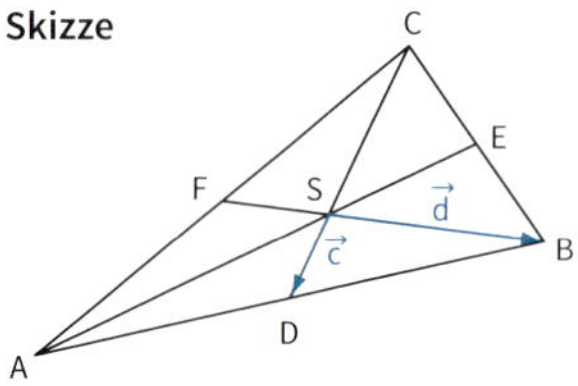

A

5. Erläutern Sie die Begriffe lineare Abhängigkeit und lineare Unabhängigkeit. Welche Eigenschaften besitzen zwei bzw. drei vom Nullvektor verschiedene linear abhängige Vektoren?

L

5. Unter der trivialen Darstellung des Nullvektors aus vorgegebenen Vektoren versteht man eine Linearkombination, die den Nullvektor ergibt, wobei alle Summanden aus dem 0-fachen der Vektoren bestehen. Bei einer nicht trivialen Darstellung des Nullvektors bestehen nicht alle Summanden aus dem 0-fachen der Vektoren.
Ist der Nullvektor aus vorgegebenen Vektoren nur trivial darstellbar, dann nennt man die Vektoren linear unabhängig. Existiert auch eine nicht triviale Darstellung des Nullvektors, so nennt man die Vektoren linear abhängig.
Zwei vom Nullvektor verschiedene Vektoren sind genau dann linear abhängig, wenn der eine ein Vielfaches des anderen ist, wenn er also die gleiche oder die entgegengesetzte Richtung aufweist. Andernfalls sind sie linear unabhängig.
Drei vom Nullvektor verschiedene Vektoren sind linear abhängig, wenn sich einer der Vektoren als Linearkombination der anderen darstellen lässt. Von einem Punkt aus angetragen spannen sie lediglich eine Ebene oder gar nur eine Gerade auf.

A

6. Untersuchen Sie am Quader ABCDEFGH mit $\overrightarrow{DP} = \frac{1}{3}\overrightarrow{DG}$ und $\overrightarrow{GQ} = \frac{1}{2}\overrightarrow{GF}$ die folgenden Vektoren auf lineare Abhängigkeit.

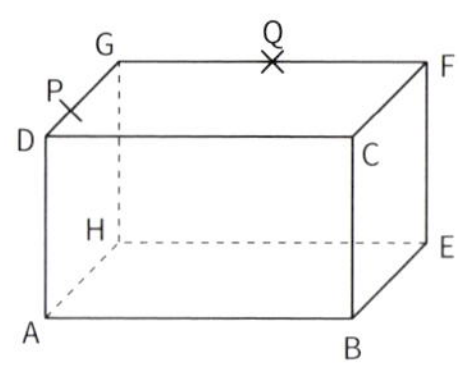

a) $\overrightarrow{AB}, \overrightarrow{BE}, \overrightarrow{PQ}$
b) $\overrightarrow{DC}, \overrightarrow{QF}$
c) $\overrightarrow{AD}, \overrightarrow{CF}$
d) $\overrightarrow{AH}, \overrightarrow{AB}, \overrightarrow{BC}$
e) $\overrightarrow{AP}, \overrightarrow{AG}, \overrightarrow{EF}$

6. a) Sind $\overrightarrow{AB}, \overrightarrow{BE}$, und $\overrightarrow{PQ}$ linear abhängig? **L**

Aus $\overrightarrow{PQ} = \frac{2}{3}\overrightarrow{DG} + \frac{1}{2}\overrightarrow{GF} = \frac{2}{3}\overrightarrow{BE} + \frac{1}{2}\overrightarrow{AB}$ folgt $\vec{o} = \frac{2}{3} \cdot \overrightarrow{BE} + \frac{1}{2} \cdot \overrightarrow{AB} - 1 \cdot \overrightarrow{PQ}$

$\Rightarrow$ Es existiert eine nicht triviale Darstellung des Nullvektors mit den Vektoren $\overrightarrow{AB}, \overrightarrow{BE}, \overrightarrow{PQ}$.

Die vorgegebenen Vektoren sind somit linear abhängig.

b) Es gilt $\overrightarrow{QF} = \frac{1}{2}\overrightarrow{DC}$, also $\vec{o} = \frac{1}{2} \cdot \overrightarrow{DC} - 1 \cdot \overrightarrow{QF}$

$\Rightarrow$ Die Vektoren sind linear abhängig.

c) Der Nullvektor ist hier nur in der Form $\vec{o} = 0 \cdot \overrightarrow{AD} + 0 \cdot \overrightarrow{CF}$ darstellbar.

$\Rightarrow$ Die Vektoren sind linear unabhängig.

d) Der Nullvektor ist hier nur in der Form $\vec{o} = 0 \cdot \overrightarrow{AH} + 0 \cdot \overrightarrow{AB} + 0 \cdot \overrightarrow{BC}$ darstellbar.

$\Rightarrow$ Die Vektoren sind linear unabhängig.

e) Aus $\overrightarrow{EF} = \overrightarrow{AD} = \overrightarrow{AG} + \overrightarrow{GD} = \overrightarrow{AG} + \frac{3}{2}\overrightarrow{GP} = \overrightarrow{AG} + \frac{3}{2}(\overrightarrow{GA} + \overrightarrow{AP}) = \overrightarrow{AG} - \frac{3}{2}\overrightarrow{AG} + \frac{3}{2}\overrightarrow{AP}$

$= -\frac{1}{2}\overrightarrow{AG} + \frac{3}{2}\overrightarrow{AP}$

folgt $\vec{o} = -\frac{1}{2} \cdot \overrightarrow{AG} + \frac{3}{2} \cdot \overrightarrow{AP} - 1 \cdot \overrightarrow{EF}$

$\Rightarrow$ Die Vektoren sind linear abhängig.

7. Untersuchen Sie die folgenden Vektoren auf lineare Abhängigkeit. **A**

a) $\vec{a} = \begin{pmatrix} 1 \\ 2 \\ -1 \end{pmatrix}, \vec{b} = \begin{pmatrix} 0 \\ 1 \\ 0 \end{pmatrix}, \vec{c} = \begin{pmatrix} 1 \\ 1 \\ 1 \end{pmatrix}$ ✓

b) $\vec{a} = \begin{pmatrix} 4 \\ 1 \\ -2 \end{pmatrix}, \vec{b} = \begin{pmatrix} -12 \\ -3 \\ 6 \end{pmatrix}$

c) $\vec{a} = \begin{pmatrix} 1 \\ 5 \\ 4 \end{pmatrix}, \vec{b} = \begin{pmatrix} 0 \\ 0 \\ 0 \end{pmatrix}$

d) $\vec{a} = \begin{pmatrix} 4 \\ 5 \\ 9 \end{pmatrix}, \vec{b} = \begin{pmatrix} 7 \\ -6 \\ -6 \end{pmatrix}$

e) $\vec{a} = \begin{pmatrix} 3 \\ 1 \\ 0 \end{pmatrix}, \vec{b} = \begin{pmatrix} 4 \\ 2 \\ -1 \end{pmatrix}, \vec{c} = \begin{pmatrix} 10 \\ 4 \\ -1 \end{pmatrix}$

7. a) $\vec{a} = \begin{pmatrix} 1 \\ 2 \\ -1 \end{pmatrix}, \vec{b} = \begin{pmatrix} 0 \\ 1 \\ 0 \end{pmatrix}, \vec{c} = \begin{pmatrix} 1 \\ 1 \\ 1 \end{pmatrix}$ **L**

Da zu entscheiden ist, ob der Nullvektor durch die vorgegebenen Vektoren $\vec{a}$, $\vec{b}, \vec{c}$ auch nicht trivial darstellbar ist, ergibt sich der Ansatz:

$$x_1 \cdot \vec{a} + x_2 \cdot \vec{b} + x_3 \cdot \vec{c} = \vec{o} \Leftrightarrow x_1 \cdot \begin{pmatrix} 1 \\ 2 \\ -1 \end{pmatrix} + x_2 \cdot \begin{pmatrix} 0 \\ 1 \\ 0 \end{pmatrix} + x_3 \cdot \begin{pmatrix} 1 \\ 1 \\ 1 \end{pmatrix} = \begin{pmatrix} 0 \\ 0 \\ 0 \end{pmatrix}$$

$$\left| \begin{array}{l} x_1 + x_3 = 0 \\ 2x_1 + x_2 + x_3 = 0 \\ -x_1 + x_3 = 0 \end{array} \right| \begin{array}{l} \cdot(-2) \text{ zu II addieren}; \; + \text{ zu III} \end{array} \Leftrightarrow \left| \begin{array}{l} x_1 + x_3 = 0 \\ x_2 - x_3 = 0 \\ 2x_3 = 0 \end{array} \right| :2$$

$$\Leftrightarrow \left| \begin{array}{l} x_1 + x_3 = 0 \\ x_2 - x_3 = 0 \\ x_3 = 0 \end{array} \right| \begin{array}{l} + \\ \cdot(-1) \; + \end{array} \Leftrightarrow \left| \begin{array}{l} x_1 = 0 \\ x_2 = 0 \\ x_3 = 0 \end{array} \right|$$

Der Nullvektor lässt sich somit nur auf triviale Weise als Linearkombination der Vektoren $\vec{a}, \vec{b}, \vec{c}$ darstellen $\Rightarrow$ Die Vektoren sind linear unabhängig.

b) Es ist $-3 \cdot \vec{a} = \vec{b} \Leftrightarrow \vec{o} = 3 \cdot \vec{a} + \vec{b} \Rightarrow$ Die Vektoren $\vec{a}$ und $\vec{b}$ sind linear abhängig.

c) Es gilt beispielsweise: $\vec{o} = 0 \cdot \vec{a} + 1 \cdot \vec{b} \Rightarrow$ Die Vektoren a und b sind linear abhängig.

d) Der Nullvektor ist hier nur in der Form $\vec{o} = 0 \cdot \vec{a} + 0 \cdot \vec{b}$ darstellbar $\Rightarrow$ Die Vektoren sind linear unabhängig.

e) Da z. B. $2 \cdot \vec{a} + 1 \cdot \vec{b} - 1 \cdot \vec{c} = \vec{o}$, lässt $\vec{o}$ sich auf nicht triviale Weise als Linearkombination der Vektoren $\vec{a}, \vec{b}, \vec{c}$ darstellen $\Rightarrow$ Die Vektoren sind linear abhängig.

A

8. Was versteht man unter dem Teilverhältnis einer Strecke?

L

8. Liegt der Punkt T auf der Strecke $\overline{AB}$ und gilt $\overrightarrow{AT} = t \cdot \overrightarrow{TB}$ mit $t \in \mathbb{R}_0^+$, dann nennt man t das *Teilverhältnis* von T bezüglich der Strecke $\overline{AB}$.

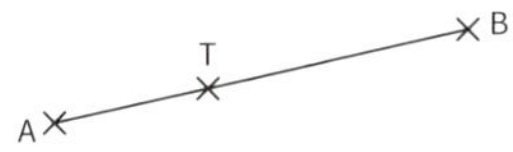

A

9. Es ist $\overrightarrow{AT} = k \cdot \overrightarrow{AB}$. Bestimmen Sie das Teilverhältnis t für

a) $k = \frac{4}{5}$ b) $k = \frac{3}{4}$ c) $k = \frac{2}{7}$ d) $k = 0{,}2$ e) $k = 0{,}5$

L

9. a) Ist $\overrightarrow{AT} = \frac{4}{5} \cdot \overrightarrow{AB}$, so ist $\overrightarrow{TB} = \frac{1}{5} \cdot \overrightarrow{AB} \Rightarrow t = \frac{4}{5} : \frac{1}{5} = 4:1$

b) $t = 3:1$ c) $t = 2:5$ d) $t = 1:4$ e) $t = 1:1$

A

10. Gegeben ist das Dreieck ABC. Der Punkt D teilt die Strecke $\overline{AC}$ im angegebenen Verhältnis.
Die Schwerelinie $\overline{AM}$ und die Strecke $\overline{BD}$ schneiden sich im Punkt T. In welchem Verhältnis teilt T die Schwerelinie?

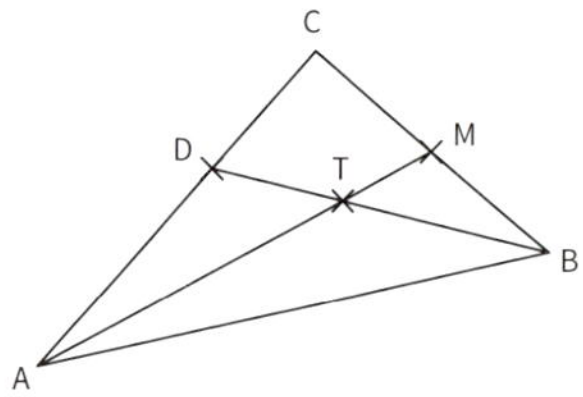

a) D teilt $\overline{AC}$ im Verhältnis $5:3$.
b) D teilt $\overline{AC}$ im Verhältnis $1:1$.
c) D teilt $\overline{AC}$ im Verhältnis $1:2$.

L

10. a) D teilt $\overline{AC}$ im Verhältnis $5:3$.

Man wählt zwei linear unabhängige Vektoren z. B. $\vec{a} = \overrightarrow{AB}$ und $\vec{b} = \overrightarrow{AC}$.

Nach Voraussetzung ist $\overrightarrow{AD} = \frac{5}{8}\overrightarrow{AC}$ und $\overrightarrow{CM} = \frac{1}{2}\overrightarrow{CB}$.

Mit einem geschlossenen Vektorzug, welcher den Punkt T enthalten muss, erhält man:

$\overrightarrow{AT} + \overrightarrow{TB} + \overrightarrow{BA} = \vec{o} \Leftrightarrow x_1 \cdot \overrightarrow{AM} + x_2 \cdot \overrightarrow{DB} + \overrightarrow{BA} = \vec{o}$

$\Leftrightarrow x_1 \cdot \left(\frac{1}{2}\overrightarrow{AB} + \frac{1}{2}\overrightarrow{AC}\right) + x_2 \cdot \left(\frac{5}{8}\overrightarrow{CA} + \overrightarrow{AB}\right) + \overrightarrow{BA} = \vec{o}$

$\Leftrightarrow x_1 \cdot \left(\frac{1}{2}\vec{a} + \frac{1}{2}\vec{b}\right) + x_2 \cdot \left(-\frac{5}{8}\vec{b} + \vec{a}\right) - \vec{a} = \vec{o}$

$\Leftrightarrow \left(\frac{1}{2}x_1 + x_2 - 1\right) \cdot \vec{a} + \left(\frac{1}{2}x_1 - \frac{5}{8}x_2\right) \cdot \vec{b} = \vec{o}$

Skizze

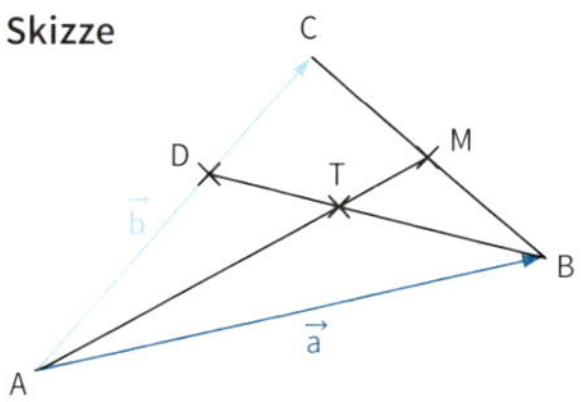

Wegen der linearen Unabhängigkeit von $\vec{a}$ und $\vec{b}$ ist der Nullvektor nur trivial durch $\vec{a}$ und $\vec{b}$ darstellbar.

Es muss also gelten:

(1) $\frac{1}{2}x_1 + x_2 - 1 = 0$

(2) $\frac{1}{2}x_1 - \frac{5}{8}x_2 = 0 \Leftrightarrow x_1 = \frac{5}{4}x_2$ in (1)

$\frac{1}{2} \cdot \left(\frac{5}{4}x_2\right) + x_2 - 1 = 0 \Leftrightarrow x_2 = \frac{8}{13}$ in (2)

$x_1 = \frac{5}{4} \cdot \frac{8}{13} = \frac{10}{13}$

Aus $\overrightarrow{AT} = \frac{10}{13}\overrightarrow{AM}$ folgt $\overrightarrow{TM} = \frac{3}{13}\overrightarrow{AM}$ und $t = 10:3$.

Somit teilt T die Schwerelinie im Verhältnis $10:3$.

b) $t = 2:1$

c) $t = 1:1$

11. Im Trapez ABCD ist $\overrightarrow{DC} = k \cdot \overrightarrow{AB}$. A

Die Diagonalen schneiden sich im Punkt T.

In welchem Verhältnis teilt T die Strecken $\overline{AC}$ und $\overline{BD}$?

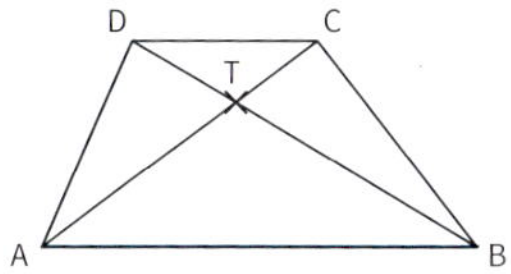

a) $\overrightarrow{DC} = \frac{1}{3}\overrightarrow{AB}$

b) $\overrightarrow{DC} = \frac{1}{2}\overrightarrow{AB}$

c) $\overrightarrow{DC} = \frac{3}{4}\overrightarrow{AB}$

11. a) $\overrightarrow{DC} = \frac{1}{3}\overrightarrow{AB}$ L

Skizze

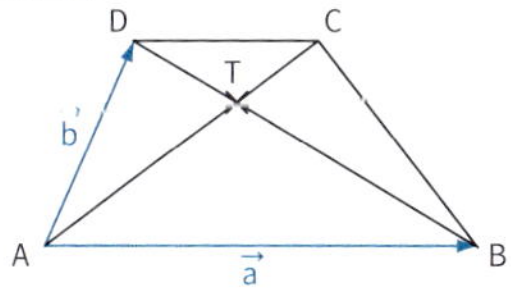

Man wählt zwei linear unabhängige Vektoren wie z. B.

$\vec{a} = \overrightarrow{AB}$ und $\vec{b} = \overrightarrow{AD}$ Dann gilt:

$\overrightarrow{AT} + \overrightarrow{TD} + \overrightarrow{DA} = \vec{o} \Leftrightarrow x_1 \cdot \overrightarrow{AC} + x_2 \cdot \overrightarrow{BD} + \overrightarrow{DA} = \vec{o}$

$\Leftrightarrow x_1 \cdot \left(\vec{b} + \frac{1}{3}\vec{a}\right) + x_2 \cdot (-\vec{a} + \vec{b}) - \vec{b} = \vec{o} \Leftrightarrow \left(\frac{1}{3}x_1 - x_2\right) \cdot$

$\vec{a} + (x_1 + x_2 - 1) \cdot \vec{b} = \vec{o}$

Wegen der linearen Unabhängigkeit von $\vec{a}$ und $\vec{b}$ ist der Nullvektor nur trivial durch $\vec{a}$ und $\vec{b}$ darstellbar. Es muss also gelten:

(1) $\frac{1}{3}x_1 - x_2 = 0$ und

(2) $x_1 + x_2 - 1 = 0 \Leftrightarrow x_2 = 1 - x_1$ in (1)

$\frac{1}{3}x_1 - (1 - x_1) = 0 \Leftrightarrow x_1 = \frac{3}{4}$ in (2)

$x_2 = 1 - \frac{3}{4} = \frac{1}{4}$

$\overrightarrow{AT} = \frac{3}{4} \cdot \overrightarrow{AC} \Rightarrow \overrightarrow{TC} = \frac{1}{4}\overrightarrow{AC} \Rightarrow t = \frac{3}{4} : \frac{1}{4} = 3:1$

$\overrightarrow{DT} = \frac{1}{4} \cdot \overrightarrow{DB} \Rightarrow \overrightarrow{TB} = \frac{3}{4}\overrightarrow{DB} \Rightarrow t = \frac{3}{4} : \frac{1}{4} = 3:1$

T teilt $\overline{AC}$ im Verhältnis $3:1$ und $\overline{BD}$ im Verhältnis $3:1$ (vgl. erster Strahlensatz).

b) $\overrightarrow{AT} = 2 \cdot \overrightarrow{TC}$, $\overrightarrow{DT} = \frac{1}{2} \cdot \overrightarrow{TB}$, $|\overline{AT}| : |\overline{TC}| = 2:1$, $|\overline{BT}| : |\overline{TD}| = 2:1$

c) $\overrightarrow{AT} = \frac{4}{3} \cdot \overrightarrow{TC}$, $\overrightarrow{DT} = \frac{3}{4} \cdot \overrightarrow{TB}$; $|\overline{AT}| : |\overline{TC}| = 4:3$, $|\overline{BT}| : |\overline{TD}| = 4:3$

12. Gegeben sind die Punkte $A(3|-2|4)$ und $B(-5|6|12)$. A

a) Der Punkt C liegt auf der Strecke $\overline{AB}$ und teilt diese im Verhältnis $3:5$.

Berechne die Koordinaten von C.

b) Es gibt zwei Punkte D_1 und D_2 auf der Geraden durch A und B, die von B den Abstand $2\sqrt{3}$ haben.
Berechne die Koordinaten von D_1 und D_2.

L

12. a) $\overrightarrow{OC} = \overrightarrow{OA} + \frac{3}{8}\overrightarrow{AB} = \begin{pmatrix} 3 \\ -2 \\ 4 \end{pmatrix} + \frac{3}{8} \cdot \begin{pmatrix} -8 \\ 8 \\ 8 \end{pmatrix} = \begin{pmatrix} 0 \\ 1 \\ 7 \end{pmatrix} \Rightarrow D(0|1|7)$

Skizze

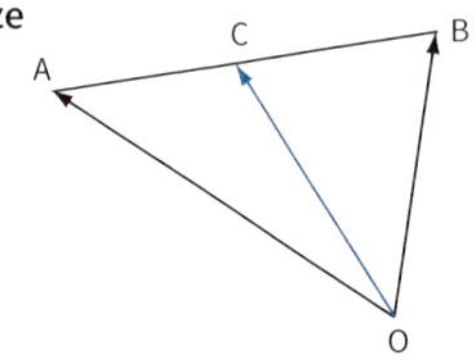

b) $|\overrightarrow{AB}| = \sqrt{64 \cdot 3} = 8\sqrt{3}$, ein Einheitsvektor zu $\overrightarrow{AB}$ ist

$\overrightarrow{e_0} = \frac{1}{8\sqrt{3}} \cdot \begin{pmatrix} -8 \\ 8 \\ 8 \end{pmatrix} = \frac{1}{\sqrt{3}} \cdot \begin{pmatrix} -1 \\ 1 \\ 1 \end{pmatrix}$,

$\overrightarrow{OD_1} = \overrightarrow{OB} + 2\sqrt{3} \cdot \overrightarrow{e_0} = \begin{pmatrix} -5 \\ 6 \\ 12 \end{pmatrix} + 2\sqrt{3} \cdot \frac{1}{\sqrt{3}} \cdot \begin{pmatrix} -1 \\ 1 \\ 1 \end{pmatrix} = \begin{pmatrix} -7 \\ 8 \\ 14 \end{pmatrix}$

$\Rightarrow D_1(-7|8|14)$.

Entsprechend findet man mit dem Ansatz
$\overrightarrow{OD_2} = \overrightarrow{OB} - 2\sqrt{3} \cdot \overrightarrow{e_0}$ den Punkt $D_2(-3|4|10)$.

Skizze

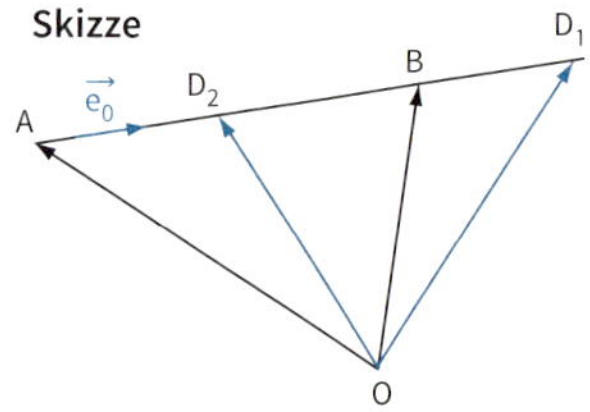

A

13. Gegeben sind die Punkte $A(0|6|-4{,}5)$, $B(4|-6|1{,}5)$, $C(3|-2|12)$ und $D(1|4|-1)$.

a) Zeigen Sie: Das Viereck ABCD ist ein gleichschenkliges Trapez.

b) Berechnen Sie die Weiten der Innenwinkel des Vierecks.

c) Berechnen Sie den Flächeninhalt des Vierecks.

L

13. a) Wegen $\overrightarrow{AB} = \begin{pmatrix} 4 \\ -12 \\ 6 \end{pmatrix}$, $\overrightarrow{CD} = \begin{pmatrix} -2 \\ 6 \\ -3 \end{pmatrix} = -\frac{1}{2} \cdot \overrightarrow{AB}$

und $|\overrightarrow{AD}| = \left|\begin{pmatrix} 1 \\ -2 \\ 3{,}5 \end{pmatrix}\right| = \sqrt{17{,}25}$, $|\overrightarrow{BC}| = \left|\begin{pmatrix} -1 \\ 4 \\ 0{,}5 \end{pmatrix}\right|$

$= \sqrt{17{,}25} = |\overrightarrow{AD}|$

ist das Viereck ein gleichschenkliges Trapez.

Skizze

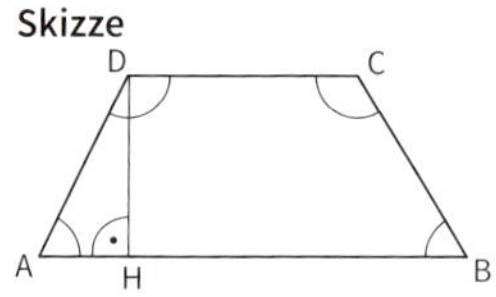

b) $\cos\alpha = \frac{\overrightarrow{AB} \cdot \overrightarrow{AD}}{|\overrightarrow{AB}| \cdot |\overrightarrow{AD}|} = \frac{\begin{pmatrix} 4 \\ -12 \\ 6 \end{pmatrix} \cdot \begin{pmatrix} 1 \\ -2 \\ -3{,}5 \end{pmatrix}}{\sqrt{196} \cdot \sqrt{17{,}25}} = \frac{1}{2\sqrt{17{,}25}} \Rightarrow \alpha \approx 83{,}1^0$

Aus Symmetriegründen und wegen des Winkelsummensatzes für Vierecke folgt
$\Rightarrow \beta = \alpha \approx 83{,}1°$, $\chi = \delta \approx 96{,}9°$.

c) Im rechtwinkligen Dreieck AHD gilt: $\sin\alpha = \frac{h}{|\overrightarrow{AD}|} \Leftrightarrow h = |\overrightarrow{AD}| \sin\alpha$,
hieraus ergibt sich der Flächeninhalt

$I = \frac{|\overrightarrow{AB}| + |\overrightarrow{DC}|}{2} \cdot h \approx \frac{14+7}{2} \cdot \sqrt{17{,}25} \cdot \sin 83{,}1° \approx 28{,}1$ FE.

14. Berechnen Sie das Skalarprodukt. A

a) $\begin{pmatrix}4\\5\\-1\end{pmatrix}\cdot\begin{pmatrix}3\\-4\\4\end{pmatrix}$ b) $\begin{pmatrix}1\\-2\\-2\end{pmatrix}\cdot\begin{pmatrix}4\\-5\\7\end{pmatrix}$ c) $\begin{pmatrix}3\\-3\\0\end{pmatrix}\cdot\begin{pmatrix}-1\\2\\4\end{pmatrix}$ d) $\begin{pmatrix}2\\4\\5\end{pmatrix}\cdot\begin{pmatrix}7\\-4\\8\end{pmatrix}$

e) $\begin{pmatrix}-8\\6\\-1\end{pmatrix}\cdot\begin{pmatrix}2\\5\\-9\end{pmatrix}$ f) $\begin{pmatrix}9\\-1\\-7\end{pmatrix}\cdot\begin{pmatrix}2\\-3\\3\end{pmatrix}$ g) $\begin{pmatrix}8\\-8\\5\end{pmatrix}\cdot\begin{pmatrix}-1\\3\\9\end{pmatrix}$ h) $\begin{pmatrix}7\\-2\\-1\end{pmatrix}\cdot\begin{pmatrix}3\\-4\\4\end{pmatrix}$

14. a) $\begin{pmatrix}4\\5\\-1\end{pmatrix}\cdot\begin{pmatrix}3\\-4\\4\end{pmatrix}=4\cdot3+5\cdot(-4)+(-1)\cdot4=12-20-4=-12$ L

b) 0 c) −9 d) 38 e) 23

f) 0 g) 13 h) 25

15. Berechnen Sie die Längen der Vektoren $\vec{a}$ und $\vec{b}$. A

Welche Weite hat der eingeschlossene Winkel?

a) $\vec{a}=\begin{pmatrix}1\\-1\\1\end{pmatrix}$, $\vec{b}=\begin{pmatrix}2\\6\\-3\end{pmatrix}$ b) $\vec{a}=\begin{pmatrix}8\\-4\\8\end{pmatrix}$, $\vec{b}=\begin{pmatrix}-3\\2\\4\end{pmatrix}$ c) $\vec{a}=\begin{pmatrix}3\\-6\\2\end{pmatrix}$, $\vec{b}=\begin{pmatrix}3\\8\\-5\end{pmatrix}$

d) $\vec{a}=\begin{pmatrix}-1\\4\\1\end{pmatrix}$, $\vec{b}=\begin{pmatrix}2\\2\\0\end{pmatrix}$ e) $\vec{a}=\begin{pmatrix}1\\-1\\2\end{pmatrix}$, $\vec{b}=\begin{pmatrix}1\\0\\1\end{pmatrix}$ f) $\vec{a}=\begin{pmatrix}10\\2\\11\end{pmatrix}$, $\vec{b}=\begin{pmatrix}-8\\11\\16\end{pmatrix}$

15. a) $\vec{a}=\begin{pmatrix}1\\-1\\1\end{pmatrix}$, $\vec{b}=\begin{pmatrix}2\\6\\-3\end{pmatrix} \Rightarrow |\vec{a}|=\sqrt{1^2+(-1)^2+1^2}=\sqrt{3};\ |\vec{b}|=\sqrt{2^2+6^2+(-3)^2}=\sqrt{49}=7$ L

$$\cos\alpha=\frac{\vec{a}\cdot\vec{b}}{|\vec{a}|\cdot|\vec{b}|}=\frac{1\cdot2+(-1)\cdot6+1\cdot(-3)}{\sqrt{3}\cdot7}=\frac{-7}{7\cdot\sqrt{3}}=\frac{-1}{\sqrt{3}} \Rightarrow \alpha\approx125{,}3°$$

b) $|\vec{a}|=12$, $|\vec{b}|=\sqrt{29}$, $\alpha=90°$ c) $|\vec{a}|=7$, $|\vec{b}|=\sqrt{98}$, $\alpha=135°$

d) $|\vec{a}|=\sqrt{18}$, $|\vec{b}|=\sqrt{8}$, $\alpha=60°$ e) $|\vec{a}|=\sqrt{6}$, $|\vec{b}|=\sqrt{2}$, $\alpha=30°$

f) $|\vec{a}|=15$, $|\vec{b}|=21$, $\alpha\approx68{,}0°$

16. Berechnen Sie die Seitenlängen und die Innenwinkelweiten des Dreiecks ABC. A

a) A(2|1|2), B(2|0|3), C(3|1|4)

b) A(0|2|1), B(0|5|4), C(8|7|2)

c) A(−5|−1|0), B(−3|9|11), C(9|−6|2)

d) A(1|1|4), B(5|8|0), C(8|2|2)

16. a) A(2|1|2), B(2|0|3), C(3|1|4) L

$\overrightarrow{AB}=\begin{pmatrix}0\\-1\\1\end{pmatrix}$, $\overrightarrow{BA}=\begin{pmatrix}0\\1\\-1\end{pmatrix}$, $\overrightarrow{BC}=\begin{pmatrix}1\\1\\1\end{pmatrix}$, $\overrightarrow{CB}=\begin{pmatrix}-1\\-1\\-1\end{pmatrix}$, $\overrightarrow{CA}=\begin{pmatrix}-1\\0\\-2\end{pmatrix}$, $\overrightarrow{AC}=\begin{pmatrix}1\\0\\2\end{pmatrix}$

$|\overrightarrow{AB}|=\sqrt{0^2+(-1)^2+1^2}=\sqrt{2}=|\overrightarrow{BA}|$

$|\overrightarrow{BC}|=\sqrt{1^2+1^2+1^2}=\sqrt{3}=|\overrightarrow{CB}|$

$|\overrightarrow{CA}|=\sqrt{(-1)^2+0^2+(-2)^2}=\sqrt{5}=|\overrightarrow{AC}|$

$$\cos\alpha=\frac{\overrightarrow{AB}\cdot\overrightarrow{AC}}{|\overrightarrow{AB}|\cdot|\overrightarrow{AC}|}=\frac{0\cdot1+(-1)\cdot0+1\cdot2}{\sqrt{2}\cdot\sqrt{5}}=\frac{2}{\sqrt{10}} \Rightarrow \alpha\approx50{,}8°$$

$\cos\beta = \frac{\overrightarrow{BA}\cdot\overrightarrow{BC}}{|\overrightarrow{BA}|\cdot|\overrightarrow{BC}|} = \frac{0\cdot 1 + 1\cdot 1 + (-1)\cdot 1}{\sqrt{2}\cdot\sqrt{3}} = \frac{0}{\sqrt{6}} = 0 \Rightarrow \beta = 90°$

$\gamma = 180° - 50{,}8° - 90° = 39{,}2°$

b) $\overrightarrow{AB} = \begin{pmatrix}0\\3\\3\end{pmatrix}$, $\overrightarrow{BA} = \begin{pmatrix}0\\-3\\-3\end{pmatrix}$, $\overrightarrow{BC} = \begin{pmatrix}8\\2\\-2\end{pmatrix}$, $\overrightarrow{CB} = \begin{pmatrix}-8\\-2\\2\end{pmatrix}$, $\overrightarrow{CA} = \begin{pmatrix}-8\\-5\\-1\end{pmatrix}$, $\overrightarrow{AC} = \begin{pmatrix}8\\5\\1\end{pmatrix}$

$|\overrightarrow{AB}| = \sqrt{18}$, $|\overrightarrow{BC}| = \sqrt{72}$, $|\overrightarrow{CA}| = \sqrt{90}$, $\alpha \approx 63{,}4°$, $\beta = 90°$, $\gamma \approx 26{,}6°$

c) $\overrightarrow{AB} = \begin{pmatrix}2\\10\\11\end{pmatrix}$, $\overrightarrow{BA} = \begin{pmatrix}-2\\-10\\-11\end{pmatrix}$, $\overrightarrow{BC} = \begin{pmatrix}12\\-15\\-9\end{pmatrix}$, $\overrightarrow{CB} = \begin{pmatrix}-12\\15\\9\end{pmatrix}$, $\overrightarrow{CA} = \begin{pmatrix}-14\\5\\-2\end{pmatrix}$, $\overrightarrow{AC} = \begin{pmatrix}14\\-5\\2\end{pmatrix}$

$|\overrightarrow{AB}| = 15$, $|\overrightarrow{BC}| = \sqrt{450}$, $|\overrightarrow{CA}| = 15$, $\alpha = 90°$, $\beta = 45°$, $\gamma = 45°$

d) $\overrightarrow{AB} = \begin{pmatrix}4\\7\\-4\end{pmatrix}$, $\overrightarrow{BA} = \begin{pmatrix}-4\\-7\\4\end{pmatrix}$, $\overrightarrow{BC} = \begin{pmatrix}3\\-6\\2\end{pmatrix}$, $\overrightarrow{CB} = \begin{pmatrix}-3\\6\\-2\end{pmatrix}$, $\overrightarrow{CA} = \begin{pmatrix}-7\\-1\\2\end{pmatrix}$, $\overrightarrow{AC} = \begin{pmatrix}7\\1\\-2\end{pmatrix}$

$|\overrightarrow{AB}| = 9$, $|\overrightarrow{BC}| = 7$, $|\overrightarrow{CA}| = \sqrt{54}$, $\alpha \approx 49{,}4°$, $\beta \approx 52{,}9°$, $\gamma \approx 77{,}7°$

A

17. Die Punkte A, B, C und D bilden ein ebenes Viereck. Berechnen Sie seine Seitenlängen und die Innenwinkel. Um welche besondere Art eines Vierecks handelt es sich?

a) A(1|−2|1), B(1|1|4), C(3|2|3) und D(4|1|1)

b) A(−9|2|3), B(−6|8|−3), C(7|1|1) und D(5|−3|5)

L

17. a) $|\overrightarrow{AB}| = \left|\begin{pmatrix}0\\3\\3\end{pmatrix}\right| = \sqrt{18}$, $|\overrightarrow{BC}| = \left|\begin{pmatrix}2\\1\\-1\end{pmatrix}\right| = \sqrt{6}$, $|\overrightarrow{CD}| = \left|\begin{pmatrix}1\\-1\\2\end{pmatrix}\right| = \sqrt{6}$, $|\overrightarrow{DA}| = \left|\begin{pmatrix}-3\\-3\\0\end{pmatrix}\right| = \sqrt{18}$

$\cos\alpha = \frac{\overrightarrow{AB}\cdot\overrightarrow{AD}}{|\overrightarrow{AB}|\cdot|\overrightarrow{AD}|} = \frac{9}{\sqrt{18}\cdot\sqrt{18}} = 0{,}5 \Rightarrow \alpha = 60°$, $\cos\beta = \frac{\overrightarrow{BA}\cdot\overrightarrow{BC}}{|\overrightarrow{BA}|\cdot|\overrightarrow{BC}|} = \frac{-3+3}{\sqrt{18}\cdot\sqrt{6}} = 0$

$\Rightarrow \beta = 90°$

$\cos(\gamma) = \frac{\overrightarrow{CB}\cdot\overrightarrow{CD}}{|\overrightarrow{CB}|\cdot|\overrightarrow{CD}|} = \frac{-2+1-2}{\sqrt{6}\cdot\sqrt{6}} = -0{,}5$

$\Rightarrow \gamma = 120°$ und $\delta = 360° - 60° - 90° - 120° = 90°$

Bei dem Viereck handelt es sich um einen Drachen.

b) $\overrightarrow{AB} = \begin{pmatrix}3\\6\\-6\end{pmatrix}$, $\overrightarrow{BC} = \begin{pmatrix}13\\-7\\4\end{pmatrix}$, $\overrightarrow{CD} = \begin{pmatrix}-2\\-4\\4\end{pmatrix} = -\frac{2}{3}\cdot\overrightarrow{AB}$, $\overrightarrow{DA} = \begin{pmatrix}-14\\5\\-2\end{pmatrix}$,

$|\overrightarrow{AB}| = \sqrt{81} = 9$, $|\overrightarrow{BC}| = \sqrt{234}$, $|\overrightarrow{DA}| = \sqrt{225} = 15$,

$\cos\alpha = \frac{\overrightarrow{AB}\cdot\overrightarrow{AD}}{|\overrightarrow{AB}|\cdot|\overrightarrow{AD}|} = \frac{42-30-12}{9\cdot 15} = 0 \Rightarrow \alpha = 90°$, $\cos\beta = \frac{\overrightarrow{BA}\cdot\overrightarrow{BC}}{|\overrightarrow{BA}|\cdot|\overrightarrow{BC}|} = \frac{-39+42+24}{9\cdot\sqrt{234}} \approx 0{,}196$

$\Rightarrow \beta \approx 78{,}69°$

$\cos\gamma = \frac{\overrightarrow{CB}\cdot\overrightarrow{CD}}{|\overrightarrow{CB}|\cdot|\overrightarrow{CD}|} = \frac{26-28-16}{\sqrt{234}\cdot 6} \approx -0{,}196 \Rightarrow \gamma \approx 101{,}31°$ und

$\delta \approx 360° - 90° - 78{,}69° - 101{,}31° = 90°$

Bei dem Viereck handelt es sich um ein Trapez.

18. Berechnen Sie die Länge des Vektors $\vec{a}$ und bestimmen Sie einen Einheitsvektor $\vec{a_0}$, der ein Vielfaches von $\vec{a}$ ist. A

a) $\vec{a} = \begin{pmatrix} 4 \\ -4 \\ 7 \end{pmatrix}$ b) $\vec{a} = \begin{pmatrix} 4 \\ -3 \\ -12 \end{pmatrix}$ c) $\vec{a} = \begin{pmatrix} -1 \\ 2 \\ 1 \end{pmatrix}$

18. a) $|\vec{a}| = \left|\begin{pmatrix} 4 \\ -4 \\ 7 \end{pmatrix}\right| = \sqrt{16+16+49} = \sqrt{81} = 9,\ \vec{a_0} = \frac{1}{9} \cdot \begin{pmatrix} 4 \\ -4 \\ 7 \end{pmatrix}$ oder $\vec{a_0} = -\frac{1}{9} \cdot \begin{pmatrix} 4 \\ -4 \\ 7 \end{pmatrix}$ L

b) $|\vec{a}| = \left|\begin{pmatrix} 4 \\ -3 \\ -12 \end{pmatrix}\right| = \sqrt{16+9+144} = \sqrt{169} = 13,\ \vec{a_0} = \frac{1}{13} \cdot \begin{pmatrix} 4 \\ -3 \\ -12 \end{pmatrix}$ oder $\vec{a_0} = -\frac{1}{13} \cdot \begin{pmatrix} 4 \\ -3 \\ -12 \end{pmatrix}$

c) $|\vec{a}| = \left|\begin{pmatrix} -1 \\ 2 \\ 1 \end{pmatrix}\right| = \sqrt{1+4+1} = \sqrt{6},\ \vec{a_0} = \frac{1}{\sqrt{6}} \cdot \begin{pmatrix} -1 \\ 2 \\ 1 \end{pmatrix}$ oder $\vec{a_0} = -\frac{1}{\sqrt{6}} \cdot \begin{pmatrix} -1 \\ 2 \\ 1 \end{pmatrix}$

19. Berechnen Sie den Vektor $\vec{a} \cdot \vec{b}$. Zeigen Sie, dass er zu $\vec{a}$ und $\vec{b}$ orthogonal ist. A

a) $\vec{a} = \begin{pmatrix} 1 \\ 2 \\ 0 \end{pmatrix},\ \vec{b} = \begin{pmatrix} 4 \\ 0 \\ -7 \end{pmatrix}$ b) $\vec{a} = \begin{pmatrix} 3 \\ -1 \\ -2 \end{pmatrix},\ \vec{b} = \begin{pmatrix} 1 \\ 2 \\ -2 \end{pmatrix}$ c) $\vec{a} = \begin{pmatrix} 1 \\ -4 \\ 2 \end{pmatrix},\ \vec{b} = \begin{pmatrix} 6 \\ 2 \\ -3 \end{pmatrix}$

19. a) $\vec{a} \cdot \vec{b} = \begin{pmatrix} 1 \\ 2 \\ 0 \end{pmatrix} \cdot \begin{pmatrix} 4 \\ 0 \\ -7 \end{pmatrix} = \begin{pmatrix} 2 \cdot (-7) - 0 \\ 0 - (-7) \\ 0 - 8 \end{pmatrix} = \begin{pmatrix} -14 \\ 7 \\ -8 \end{pmatrix};$ L

$\begin{pmatrix} -14 \\ 7 \\ -8 \end{pmatrix} \cdot \begin{pmatrix} 1 \\ 2 \\ 0 \end{pmatrix} = -14 + 14 = 0,\ \begin{pmatrix} -14 \\ 7 \\ -8 \end{pmatrix} \cdot \begin{pmatrix} 4 \\ 0 \\ -7 \end{pmatrix} = -56 + 56 = 0 \Rightarrow$ Orthogonalität

b) $\vec{a} \cdot \vec{b} = \begin{pmatrix} 3 \\ -1 \\ -2 \end{pmatrix} \cdot \begin{pmatrix} 1 \\ 2 \\ -2 \end{pmatrix} = \begin{pmatrix} -1 \cdot (-2) - (-2) \cdot 2 \\ -2 \cdot 1 - 3 \cdot (-2) \\ 3 \cdot 2 - (-1) \cdot 1 \end{pmatrix} = \begin{pmatrix} 6 \\ 4 \\ 7 \end{pmatrix},$

$\begin{pmatrix} 6 \\ 4 \\ 7 \end{pmatrix} \cdot \begin{pmatrix} 3 \\ -1 \\ -2 \end{pmatrix} = 18 - 4 - 14 = 0,\ \begin{pmatrix} 6 \\ 4 \\ 7 \end{pmatrix} \cdot \begin{pmatrix} 1 \\ 2 \\ -2 \end{pmatrix} = 6 + 8 - 14 = 0 \Rightarrow$ Orthogonalität

c) $\vec{a} \cdot \vec{b} = \begin{pmatrix} 1 \\ -4 \\ 2 \end{pmatrix} \cdot \begin{pmatrix} 6 \\ 2 \\ -3 \end{pmatrix} = \begin{pmatrix} -4 \cdot (-3) - 2 \cdot 2 \\ 2 \cdot 6 - 1 \cdot (-3) \\ 1 \cdot 2 - (-4) \cdot 6 \end{pmatrix} = \begin{pmatrix} 8 \\ 15 \\ 26 \end{pmatrix},$

$\begin{pmatrix} 8 \\ 15 \\ 26 \end{pmatrix} \cdot \begin{pmatrix} 1 \\ -4 \\ 2 \end{pmatrix} = 8 - 60 + 52 = 0,\ \begin{pmatrix} 0 \\ 15 \\ 26 \end{pmatrix} \cdot \begin{pmatrix} 6 \\ 2 \\ -3 \end{pmatrix} = 48 + 30 - 78 = 0 \Rightarrow$ Orthogonalität

2.2 Gleichungen von Punktmengen

2.2.1 Geradengleichungen

Wissen

Ist A ein Punkt der Geraden g mit **Ortsvektor** $\vec{a}$ und $\vec{u}$ ein **Richtungsvektor** von g, dann heißt die Vektorgleichung $g: \vec{x} = \vec{a} + s \cdot \vec{u},\ s \in \mathbb{R}$ **Punkt-Richtungsform** oder **Parameterform** von g. A nennt man **Aufpunkt**.
Für jeden Ortsvektor $\vec{x}$ zu einem beliebigen Punkt X auf der Geraden g existiert genau eine reelle Zahl s, welche die Vektorgleichung $\vec{x} = \vec{a} + s \cdot \vec{u} + t \cdot \vec{v}$ erfüllt.

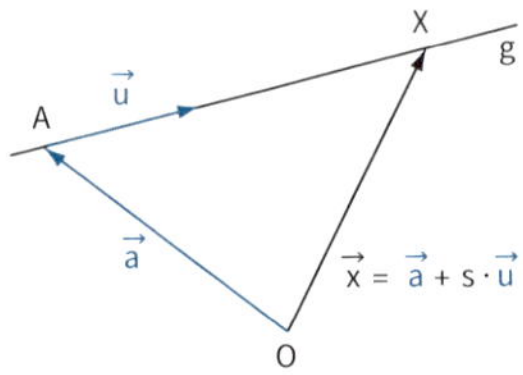

Falls die Gerade g durch zwei Punkte gegeben ist, wählt man einen Punkt als Aufpunkt, einen Verbindungsvektor der Punkte als Richtungsvektor und erhält mit $g: \vec{x} = \vec{a} + s \cdot (\vec{b} - \vec{a}),\ s \in \mathbb{R}$ eine **Zwei-Punkteform** von g.
Besondere Punkte auf einer Geraden sind ihre Schnittpunkte mit den Koordinatenebenen. Sie werden als **Spurpunkte** bezeichnet und helfen bei der räumlichen Vorstellung.

Sind A und B zwei Punkte der Geraden g mit deren zugehörigen Ortsvektoren $\vec{a}$ und $\vec{b}$, dann heißt die Gleichung $g: \vec{x} = \vec{a} + s \cdot (\vec{b} - \vec{a}),\ s \in \mathbb{R}$ **Zwei-Punkteform** von g.

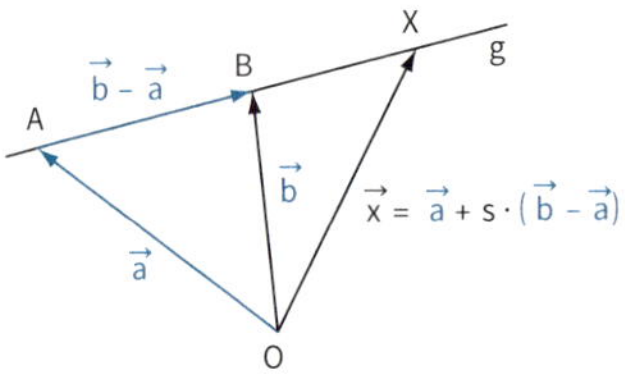

A

1. Die Gerade verläuft durch den angegebenen Punkt und besitzt den vorgegebenen Vektor als Richtungsvektor.
Bestimmen Sie eine Gleichung der Geraden und stellen Sie die Gerade im Koordinatensystem dar.

a) $A(1|1|-1),\ \vec{u} = \begin{pmatrix} -2 \\ -2 \\ 1 \end{pmatrix}$ ✓ b) $B(2|3|2),\ \vec{u} = \begin{pmatrix} 2 \\ 0 \\ 1 \end{pmatrix}$ c) $C(4|0|1{,}5),\ \vec{u} = \begin{pmatrix} -5 \\ -2 \\ -1 \end{pmatrix}$

L

1. a) $g: \vec{x} = \begin{pmatrix} 1 \\ 1 \\ -1 \end{pmatrix} + s \cdot \begin{pmatrix} -2 \\ -2 \\ 1 \end{pmatrix},\ s \in \mathbb{R}$

b) $g: \vec{x} = \begin{pmatrix} 2 \\ 3 \\ 2 \end{pmatrix} + s \cdot \begin{pmatrix} 2 \\ 0 \\ 1 \end{pmatrix},\ s \in \mathbb{R}$

c) $g: \vec{x} = \begin{pmatrix} 4 \\ 0 \\ 1{,}5 \end{pmatrix} + s \cdot \begin{pmatrix} -5 \\ -2 \\ -1 \end{pmatrix},\ s \in \mathbb{R}$

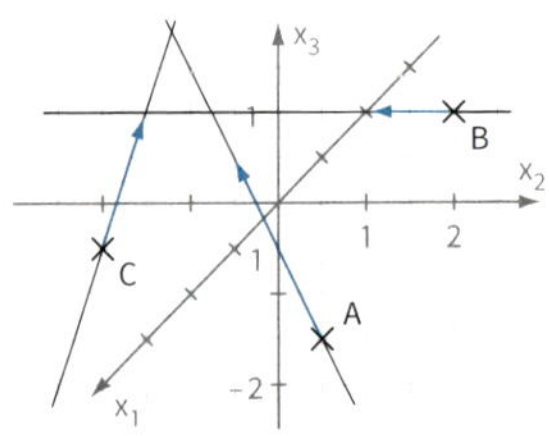

2. Geben sie zu den Koordinatenachsen jeweils eine Parameterform an. A

2. x_1-Achse: $\vec{x} = r\begin{pmatrix}1\\0\\0\end{pmatrix}$, x_2-Achse: $\vec{x} = r\begin{pmatrix}0\\1\\0\end{pmatrix}$, x_3-Achse: $\vec{x} = r\begin{pmatrix}0\\0\\1\end{pmatrix}$, $r \in \mathbb{R}$. L

3. Zeigen Sie, dass die Gerade $g: \vec{x} = \begin{pmatrix}1\\-2\\2\end{pmatrix} + s\cdot\begin{pmatrix}-3\\6\\-6\end{pmatrix}$, $s \in \mathbb{R}$ durch den Koordinatenursprung O verläuft. Geben Sie eine möglichst einfache Parameterform von g an. A

3. Wegen $\begin{pmatrix}1\\-2\\2\end{pmatrix} - \frac{1}{3}\cdot\begin{pmatrix}-3\\6\\-6\end{pmatrix} = \begin{pmatrix}0\\0\\0\end{pmatrix}$ liegt der Koordinatenursprung O auf g. L
Mit O als Aufpunkt und dem Richtungsvektor $\begin{pmatrix}1\\-2\\1\end{pmatrix}$ erhält man $g: \vec{x} = r\cdot\begin{pmatrix}1\\-2\\1\end{pmatrix}$, $r \in \mathbb{R}$.

4. Bestimmen Sie die Koordinaten von drei Punkten, welche auf der Geraden g liegen. A

a) $g: \vec{x} = \begin{pmatrix}1\\2\\3\end{pmatrix} + s\cdot\begin{pmatrix}2\\2\\-3\end{pmatrix}$, $s \in \mathbb{R}$

b) $g: \vec{x} = \begin{pmatrix}0\\1\\1\end{pmatrix} + s\cdot\begin{pmatrix}-3\\4\\-1\end{pmatrix}$, $s \in \mathbb{R}$

4. a) Beispielsweise erhält man $A(1|2|3)$ für $s=0$, $B(3|4|0)$ für $s=1$, $C(-5|-4|12)$ für $s=-3$ L

b) $A(0|1|1)$ für $s=0$, $B(-3|5|0)$ für $s=1$, $C(12|-15|5)$ für $s=-4$

5. Welche besondere Lage besitzt die Gerade g im Koordiantensystem? A

a) $g: \vec{x} = \begin{pmatrix}2\\0\\-5\end{pmatrix} + s\cdot\begin{pmatrix}1\\0\\6\end{pmatrix}$, $s \in \mathbb{R}$

b) $g: \vec{x} = \begin{pmatrix}-3\\0\\0\end{pmatrix} + s\cdot\begin{pmatrix}4\\0\\0\end{pmatrix}$, $s \in \mathbb{R}$

c) $g: \vec{x} = \begin{pmatrix}3\\2\\-1\end{pmatrix} + s\cdot\begin{pmatrix}0\\1\\0\end{pmatrix}$, $s \in \mathbb{R}$

d) $g: \vec{x} = \begin{pmatrix}4\\4\\1\end{pmatrix} + s\cdot\begin{pmatrix}1\\2\\0\end{pmatrix}$, $s \in \mathbb{R}$

5. a) Wegen $x_2 = 0$ für alle $s \in \mathbb{R}$ liegt g in der x_1x_3-Ebene L

b) Wegen $x_2 = x_3 = 0$ für alle $s \in \mathbb{R}$ ist g die x_1-Achse.

c) Wegen $x_1 = 3$ und $x_3 = -1$ für alle $s \in \mathbb{R}$ ist g parallel zur x_2-Achse.

d) Wegen $x_3 = 1$ für alle $s \in \mathbb{R}$ ist g parallel zur x_1x_2-Ebene.

6. Bestimmen Sie zunächst eine Zwei-Punkteform und daraus eine Punkt-Richtungsform der Geraden g, welche durch die Punkte A und B verläuft. A

a) $A(4|2|3)$, $B(1|-1|2)$

b) $A(1|1|0)$, $B(4|-1|8)$

c) $A(2|0|-5)$, $B(3|3|1)$

d) $A(0|0|2)$, $B(9|3|7)$

L

6. a) $g: \vec{x} = \begin{pmatrix}4\\2\\3\end{pmatrix} + s \cdot \left[\begin{pmatrix}1\\-1\\2\end{pmatrix} - \begin{pmatrix}4\\2\\3\end{pmatrix}\right],\ s \in \mathbb{R} \Rightarrow g: \vec{x} = \begin{pmatrix}4\\2\\3\end{pmatrix} + s \cdot \begin{pmatrix}-3\\-3\\-1\end{pmatrix},\ s \in \mathbb{R}$

b) $g: \vec{x} = \begin{pmatrix}1\\1\\0\end{pmatrix} + s \cdot \left[\begin{pmatrix}4\\-1\\8\end{pmatrix} - \begin{pmatrix}1\\1\\0\end{pmatrix}\right],\ s \in \mathbb{R} \Rightarrow g: \vec{x} = \begin{pmatrix}1\\1\\0\end{pmatrix} + s \cdot \begin{pmatrix}3\\-2\\8\end{pmatrix},\ s \in \mathbb{R}$

c) $g: \vec{x} = \begin{pmatrix}2\\0\\-5\end{pmatrix} + s \cdot \left[\begin{pmatrix}3\\3\\1\end{pmatrix} - \begin{pmatrix}2\\0\\-5\end{pmatrix}\right],\ s \in \mathbb{R} \Rightarrow g: \vec{x} = \begin{pmatrix}2\\0\\-5\end{pmatrix} + s \cdot \begin{pmatrix}1\\3\\6\end{pmatrix},\ s \in \mathbb{R}$

d) $g: \vec{x} = \begin{pmatrix}0\\0\\2\end{pmatrix} + s \cdot \left[\begin{pmatrix}9\\3\\7\end{pmatrix} - \begin{pmatrix}0\\0\\2\end{pmatrix}\right],\ s \in \mathbb{R} \Rightarrow g: \vec{x} = \begin{pmatrix}0\\0\\2\end{pmatrix} + s \cdot \begin{pmatrix}9\\3\\5\end{pmatrix},\ s \in \mathbb{R}$

A

7. Gegeben ist die Gerade $g: \vec{x} = \begin{pmatrix}2\\4\\-3\end{pmatrix} + s \cdot \begin{pmatrix}2\\2\\-1\end{pmatrix},\ r \in \mathbb{R}$.

Berechnen Sie die Spurpunkte von g.

L

7. Schnittpunkte mit der

- x_1x_2-Ebene: $x_3 = 0 \Leftrightarrow s = -3 \Rightarrow S_{12}(-4|-2|0)$
- x_1x_3-Ebene: $x_2 = 0 \Leftrightarrow s = -2 \Rightarrow S_{13}(-2|0|-1)$
- x_2x_3-Ebene: $x_1 = 0 \Leftrightarrow s = -1 \Rightarrow S_{23}(0|2|-2)$

A

8. Gegeben sind die Geraden $g: \vec{x} = \begin{pmatrix}4\\0\\3\end{pmatrix} + r \cdot \begin{pmatrix}0\\1\\-1\end{pmatrix},\ r \in \mathbb{R}$ und $h: \vec{x} = \begin{pmatrix}0\\-2\\3\end{pmatrix} + s \cdot \begin{pmatrix}1\\2\\-1\end{pmatrix},\ s \in \mathbb{R}$.

a) Zeichnen Sie g und h in einem dreidimensionalen Koordinatensystem mithilfe der Spurpunkte. Kennzeichnen Sie den im ersten Oktanten sichtbaren Bereich.

b) Welche besondere Lage weist g auf?

c) Warum sind g und h nicht parallel?

L

8. a) Die Spurpunkte von g sind $S_{12}(4|3|0)$ und $S_{13}(4|0|3)$ Die Spurpunkte von h sind $T_{12}(3|4|0)$, $T_{13}(1|0|2)$ und $T_{23}(0|-2|3)$. Man sieht nur die nicht gestrichelten Teile von g und h.

b) g ist parallel zur x_2x_3-Ebene.

c) Die Geraden g und h sind nicht parallel, da die Richtungsvektoren keine Vielfachen sind.

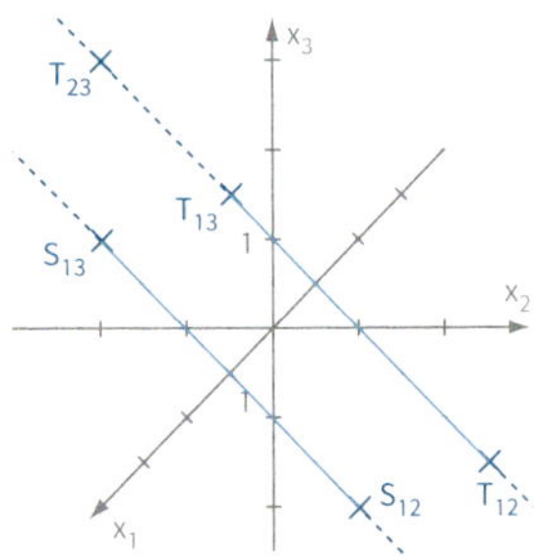

2.2.2 Ebenengleichungen

Wissen

Ist A ein Punkt der Ebene E mit **Ortsvektor** $\vec{a}$ und sind $\vec{u}$ und $\vec{v}$ zwei linear unabhängige **Richtungsvektoren** von E, dann heißt die Vektorgleichung
$E\colon \vec{x} = \vec{a} + s \cdot \vec{u} + t \cdot \vec{v};\ s, t \in \mathbb{R}$
Punkt-Richtungsform oder **Parameterform** von E. A nennt man **Aufpunkt**.

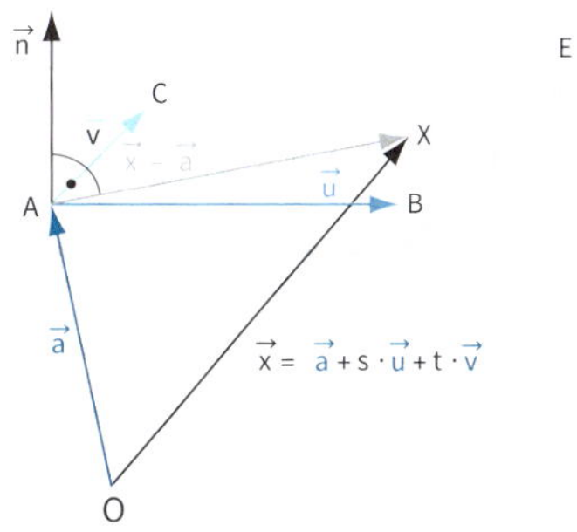

Für jeden Ortsvektor $\vec{x}$ zu einem beliebigen Punkt X der Ebene E existiert genau ein reelles Zahlenpaar s und t, das die Vektorgleichung erfüllt.
Falls die Ebene E durch drei Punkte gegeben ist, wählt man einen der Punkte als Aufpunkt, die Verbindungsvektoren zweier Punktepaare als Richtungsvektoren und erhält mit $E\colon \vec{x} = \vec{a} + s \cdot (\vec{b} - \vec{a}) + t \cdot (\vec{c} - \vec{a});\ s, t \in \mathbb{R}$ eine **Drei-Punkteform** von E.

Eine Ebene ist auch durch einen Punkt A und einen zu den Richtungsvektoren von E orthogonalen Normalenvektor $\vec{n}$ eindeutig festgelegt. Die Gleichung
$E\colon \vec{n} \cdot (\vec{x} - \vec{a}) = 0$ nennt man **Punkt-Normalenform** von E. Sie kann in eine **allgemeine Normalenform** $E\colon \vec{n} \cdot \vec{x} - d = 0$ oder in eine **Koordinatengleichung**
$E\colon n_1 \cdot x_1 + n_2 \cdot x_2 + n_3 \cdot x_3 - d = 0;\ d \in \mathbb{R}$ umgeschrieben werden.
Dividiert man die vektorielle Gleichung der Punkt-Normalenform oder die Koordinatengleichung durch $|\vec{n}|$, so wird der Normalenvektor zu einem **Einheitsnormalenvektor**
$\overrightarrow{n_0} = \frac{\vec{n}}{|\vec{n}|}$ und es liegt eine **Hesse-Normalenform** (HNF) vor.
Man schreibt dann für die entsprechende Punkt-Normalenform
HNF von E: $\overrightarrow{n_0} \cdot (\vec{x} - \vec{a}) = 0$ und für die Koordinatengleichung
HNF von E: $\frac{n_1 \cdot x_1 + n_2 \cdot x_2 + n_3 \cdot x_3 - d}{\sqrt{n_1^2 + n_2^2 + n_3^2}} = 0.$
Eine weitere spezielle Koordinatengleichung ist die **Achsenabschnittsform**
$E\colon \frac{x_1}{a} + \frac{x_2}{b} + \frac{x_3}{c} = 1.$
An ihr kann man die Schnittpunkte $S_1(a|0|0)$, $S_1(0|b|0)$, $S_1(0|0|c)$ von E mit den Koordinatenachsen, die man **Spurpunkte** nennt, ablesen. Die Verbindungsgeraden der **Spurpunkte** heißen **Spurgeraden**.

1. Bestimmen Sie die Koordinaten von vier verschiedenen Punkten, welche in der Ebene E liegen. Wie wurde das Parameterpaar s, t jeweils gewählt? A

a) $E\colon \vec{x} = \begin{pmatrix} 2 \\ 4 \\ -1 \end{pmatrix} + s \cdot \begin{pmatrix} 1 \\ 3 \\ 3 \end{pmatrix} + t \cdot \begin{pmatrix} -1 \\ 0 \\ 1 \end{pmatrix};\ s, t \in \mathbb{R}$

b) $E\colon \vec{x} = \begin{pmatrix} 5 \\ 1 \\ 3 \end{pmatrix} + s \cdot \begin{pmatrix} -2 \\ 1 \\ 2 \end{pmatrix} + t \cdot \begin{pmatrix} 0 \\ 3 \\ 4 \end{pmatrix};\ s, t \in \mathbb{R}$

L

1. a) z. B. A(2|4|−1) (s = 0; t = 0), B(3|7|2) (s = 1; t = 0), C(1|4|0) (s = 0; t = 1), D(2|7|3) (s = 1; t = 1), E(5|10|4) (s = 2; t = −1), F(3|13|10) (s = 3; t = 2).

b) z. B. A(5|1|3) (s = 0; t = 0), B(3|2|5) (s = 1; t = 0), C(5|4|7) (s = 0; t = 1), D(3|5|9) (s = 1; t = 1), E(3|−1|1) (s = 1; t = −1), F(7|3|5) (s = −1; t = 1).

A

2. Die Punkte A, B und C liegen in der Ebene E. Bestimmen Sie eine Drei-Punkteform und daraus eine Punkt-Richtungsform von E.

a) A(1|0|−1), B(3|4|−1), C(5|−2|6)
b) A(3|3|2), B(8|4|2), C(4|7|7)
c) A(1|1|0), B(0|−2|7), C(4|5|8)
d) A(4|8|5), B(1|9|6), C(5|−3|5)
e) A(5|2|1), B(7|0|4), C(5|5|9)

L

2. a) $E: \vec{x} = \begin{pmatrix} 1 \\ 0 \\ -1 \end{pmatrix} + s \cdot \left[\begin{pmatrix} 3 \\ 4 \\ -1 \end{pmatrix} - \begin{pmatrix} 1 \\ 0 \\ -1 \end{pmatrix} \right] + t \cdot \left[\begin{pmatrix} 5 \\ -2 \\ 6 \end{pmatrix} - \begin{pmatrix} 1 \\ 0 \\ -1 \end{pmatrix} \right]; \; s, t \in \mathbb{R}$

oder $E: \vec{x} = \begin{pmatrix} 1 \\ 0 \\ -1 \end{pmatrix} + s \cdot \begin{pmatrix} 2 \\ 4 \\ 0 \end{pmatrix} + t \cdot \begin{pmatrix} 4 \\ -2 \\ 7 \end{pmatrix}; \; s, t \in \mathbb{R}$

b) $E: \vec{x} = \begin{pmatrix} 3 \\ 3 \\ 2 \end{pmatrix} + s \cdot \left[\begin{pmatrix} 8 \\ 4 \\ 2 \end{pmatrix} - \begin{pmatrix} 3 \\ 3 \\ 2 \end{pmatrix} \right] + t \cdot \left[\begin{pmatrix} 4 \\ 7 \\ 7 \end{pmatrix} - \begin{pmatrix} 3 \\ 3 \\ 2 \end{pmatrix} \right]; \; s, t \in \mathbb{R}$

oder $E: \vec{x} = \begin{pmatrix} 3 \\ 3 \\ 2 \end{pmatrix} + s \cdot \begin{pmatrix} 5 \\ 1 \\ 0 \end{pmatrix} + t \cdot \begin{pmatrix} 1 \\ 4 \\ 5 \end{pmatrix}; \; s, t \in \mathbb{R}$

c) $E: \vec{x} = \begin{pmatrix} 1 \\ 1 \\ 0 \end{pmatrix} + s \cdot \left[\begin{pmatrix} 0 \\ -2 \\ 7 \end{pmatrix} - \begin{pmatrix} 1 \\ 1 \\ 0 \end{pmatrix} \right] + t \cdot \left[\begin{pmatrix} 4 \\ 5 \\ 8 \end{pmatrix} - \begin{pmatrix} 1 \\ 1 \\ 0 \end{pmatrix} \right]; \; s, t \in \mathbb{R}$

oder $E: \vec{x} = \begin{pmatrix} 1 \\ 1 \\ 0 \end{pmatrix} + s \cdot \begin{pmatrix} -1 \\ -3 \\ 7 \end{pmatrix} + t \cdot \begin{pmatrix} 3 \\ 4 \\ 8 \end{pmatrix}; \; s, t \in \mathbb{R}$

d) $E: \vec{x} = \begin{pmatrix} 4 \\ 8 \\ 5 \end{pmatrix} + s \cdot \left[\begin{pmatrix} 1 \\ 9 \\ 6 \end{pmatrix} - \begin{pmatrix} 4 \\ 8 \\ 5 \end{pmatrix} \right] + t \cdot \left[\begin{pmatrix} 5 \\ -3 \\ 5 \end{pmatrix} - \begin{pmatrix} 4 \\ 8 \\ 5 \end{pmatrix} \right]; \; s, t \in \mathbb{R}$

oder $E: \vec{x} = \begin{pmatrix} 4 \\ 8 \\ 5 \end{pmatrix} + s \cdot \begin{pmatrix} -3 \\ 1 \\ 1 \end{pmatrix} + t \cdot \begin{pmatrix} 1 \\ -11 \\ 0 \end{pmatrix}; \; s, t \in \mathbb{R}$

e) $E: \vec{x} = \begin{pmatrix} 5 \\ 2 \\ 1 \end{pmatrix} + s \cdot \left[\begin{pmatrix} 7 \\ 0 \\ 4 \end{pmatrix} - \begin{pmatrix} 5 \\ 2 \\ 1 \end{pmatrix} \right] + t \cdot \left[\begin{pmatrix} 5 \\ 5 \\ 9 \end{pmatrix} - \begin{pmatrix} 5 \\ 2 \\ 1 \end{pmatrix} \right]; \; s, t \in \mathbb{R}$

oder $E: \vec{x} = \begin{pmatrix} 5 \\ 2 \\ 1 \end{pmatrix} + s \cdot \begin{pmatrix} 2 \\ -2 \\ 3 \end{pmatrix} + t \cdot \begin{pmatrix} 0 \\ 3 \\ 8 \end{pmatrix}; \; s, t \in \mathbb{R}$

A

3. Bestimmen Sie aus der Punkt-Richtungsform eine Koordinatengleichung der Ebene E. Arbeiten Sie mit dem Kreuzprodukt.

a) $E: \vec{x} = \begin{pmatrix} 1 \\ 2 \\ -1 \end{pmatrix} + s \cdot \begin{pmatrix} 5 \\ 2 \\ -4 \end{pmatrix} + t \cdot \begin{pmatrix} 7 \\ 4 \\ -6 \end{pmatrix}; \; s, t, \in \mathbb{R}$

b) $E: \vec{x} = \begin{pmatrix} 3 \\ 4 \\ -2 \end{pmatrix} + s \cdot \begin{pmatrix} 4 \\ 5 \\ -6 \end{pmatrix} + t \cdot \begin{pmatrix} -6 \\ 4 \\ 9 \end{pmatrix}; \; s, t, \in \mathbb{R}$

c) $E: \vec{x} = \begin{pmatrix} 8 \\ -2 \\ 3 \end{pmatrix} + s \cdot \begin{pmatrix} 5 \\ -4 \\ -3 \end{pmatrix} + t \cdot \begin{pmatrix} 1 \\ -2 \\ 3 \end{pmatrix}; \; s, t, \in \mathbb{R}$

d) $E: \vec{x} = \begin{pmatrix} 1 \\ 1 \\ -2 \end{pmatrix} + s \cdot \begin{pmatrix} 2 \\ -1 \\ 2 \end{pmatrix} + t \cdot \begin{pmatrix} 7 \\ 7 \\ 1 \end{pmatrix}; \; s, t, \in \mathbb{R}$

e) $E: \vec{x} = \begin{pmatrix} 7 \\ 1 \\ -1 \end{pmatrix} + s \cdot \begin{pmatrix} 5 \\ 0 \\ -1 \end{pmatrix} + t \cdot \begin{pmatrix} 1 \\ 2 \\ 2 \end{pmatrix}; \; s, t, \in \mathbb{R}$

f) $E: \vec{x} = \begin{pmatrix} 1 \\ 4 \\ -1 \end{pmatrix} + s \cdot \begin{pmatrix} 2 \\ 0 \\ -3 \end{pmatrix} + t \cdot \begin{pmatrix} -1 \\ 0 \\ 9 \end{pmatrix}; \; s, t, \in \mathbb{R}$

3. a) $E: \vec{x} = \begin{pmatrix} 1 \\ 2 \\ -1 \end{pmatrix} + s \cdot \begin{pmatrix} 5 \\ 2 \\ -4 \end{pmatrix} + t \cdot \begin{pmatrix} 7 \\ 4 \\ -6 \end{pmatrix}$; $s, t, \in \mathbb{R}$ **L**

Einen Normalenvektor findet man mit dem Kreuzprodukt:

$$\begin{pmatrix} 5 \\ 2 \\ -4 \end{pmatrix} \times \begin{pmatrix} 7 \\ 4 \\ -6 \end{pmatrix} = \begin{pmatrix} 2 \cdot (-6) - (-4) \cdot 4 \\ -4 \cdot 7 - 5 \cdot (-6) \\ 5 \cdot 4 - 2 \cdot 7 \end{pmatrix} = \begin{pmatrix} 4 \\ 2 \\ 6 \end{pmatrix} = 2 \cdot \begin{pmatrix} 2 \\ 1 \\ 3 \end{pmatrix}, \text{ wähle } \vec{n} = \begin{pmatrix} 2 \\ 1 \\ 3 \end{pmatrix}.$$

Mit dem Ansatz $E: 2x_1 + x_2 + 3x_3 = c$ und Punktprobe von $A(1|2|-1)$ in E erhält man $c = 1$, also $E: 2x_1 + x_2 + 3x_3 = 1$

b) $E: \vec{x} = \begin{pmatrix} 3 \\ 4 \\ -2 \end{pmatrix} + s \cdot \begin{pmatrix} 4 \\ 5 \\ -6 \end{pmatrix} + t \cdot \begin{pmatrix} -6 \\ 4 \\ 9 \end{pmatrix}$; $s, t, \in \mathbb{R}$

Einen Normalenvektor findet man mit dem Kreuzprodukt:

$$\begin{pmatrix} 4 \\ 5 \\ -6 \end{pmatrix} \times \begin{pmatrix} -6 \\ 4 \\ 9 \end{pmatrix} = \begin{pmatrix} 5 \cdot 9 - (-6) \cdot 4 \\ -6 \cdot (-6) - 4 \cdot 9 \\ 4 \cdot 4 - 5 \cdot (-6) \end{pmatrix} = \begin{pmatrix} 69 \\ 0 \\ 46 \end{pmatrix} = \frac{1}{23} \cdot \begin{pmatrix} 3 \\ 0 \\ 2 \end{pmatrix}, \text{ wähle } \vec{n} = \begin{pmatrix} 3 \\ 0 \\ 2 \end{pmatrix}.$$

Damit erhält man $E: 3x_1 + 2x_3 = 5$.

c) $E: 3x_1 + 3x_2 + x_3 = 21$

d) $E: 5x_1 - 4x_2 - 7x_3 = 15$

e) $E: 2x_1 - 11x_2 + 10x_3 = -7$

f) $E: x_2 = 4$ (ohne Rechnung!)

4. Bestimmen Sie aus der Koordinatengleichung eine HESSE-Normalenform von E. **A**

a) $E: 12x_1 - 4x_2 - 6x_3 = 17$

b) $E: 7x_1 - 6x_2 - 6x_3 = 10$

c) $E: 14x_1 + 8x_2 - 8x_3 = -5$

d) $E: 6x_1 - 18x_2 + x_3 = 19$

e) $E: 8x_1 + 11x_2 - 16x_3 = -3$

f) $E: 22x_1 + 3x_2 + 6x_3 = 12$

4. a) $E: 12x_1 - 4x_2 - 6x_3 = 17$ hat den Normalvektor $\vec{n} = \begin{pmatrix} 12 \\ -4 \\ -6 \end{pmatrix}$ mit der Länge $|\vec{n}| = \sqrt{12^2 + (-4)^2 + (-6)^2} = 14$, denn die Koeffizienten von x_1, x_2 und x_3 sind die Koordinaten eines Normalenvektors der Ebene E. Durch Umstellen der Koordinatengleichung und Division durch die Länge des Normalenvektors erhält man eine HNF von E als Koordinatengleichung. **L**

Sie lautet: HNF von $E: \frac{12x_1 - 4x_2 - 6x_3 - 17}{\sqrt{12^2 + (-4)^2 + (-6)^2}} = 0$

oder HNF von $E: \frac{12x_1 - 4x_2 - 6x_3 - 17}{14} = 0$.

b) HNF von $E: \frac{7x_1 - 6x_2 - 6x_3 - 10}{11} = 0$

c) HNF von $E: \frac{14x_1 + 8x_2 - 8x_3 + 5}{18} = 0$

d) HNF von $E: \frac{6x_1 - 18x_2 + x_3 - 19}{19} = 0$

e) HNF von $E: \frac{8x_1 + 11x_2 - 16x_3 + 3}{21} = 0$

f) HNF von $E: \frac{22x_1 + 3x_2 + 6x_3 - 12}{23} = 0$

5. Bestimmen Sie aus der Punkt-Normalenform eine Koordinatengleichung der Ebene E. **A**

a) $E: \begin{pmatrix} 4 \\ -1 \\ -8 \end{pmatrix} \cdot \left[\vec{x} - \begin{pmatrix} 3 \\ 1 \\ 0 \end{pmatrix} \right] = 0$

b) $E: \begin{pmatrix} 3 \\ -1 \\ -2 \end{pmatrix} \cdot \left[\vec{x} - \begin{pmatrix} -1 \\ 0 \\ 1 \end{pmatrix} \right] = 0$

c) $E: \begin{pmatrix} 0 \\ 2 \\ -9 \end{pmatrix} \cdot \left[\vec{x} - \begin{pmatrix} 3 \\ 2 \\ 4 \end{pmatrix} \right] = 0$

L

5. a) E: $\begin{pmatrix}4\\-1\\-8\end{pmatrix}\cdot\left[\vec{x}-\begin{pmatrix}-3\\1\\0\end{pmatrix}\right]=0$ oder E: $\begin{pmatrix}4\\-1\\-8\end{pmatrix}\cdot\left[\begin{pmatrix}x_1\\x_2\\x_3\end{pmatrix}-\begin{pmatrix}-3\\1\\0\end{pmatrix}\right]=0$

oder E: $\begin{pmatrix}4\\-1\\-8\end{pmatrix}\cdot\begin{pmatrix}x_1\\x_2\\x_3\end{pmatrix}-\begin{pmatrix}4\\-1\\-8\end{pmatrix}\cdot\begin{pmatrix}-3\\1\\0\end{pmatrix}=0$

Das Berechnen der Skalarprodukte führt auf E: $4x_1-x_2-8x_3=-13$.

b) E: $3x_1-x_2-2x_3=-5$

c) E: $2x_2-9x_3=-32$

A

6. Bestimmen Sie zur Normalenform der Ebene E eine HESSE-Normalenform.

a) E: $\begin{pmatrix}4\\-4\\-7\end{pmatrix}\cdot\left[\vec{x}-\begin{pmatrix}-3\\1\\0\end{pmatrix}\right]=0$

b) E: $\begin{pmatrix}12\\-4\\3\end{pmatrix}\cdot\left[\vec{x}-\begin{pmatrix}-2\\1\\0\end{pmatrix}\right]=0$

c) E: $\begin{pmatrix}2\\14\\-5\end{pmatrix}\cdot\left[\vec{x}-\begin{pmatrix}3\\1\\4\end{pmatrix}\right]=0$

d) E: $\begin{pmatrix}12\\-1\\12\end{pmatrix}\cdot\left[\vec{x}-\begin{pmatrix}1\\1\\-1\end{pmatrix}\right]=0$

e) E: $\begin{pmatrix}4\\3\\5\end{pmatrix}\cdot\left[\vec{x}-\begin{pmatrix}-1\\3\\3\end{pmatrix}\right]=0$

f) E: $\begin{pmatrix}12\\16\\15\end{pmatrix}\cdot\vec{x}-5=0$

L

6. a) E: $\begin{pmatrix}4\\-4\\-7\end{pmatrix}\cdot\left[\vec{x}-\begin{pmatrix}-3\\1\\0\end{pmatrix}\right]=0$ oder E: $\begin{pmatrix}-4\\4\\7\end{pmatrix}\cdot\vec{x}-16=0$

Mit $|\vec{n}|=\left|\begin{pmatrix}-4\\4\\7\end{pmatrix}\right|=\sqrt{(-4)^2+4^2+7^2}=9$ findet man

HNF von E: $\frac{1}{9}\cdot\left[\begin{pmatrix}-4\\4\\7\end{pmatrix}\cdot\vec{x}-16\right]=0$ oder HNF von E: $\frac{-4x_1+4x_2+7x_3-16}{9}=0$

b) HNF von E: $\frac{1}{13}\cdot\left[\begin{pmatrix}12\\-4\\3\end{pmatrix}\cdot\vec{x}+28\right]=0$ oder HNF von E: $\frac{12x_1-4x_2+3x_3+28}{13}=0$

c) HNF von E: $\frac{1}{15}\cdot\begin{pmatrix}2\\14\\-5\end{pmatrix}\cdot\vec{x}=0$ oder HNF von E: $\frac{2x_1+14x_2-5x_3}{15}=0$

d) HNF von E: $\frac{1}{17}\cdot\left[\begin{pmatrix}12\\-1\\12\end{pmatrix}\cdot\vec{x}+1\right]=0$ oder HNF von E: $\frac{12x_1-x_2+12x_3+1}{17}=0$

e) HNF von E: $\frac{1}{\sqrt{50}}\cdot\left[\begin{pmatrix}4\\3\\5\end{pmatrix}\cdot\vec{x}-20\right]=0$ oder HNF von E: $\frac{4x_1+3x_2+5x_3-20}{5\cdot\sqrt{2}}=0$

f) HNF von E: $\frac{1}{25}\cdot\left[\begin{pmatrix}12\\16\\15\end{pmatrix}\cdot\vec{x}-5\right]=0$ oder HNF von E: $\frac{12x_1+16x_2+15x_3-5}{25}=0$

A

7. Berechnen Sie aus der Koordinatengleichung eine Punkt-Richtungsform von E.

a) E: $2x_1-3x_2+4x_3=12$

b) E: $4x_1-x_2+2x_3=3$

c) E: $7x_1+2x_2-x_3=5$

d) E: $4x_1-4x_2+7x_3=8$

e) E: $5x_1-2x_2=4$

f) E: $8x_1-3x_2+9x_3=12$

g) E: $2x_1-7x_2+5x_3=9$

7. a) E: $2x_1 - 3x_2 + 4x_3 = 12$ **L**

Die Koordinatengleichung wird nach x_1, x_2 oder x_3 aufgelöst:

$2x_1 = 12 + 3x_2 - 4x_3 \Leftrightarrow x_1 = 6 + \frac{3}{2}x_2 - 2x_3$

Nun kann man zwei der Koordinaten frei wählen. Um Brüche zu vermeiden wählt man $x_2 = 2s$ und $x_3 = t$ und erhält das LGS

(1) $x_1 = 6 + 3s - 2t$

(2) $x_2 = 2s$

(3) $x_3 = t$

Durch Ablesen findet man $E: \vec{x} = \begin{pmatrix} 6 \\ 0 \\ 0 \end{pmatrix} + s \cdot \begin{pmatrix} 3 \\ 2 \\ 0 \end{pmatrix} + t \cdot \begin{pmatrix} -2 \\ 0 \\ 1 \end{pmatrix};\ s, t \in \mathbb{R}$

b) $E: \vec{x} = \begin{pmatrix} 0 \\ -3 \\ 0 \end{pmatrix} + s \cdot \begin{pmatrix} 1 \\ 4 \\ 0 \end{pmatrix} + t \cdot \begin{pmatrix} 0 \\ 2 \\ 1 \end{pmatrix};\ s, t \in \mathbb{R}$

c) $E: \vec{x} = \begin{pmatrix} 0 \\ 0 \\ -5 \end{pmatrix} + s \cdot \begin{pmatrix} 1 \\ 0 \\ 7 \end{pmatrix} + t \cdot \begin{pmatrix} 0 \\ 1 \\ 2 \end{pmatrix};\ s, t \in \mathbb{R}$

d) $E: \vec{x} = \begin{pmatrix} 2 \\ 0 \\ 0 \end{pmatrix} + s \cdot \begin{pmatrix} 1 \\ 1 \\ 0 \end{pmatrix} + t \cdot \begin{pmatrix} -7 \\ 0 \\ 4 \end{pmatrix};\ s, t \in \mathbb{R}$

e) $E: \vec{x} = \begin{pmatrix} 0 \\ -2 \\ 0 \end{pmatrix} + s \cdot \begin{pmatrix} 2 \\ 5 \\ 0 \end{pmatrix} + t \cdot \begin{pmatrix} 0 \\ 0 \\ 1 \end{pmatrix};\ s, t \in \mathbb{R}$

f) $E: \vec{x} = \begin{pmatrix} 0 \\ -4 \\ 0 \end{pmatrix} + s \cdot \begin{pmatrix} 3 \\ 8 \\ 0 \end{pmatrix} + t \cdot \begin{pmatrix} 0 \\ 3 \\ 1 \end{pmatrix};\ s, t \in \mathbb{R}$

g) $E: \vec{x} = \begin{pmatrix} 4{,}5 \\ 0 \\ 0 \end{pmatrix} + s \cdot \begin{pmatrix} 7 \\ 2 \\ 0 \end{pmatrix} + t \cdot \begin{pmatrix} -5 \\ 0 \\ 2 \end{pmatrix};\ s, t \in \mathbb{R}$

8. Bestimmen Sie aus der Punkt-Richtungsform eine Punkt-Normalenform der Ebene E. Arbeiten Sie mit der Orthogonalitätsbedingung. **A**

a) $E: \vec{x} = \begin{pmatrix} 2 \\ -1 \\ 1 \end{pmatrix} + s \cdot \begin{pmatrix} -2 \\ 2 \\ 3 \end{pmatrix} + t \cdot \begin{pmatrix} 4 \\ 1 \\ -1 \end{pmatrix};\ s, t \in \mathbb{R}$

b) $E: \vec{x} = \begin{pmatrix} 3 \\ -3 \\ 0 \end{pmatrix} + s \cdot \begin{pmatrix} -3 \\ 1 \\ 1 \end{pmatrix} + t \cdot \begin{pmatrix} 4 \\ 2 \\ -3 \end{pmatrix};\ s, t \in \mathbb{R}$

c) $E: \vec{x} = \begin{pmatrix} 0 \\ 0 \\ -5 \end{pmatrix} + s \cdot \begin{pmatrix} -2 \\ 1 \\ 2 \end{pmatrix} + t \cdot \begin{pmatrix} 3 \\ 1 \\ 4 \end{pmatrix};\ s, t \in \mathbb{R}$

d) $E: \vec{x} = \begin{pmatrix} 1 \\ 1 \\ -1 \end{pmatrix} + s \cdot \begin{pmatrix} 1 \\ 0 \\ -1 \end{pmatrix} + t \cdot \begin{pmatrix} 2 \\ 12 \\ -1 \end{pmatrix};\ s, t \in \mathbb{R}$

e) $E: \vec{x} = \begin{pmatrix} -1 \\ 3 \\ 3 \end{pmatrix} + s \cdot \begin{pmatrix} 3 \\ 1 \\ -3 \end{pmatrix} + t \cdot \begin{pmatrix} 1 \\ 2 \\ -2 \end{pmatrix};\ s, t \in \mathbb{R}$

f) $E: \vec{x} = \begin{pmatrix} 2 \\ 0 \\ 1 \end{pmatrix} + s \cdot \begin{pmatrix} 2 \\ -1 \\ 3 \end{pmatrix} + t \cdot \begin{pmatrix} -4 \\ 2 \\ 1 \end{pmatrix};\ s, t \in \mathbb{R}$

g) $E: \vec{x} = \begin{pmatrix} -1 \\ 4 \\ 3 \end{pmatrix} + s \cdot \begin{pmatrix} 2 \\ 0 \\ 3 \end{pmatrix} + t \cdot \begin{pmatrix} 1 \\ 0 \\ -1 \end{pmatrix};\ s, t \in \mathbb{R}$

8. a) $E: \vec{x} = \begin{pmatrix} 2 \\ -1 \\ 1 \end{pmatrix} + s \cdot \begin{pmatrix} -2 \\ 2 \\ 3 \end{pmatrix} + t \cdot \begin{pmatrix} 4 \\ 1 \\ -1 \end{pmatrix};\ s, t \in \mathbb{R}$ **L**

Zum Aufpunkt $A \in E$ benötigt man einen Normalenvektor $\vec{n}$ der Ebene E.

Dieser ist orthogonal zu den beiden Richtungsvektoren der Ebene.

Es muss gelten:

$\begin{pmatrix} n_1 \\ n_2 \\ n_3 \end{pmatrix} \cdot \begin{pmatrix} -2 \\ 2 \\ 3 \end{pmatrix} = 0$ und $\begin{pmatrix} n_1 \\ n_2 \\ n_3 \end{pmatrix} \cdot \begin{pmatrix} 4 \\ 1 \\ -1 \end{pmatrix} = 0$. Dem entspricht das LGS

(1) $-2n_1 + 2n_2 + 3n_3 = 0$

(2) $4n_1 + n_2 - n_3 = 0 \Leftrightarrow n_2 = -4n_1 + n_3$ in (1)

$-2n_1 + 2(-4n_1 + n_3) + 3n_3 = 0 \Leftrightarrow -10n_1 + 5n_3 = 0 \Leftrightarrow n_3 = 2n_1$ in (2)

$n_2 = -4n_1 + 2n_1 \Leftrightarrow n_2 = -2n_1$

Wählt man $n_1 = 1$ so folgt $n_2 = -2$ und $n_3 = 2$. Damit ist $\vec{n} = \begin{pmatrix} 1 \\ -2 \\ 2 \end{pmatrix}$ ein möglicher Normalenvektor und $E: \begin{pmatrix} 1 \\ -2 \\ 2 \end{pmatrix} \cdot \left[\vec{x} - \begin{pmatrix} 2 \\ -1 \\ 1 \end{pmatrix}\right] = 0$ die Punkt-Normalenform.

b) $E: \begin{pmatrix} 1 \\ 1 \\ 2 \end{pmatrix} \cdot \left[\vec{x} - \begin{pmatrix} 3 \\ -3 \\ 0 \end{pmatrix}\right] = 0$

c) $E: \begin{pmatrix} 2 \\ 14 \\ -5 \end{pmatrix} \cdot \left[\vec{x} - \begin{pmatrix} 0 \\ 0 \\ -5 \end{pmatrix}\right] = 0$

d) $E: \begin{pmatrix} 12 \\ -1 \\ 12 \end{pmatrix} \cdot \left[\vec{x} - \begin{pmatrix} 1 \\ 1 \\ -1 \end{pmatrix}\right] = 0$

e) $E: \begin{pmatrix} 4 \\ 3 \\ 5 \end{pmatrix} \cdot \left[\vec{x} - \begin{pmatrix} -1 \\ 3 \\ 3 \end{pmatrix}\right] = 0$

f) $E: \begin{pmatrix} 1 \\ 2 \\ 0 \end{pmatrix} \cdot \left[\vec{x} - \begin{pmatrix} 2 \\ 0 \\ 1 \end{pmatrix}\right] = 0$

g) $E: \begin{pmatrix} 0 \\ 1 \\ 0 \end{pmatrix} \cdot \left[\vec{x} - \begin{pmatrix} -1 \\ 4 \\ 3 \end{pmatrix}\right] = 0$

Zusatzübung: Berechnen Sie die Normalenvektoren auch mithilfe des Kreuzprodukts.

A

9. Bestimmen Sie eine Gleichung der Ebene E, welche die Gerade g und den nicht auf g liegenden Punkt P enthält.

a) $P(8|1|0)$ und $g: \vec{x} = \begin{pmatrix} 4 \\ 2 \\ 3 \end{pmatrix} + s \cdot \begin{pmatrix} -2 \\ 1 \\ -3 \end{pmatrix}$, $s \in \mathbb{R}$

b) $P(7|13|1)$ und $g: \vec{x} = \begin{pmatrix} 1 \\ 8 \\ 1 \end{pmatrix} + s \cdot \begin{pmatrix} -4 \\ 2 \\ -7 \end{pmatrix}$, $s \in \mathbb{R}$

c) $P(-2|4|3)$ und $g: \vec{x} = \begin{pmatrix} 1 \\ -2 \\ 7 \end{pmatrix} + s \cdot \begin{pmatrix} -1 \\ 1 \\ -5 \end{pmatrix}$, $s \in \mathbb{R}$

L

9. a) $P(8|1|0)$ und $g: \vec{x} = \begin{pmatrix} 4 \\ 2 \\ 3 \end{pmatrix} + s \cdot \begin{pmatrix} -2 \\ 1 \\ -3 \end{pmatrix}$, $s \in \mathbb{R}$

Aus der Geradengleichung kann man sowohl den Aufpunkt A mit Ortsvektor $\vec{a}$ als auch den Richtungsvektor $\vec{u}$ für die Punkt-Richtungsform von E übernehmen. Als zweiten Richtungsvektor wählt man den Vektor $\overrightarrow{AP}$ und erhält

Skizze

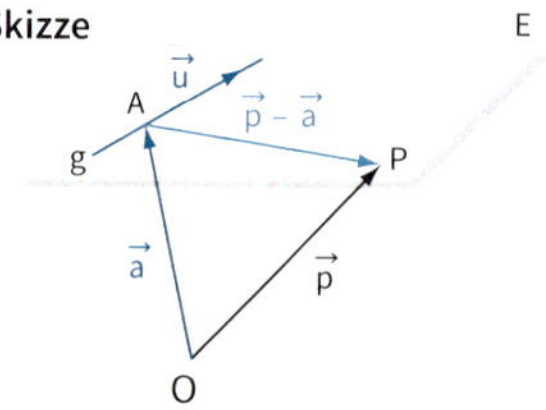

$E: \vec{x} = \begin{pmatrix} 4 \\ 2 \\ 3 \end{pmatrix} + s \cdot \begin{pmatrix} -2 \\ 1 \\ -3 \end{pmatrix} + t \cdot \begin{pmatrix} 4 \\ -1 \\ -3 \end{pmatrix}$; $s, t \in \mathbb{R}$.

b) $E: \vec{x} = \begin{pmatrix} 1 \\ 8 \\ 1 \end{pmatrix} + s \cdot \begin{pmatrix} -4 \\ 2 \\ -7 \end{pmatrix} + t \cdot \begin{pmatrix} 6 \\ 5 \\ 0 \end{pmatrix}$; $s, t \in \mathbb{R}$

c) $E: \vec{x} = \begin{pmatrix} 1 \\ -2 \\ 7 \end{pmatrix} + s \cdot \begin{pmatrix} -1 \\ 1 \\ -5 \end{pmatrix} + t \cdot \begin{pmatrix} -3 \\ 6 \\ -4 \end{pmatrix}$; $s, t \in \mathbb{R}$

A

10. Die Geraden g und h besitzen einen Schnittpunkt. Bestimmen Sie eine Gleichung der Ebene E so, dass g und h in der Ebene E liegen.

a) $g: \vec{x} = \begin{pmatrix} 1 \\ 3 \\ 3 \end{pmatrix} + s \cdot \begin{pmatrix} 3 \\ 4 \\ -5 \end{pmatrix}$, $s \in \mathbb{R}$ und $h: \vec{x} = \begin{pmatrix} 1 \\ 3 \\ 3 \end{pmatrix} + t \cdot \begin{pmatrix} -7 \\ 1 \\ -4 \end{pmatrix}$, $t \in \mathbb{R}$

b) $g: \vec{x} = \begin{pmatrix} 5 \\ 3 \\ 4 \end{pmatrix} + s \cdot \begin{pmatrix} 1 \\ 1 \\ 1 \end{pmatrix}$, $s \in \mathbb{R}$ und $h: \vec{x} = \begin{pmatrix} 6 \\ 4 \\ 5 \end{pmatrix} + t \cdot \begin{pmatrix} -2 \\ 5 \\ -7 \end{pmatrix}$, $t \in \mathbb{R}$

c) $g: \vec{x} = \begin{pmatrix} 4 \\ 4 \\ 7 \end{pmatrix} + s \cdot \begin{pmatrix} 1 \\ 1 \\ -2 \end{pmatrix}$, $s \in \mathbb{R}$ und $h: \vec{x} = \begin{pmatrix} 3 \\ 3 \\ 9 \end{pmatrix} + t \cdot \begin{pmatrix} 4 \\ 3 \\ -2 \end{pmatrix}$, $t \in \mathbb{R}$

L

10. a) $g: \vec{x} = \begin{pmatrix}1\\3\\3\end{pmatrix} + s \cdot \begin{pmatrix}3\\4\\-5\end{pmatrix}$, $s \in \mathbb{R}$ und

$h: \vec{x} = \begin{pmatrix}1\\3\\3\end{pmatrix} + t \cdot \begin{pmatrix}-7\\1\\-4\end{pmatrix}$, $t \in \mathbb{R}$

Skizze

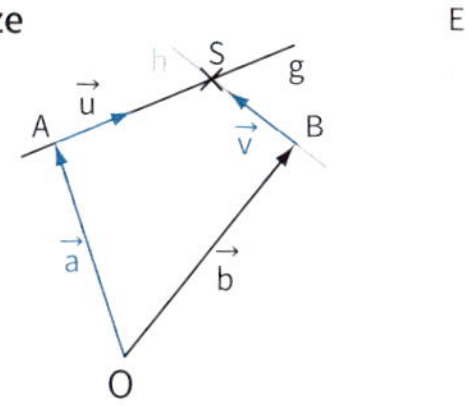

Den Aufpunkt A mit Ortsvektor $\vec{a}$ kann man beispielsweise von g übernehmen und als Richtungsvektoren die beiden Richtungsvektoren $\vec{u}$ und $\vec{v}$ der Geraden g und h wählen.

Somit ist $E: \vec{x} = \begin{pmatrix}1\\3\\3\end{pmatrix} + s \cdot \begin{pmatrix}3\\4\\-5\end{pmatrix} + t \cdot \begin{pmatrix}-7\\1\\-4\end{pmatrix}$; $s, t \in \mathbb{R}$ die gesuchte Ebenengleichung.

b) $E: \vec{x} = \begin{pmatrix}5\\3\\4\end{pmatrix} + s \cdot \begin{pmatrix}1\\1\\1\end{pmatrix} + t \cdot \begin{pmatrix}-2\\5\\-7\end{pmatrix}$; $s, t \in \mathbb{R}$

c) $E: \vec{x} = \begin{pmatrix}4\\4\\7\end{pmatrix} + s \cdot \begin{pmatrix}1\\1\\-2\end{pmatrix} + t \cdot \begin{pmatrix}4\\3\\-2\end{pmatrix}$; $s, t \in \mathbb{R}$

A

11. Die Geraden g und h sind echt parallel.
Bestimmen Sie eine Gleichung der Ebene E, die g und h enthält.

a) $g: \vec{x} = \begin{pmatrix}3\\0\\4\end{pmatrix} + s \cdot \begin{pmatrix}2\\-4\\-6\end{pmatrix}$, $s \in \mathbb{R}$ und $h: \vec{x} = \begin{pmatrix}5\\3\\1\end{pmatrix} + t \cdot \begin{pmatrix}-3\\6\\9\end{pmatrix}$, $t \in \mathbb{R}$

b) $g: \vec{x} = \begin{pmatrix}2\\7\\8\end{pmatrix} + s \cdot \begin{pmatrix}4\\1\\-5\end{pmatrix}$, $s \in \mathbb{R}$ und $h: \vec{x} = \begin{pmatrix}1\\8\\4\end{pmatrix} + t \cdot \begin{pmatrix}-4\\-1\\5\end{pmatrix}$, $t \in \mathbb{R}$

c) $g: \vec{x} = \begin{pmatrix}6\\6\\1\end{pmatrix} + s \cdot \begin{pmatrix}8\\12\\-4\end{pmatrix}$, $s \in \mathbb{R}$ und $h: \vec{x} = \begin{pmatrix}7\\4\\2\end{pmatrix} + t \cdot \begin{pmatrix}-10\\-15\\5\end{pmatrix}$, $t \in \mathbb{R}$

L

11. a) Der Aufpunkt A und der Richtungsvektor $\vec{u}$ können beispielsweise von g übernommen werden, ein zweiter Richtungsvektor ist $\overrightarrow{AB}$, wobei B der Aufpunkt von h ist.
Damit erhält man

Skizze

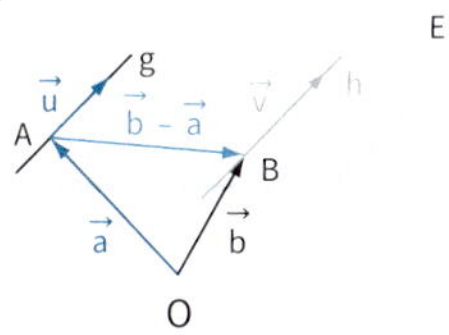

$E: \vec{x} = \begin{pmatrix}3\\0\\4\end{pmatrix} + s \cdot \begin{pmatrix}1\\-2\\-3\end{pmatrix} + t \cdot \begin{pmatrix}2\\3\\-3\end{pmatrix}$; $s, t \in \mathbb{R}$

b) $E: \vec{x} = \begin{pmatrix}2\\7\\8\end{pmatrix} + s \cdot \begin{pmatrix}4\\1\\-5\end{pmatrix} + t \cdot \begin{pmatrix}-1\\1\\-4\end{pmatrix}$; $s, t \in \mathbb{R}$

c) $E: \vec{x} = \begin{pmatrix}6\\6\\1\end{pmatrix} + s \cdot \begin{pmatrix}2\\3\\-1\end{pmatrix} + t \cdot \begin{pmatrix}1\\-2\\1\end{pmatrix}$; $s, t \in \mathbb{R}$

A

12. Überprüfen Sie, ob die gegebenen Punkte in der Ebene $E: \begin{pmatrix}4\\-1\\-1\end{pmatrix} \cdot \left[\vec{x} - \begin{pmatrix}3\\-1\\0\end{pmatrix}\right] = 0$ liegen.

a) A(4|1|2) b) B(1|1|1) c) C(5|2|5) d) D(2|−4|1)

L

12. a) $E: 4x_1 - x_2 - x_3 = 13$, Punktprobe mit A(4|1|2) eingesetzt in E liefert die wahre Aussage $4 \cdot 4 - 1 \cdot 1 - 1 \cdot 2 = 13 \Rightarrow A \in E$

b) $B \notin E$ c) $C \in E$ d) $D \notin E$

2.3 Beziehungen zwischen Punktmengen

2.3.1 Lagebeziehungen

Wissen

Bei der Untersuchung von Lagebeziehungen bei Punktmengen spielt die **Punktprobe** eine wesentliche Rolle. Dabei setzt man den Ortsvektor oder die Koordinaten eines Punktes oder einer Punktmenge in die Gleichung einer anderen Punktmenge ein.

Lagebeziehung bei **Punkt** und **Gerade** oder **Punkt** und **Ebene**

Es gibt zwei verschiedene Lagebeziehungen: P liegt entweder auf g bzw. in E oder nicht.

Lagebeziehung bei **zwei Geraden**

Es gibt vier verschiedene Lagebeziehungen: g und h sind entweder identisch, echt parallel, sich in einem Punkt schneidend (kopunktal) oder windschief.

Lagebeziehung bei **Gerade und Ebene**

Es gibt drei verschiedene Lagebeziehungen: g und E schneiden sich entweder in einem Punkt, sind echt parallel oder die Gerade liegt in der Ebene.

Lagebeziehung bei **zwei Ebenen**

Es gibt drei verschiedene Lagebeziehungen: E_1 und E_2 sind echt parallel, identisch oder sie schneiden sich in einer Geraden.

A

1. Ordnen Sie den in der Abbildung eingezeichneten Objekten die jeweiligen Lagebeziehungen zu.

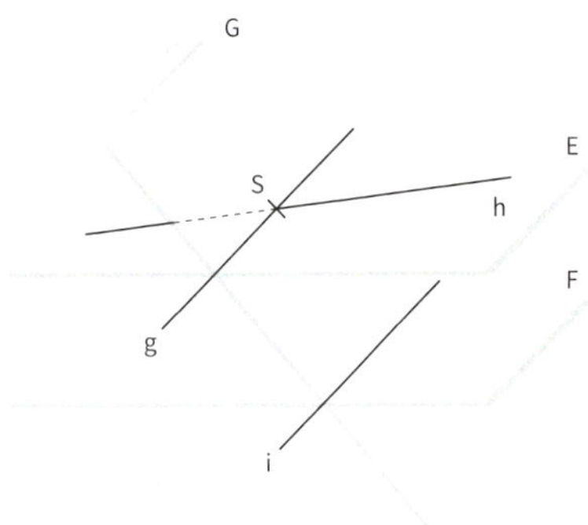

L

1. Der Punkt S liegt auf den Geraden g und h, aber nicht auf i. Der Punkt S liegt sowohl in der Ebene E, als auch in der Ebene G, aber nicht in der Ebene F.
Die Geraden g und i sind echt parallel. Die Geraden g und h schneiden sich im Punkt S.
Die Geraden i und h sind windschief.
Die Gerade g liegt in den Ebenen E und G. Sie ist parallel zur Ebene F.
Die Gerade h liegt in der Ebene E. Sie schneidet die Ebene G im Punkt S und ist parallel zur Ebene F.
Die Gerade i liegt in den Ebenen F und G. Sie ist parallel zur Ebene E.
Die Ebenen E und F sind echt parallel.

2. Untersuchen Sie, ob der Punkt P auf der Geraden $g: \vec{x} = \begin{pmatrix} 4 \\ 2 \\ 3 \end{pmatrix} + s \cdot \begin{pmatrix} -2 \\ 1 \\ -3 \end{pmatrix}$, $s \in \mathbb{R}$ liegt. A

a) $P(10|-1|12)$ b) $P(6|1|0)$ c) $P(12|0|-15)$ d) $P\left(7\left|\frac{1}{2}\right|7\frac{1}{2}\right)$

2. a) $P(10|-1|12)$ L

Punktprobe von P in g liefert:

$$\begin{pmatrix} 10 \\ -1 \\ 12 \end{pmatrix} = \begin{pmatrix} 4 \\ 2 \\ 3 \end{pmatrix} + s \cdot \begin{pmatrix} -2 \\ 1 \\ -3 \end{pmatrix} \Rightarrow \left.\begin{array}{ll} (1) & 10 = 4 - 2s \Leftrightarrow \quad 6 = -2s \Leftrightarrow s = -3 \\ (2) & -1 = 2 + \quad s \Leftrightarrow -3 = \quad s \Leftrightarrow s = -3 \\ (3) & 12 = 3 - 3s \Leftrightarrow \quad 9 = -3s \Leftrightarrow s = -3 \end{array}\right\} \Rightarrow P \in g$$

b) $P(6|1|0)$

Punktprobe von P in g liefert:

$$\begin{pmatrix} 6 \\ 1 \\ 0 \end{pmatrix} = \begin{pmatrix} 4 \\ 2 \\ 3 \end{pmatrix} + s \cdot \begin{pmatrix} -2 \\ 1 \\ -3 \end{pmatrix} \Rightarrow \left.\begin{array}{ll} (1) & 6 = 4 - 2s \Leftrightarrow \quad 2 = -2s \Leftrightarrow s = -1 \\ (2) & 1 = 2 + \quad s \Leftrightarrow -1 = \quad s \Leftrightarrow s = -1 \\ (3) & 0 = 3 - 3s \Leftrightarrow -3 = -3s \Leftrightarrow s = \quad 1 \end{array}\right\} \Rightarrow P \notin g$$

c) $P \notin g$ d) $P \in g \left(s = -\frac{3}{2}\right)$

3. Skizzieren Sie die möglichen Lagebeziehungen zweier Geraden g und h. Führen Sie relevante Punkte und Vektoren ein. Beschreiben Sie die Vorgehensweise bei der Untersuchung der Lagebeziehung. A

3. Gegeben sind die Geraden $g: \vec{x} = \vec{a} + s \cdot \vec{u}$, $s \in \mathbb{R}$ und $h: \vec{x} = \vec{b} + t \cdot \vec{v}$, $t \in \mathbb{R}$. L

Skizze

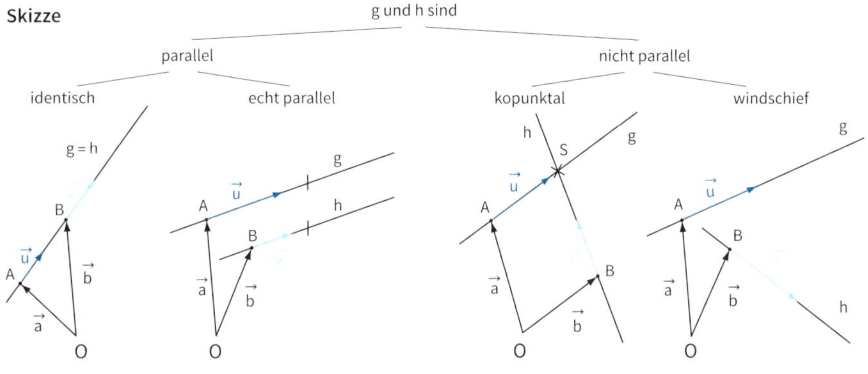

Es sei $g: \vec{x} = \vec{a} + s \cdot \vec{u}$, $s \in \mathbb{R}$ und $h: \vec{x} = \vec{b} + t \cdot \vec{v}$, $t \in \mathbb{R}$.

- Wenn die Richtungsvektoren $\vec{u}$ und $\vec{v}$ Vielfache sind, dann sind g und h parallel. Die Art der Parallelität findet man mit der Punktprobe von A in h. Ergibt sie eine wahre Aussage, dann sind g und h identisch, andernfalls echt parallel.
- Wenn g und h nicht parallel sind, dann untersucht man, ob es genau einen Schnittpunkt S gibt.

Dies geschieht mit dem Ansatz $\vec{a} + s \cdot \vec{u} \vec{v} = \vec{b} + t \cdot \vec{v}$, der auf ein lineares Gleichungssystem führt.

Ist es lösbar, dann schneiden sich g und h in S, andernfalls sind g und h windschief.

1) Untersuchung auf Parallelität:
Gibt es ein $k \in \mathbb{R}$, sodass $\vec{u} = k \cdot \vec{v}$, dann sind die Richtungsvektoren von g und h Vielfache und damit g und h parallel.
Untersuchung auf Identität:
   1.1) Gibt es ein $s \in \mathbb{R}$, sodass $\vec{b} = \vec{a} + s \cdot \vec{u}$, also $B \in g$, dann sind g und h identisch.
   1.2) Gibt es kein $s \in \mathbb{R}$, sodass $\vec{b} = \vec{a} + s \cdot \vec{u}$, also $B \notin g$, dann sind g und h echt parallel.

2) Untersuchung auf genau einen Schnittpunkt:
Gibt es kein $k \in \mathbb{R}$, sodass $\vec{u} = k \cdot \vec{v}$, dann sind die Richtungsvektoren keine Vielfachen und damit g und h nicht parallel.
   2.1) Gibt es genau ein s und genau ein $t \in \mathbb{R}$, sodass $\vec{a} + s \cdot \vec{u} = \vec{b} + t \cdot \vec{v}$, so gibt es genau einen Schnittpunkt. Damit sind g und h kopunktal.
   2.2) Gilt für alle Werte $s \in \mathbb{R}$ und $t \in \mathbb{R}$, sodass $\vec{a} + s \cdot \vec{u} \neq \vec{b} + t \cdot \vec{v}$, so besitzen g und h keinen gemeinsamen Punkt. Damit sind g und h windschief.

4. Untersuchen Sie die gegenseitige Lage der Geraden g und h.

A

a) $g: \vec{x} = \begin{pmatrix} 4 \\ 2 \\ 3 \end{pmatrix} + s \cdot \begin{pmatrix} -4 \\ 2 \\ -6 \end{pmatrix}$, $s \in \mathbb{R}$ und $h: \vec{x} = \begin{pmatrix} 0 \\ 4 \\ -3 \end{pmatrix} + t \cdot \begin{pmatrix} 6 \\ -3 \\ 9 \end{pmatrix}$, $t \in \mathbb{R}$ ✓

b) $g: \vec{x} = \begin{pmatrix} 2 \\ 1 \\ 4 \end{pmatrix} + s \cdot \begin{pmatrix} -1 \\ -2 \\ 1 \end{pmatrix}$, $s \in \mathbb{R}$ und $h: \vec{x} = \begin{pmatrix} 5 \\ 3 \\ -1 \end{pmatrix} + t \cdot \begin{pmatrix} 2 \\ 4 \\ -2 \end{pmatrix}$, $t \in \mathbb{R}$ ✓

c) $g: \vec{x} = \begin{pmatrix} 4 \\ 4 \\ 5 \end{pmatrix} + s \cdot \begin{pmatrix} -1 \\ -2 \\ 1 \end{pmatrix}$, $s \in \mathbb{R}$ und $h: \vec{x} = \begin{pmatrix} 7 \\ 2 \\ 5 \end{pmatrix} + t \cdot \begin{pmatrix} 5 \\ 2 \\ -2 \end{pmatrix}$, $t \in \mathbb{R}$ ✓

d) $g: \vec{x} = \begin{pmatrix} 1 \\ 0 \\ 2 \end{pmatrix} + s \cdot \begin{pmatrix} -3 \\ 2 \\ 2 \end{pmatrix}$, $s \in \mathbb{R}$ und $h: \vec{x} = \begin{pmatrix} 4 \\ -1 \\ 8 \end{pmatrix} + t \cdot \begin{pmatrix} 4 \\ -5 \\ 2 \end{pmatrix}$, $t \in \mathbb{R}$

e) $g: \vec{x} = \begin{pmatrix} 0 \\ 4 \\ 7 \end{pmatrix} + s \cdot \begin{pmatrix} 1 \\ 0 \\ -2 \end{pmatrix}$, $s \in \mathbb{R}$ und $h: \vec{x} = \begin{pmatrix} 7 \\ -2 \\ 8 \end{pmatrix} + t \cdot \begin{pmatrix} 1 \\ -2 \\ 3 \end{pmatrix}$, $t \in \mathbb{R}$

f) $g: \vec{x} = \begin{pmatrix} 4 \\ 8 \\ 5 \end{pmatrix} + s \cdot \begin{pmatrix} -3 \\ 3 \\ 9 \end{pmatrix}$, $s \in \mathbb{R}$ und $h: \vec{x} = \begin{pmatrix} 7 \\ 5 \\ 1 \end{pmatrix} + t \cdot \begin{pmatrix} 5 \\ -5 \\ -15 \end{pmatrix}$, $t \in \mathbb{R}$

g) $g: \vec{x} = \begin{pmatrix} 6 \\ 0 \\ 5 \end{pmatrix} + s \cdot \begin{pmatrix} -1 \\ 0 \\ 3 \end{pmatrix}$, $s \in \mathbb{R}$ und $h: \vec{x} = \begin{pmatrix} 7 \\ 2 \\ 9 \end{pmatrix} + t \cdot \begin{pmatrix} 5 \\ 2 \\ -2 \end{pmatrix}$, $t \in \mathbb{R}$ ✓

h) $g: \vec{x} = \begin{pmatrix} 0 \\ 0 \\ 3 \end{pmatrix} + s \cdot \begin{pmatrix} 4 \\ -2 \\ -1 \end{pmatrix}$, $s \in \mathbb{R}$ und $h: \vec{x} = \begin{pmatrix} 12 \\ -6 \\ 0 \end{pmatrix} + t \cdot \begin{pmatrix} -8 \\ 4 \\ 2 \end{pmatrix}$, $t \in \mathbb{R}$

i) $g: \vec{x} = \begin{pmatrix} -2 \\ 3 \\ -8 \end{pmatrix} + s \cdot \begin{pmatrix} 1 \\ -1 \\ 3 \end{pmatrix}$, $s \in \mathbb{R}$ und $h: \vec{x} = \begin{pmatrix} 1 \\ 1 \\ -2 \end{pmatrix} + t \cdot \begin{pmatrix} 1 \\ 2 \\ -6 \end{pmatrix}$, $t \in \mathbb{R}$

L

4. a) $g: \vec{x} = \begin{pmatrix} 4 \\ 2 \\ 3 \end{pmatrix} + s \cdot \begin{pmatrix} -4 \\ 2 \\ -6 \end{pmatrix},\ s \in \mathbb{R}$ und $h: \vec{x} = \begin{pmatrix} 0 \\ 4 \\ -3 \end{pmatrix} + t \cdot \begin{pmatrix} 6 \\ -3 \\ 9 \end{pmatrix},\ t \in \mathbb{R}$

1) Untersuchung auf Parallelität:

$$k \cdot \begin{pmatrix} -4 \\ 2 \\ -6 \end{pmatrix} = \begin{pmatrix} 6 \\ -3 \\ 9 \end{pmatrix} \Rightarrow \left.\begin{matrix} (1)\ -4k = 6 & \Leftrightarrow k = -\frac{3}{2} \\ (2)\ \ 2k = -3 & \Leftrightarrow k = -\frac{3}{2} \\ (3)\ -6k = 9 & \Leftrightarrow k = -\frac{3}{2} \end{matrix}\right\} \Rightarrow g \parallel h$$

Untersuchung auf Identität:

$$\begin{pmatrix} 0 \\ 4 \\ -3 \end{pmatrix} = \begin{pmatrix} 4 \\ 2 \\ 3 \end{pmatrix} + s \cdot \begin{pmatrix} -4 \\ 2 \\ -6 \end{pmatrix} \Rightarrow \left.\begin{matrix} (1)\ \ 0 = 4 - 4s \Leftrightarrow -4 = -4s \Leftrightarrow s = 1 \\ (2)\ \ 4 = 2 + 2s \Leftrightarrow \ 2 = \ 2s \Leftrightarrow s = 1 \\ (3)\ -3 = 3 - 6s \Leftrightarrow -6 = -6s \Leftrightarrow s = 1 \end{matrix}\right\}$$

$\Rightarrow$ Der Punkt $B(0|4|-3)$ liegt sowohl auf der Geraden g als auch auf der Geraden h. Damit sind g und h identisch.

b) $g: \vec{x} = \begin{pmatrix} 2 \\ 1 \\ 4 \end{pmatrix} + s \cdot \begin{pmatrix} -1 \\ -2 \\ 1 \end{pmatrix},\ s \in \mathbb{R}$ und $h: \vec{x} = \begin{pmatrix} 5 \\ 3 \\ -1 \end{pmatrix} + t \cdot \begin{pmatrix} 2 \\ 4 \\ -2 \end{pmatrix},\ t \in \mathbb{R}$

1) Untersuchung auf Parallelität:

$$k \cdot \begin{pmatrix} -1 \\ -2 \\ 1 \end{pmatrix} = \begin{pmatrix} 2 \\ 4 \\ -2 \end{pmatrix} \Rightarrow \left.\begin{matrix} (1)\ \ -k = 2 \Leftrightarrow k = -2 \\ (2)\ -2k = 4 \Leftrightarrow k = -2 \\ (3)\ \ \ k = -2 \Leftrightarrow k = -2 \end{matrix}\right\} \Rightarrow g \parallel h$$

Untersuchung auf Identität:

$$\begin{pmatrix} 5 \\ 3 \\ -1 \end{pmatrix} = \begin{pmatrix} 2 \\ 1 \\ 4 \end{pmatrix} + s \cdot \begin{pmatrix} -1 \\ -2 \\ 1 \end{pmatrix} \Rightarrow \left.\begin{matrix} (1)\ \ 5 = 2 - s \Leftrightarrow \ 3 = -s \Leftrightarrow s = -3 \\ (2)\ \ 3 = 1 - 2s \Leftrightarrow \ 2 = -2s \Leftrightarrow s = -1 \\ (3)\ -1 = 4 + s \Leftrightarrow -5 = s \Leftrightarrow s = -5 \end{matrix}\right\}$$

$\Rightarrow$ Der Punkt $B(5|3|-1)$ liegt zwar auf h, aber nicht auf g $\Rightarrow$ g und h sind echt parallel.

c) $g: \vec{x} = \begin{pmatrix} 4 \\ 4 \\ 5 \end{pmatrix} + s \cdot \begin{pmatrix} -1 \\ -2 \\ 1 \end{pmatrix},\ s \in \mathbb{R}$ und $h: \vec{x} = \begin{pmatrix} 7 \\ 2 \\ 5 \end{pmatrix} + t \cdot \begin{pmatrix} 5 \\ 2 \\ -2 \end{pmatrix},\ t \in \mathbb{R}$

1) Untersuchung auf Parallelität:

$$k \cdot \begin{pmatrix} -1 \\ -2 \\ 1 \end{pmatrix} = \begin{pmatrix} 5 \\ 2 \\ -2 \end{pmatrix} \Rightarrow \left.\begin{matrix} (1)\ \ -k = 5 \Leftrightarrow k = -5 \\ (2)\ -2k = 2 \Leftrightarrow k = -1 \\ (3)\ \ \ k = -2 \Leftrightarrow k = -2 \end{matrix}\right\} \Rightarrow g \nparallel h$$

2) Untersuchung auf genau einen Schnittpunkt:

$$\begin{pmatrix} 4 \\ 4 \\ 5 \end{pmatrix} + s \cdot \begin{pmatrix} -1 \\ -2 \\ 1 \end{pmatrix} = \begin{pmatrix} 7 \\ 2 \\ 5 \end{pmatrix} + t \cdot \begin{pmatrix} 5 \\ 2 \\ -2 \end{pmatrix} \Rightarrow \begin{matrix} (1)\ 4 - s = 7 + 5t \Leftrightarrow s = -3 - 5t \text{ in } (3) \\ (2)\ 4 - 2s = 2 + 2t \\ (3)\ 5 + s = 5 - 2t \end{matrix}$$

$5 + (-3 - 5t) = 5 - 2t \Leftrightarrow t = -1$ in (1)

$s = -3 + 5 = 2$

Die Probe in (2) liefert mit $4 - 2 \cdot 2 = 2 + 2 \cdot (-1) \Leftrightarrow 0 = 0$ eine wahre Aussage.

Der Ortsvektor zum Schnittpunkt S ist

$$\begin{pmatrix} 4 \\ 4 \\ 5 \end{pmatrix} + 2 \cdot \begin{pmatrix} -1 \\ -2 \\ 1 \end{pmatrix} = \begin{pmatrix} 2 \\ 0 \\ 7 \end{pmatrix} \text{ oder } \begin{pmatrix} 7 \\ 2 \\ 5 \end{pmatrix} + (-1) \cdot \begin{pmatrix} 5 \\ 2 \\ -2 \end{pmatrix} = \begin{pmatrix} 2 \\ 0 \\ 7 \end{pmatrix}$$

$\Rightarrow$ g und h schneiden sich im Punkt $S(2|0|7)$.

d) $g\colon \vec{x} = \begin{pmatrix}1\\0\\2\end{pmatrix} + s\cdot\begin{pmatrix}-3\\2\\2\end{pmatrix},\ s\in\mathbb{R}$ und $h\colon \vec{x} = \begin{pmatrix}4\\-1\\8\end{pmatrix} + t\cdot\begin{pmatrix}4\\-5\\2\end{pmatrix},\ t\in\mathbb{R}$

1) Untersuchung auf Parallelität:

$$k\cdot\begin{pmatrix}-3\\2\\2\end{pmatrix} = \begin{pmatrix}4\\-5\\2\end{pmatrix} \Rightarrow \left.\begin{array}{ll}(1) & -3k = 4 \Leftrightarrow k = -\frac{3}{4}\\ (2) & 2k = -5 \Leftrightarrow k = -\frac{5}{2}\\ (3) & 2k = 2 \Leftrightarrow k = 1\end{array}\right\} \Rightarrow g \nparallel h$$

2) Untersuchung auf genau einen Schnittpunkt:

$$\begin{pmatrix}1\\0\\2\end{pmatrix} + s\cdot\begin{pmatrix}-3\\2\\2\end{pmatrix} = \begin{pmatrix}4\\-1\\8\end{pmatrix} + t\cdot\begin{pmatrix}4\\-5\\2\end{pmatrix} \Rightarrow \begin{array}{ll}(1) & 1-3s = 4+4t\\ (2) & 2s = -1-5t\\ (3) & 2+2s = 8+2t \Leftrightarrow s = 3+t \text{ in } (2)\end{array}$$

$2\cdot(3+t) = -1-5t \Leftrightarrow t = -1$ in (3)

$s = 2$

Die Probe in (1) $1-3\cdot 2 = 4+4\cdot(-1) \Leftrightarrow -5 = 0$ liefert eine falsche Aussage

$\Rightarrow$ g und h sind windschief.

e) g und h schneiden sich in $S(4|4|-1)$ $(s = 4;\ t = -3)$.

f) g und h sind parallel.

g) g und h sind windschief.

h) g und h sind identisch.

i) g und h schneiden sich in $S\left(\frac{2}{3}\middle|\frac{1}{3}\middle|0\right)$ $\left(s = \frac{8}{3};\ t = -\frac{1}{3}\right)$.

A

5. Bestimmen Sie $t\in\mathbb{R}$ so, dass die Geraden g_t und h_t parallel sind. Sind sie dann echt parallel oder identisch?

a) $g_t\colon \vec{x} = \begin{pmatrix}1\\-3\\t\end{pmatrix} + r\cdot\begin{pmatrix}2\\t\\4\end{pmatrix},\ r\in\mathbb{R}$ und $h_t\colon \vec{x} = \begin{pmatrix}3\\-5\\-t\end{pmatrix} + s\cdot\begin{pmatrix}-1\\1\\t\end{pmatrix},\ s\in\mathbb{R}$

b) $g_t\colon \vec{x} = \begin{pmatrix}7\\-3\\3t\end{pmatrix} + r\cdot\begin{pmatrix}-1\\2\\1\end{pmatrix},\ r\in\mathbb{R}$ und $h_t\colon \vec{x} = \begin{pmatrix}5\\1\\1\end{pmatrix} + s\cdot\begin{pmatrix}4\\-8\\3t\end{pmatrix},\ s\in\mathbb{R}$

c) $g_t\colon \vec{x} = \begin{pmatrix}t\\0\\1\end{pmatrix} + r\cdot\begin{pmatrix}-4\\2t^2\\-t^2\end{pmatrix},\ r\in\mathbb{R}$ und $h_t\colon \vec{x} = \begin{pmatrix}-1\\t\\2\end{pmatrix} + s\cdot\begin{pmatrix}3\\-6\\3\end{pmatrix},\ s\in\mathbb{R}$

L

5. a) $g_t\colon \vec{x} = \begin{pmatrix}1\\-3\\t\end{pmatrix} + r\cdot\begin{pmatrix}2\\t\\4\end{pmatrix},\ r\in\mathbb{R}$ und $h_t\colon \vec{x} = \begin{pmatrix}3\\-5\\-t\end{pmatrix} + s\cdot\begin{pmatrix}-1\\1\\t\end{pmatrix},\ s\in\mathbb{R}$

1) Untersuchung auf Parallelität:

$$k\cdot\begin{pmatrix}-1\\1\\t\end{pmatrix} = \begin{pmatrix}2\\t\\4\end{pmatrix} \Rightarrow \begin{array}{ll}(1) & -k = 2 \Leftrightarrow k = -2 \text{ in } (2)\\ (2) & k = t\\ (3) & t\cdot k = 4\end{array}$$

(1) in (2): $t = -2$

Probe in (3) liefert mit $(-2)\cdot(-2) = 4$ eine wahre Aussage $\Rightarrow$ g_{-2} und h_{-2} sind parallel.

Untersuchung auf Identität:

$$\begin{pmatrix}3\\-5\\2\end{pmatrix}=\begin{pmatrix}1\\-3\\-2\end{pmatrix}+r\cdot\begin{pmatrix}2\\-2\\4\end{pmatrix}\Rightarrow\begin{array}{ll}(1) & 3=1+\ \ 2r\Leftrightarrow\ \ 2=\ \ 2r\Leftrightarrow r=1\\(2) & -5=-3-2r\Leftrightarrow -2=-2r\Leftrightarrow r=1\\(3) & 2=-2+4r\Leftrightarrow\ \ 4=\ \ 4r\Leftrightarrow r=1\end{array}$$

$B(3|-5|2)$ liegt sowohl auf der Geraden g_{-2}, als auch auf der Geraden h_{-2}.

$\Rightarrow g_{-2}$ und h_{-2} sind identisch.

b) Für $t=-\frac{4}{3}$ sind g_t und h_t echt parallel.

c) Für $t=2$ sind g_t und h_t echt parallel. Für $t=-2$ sind sie identisch.

6. Bestimmen Sie $t\in\mathbb{R}$ so, dass sich die Geraden g_t und h_t schneiden. **A**
Für welche $t\in\mathbb{R}$ sind die beiden Geraden windschief?

a) $g_t\colon \vec{x}=\begin{pmatrix}0\\9\\2\end{pmatrix}+r\cdot\begin{pmatrix}2\\-4\\t\end{pmatrix},\ r\in\mathbb{R}$ und $h_t\colon \vec{x}=\begin{pmatrix}5\\-t\\6\end{pmatrix}+s\cdot\begin{pmatrix}-1\\2\\1\end{pmatrix},\ s\in\mathbb{R}$

b) $g_t\colon \vec{x}=\begin{pmatrix}-3\\2\\t\end{pmatrix}+r\cdot\begin{pmatrix}2\\1\\0\end{pmatrix},\ r\in\mathbb{R}$ und $h_t\colon \vec{x}=\begin{pmatrix}1\\4\\t\end{pmatrix}+s\cdot\begin{pmatrix}-4\\t\\1\end{pmatrix},\ s\in\mathbb{R}$

c) $g_t\colon \vec{x}=\begin{pmatrix}5\\3\\7\end{pmatrix}+r\cdot\begin{pmatrix}1\\2\\t\end{pmatrix},\ r\in\mathbb{R}$ und $h_t\colon \vec{x}=\begin{pmatrix}0\\2t\\-4\end{pmatrix}+s\cdot\begin{pmatrix}1\\-1\\3\end{pmatrix},\ s\in\mathbb{R}$

6. a) $g_t\colon \vec{x}=\begin{pmatrix}0\\9\\2\end{pmatrix}+r\cdot\begin{pmatrix}2\\-4\\t\end{pmatrix},\ r\in\mathbb{R}$ und $h_t\colon \vec{x}=\begin{pmatrix}5\\-t\\6\end{pmatrix}+s\cdot\begin{pmatrix}-1\\2\\1\end{pmatrix},\ s\in\mathbb{R}$ **L**

1) Untersuchung auf Parallelität:

$$k\cdot\begin{pmatrix}-1\\2\\1\end{pmatrix}=\begin{pmatrix}2\\-4\\t\end{pmatrix}\Rightarrow\begin{array}{ll}(1) & -k=\ \ 2\Leftrightarrow k=-2\ \text{in (3)}\\(2) & 2k=-4\Leftrightarrow k=-2\\(3) & k=t\end{array}$$

$t=-2\Rightarrow$ Für $t=-2$ sind g_t und h_t parallel.

2) Untersuchung auf genau einen Schnittpunkt für $t\neq-2$:

$$\begin{pmatrix}0\\9\\2\end{pmatrix}+r\cdot\begin{pmatrix}2\\-4\\t\end{pmatrix}=\begin{pmatrix}5\\-t\\6\end{pmatrix}+s\cdot\begin{pmatrix}-1\\2\\1\end{pmatrix}\Rightarrow\begin{array}{ll}(1) & 2r=5-\ \ s\Leftrightarrow s=5-2r\ \text{in (2)}\\(2) & 9-4r=\ -t+2s\\(3) & 2+t\cdot r=6+\ \ s\end{array}$$

(2 a) $9-4r=-t+2\cdot(5-2r)\Leftrightarrow t=1$

(1) und (2 a) in (3): $2+r=6+5-2r\Leftrightarrow r=3$ in (1)

$s=-1$

Der Ortsvektor zum Schnittpunkt S ist

$\begin{pmatrix}0\\9\\2\end{pmatrix}+3\cdot\begin{pmatrix}2\\-4\\1\end{pmatrix}=\begin{pmatrix}6\\-3\\5\end{pmatrix}$ oder $\begin{pmatrix}5\\-1\\6\end{pmatrix}-\begin{pmatrix}-1\\2\\1\end{pmatrix}=\begin{pmatrix}6\\-3\\5\end{pmatrix}$.

Für $t=1$ schneiden sich g_t und h_t in $S(6|-3|5)$, für $t\in\mathbb{R}\setminus\{-2;1\}$ sind g_t und h_t windschief.

b) g_t und h_t schneiden sich für alle $t\in\mathbb{R}$ in $S(1|4|t)$ $(r=2;\ s-0)$.

c) Für $t=1$ schneiden sich g_t und h_t in $S(3|-1|5)$ $(r=-2;\ s=3)$.

Für $t=6$ schneiden sich g_t und h_t in $S\left(\frac{19}{3}\middle|\frac{17}{3}\middle|15\right)$ $\left(r=\frac{4}{3};\ s=\frac{19}{3}\right)$.

Für $t\in\mathbb{R}\setminus\{1;6\}$ sind g_t und h_t windschief.

A

7. Prüfen Sie, ob die angegebenen Punkte in der Ebene E liegen.

a) $A(6|-4|2)$, $B(3|2|2)$, $C(0|-7|-2)$, $E: 6x_1 + 2x_2 - 9x_3 = 4$

b) $A(2|1|1)$, $B(2|-6|-3)$, $C(1|8|7)$, $E: \vec{x} = \begin{pmatrix}1\\2\\2\end{pmatrix} + s\cdot\begin{pmatrix}1\\-1\\-1\end{pmatrix} + t\cdot\begin{pmatrix}4\\1\\-1\end{pmatrix}$; $s, t \in \mathbb{R}$

c) $A(4|-1|3)$, $B(1|-2|5)$, $C(2|-8|7)$, $E: 6x_1 + x_2 = 4$

d) $A(1|3|0)$, $B(5|0|2)$, $C(4|-7|-3)$, $E: \vec{x} = \begin{pmatrix}1\\7\\1\end{pmatrix} + s\cdot\begin{pmatrix}1\\4\\2\end{pmatrix} + t\cdot\begin{pmatrix}3\\-4\\2\end{pmatrix}$; $s, t \in \mathbb{R}$

L

7. a) $A(6|-4|2)$, $B(3|2|2)$, $C(0|-7|-2)$, $E: 6x_1 + 2x_2 - 9x_3 = 4$

Punktprobe für A: $6\cdot 6 + 2\cdot(-4) - 9\cdot 2 = 4 \Leftrightarrow 10 = 4$ falsch $\Rightarrow A \notin E$

Punktprobe für B: $6\cdot 3 + 2\cdot 2 - 9\cdot 2 = 4 \Leftrightarrow 4 = 4$ wahr $\Rightarrow B \in E$

Punktprobe für C: $6\cdot 0 + 2\cdot(-7) - 9\cdot(-2) = 4 \Leftrightarrow 4 = 4$ wahr $\Rightarrow C \in E$

b) $E: 2x_1 - 3x_2 + 5x_3 = 6$; $A \in E$, $B \notin E$, $C \notin E$

c) $A \notin E$, $B \in E$, $C \in E$

d) $E: 4x_1 + x_2 - 4x_3 = 7$; $A \in E$, $B \notin E$, $C \notin E$

A

8. Beschreiben Sie die Vorgehensweise bei der Untersuchung der Lagebeziehung, wenn g in Paramterform und E als Koordinatengleichung gegeben sind.

L

8. **Skizzen**

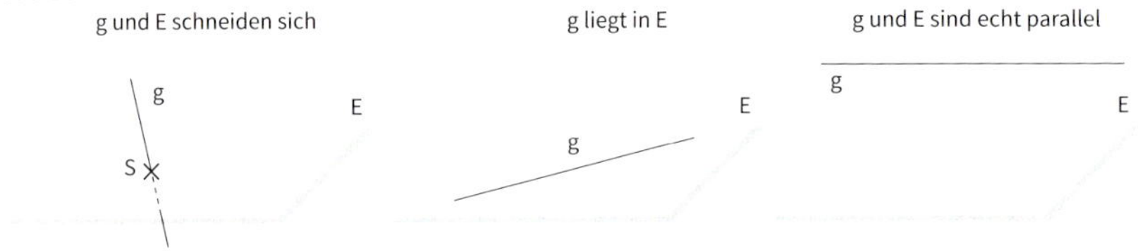

Es sei $g: \vec{x} = \vec{a} + s\cdot\vec{u}$, $s \in \mathbb{R}$ und $E: n_1x_1 + n_2x_2 + n_3x_3 = d$. Die Punktprobe von g in E liefert eine lineare Gleichung für s. Besitzt sie

- genau eine Lösung, so besitzen g und h genau einen Schnittpunkt S.
- unendlich viele Lösungen, so liegt g in E.
- keine Lösung, so sind g und E echt parallel.

A

9. Die Punkte $A(2|0|3)$, $B(4|1|1)$, $C(-3|5|5)$ bilden ein Dreieck. Untersuchen Sie, ob der Punkt $P(1|2|3)$ innerhalb des Dreiecks ABC liegt.

L

9. Der Ansatz $\overrightarrow{OP} = \overrightarrow{OA} + s\cdot\overrightarrow{AB} + t\cdot\overrightarrow{AC}$ führt auf $\begin{pmatrix}1\\2\\3\end{pmatrix} = \begin{pmatrix}2\\0\\3\end{pmatrix} + s\begin{pmatrix}2\\1\\-2\end{pmatrix} + t\begin{pmatrix}-5\\5\\2\end{pmatrix}$.

Das zugehörige LGS hat das Lösungspaar $s = \frac{1}{3}$ und $t = \frac{1}{3}$.

P liegt innerhalb des Dreiecks, da $s > 0$, $t > 0$ und $0 < s + t < 1$.

10. Untersuchen Sie die Lagebeziehung der Geraden g und der Ebene E. A

a) $g: \vec{x} = \begin{pmatrix} 7 \\ -3 \\ 9 \end{pmatrix} + s \cdot \begin{pmatrix} -3 \\ 2 \\ -4 \end{pmatrix},\ s \in \mathbb{R}$ und $E: 5x_1 + 3x_2 - 7x_3 = 1$

b) $g: \vec{x} = \begin{pmatrix} 3 \\ 0 \\ -2 \end{pmatrix} + s \cdot \begin{pmatrix} 1 \\ -1 \\ -1 \end{pmatrix},\ s \in \mathbb{R}$ und $E: 4x_1 - x_2 + 5x_3 = 2$

c) $g: \vec{x} = \begin{pmatrix} 2 \\ 1 \\ 2 \end{pmatrix} + s \cdot \begin{pmatrix} 1 \\ -2 \\ 1 \end{pmatrix},\ s \in \mathbb{R}$ und $E: 7x_1 + 2x_2 - 3x_3 = 8$

d) $g: \vec{x} = \begin{pmatrix} 7 \\ 3 \\ -3 \end{pmatrix} + s \cdot \begin{pmatrix} 3 \\ 2 \\ -1 \end{pmatrix},\ s \in \mathbb{R}$ und $E: 6x_1 + 7x_2 - 6x_3 = 5$

e) $g: \vec{x} = \begin{pmatrix} 5 \\ 0 \\ 2 \end{pmatrix} + s \cdot \begin{pmatrix} 7 \\ 1 \\ -4 \end{pmatrix},\ s \in \mathbb{R}$ und $E: x_1 + x_2 + 2x_3 = 0$

f) $g: \vec{x} = \begin{pmatrix} 1 \\ -1 \\ 4 \end{pmatrix} + s \cdot \begin{pmatrix} 3 \\ 4 \\ 6 \end{pmatrix},\ s \in \mathbb{R}$ und $E: 4x_1 - 3x_2 = 7$

g) $g: \vec{x} = \begin{pmatrix} -2 \\ 2 \\ -9 \end{pmatrix} + s \cdot \begin{pmatrix} 2 \\ -1 \\ 4 \end{pmatrix},\ s \in \mathbb{R}$ und $E: 4x_1 + 16x_2 - 13x_3 = -159$

h) $g: \vec{x} = \begin{pmatrix} 2 \\ -6 \\ 12 \end{pmatrix} + r \cdot \begin{pmatrix} 1 \\ -4 \\ 7 \end{pmatrix},\ r \in \mathbb{R}$ und $E: \begin{pmatrix} 2 \\ 1 \\ 1 \end{pmatrix} + s \cdot \begin{pmatrix} 9 \\ 13 \\ 10 \end{pmatrix} + t \cdot \begin{pmatrix} 3 \\ 2 \\ 2 \end{pmatrix};\ s, t \in \mathbb{R}$

10. a) $g: \vec{x} = \begin{pmatrix} 7 \\ -3 \\ 9 \end{pmatrix} + s \cdot \begin{pmatrix} -3 \\ 2 \\ -4 \end{pmatrix},\ s \in \mathbb{R}$ und $E: 5x_1 + 3x_2 - 7x_3 = 1$ L

Die Punktprobe für g in E liefert: $5 \cdot (7 - 3s) + 3 \cdot (-3 + 2s) - 7 \cdot (9 - 4s) = 1$

$\Leftrightarrow\ 35 - 15s - 9 + 6s - 63 + 28s = 1\ \Leftrightarrow\ -37 + 19s = 1\ \Leftrightarrow\ 19s = 38\ \Leftrightarrow\ s = 2$

Der Ortsvektor zum Schnittpunkt S ist $\begin{pmatrix} 7 \\ -3 \\ 9 \end{pmatrix} + 2 \cdot \begin{pmatrix} -3 \\ 2 \\ -4 \end{pmatrix} = \begin{pmatrix} 1 \\ 1 \\ 1 \end{pmatrix}$

$\Rightarrow$ g schneidet die Ebene E im Punkt $S(1|1|1)$

b) $g: \vec{x} = \begin{pmatrix} 3 \\ 0 \\ -2 \end{pmatrix} + s \cdot \begin{pmatrix} 1 \\ -1 \\ -1 \end{pmatrix},\ s \in \mathbb{R}$ und $E: 4x_1 - x_2 + 5x_3 = 2$

Die Punktprobe für g in E liefert:

$4 \cdot (3 + s) - 1 \cdot (-s) + 5 \cdot (-2 - s) = 2\ \Leftrightarrow\ 12 + 4s + s - 10 - 5s = 2\ \Leftrightarrow\ 2 = 2$

Für alle $s \in \mathbb{R}$ erhält man eine wahre Aussage $\Rightarrow$ g liegt in E.

c) $g: \vec{x} = \begin{pmatrix} 2 \\ 1 \\ 2 \end{pmatrix} + s \cdot \begin{pmatrix} 1 \\ -2 \\ 1 \end{pmatrix},\ s \in \mathbb{R}$ und $E: 7x_1 + 2x_2 - 3x_3 = 8$

Die Punktprobe für g in E liefert:

$7 \cdot (2 + s) + 2 \cdot (1 - 2s) - 3 \cdot (2 + s) = 8\ \Leftrightarrow\ 14 + 7s + 2 - 4s - 6 - 3s = 8\ \Leftrightarrow\ 10 = 8$

Für alle $s \in \mathbb{R}$, erhält man eine falsche Aussage. g und E sind echt parallel.

d) g schneidet E in $S(1|-1|-1)$ $(s = -2)$.

e) g und E sind echt parallel.

f) g liegt in der Ebene E.

g) g schneidet E in $S(8|-3|11)$ $(s = 5)$.

h) $E: 2x_1 + 4x_2 - 7x_3 = 1$; g schneidet E in $S\left(\frac{1}{3}\middle|\frac{2}{3}\middle|\frac{1}{3}\right)$ $\left(s = -\frac{5}{3}\right)$.

A

11. Untersuchen Sie die Lagebeziehung der Geraden g_t und der Ebene E_t in Abhängigkeit von $t \in \mathbb{R}$.

a) $g_t: \vec{x} = \begin{pmatrix} -1 \\ 4 \\ t \end{pmatrix} + s \cdot \begin{pmatrix} 3t \\ t \\ 9 \end{pmatrix}$, $s \in \mathbb{R}$ und $E_t: 7x_1 + 3t \cdot x_2 - 6x_3 = 5$

b) $g_t: \vec{x} = \begin{pmatrix} t \\ -8 \\ -2 \end{pmatrix} + s \cdot \begin{pmatrix} 1 \\ -1 \\ -t \end{pmatrix}$, $s \in \mathbb{R}$ und $E_t: 4x_1 - t \cdot x_2 + 5x_3 = 2$

c) $g_t: \vec{x} = \begin{pmatrix} 1 \\ 0 \\ t \end{pmatrix} + s \cdot \begin{pmatrix} 5t \\ t \\ -11 \end{pmatrix}$, $s \in \mathbb{R}$ und $E_t: 5x_1 + 7t \cdot x_2 - 2x_3 = 9$

L

11. a) $g_t: \vec{x} = \begin{pmatrix} -1 \\ 4 \\ t \end{pmatrix} + s \cdot \begin{pmatrix} 3t \\ t \\ 9 \end{pmatrix}$, $s \in \mathbb{R}$ und $E_t: 7x_1 + 3t \cdot x_2 - 6x_3 = 5$

Die Punktprobe für g_t in E_t liefert:

$7 \cdot (-1 + 3st) + 3t \cdot (4 + st) - 6 \cdot (t + 9s) = 5$

$\Leftrightarrow\ -7 + 21st + 12t + 3st^2 - 6t - 54s = 5 \ \Leftrightarrow\ 3st^2 + 21st - 54s = -6t + 12$

$\Leftrightarrow\ 3s \cdot (t^2 + 7t - 18) = 6 \cdot (-t + 2) \ \Leftrightarrow\ s \cdot (t^2 + 7t - 18) = 2 \cdot (-t + 2) \quad (\#)$

Nun ist zu untersuchen für welche Werte von t der Faktor bei s null wird, denn dann kann nicht nach s aufgelöst werden:

$t^2 + 7t - 18 = 0 \Leftrightarrow t = 2 \vee t = -9,$

$t = 2$ eingesetzt in (#) ergibt $0 = 0$. Dies ist eine wahre Aussage.

$\Rightarrow$ Für $t_1 = 2$ liegt g_t in E_t.

$t = -9$ eingesetzt in (#) ergibt $0 = 22$. Dies ist eine falsche Aussage.

$\Rightarrow$ Für $t_2 = -9$ sind g_t und E_t echt parallel.

Bei allen anderen Werten für t ist die Gleichung (#) nach s auflösbar:

$s = \frac{2 \cdot (-t + 2)}{t^2 + 7t - 18} \Leftrightarrow s = \frac{2 \cdot (2 - t)}{(t - 2) \cdot (t + 9)} \Leftrightarrow s = \frac{2}{(t + 9)}$

$\Rightarrow$ Für $t \in \mathbb{R} \setminus \{-9; 2\}$ besitzen g_t und E_t genau einen Schnittpunkt.

b) Für $t = 1$ liegt g_t in E_t.

Für $t \neq 1$ und $s = 3$ besitzen g_t und E_t nur den Schnittpunkt $S(t + 3 \mid -11 \mid -2 - 3t)$

c) Für $t = -2$ liegt g_t in E_t.

Für $t = -\frac{11}{7}$ sind g_t und E_t echt parallel.

Für $t \in \mathbb{R} \setminus \left\{-2; -\frac{11}{7}\right\}$ besitzen g_t und E_t genau einen Schnittpunkt.

A

12. Skizzieren Sie die möglichen Lagebeziehungen zweier Ebenen E und F. Beschreiben Sie die Vorgehensweise bei der Untersuchung der Lagebeziehung, wenn E in Parameterform und F als Koordinatengleichung gegeben sind.

12. Skizzen

E und F sind echt parallel | E und F sind identisch | E und F schneiden sich

Es sei $E: \vec{x} = \vec{a} + s \cdot \vec{u} + t \cdot \vec{v},\ s, t \in \mathbb{R}$ und $F: n_1 x_1 + n_2 x_2 + n_3 x_3 = d$.

Die Punktprobe von E in F liefert eine lineare Gleichung für s und t. Ist sie

- unlösbar, dann sind E und F echt parallel.
- für alle $s \in \mathbb{R}$ und alle $t \in \mathbb{R}$ lösbar, so liegen alle Punkte von E in F. Die Ebenen E und F sind somit identisch.
- in Abhängigkeit von t lösbar, so schneiden sich E und F in g.

13. Untersuchen Sie die Lagebeziehung der Ebenen E_1 und E_2.

a) $E: \vec{x} = \begin{pmatrix} 4 \\ 1 \\ 0 \end{pmatrix} + s \cdot \begin{pmatrix} 1 \\ -2 \\ 1 \end{pmatrix} + t \cdot \begin{pmatrix} 1 \\ 1 \\ 3 \end{pmatrix};\ s, t \in \mathbb{R}$ und $F: 7x_1 + 2x_2 - 3x_3 = 8$

b) $E: \vec{x} = \begin{pmatrix} -2 \\ 2 \\ -1 \end{pmatrix} + s \cdot \begin{pmatrix} 6 \\ -2 \\ 3 \end{pmatrix} + t \cdot \begin{pmatrix} 1 \\ 1 \\ 1 \end{pmatrix};\ s, t \in \mathbb{R}$ und $F: 5x_1 + 3x_2 - 8x_3 = 4$

c) $E: \vec{x} = \begin{pmatrix} 4 \\ 2 \\ 1 \end{pmatrix} + s \cdot \begin{pmatrix} 1 \\ -2 \\ 1 \end{pmatrix} + t \cdot \begin{pmatrix} 1 \\ 1 \\ 3 \end{pmatrix};\ s, t \in \mathbb{R}$ und $F: 7x_1 + x_2 - 3x_3 = 25$

d) $E: \vec{x} = \begin{pmatrix} 4 \\ 5 \\ -1 \end{pmatrix} + s \cdot \begin{pmatrix} 2 \\ -1 \\ 0 \end{pmatrix} + t \cdot \begin{pmatrix} 18 \\ 13 \\ -6 \end{pmatrix};\ s, t \in \mathbb{R}$ und $F: 3x_1 + 6x_2 + 22x_3 = 43$

e) $E: \vec{x} = \begin{pmatrix} 2 \\ 2 \\ 2 \end{pmatrix} + s_1 \cdot \begin{pmatrix} 14 \\ 5 \\ 2 \end{pmatrix} + t_1 \cdot \begin{pmatrix} 16 \\ 1 \\ -2 \end{pmatrix};\ s_1, t_1 \in \mathbb{R}$ und $F: \vec{x} = \begin{pmatrix} 8 \\ 1 \\ 0 \end{pmatrix} + s_2 \cdot \begin{pmatrix} 1 \\ -2 \\ -2 \end{pmatrix} + t_2 \cdot \begin{pmatrix} 5 \\ 1 \\ 0 \end{pmatrix};\ s_2, t_2 \in \mathbb{R}$

f) $E: 8x_1 - 4x_2 + x_3 = 2$ und $F: 11x_1 + 15x_2 - 14x_3 = -69$

13. a) $E: \begin{pmatrix} x_1 \\ x_2 \\ x_3 \end{pmatrix} = \begin{pmatrix} 4 \\ 1 \\ 0 \end{pmatrix} + s \cdot \begin{pmatrix} 1 \\ -2 \\ 1 \end{pmatrix} + t \cdot \begin{pmatrix} 1 \\ 1 \\ 3 \end{pmatrix};\ s, t \in \mathbb{R}$ und $F: 7x_1 + 2x_2 - 3x_3 = 8$

Die Punktprobe für die Punkte der Ebene E in der Koordinatengleichung von F liefert: $7 \cdot (4 + s + t) + 2 \cdot (1 - 2s + t) - 3(s + 3t) = 8$

$$\Leftrightarrow\ 28 + 7s + 7t + 2 - 4s + 2t - 3s - 9t = 8\ \Leftrightarrow\ 30 = 8$$

Man erhält eine falsche Aussage. Die beiden Ebenen E und F besitzen somit keine gemeinsamen Punkte. Sie sind echt parallel.

b) E: $\begin{pmatrix}x_1\\x_2\\x_3\end{pmatrix}=\begin{pmatrix}-2\\2\\-1\end{pmatrix}+s\cdot\begin{pmatrix}6\\-2\\3\end{pmatrix}+t\cdot\begin{pmatrix}1\\1\\1\end{pmatrix}$; $s,t\in\mathbb{R}$ und F: $5x_1+3x_2-8x_3=4$

Die Punktprobe für E in F liefert:

$5\cdot(-2+6s+t)+3\cdot(2-2s+t)-8\cdot(-1+3s+t)=4$

$\Leftrightarrow\ -10+30s+5t+6-6s+3t+8-24s-8t=4\ \Leftrightarrow\ 4=4$

Man erhält für alle s und alle $t\in\mathbb{R}$ eine wahre Aussage. Alle Punkte der Ebene E liegen damit in der Ebene F. Die Ebenen E und F sind somit identisch.

c) E: $\begin{pmatrix}x_1\\x_2\\x_3\end{pmatrix}=\begin{pmatrix}4\\2\\1\end{pmatrix}+s\cdot\begin{pmatrix}1\\-2\\1\end{pmatrix}+t\cdot\begin{pmatrix}1\\1\\3\end{pmatrix}$; $s,t\in\mathbb{R}$ und F: $7x_1+x_2-3x_3=25$

Die Punktprobe für E_1 in E_2 liefert:

$7\cdot(4+s+t)+1\cdot(2-2s+t)-3\cdot(1+s+3t)=25\ \Leftrightarrow\ t=2+2s$

Einsetzen in die Gleichung von E_1 ergibt:

$\vec{x}=\begin{pmatrix}4\\2\\1\end{pmatrix}+s\cdot\begin{pmatrix}1\\-2\\1\end{pmatrix}+(2+2s)\cdot\begin{pmatrix}1\\1\\3\end{pmatrix}=\begin{pmatrix}4\\2\\1\end{pmatrix}+s\cdot\begin{pmatrix}1\\-2\\1\end{pmatrix}+\begin{pmatrix}2\\2\\6\end{pmatrix}+s\cdot\begin{pmatrix}2\\2\\6\end{pmatrix}=\begin{pmatrix}6\\4\\7\end{pmatrix}+s\cdot\begin{pmatrix}3\\0\\7\end{pmatrix}$

$\Rightarrow$ E und F besitzen die Schnittgerade g: $\vec{x}=\begin{pmatrix}6\\4\\7\end{pmatrix}+s\cdot\begin{pmatrix}3\\0\\7\end{pmatrix}$, $s\in\mathbb{R}$.

d) E und F sind echt parallel.

e) F: $2x_1-10x_2+11x_3=6$; E und F sind identisch.

f) E: $\begin{pmatrix}x_1\\x_2\\x_3\end{pmatrix}=\begin{pmatrix}0\\0\\2\end{pmatrix}+s\cdot\begin{pmatrix}1\\0\\-8\end{pmatrix}+t\cdot\begin{pmatrix}0\\1\\4\end{pmatrix}$; $s,t\in\mathbb{R}$

$\Rightarrow$ E und F besitzen die Schnittgerade g: $\vec{x}=\begin{pmatrix}0\\1\\6\end{pmatrix}+s\cdot\begin{pmatrix}1\\3\\4\end{pmatrix}$, $s\in\mathbb{R}$.

A

14. Untersuchen Sie die Lagebeziehung der Ebenen E_t und E_t^* in Abhängigkeit von $t\in\mathbb{R}$.

a) E_t: $\vec{x}=\begin{pmatrix}1\\0\\2\end{pmatrix}+r\cdot\begin{pmatrix}1\\t\\0\end{pmatrix}+s\cdot\begin{pmatrix}3\\t\\t\end{pmatrix}$; $r,s\in\mathbb{R}$ und E_t^*: $2x_1+x_2-t\cdot x_3=2$

b) E_t: $\vec{x}=\begin{pmatrix}1\\2\\0\end{pmatrix}+r\cdot\begin{pmatrix}1\\-1\\-t\end{pmatrix}+s\cdot\begin{pmatrix}2\\t\\3\end{pmatrix}$; $r,s\in\mathbb{R}$ und E_t^*: $2x_1+x_2+t\cdot x_3=1$

c) E_t: $\vec{x}=\begin{pmatrix}2\\3\\-1\end{pmatrix}+r\cdot\begin{pmatrix}4-2t\\2t\\-t\end{pmatrix}+s\cdot\begin{pmatrix}6-3t\\t\\-1\end{pmatrix}$; $r,t\in\mathbb{R}$ und E_t^*: $x_1+t\cdot x_2+4x_3=4$

L

14. a) E_t: $\vec{x}=\begin{pmatrix}1\\0\\2\end{pmatrix}+r\cdot\begin{pmatrix}1\\t\\0\end{pmatrix}+s\cdot\begin{pmatrix}3\\t\\t\end{pmatrix}$ mit $r,s,t\in\mathbb{R}$ und E_t^*: $2x_1+x_2-t\cdot x_3=2$

Die Punktprobe von E_t in E_t^* liefert:

$2\cdot(1+r+3s)+1\cdot(rt+st)-t\cdot(2+st)=2\ \Leftrightarrow\ 2+2r+6s+rt+st-2t-st^2=2$

$\Leftrightarrow\ r(t+2)+s(-t^2+t+6)=2t\ \ (\#)$

Nun ist zu untersuchen für welche Werte von t beide Faktoren bei s und t null werden, denn dann kann weder nach s noch nach t aufgelöst werden:

$t+2=0\wedge-t^2+t+6=0\ \Leftrightarrow\ t=-2\wedge(t=-2\vee t=3)\ \Leftrightarrow\ t=-2$

$t=-2$ eingesetzt in (#) ergibt $0=-4$. Dies ist eine falsche Aussage

$\Rightarrow$ Für $t=-2$ sind E_t und E_t^* echt parallel.

Bei allen anderen Werte für t ist die Gleichung (#) nach r auflösbar:

$r=\frac{2t-s\cdot(-t^2+t+6)}{t+2}$

$\Rightarrow$ Für $t\neq-2$ besitzen E_t und E_t^* eine Schnittgerade.

b) Die Punktprobe von E_t in E_t^* liefert die Gleichung
$(1-t^2)\cdot r+(4-4t)\cdot s=-3 \Leftrightarrow (1+t)(1-t)\cdot r+4(1-t)\cdot s=-3.$
Für $t=1$ sind E_t und E_t^* echt parallel.
Für $t \neq 1$ besitzen E_t und E_t^* eine Schnittgerade.

c) Die Punktprobe von E_t in E_t^* liefert die Gleichung
$(2t^2-6t+4)\cdot r+(t^2-3t+2)\cdot s=6-3t.$
$\Leftrightarrow 2(t-1)(t-2)\cdot r+(t-1)(t-2)\cdot s=-3t(t-2)$
Für $t=2$ sind E_t und E_t^* identisch.
Für $t=1$ sind E_t und E_t^* echt parallel.
Für $t\in\mathbb{R}\setminus\{1;2\}$ besitzen E_t und E_t^* eine Schnittgerade.

15. Bestimmen Sie die Spurpunkte von E. Stellen Sie E im räumlichen Koordinatensystem mithilfe ihrer Spurgeraden dar. Geben Sie die besondere Lage von E im Koordinatensystem an. A

a) $E: 2x_1+3x_2=6$
b) $E: x_1+2x_2+2x_3=4$
c) $E: 2x_1+3x_2+6x_3=-6$
d) $E: x_1-x_2+x_3=2$
e) $E: x_1+2x_3=2$
f) $E: x_2=2$
g) $E: x_3=1$

15. a) $E: 2x_1+3x_2=6$ L

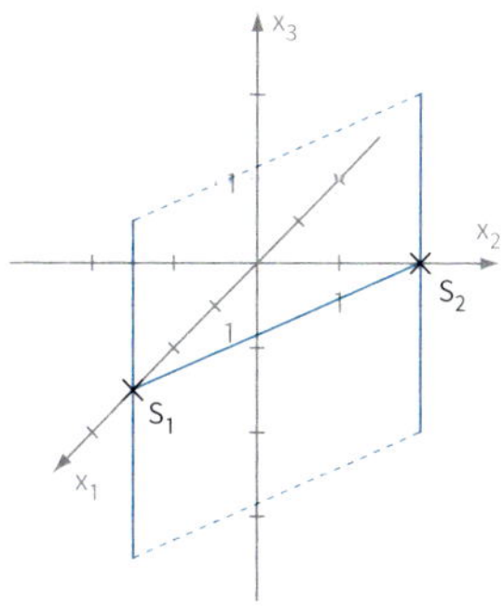

Liegt ein Punkt auf der x_1-Achse, dann ist $x_2=x_3=0$.
Setzt man die beiden Koordinaten in die Koordinatengleichung der Ebene E ein, so erhält man
$2x_1=6 \Leftrightarrow x_1=3$
$\Rightarrow$ E schneidet die x_1-Achse in $S_1(3|0|0)$.
Aus $x_1=x_3=0$ folgt $3x_2=6 \Leftrightarrow x_2=2$
$\Rightarrow$ E schneidet die x_2-Achse in $S_2(0|2|0)$.
Aus $x_1=x_2=0$ folgt $0=6$. Diese Aussage ist falsch.
Es gibt keinen Schnittpunkt von E mit der x_3-Achse.
$\Rightarrow$ E ist echt parallel zur x_3-Achse.
Alternativ erhält man mit der Achsenbeschnittsform von $E: \frac{x_1}{3}+\frac{x_2}{2}=1$ sofort $S_1(3|0|0)$ und $S_2(0|2|0)$.

b) $S_1(4|0|0)$, $S_2(0|2|0)$, $S_3(0|0|2)$

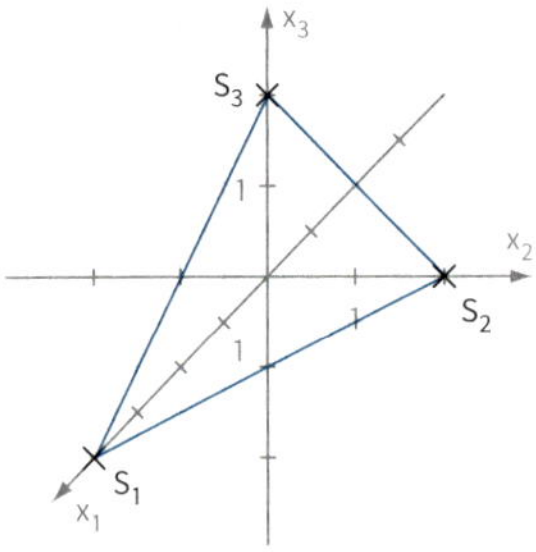

c) $S_1(-3|0|0)$, $S_2(0|-2|0)$, $S_3(0|0|-1)$

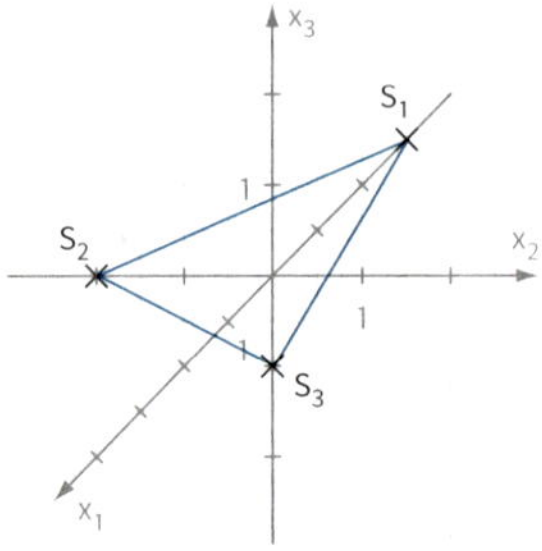

d) $S_1(2|0|0)$, $S_2(0|-2|0)$, $S_3(0|0|2)$

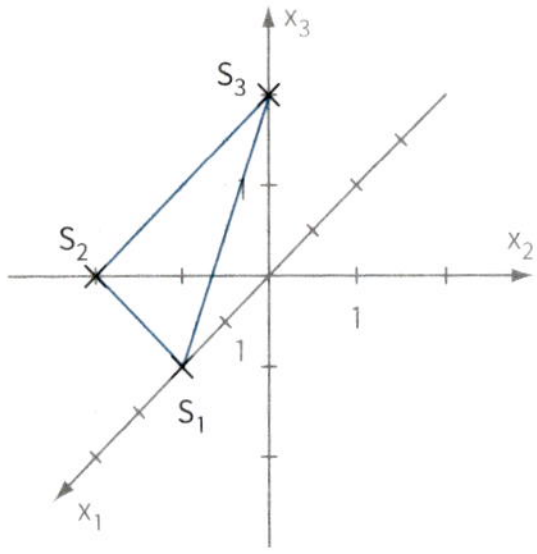

e) $S_1(2|0|0)$, $S_3(0|0|1)$,
E ist parallel zur x_2-Achse

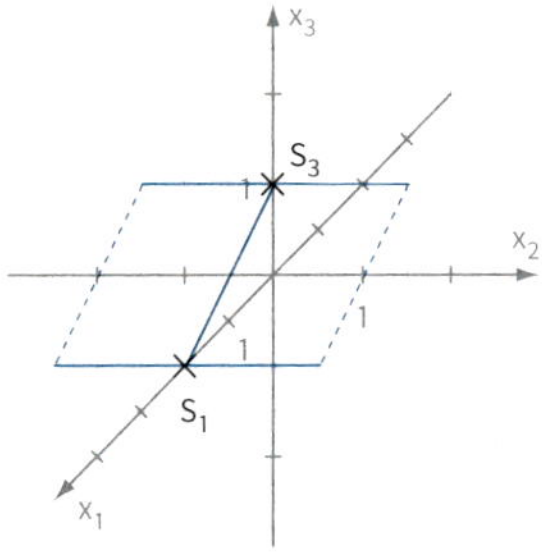

f) $S_2(0|2|0)$, E ist parallel zur x_1x_3-Ebene

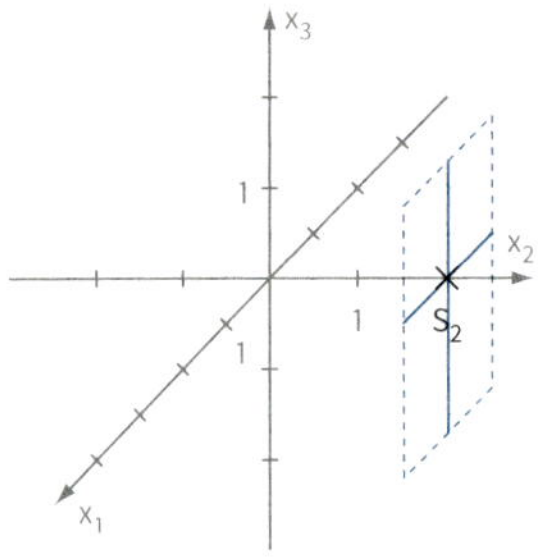

g) $S_3(0|0|1)$, E ist parallel zur x_1x_2-Ebene

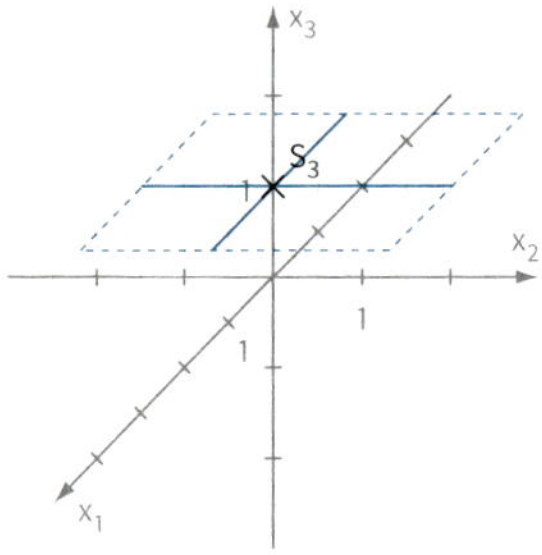

2.3.2 Schnittwinkel

Wissen

Schnittwinkel zweier Geraden

Es ist $\vec{u}$ ein Richtungsvektor der Geraden g und $\vec{v}$ ein Richtungsvektor der Geraden h.
Haben g und h einen Punkt S gemeinsam, dann gilt für die Weite α des Schnittwinkels von g und h:

$$\cos\alpha = \frac{|\vec{u}\cdot\vec{v}|}{|\vec{u}|\cdot|\vec{v}|} \quad \text{mit} \quad 0° \le \alpha \le 90°$$

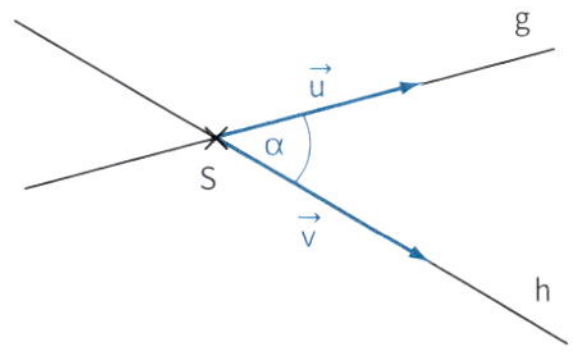

Schnittwinkel von Gerade und Ebene

Es ist $\vec{u}$ ein Richtungsvektor der Geraden g und $\vec{n}$ ein Normalenvektor der Ebene E.
Haben g und E einen Punkt S gemeinsam, dann gilt für die Weite α des Schnittwinkels von g und E:

$$\sin\alpha = \frac{|\vec{u}\cdot\vec{n}|}{|\vec{u}|\cdot|\vec{n}|} \quad \text{mit} \quad 0° \le \alpha \le 90°$$

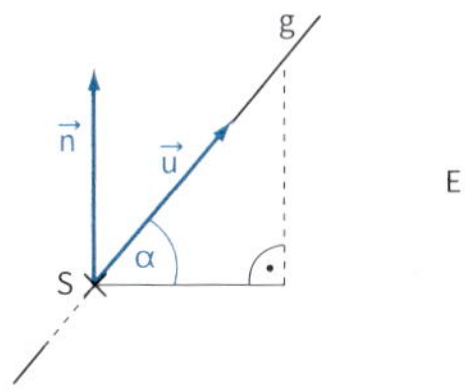

Schnittwinkel zweier Ebenen

Die Vektoren $\vec{n_E}$ und $\vec{n_F}$ sind Normalenvektoren der Ebenen E und F.
Haben E und F eine Gerade g von E und F, dann gilt für die Weite α des Schnittwinkels von E und F:

$$\cos\alpha = \frac{|\vec{n_E}\cdot\vec{n_F}|}{|\vec{n_E}|\cdot|\vec{n_F}|} \quad \text{mit} \quad 0° \le \alpha \le 90°$$

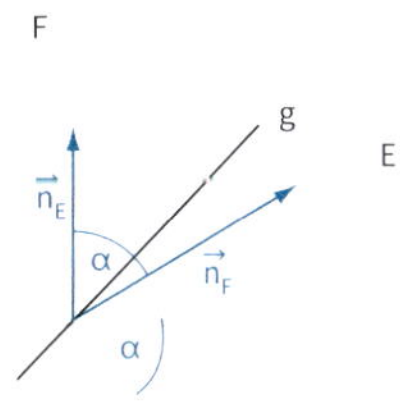

1. Bestimmen Sie die Weite α des Schnittwinkels der Geraden g und h. A

a) $g: \vec{x} = \begin{pmatrix} 0 \\ 3 \\ -4 \end{pmatrix} + s\cdot\begin{pmatrix} 1 \\ 5 \\ 8 \end{pmatrix},\ s\in\mathbb{R}$ und $h: \vec{x} = \begin{pmatrix} 0 \\ 3 \\ -4 \end{pmatrix} + t\cdot\begin{pmatrix} 4 \\ 5 \\ 2 \end{pmatrix},\ t\in\mathbb{R}$

b) $g: \vec{x} = \begin{pmatrix} 0 \\ 4 \\ 2 \end{pmatrix} + s\cdot\begin{pmatrix} 3 \\ 4 \\ 5 \end{pmatrix},\ s\in\mathbb{R}$ und $h: \vec{x} = \begin{pmatrix} 0 \\ 4 \\ 2 \end{pmatrix} + t\cdot\begin{pmatrix} 7 \\ 1 \\ 0 \end{pmatrix},\ t\in\mathbb{R}$

c) $g: \vec{x} = \begin{pmatrix} 1 \\ 2 \\ -7 \end{pmatrix} + s\cdot\begin{pmatrix} 2 \\ 10 \\ 11 \end{pmatrix},\ s\in\mathbb{R}$ und $h: \vec{x} = \begin{pmatrix} 1 \\ 2 \\ -7 \end{pmatrix} + t\cdot\begin{pmatrix} 1 \\ 2 \\ -2 \end{pmatrix},\ t\in\mathbb{R}$

d) $g: \vec{x} = \begin{pmatrix} 9 \\ -5 \\ 5 \end{pmatrix} + s\cdot\begin{pmatrix} 4 \\ -1 \\ 0 \end{pmatrix},\ s\in\mathbb{R}$ und $h: \vec{x} = \begin{pmatrix} 3 \\ -1 \\ 9 \end{pmatrix} + t\cdot\begin{pmatrix} -3 \\ 2 \\ 2 \end{pmatrix},\ t\in\mathbb{R}$

e) $g: \vec{x} = \begin{pmatrix} 8 \\ 4 \\ -1 \end{pmatrix} + s\cdot\begin{pmatrix} 7 \\ 1 \\ 1 \end{pmatrix},\ s\in\mathbb{R}$ und $h: \vec{x} = \begin{pmatrix} 7 \\ -1 \\ 4 \end{pmatrix} + t\cdot\begin{pmatrix} 1 \\ 5 \\ -5 \end{pmatrix},\ t\in\mathbb{R}$

L

1. a) $g: \vec{x} = \begin{pmatrix} 0 \\ 3 \\ -4 \end{pmatrix} + s \cdot \begin{pmatrix} 1 \\ 5 \\ 8 \end{pmatrix}$, $s \in \mathbb{R}$ und $h: \vec{x} = \begin{pmatrix} 0 \\ 3 \\ -4 \end{pmatrix} + t \cdot \begin{pmatrix} 4 \\ 5 \\ 2 \end{pmatrix}$, $t \in \mathbb{R}$

$\Rightarrow \vec{u} = \begin{pmatrix} 1 \\ 5 \\ 8 \end{pmatrix}$ und $\vec{v} = \begin{pmatrix} 4 \\ 5 \\ 2 \end{pmatrix}$

$$\cos\alpha = \frac{\left|\begin{pmatrix} 1 \\ 5 \\ 8 \end{pmatrix} \cdot \begin{pmatrix} 4 \\ 5 \\ 2 \end{pmatrix}\right|}{\left|\begin{pmatrix} 1 \\ 5 \\ 8 \end{pmatrix}\right| \cdot \left|\begin{pmatrix} 4 \\ 5 \\ 2 \end{pmatrix}\right|} = \frac{|1 \cdot 4 + 5 \cdot 5 + 8 \cdot 2|}{\sqrt{1^2 + 5^2 + 8^2} \cdot \sqrt{4^2 + 5^2 + 2^2}} = \frac{45}{\sqrt{90} \cdot \sqrt{45}} = \frac{45}{45 \cdot \sqrt{2}} = \frac{1}{\sqrt{2}} \Rightarrow \alpha = 45°$$

Die Geraden g und h schneiden sich unter einem Winkel von 45°.

b) $\alpha = 60°$ c) $\alpha = 90°$ d) $\alpha = 34{,}6°$ e) $\alpha = 82{,}1°$ f) $\alpha = 68{,}3°$

A

2. Bestimmen Sie die Weite α des Schnittwinkels der Geraden g und der Ebene E.

a) $g: \vec{x} = \begin{pmatrix} 4 \\ 2 \\ -1 \end{pmatrix} + s \cdot \begin{pmatrix} 2 \\ 3 \\ -1 \end{pmatrix}$, $s \in \mathbb{R}$ und $E: x_1 + 5x_2 - 4x_3 = 18$

b) $g: \vec{x} = \begin{pmatrix} 5 \\ 0 \\ 3 \end{pmatrix} + s \cdot \begin{pmatrix} -2 \\ 1 \\ 2 \end{pmatrix}$, $s \in \mathbb{R}$ und $E: 4x_1 + x_2 - x_3 = -1$

c) $g: \vec{x} = \begin{pmatrix} 2 \\ 8 \\ 8 \end{pmatrix} + s \cdot \begin{pmatrix} 5 \\ 7 \\ -1 \end{pmatrix}$, $s \in \mathbb{R}$ und $E: 6x_1 - 5x_2 - 5x_3 = -68$

d) $g: \vec{x} = \begin{pmatrix} 1 \\ 3 \\ -1 \end{pmatrix} + s \cdot \begin{pmatrix} 2 \\ 0 \\ -1 \end{pmatrix}$, $s \in \mathbb{R}$ und $E: \begin{pmatrix} 2 \\ 7 \\ -4 \end{pmatrix} \cdot \vec{x} - 59 = 0$

e) $g: \vec{x} = \begin{pmatrix} 0 \\ 3 \\ 2 \end{pmatrix} + s \cdot \begin{pmatrix} 1 \\ 3 \\ 7 \end{pmatrix}$, $s \in \mathbb{R}$ und $E: \vec{x} = \begin{pmatrix} 7 \\ 4 \\ 9 \end{pmatrix} + s \cdot \begin{pmatrix} 5 \\ 3 \\ -2 \end{pmatrix} + t \cdot \begin{pmatrix} 1 \\ -5 \\ 2 \end{pmatrix}$; $s, t \in \mathbb{R}$

L

2. a) $g: \vec{x} = \begin{pmatrix} 4 \\ 2 \\ -1 \end{pmatrix} + s \cdot \begin{pmatrix} 2 \\ 3 \\ -1 \end{pmatrix}$, $s \in \mathbb{R}$ und $E: x_1 + 5x_2 - 4x_3 = 18$

$\Rightarrow \vec{u} = \begin{pmatrix} 2 \\ 3 \\ -1 \end{pmatrix}$ und $\vec{n} = \begin{pmatrix} 1 \\ 5 \\ -4 \end{pmatrix}$

$$\sin\alpha = \frac{\left|\begin{pmatrix} 2 \\ 3 \\ -1 \end{pmatrix} \cdot \begin{pmatrix} 1 \\ 5 \\ -4 \end{pmatrix}\right|}{\left|\begin{pmatrix} 2 \\ 3 \\ -1 \end{pmatrix}\right| \cdot \left|\begin{pmatrix} 1 \\ 5 \\ -4 \end{pmatrix}\right|} = \frac{|2 \cdot 1 + 3 \cdot 5 + (-1) \cdot (-4)|}{\sqrt{2^2 + 3^2 + (-1)^2} \cdot \sqrt{1^2 + 5^2 + (-4)^2}} = \frac{21}{\sqrt{14} \cdot \sqrt{42}} = \frac{21}{14 \cdot \sqrt{3}} = \frac{3}{2 \cdot \sqrt{3}} = \frac{\sqrt{3}}{2}$$

$\Rightarrow \alpha = 60°$

Die Gerade g und die Ebene E schneiden sich unter einem Winkel der Weite 60°.

b) $\alpha = 45°$ c) $\alpha = 0°$ (g liegt in E)

d) $\alpha = 25{,}5°$ e) $E: x_1 + 3x_2 + 7x_3 = 82$; $\alpha = 90°$

A

3. Bestimmen Sie die Weite α des Schnittwinkels der Ebenen E und F.

a) $E: 2x_1 + 3x_2 + 6x_3 = 26$ und $F: 8x_1 + 5x_2 + 3x_3 = 55$

b) $E: x_1 + x_2 + 2x_3 = 6$ und $F: x_1 + x_3 = 4$

c) $E: 3x_1 + 2x_2 + x_3 = 8$ und $F: \begin{pmatrix} 2 \\ -1 \\ 3 \end{pmatrix} \bullet \left[\vec{x} - \begin{pmatrix} 5 \\ -4 \\ -6 \end{pmatrix}\right] = 0$

d) $E: \begin{pmatrix} 6 \\ 3 \\ 2 \end{pmatrix} \bullet \left[\vec{x} - \begin{pmatrix} 5 \\ -8 \\ -3 \end{pmatrix}\right] = 0$ und $F: \begin{pmatrix} 9 \\ 1 \\ -4 \end{pmatrix} \bullet \left[\vec{x} - \begin{pmatrix} 1 \\ -1 \\ 2 \end{pmatrix}\right] = 0$

e) $E: \vec{x} = \begin{pmatrix} 3 \\ 0 \\ 2 \end{pmatrix} + s \cdot \begin{pmatrix} 2 \\ 4 \\ -5 \end{pmatrix} + t \cdot \begin{pmatrix} 1 \\ 1 \\ -5 \end{pmatrix}$; $s, t \in \mathbb{R}$ und $F: 3x_1 - x_2 - 5x_3 = 53$

3. a) $E: 2x_1 + 3x_2 + 6x_3 = 26$ und $F: 8x_1 + 5x_2 + 3x_3 = 55$ L

$\Rightarrow \overrightarrow{n_E} = \begin{pmatrix} 2 \\ 3 \\ 6 \end{pmatrix}$ und $\overrightarrow{n_F} = \begin{pmatrix} 8 \\ 5 \\ 3 \end{pmatrix}$

$$\cos\alpha = \frac{\left|\begin{pmatrix} 2 \\ 3 \\ 6 \end{pmatrix} \cdot \begin{pmatrix} 8 \\ 5 \\ 3 \end{pmatrix}\right|}{\left|\begin{pmatrix} 2 \\ 3 \\ 6 \end{pmatrix}\right| \cdot \left|\begin{pmatrix} 8 \\ 5 \\ 3 \end{pmatrix}\right|} = \frac{|2 \cdot 8 + 3 \cdot 5 + 3 \cdot 6|}{\sqrt{2^2 + 3^2 + 6^2} \cdot \sqrt{8^2 + 5^2 + 3^2}} = \frac{49}{7 \cdot \sqrt{98}} = \frac{1}{\sqrt{2}} \Rightarrow \alpha = 45°$$

Die Ebenen E und F schneiden sich unter einem Winkel der Weite 45°.

b) $\alpha = 30°$

c) $\alpha = 60°$

d) $\alpha = 45°$

e) $E: 15x_1 - 5x_2 + 2x_3 = 49$; $\alpha \approx 64{,}9°$

4. Gegeben sind die Ebene $E: x_1 - x_2 + x_3 = 5$ und die Gerade $g: \vec{x} = r \cdot \begin{pmatrix} 2 \\ -1 \\ 4 \end{pmatrix}$, $r \in \mathbb{R}$. A

Berechnen Sie die Größe des Schnittwinkels von

a) E und der x_2x_3-Ebene

b) g und der x_1x_2-Ebene

4. a) $\overrightarrow{n_E} = \begin{pmatrix} 1 \\ -1 \\ 1 \end{pmatrix}$, $\overrightarrow{n_F} = \begin{pmatrix} 1 \\ 0 \\ 0 \end{pmatrix}$, $\cos\alpha = \frac{\left|\begin{pmatrix} 1 \\ -1 \\ 1 \end{pmatrix} \cdot \begin{pmatrix} 1 \\ 0 \\ 0 \end{pmatrix}\right|}{\left|\begin{pmatrix} 1 \\ -1 \\ 1 \end{pmatrix}\right| \cdot \left|\begin{pmatrix} 1 \\ 0 \\ 0 \end{pmatrix}\right|} = \frac{1}{\sqrt{3}} \Rightarrow \alpha \approx 54{,}7°$ L

b) $\vec{u} = \begin{pmatrix} 2 \\ -1 \\ 4 \end{pmatrix}$, $\vec{n} = \begin{pmatrix} 0 \\ 0 \\ 1 \end{pmatrix}$, $\sin\alpha = \frac{\left|\begin{pmatrix} 2 \\ -1 \\ 4 \end{pmatrix} \cdot \begin{pmatrix} 0 \\ 0 \\ 1 \end{pmatrix}\right|}{\left|\begin{pmatrix} 2 \\ -1 \\ 4 \end{pmatrix}\right| \cdot \left|\begin{pmatrix} 0 \\ 0 \\ 1 \end{pmatrix}\right|} = \frac{4}{\sqrt{21}} \Rightarrow \alpha \approx 60{,}8°$

5. Begründen Sie die Formeln zu den Schnittwinkeln bei Punktmengen. A

5. Für die Weite α des eingeschlossenen Winkels der Vektoren $\vec{a}$ und $\vec{b}$ gilt: L

$\cos\alpha = \frac{\vec{a} \cdot \vec{b}}{|\vec{a}| \cdot |\vec{b}|}$ mit $0° \le \alpha \le 180°$, folglich $90° < \alpha < 180°$, wenn $\vec{a} \cdot \vec{b} < 0$.

Da bei Punktmengen aber nur $0° \le \alpha \le 90°$ betrachtet wird, setzt man $|\vec{a} \cdot \vec{b}|$. So erhält man wegen $\cos\alpha = -\cos(180° - \alpha)$ bei zwei Geraden (mit den Richtungsvektoren) oder zwei Ebenen (mit den Normalenvektoren) jeweils die richtige Winkelgröße. Bei Gerade und Ebene gilt:

$\frac{|\vec{u} \cdot \vec{n}|}{|\vec{u}| \cdot |\vec{n}|} = \cos\beta = \cos(90° - \alpha) = \sin\alpha.$

Skizze

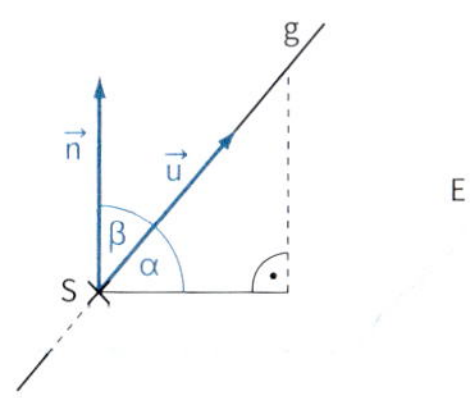

2.4 Abstand

Wissen

Abstand zweier Punkte

Für $P(p_1|p_2|p_3)$ und $Q(q_1|q_2|q_3)$ gilt:

$d(P;Q) = \sqrt{(q_1 - p_1)^2 + (q_2 - p_2)^2 + (q_3 - p_3)^2}$

Abstand eines Punktes von einer Geraden

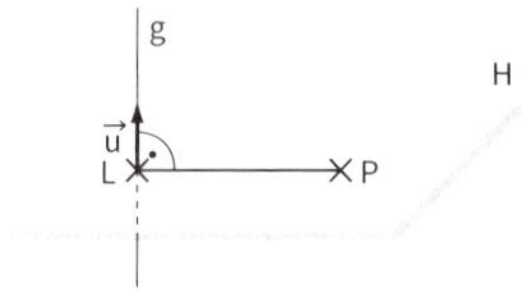

Für P mit Ortsvektor $\vec{p}$ und g mit Richtungsvektor $\vec{u}$ gilt:

$d(P;g) = d(P;L)$.

Dabei ist L der Schnittpunkt von g mit der Hilfsebene H: $\vec{u} \bullet (\vec{x} - \vec{p}) = 0$. Sie verläuft durch P und ist orthogonal zu g.

Alternativ kann man L auch mit der Orthogonalitätsbedingung $\overrightarrow{PL} \cdot \vec{u} = 0$ bestimmen, wobei L zunächst ein allgemeiner Punkt auf g ist, oder man fasst die Aufgabe als Extremwertproblem auf, bei dem ein kürzester Abstand zu bestimmen ist.

Abstand eines Punktes von einer Ebene

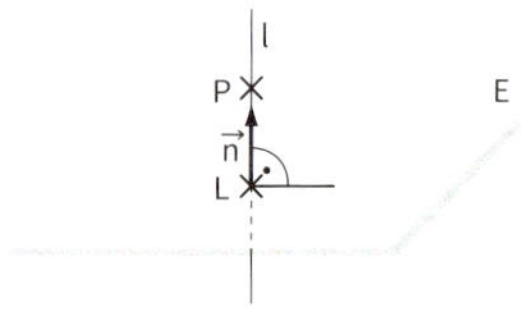

Für $P(p_1|p_2|p_3)$ und die

HNF von E: $\dfrac{n_1x_1 + n_2x_2 + n_3x_3 - d}{\sqrt{n_1^2 + n_2^2 + n_3^2}} = 0$ gilt:

$d(P;E) = \dfrac{|n_1 \cdot p_1 + n_2 \cdot p_2 + n_3 \cdot p_3 - d|}{\sqrt{n_1^2 + n_2^2 + n_3^2}}$

Es gilt auch $d(P;E) = d(P;L)$. Dabei ist L der Schnittpunkt einer Hilfsgeraden l mit der Ebene E. Die Hilfsgerade l verläuft durch P und ist orthogonal zu E.

A

1. Bestimmen Sie den Abstand der Punkte P und Q.

a) $P(-2|4|3)$, $Q(1|4|7)$
b) $P(1|0|-4)$, $Q(7|-2|-1)$
c) $P(-3|8|10)$, $Q(1|1|6)$
d) $P(7|-1|-8)$, $Q(-7|4|-6)$
e) $P(-1|7|3)$, $Q(0|6|-1)$
f) $P(3|1|2)$, $Q(8|3|-2)$

L

1. a) $P(-2|4|3)$, $Q(1|4|7)$

$d(P;Q) = \sqrt{(1-(-2))^2 + (4-4)^2 + (7-3)^2} = \sqrt{3^2 + 0^2 + 4^2} = \sqrt{25} = 5$

P und Q besitzen den Abstand 5 LE.

b) 7 LE c) 9 LE d) 15 LE e) $3\sqrt{2}$ LE

A

2. Bestimmen Sie den Abstand des Punktes P zur Geraden g mit drei verschiedenen Verfahren.

a) $P(0|1|4)$, $g: \vec{x} = \begin{pmatrix} 2 \\ 9 \\ -3 \end{pmatrix} + s \cdot \begin{pmatrix} 2 \\ -3 \\ 2 \end{pmatrix}$, $s \in \mathbb{R}$

b) $P(2|2|-3)$, $g: \vec{x} = \begin{pmatrix} 9 \\ 9 \\ 7 \end{pmatrix} + s \cdot \begin{pmatrix} 3 \\ 4 \\ -2 \end{pmatrix}$, $s \in \mathbb{R}$

c) $P(9|-8|-6),\ g: \vec{x} = \begin{pmatrix} -5 \\ 17 \\ 8 \end{pmatrix} + s \cdot \begin{pmatrix} 1 \\ 6 \\ 2 \end{pmatrix},\ s \in \mathbb{R}$

d) $P(1|1|-4),\ g: \vec{x} = \begin{pmatrix} 7 \\ 1 \\ 4 \end{pmatrix} + s \cdot \begin{pmatrix} 4 \\ 1 \\ -3 \end{pmatrix},\ s \in \mathbb{R}$

e) $P(0|-4|-7),\ g: \vec{x} = \begin{pmatrix} 8 \\ 7 \\ 4 \end{pmatrix} + s \cdot \begin{pmatrix} 2 \\ 2 \\ -1 \end{pmatrix},\ s \in \mathbb{R}$

f) $P(-1|0|1),\ g: \vec{x} = \begin{pmatrix} -1 \\ 1 \\ 3 \end{pmatrix} + s \cdot \begin{pmatrix} 2 \\ 1 \\ -2 \end{pmatrix},\ s \in \mathbb{R}$

2. a) $P(0|1|4),\ g: \vec{x} = \begin{pmatrix} 2 \\ 9 \\ -3 \end{pmatrix} + s \cdot \begin{pmatrix} 2 \\ -3 \\ 2 \end{pmatrix},\ s \in \mathbb{R}$

Skizze

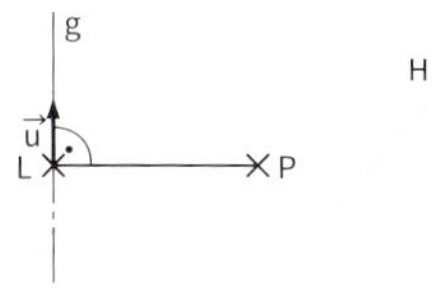

L

Erstes Verfahren (Hilfsebene)

Die Hilfsebene H, die durch P und orthogonal zu g verläuft, besitzt die Gleichung

$H: \begin{pmatrix} 2 \\ -3 \\ 2 \end{pmatrix} \cdot \left[\vec{x} - \begin{pmatrix} 0 \\ 1 \\ 4 \end{pmatrix} \right] = 0$ oder $H: 2x_1 - 3x_2 + 2x_3 = 5$

Die Punktprobe von g in H liefert:

$2 \cdot (2 + 2s) - 3 \cdot (9 - 3s) + 2 \cdot (-3 + 2s) = 5 \Leftrightarrow 4 + 4s - 27 + 9s - 6 + 4s = 5 \Leftrightarrow s = 2$

Der Ortsvektor zum Schnittpunkt L ist $\begin{pmatrix} 2 \\ 9 \\ -3 \end{pmatrix} + 2 \cdot \begin{pmatrix} 2 \\ -3 \\ 2 \end{pmatrix} = \begin{pmatrix} 6 \\ 3 \\ 1 \end{pmatrix} \Rightarrow$ g schneidet E in $L(6|3|1)$,

$d(P; g) = d(P; L) = |\overrightarrow{PL}| = \left| \begin{pmatrix} 6 \\ 3 \\ 1 \end{pmatrix} - \begin{pmatrix} 0 \\ 1 \\ 4 \end{pmatrix} \right| = \left| \begin{pmatrix} 6 \\ 2 \\ -3 \end{pmatrix} \right| = \sqrt{6^2 + 2^2 + (-3)^2} = 7.$

Der Abstand von P zu g beträgt 7 LE.

Zweites Verfahren (Orthogonalitätsbedingung)

Ein allgemeiner Punkt auf g ist $L(2 + 2s|9 - 3s|-3 + 2s)$. Mit $\overrightarrow{PL} = \begin{pmatrix} 2 + 2s \\ 8 - 3s \\ -7 + 2s \end{pmatrix}$,

$\vec{u} = \begin{pmatrix} 2 \\ -3 \\ 2 \end{pmatrix}$ und der Orthogonalitätsbedingung $\vec{u} \cdot \overrightarrow{PL} = 0$ erhält man

$2 \cdot (2 + 2s) - 3 \cdot (8 - 3s) + 2 \cdot (-7 + 2s) = 0 \Leftrightarrow s = 2 \Rightarrow L(6|3|1) \Rightarrow \overrightarrow{PL} \Rightarrow d(P; g) = 7.$

Der Abstand von P zu g beträgt 7 LE.

Drittes Verfahren (Extremwertproblem)

Man bestimmt den kürzesten Abstand eines auf g liegenden Punktes zu P.

Ein allgemeiner Punkt auf g ist $L(2 + 2s|9 - 3s|-3 + 2s),\ s \in \mathbb{R}$.

$|\overrightarrow{PL}| = \left| \begin{pmatrix} 2 + 2s \\ 8 - 3s \\ -7 + 2s \end{pmatrix} \right| = \sqrt{(2 + 2s)^2 + (8 - 3s)^2 + (-7 + 2s)^2}$

$h'(s) = 34s - 68$

$h'(s) = 0 \Leftrightarrow s = 2,\ h(2) = 49 \Rightarrow d(P; g) = \sqrt{49} = 7.$

Der Abstand von P zu g beträgt 7 LE.

b) $H: 3x_1 + 4x_2 - 2x_3 = 20,\quad L(6|5|9),\ d(P; g) = 13$ LE

c) $H: x_1 + 6x_2 + 2x_3 = -51,\quad L(-9|-7|0),\ d(P; g) = 19$ LE

d) $H: 4x_1 + x_2 - 3x_3 = 17,\quad L(7|1|4),\ d(P; g) = 10$ LE

e) $H: 2x_1 + 2x_2 - x_3 = -1, \quad L(2\,|\,1\,|\,7), \; d(P; g) = 15\,\text{LE}$

f) $H: 2x_1 + x_2 - 2x_3 = -4, \quad L\left(-\frac{1}{3}\,\middle|\,\frac{4}{3}\,\middle|\,\frac{7}{3}\right), \; d(P; g) = 2\,\text{LE}$

A

3. Wie kann man den Abstand zweier paralleler Geraden g und h bestimmen?

L

3. Da alle Punkte der Gerade h denselben Abstand zur Geraden g besitzen, wählt man einen beliebigen Punkt auf h und bestimmt dessen Abstand zu g.

A

4. Begründen Sie, dass die Geraden g und h parallel sind.
Berechnen Sie ihren Abstand.

a) $g: \vec{x} = \begin{pmatrix} 1 \\ 10 \\ -9 \end{pmatrix} + s \cdot \begin{pmatrix} 1 \\ -2 \\ 2 \end{pmatrix}, \; s \in \mathbb{R}$ und $h: \vec{x} = \begin{pmatrix} -8 \\ -5 \\ 3 \end{pmatrix} + t \cdot \begin{pmatrix} -2 \\ 4 \\ -4 \end{pmatrix}, \; t \in \mathbb{R}$

b) $g: \vec{x} = \begin{pmatrix} 4 \\ 2 \\ -8 \end{pmatrix} + s \cdot \begin{pmatrix} 5 \\ -6 \\ -2 \end{pmatrix}, \; s \in \mathbb{R}$ und $h: \vec{x} = \begin{pmatrix} -2 \\ -8 \\ 7 \end{pmatrix} + t \cdot \begin{pmatrix} -5 \\ 6 \\ 2 \end{pmatrix}, \; t \in \mathbb{R}$

c) $g: \vec{x} = \begin{pmatrix} 7 \\ -4 \\ -1 \end{pmatrix} + s \cdot \begin{pmatrix} 6 \\ -4 \\ -2 \end{pmatrix}, \; s \in \mathbb{R}$ und $h: \vec{x} = \begin{pmatrix} -7 \\ 5 \\ 9 \end{pmatrix} + t \cdot \begin{pmatrix} -9 \\ 6 \\ 3 \end{pmatrix}, \; t \in \mathbb{R}$

d) $g: \vec{x} = \begin{pmatrix} 15 \\ 6 \\ -11 \end{pmatrix} + s \cdot \begin{pmatrix} -5 \\ -2 \\ 4 \end{pmatrix}, \; s \in \mathbb{R}$ und $h: \vec{x} = \begin{pmatrix} -1 \\ 2 \\ -3 \end{pmatrix} + t \cdot \begin{pmatrix} 10 \\ 4 \\ -8 \end{pmatrix}, \; t \in \mathbb{R}$

L

4. a) $g: \vec{x} = \begin{pmatrix} 1 \\ 10 \\ -9 \end{pmatrix} + s \cdot \begin{pmatrix} 1 \\ -2 \\ 2 \end{pmatrix}, \; s \in \mathbb{R}$ und

$h: \vec{x} = \begin{pmatrix} -8 \\ -5 \\ 3 \end{pmatrix} + t \cdot \begin{pmatrix} -2 \\ 4 \\ -4 \end{pmatrix}, \; t \in \mathbb{R}$

Skizze

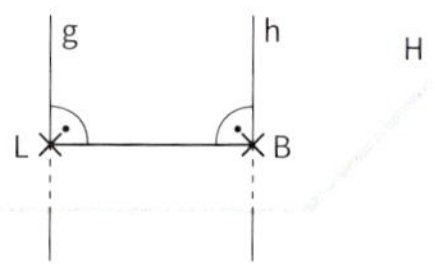

Wegen $(-2) \cdot \begin{pmatrix} 1 \\ -2 \\ 2 \end{pmatrix} = \begin{pmatrix} -2 \\ 4 \\ -4 \end{pmatrix}$ sind die Richtungsvektoren Vielfache $\Rightarrow$ g und h sind parallel.

Man bestimmt den Abstand des auf h liegenden Punktes $B(-8\,|\,-5\,|\,3) \in h$ zu g.

Die Hilfsebene H, die durch B und orthogonal zu g verläuft, besitzt die Gleichung

$H: \begin{pmatrix} 1 \\ -2 \\ 2 \end{pmatrix} \cdot \left[\vec{x} - \begin{pmatrix} -8 \\ -5 \\ 3 \end{pmatrix}\right] = 0$ oder $H: x_1 - 2x_2 + 2x_3 = 8$

Die Punktprobe für die Gerade g in H liefert:

$1 \cdot (1 + s) - 2 \cdot (10 - 2s) + 2 \cdot (-9 + 2s) = 8 \Leftrightarrow 1 + s - 20 + 4s - 18 + 4s = 8 \Leftrightarrow s = 5$

Der Ortsvektor zum Schnittpunkt L ist $\begin{pmatrix} 1 \\ 10 \\ -9 \end{pmatrix} + 5 \cdot \begin{pmatrix} 1 \\ -2 \\ 2 \end{pmatrix} = \begin{pmatrix} 6 \\ 0 \\ 1 \end{pmatrix} \Rightarrow L(6\,|\,0\,|\,1)$,

$d(g; h) = d(B; g) = |\overrightarrow{BL}| = \left|\begin{pmatrix} 6 \\ 0 \\ 1 \end{pmatrix} - \begin{pmatrix} -8 \\ -5 \\ 3 \end{pmatrix}\right| = \left|\begin{pmatrix} 14 \\ 5 \\ -2 \end{pmatrix}\right| = \sqrt{14^2 + 5^2 + (-2)^2} = 15.$

Der Abstand von g und h beträgt 15 LE.

b) $(-1) \cdot \begin{pmatrix} 5 \\ -6 \\ -2 \end{pmatrix} = \begin{pmatrix} -5 \\ 6 \\ 2 \end{pmatrix} \Rightarrow$ g und h sind parallel.

$H: 5x_1 - 6x_2 - 2x_3 = 24, \; d(B; g) = d(B; L(4\,|\,2\,|\,-8)), \; d(g; h) = 19\,\text{LE}$

c) $\left(-\frac{3}{2}\right) \cdot \begin{pmatrix} 6 \\ -4 \\ -2 \end{pmatrix} = \begin{pmatrix} -9 \\ 6 \\ 3 \end{pmatrix} \Rightarrow$ g und h sind parallel.

$H: 3x_1 - 2x_2 - x_3 = -40, \; d(B; g) = d(B; L(-8\,|\,6\,|\,4)), \; d(g; h) = 3\sqrt{3}\,\text{LE}$

d) $(-2)\cdot\begin{pmatrix}-5\\-2\\4\end{pmatrix}=\begin{pmatrix}10\\4\\-8\end{pmatrix}\Rightarrow$ g und h sind parallel.

$H\colon 5x_1+2x_2-4x_3=11$, $d(B;g)=d\left(B;L\left(\frac{5}{3}\middle|\frac{2}{3}\middle|-\frac{1}{3}\right)\right)$, $d(g;h)=4\,\text{LE}$

5. Beschreiben Sie zwei Verfahren zur Bestimmung des Abstandes der windschiefen Geraden $g\colon \vec{x}=\vec{a}+s\cdot\vec{u}$, $s\in\mathbb{R}$ und $h\colon \vec{x}=\vec{b}+t\cdot v$, $t\in\mathbb{R}$. Fertigen Sie jeweils eine Skizze an. A

5. L

Erstes Verfahren (Hilfsebene)

Man betrachtet die Hilfsebene H, die g enthält und zu h echt parallel ist. Sie hat die vektorielle Gleichung
$H\colon \vec{x}=\vec{a}+s\cdot\vec{u}+t\cdot\vec{v};\ s,t\in\mathbb{R}$.
Mit der HNF von H berechnet man den Abstand des Aufpunktes B zu H. Es gilt: $d(B;H)=d(g;h)$.

Skizze

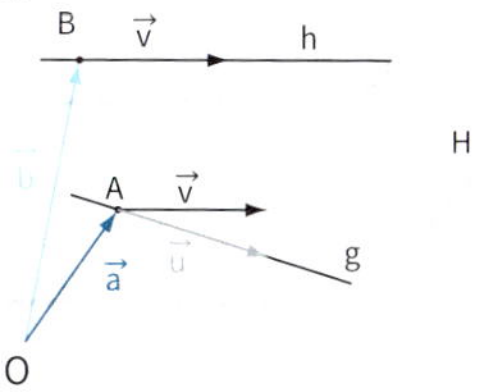

Zweites Verfahren (Orthogonalitätsbedingung)

Man geht von zwei allgemeinen auf g bzw. h liegenden Punkten P und Q aus.
Der Vektor $\overrightarrow{PQ}$ muss so bestimmt werden, dass er orthogonal zu den Richtungsvektoren $\vec{u}$ und $\vec{v}$ von g bzw. h liegt. Der entsprechende Ansatz

(1) $\overrightarrow{PQ}\cdot\vec{u}=0$ und

(2) $\overrightarrow{PQ}\cdot\vec{v}=0$

liefert ein LGS mit den Variablen s und t. Hieraus ergeben sich P und Q.
Es gilt: $d(g;h)=|\overrightarrow{PQ}|$.

Skizze

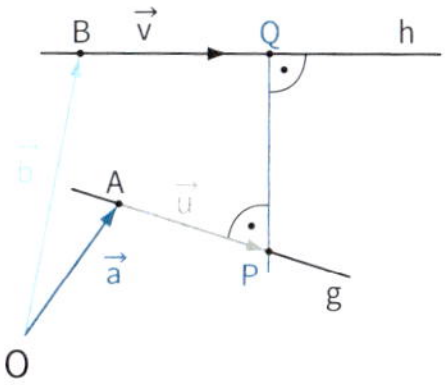

6. Berechnen Sie den Abstand der windschiefen Geraden g und h mit zwei verschiedenen Verfahren. A

a) $g\colon \vec{x}=\begin{pmatrix}-7\\3\\2\end{pmatrix}+s\cdot\begin{pmatrix}4\\2\\3\end{pmatrix}$, $s\in\mathbb{R}$ und $h\colon \vec{x}=\begin{pmatrix}4\\9\\1\end{pmatrix}+t\cdot\begin{pmatrix}-1\\4\\-3\end{pmatrix}$, $t\in\mathbb{R}$

b) $g\colon \vec{x}=\begin{pmatrix}1\\10\\-2\end{pmatrix}+s\cdot\begin{pmatrix}0\\2\\-3\end{pmatrix}$, $s\in\mathbb{R}$ und $h\colon \vec{x}=\begin{pmatrix}3\\-3\\-1\end{pmatrix}+t\cdot\begin{pmatrix}2\\2\\3\end{pmatrix}$, $t\in\mathbb{R}$

c) $g\colon \vec{x}=\begin{pmatrix}6\\-5\\-10\end{pmatrix}+s\cdot\begin{pmatrix}6\\0\\-1\end{pmatrix}$, $s\in\mathbb{R}$ und $h\colon \vec{x}=\begin{pmatrix}-5\\3\\15\end{pmatrix}+t\cdot\begin{pmatrix}4\\3\\-3\end{pmatrix}$, $t\in\mathbb{R}$

d) $g\colon \vec{x}=\begin{pmatrix}5\\9\\3\end{pmatrix}+s\cdot\begin{pmatrix}1\\1\\0\end{pmatrix}$, $s\in\mathbb{R}$ und $h\colon \vec{x}=\begin{pmatrix}0\\3\\-8\end{pmatrix}+t\cdot\begin{pmatrix}5\\-2\\4\end{pmatrix}$, $t\in\mathbb{R}$

L

6. a) $g\colon \vec{x} = \begin{pmatrix} -7 \\ 3 \\ 2 \end{pmatrix} + s \cdot \begin{pmatrix} 4 \\ 2 \\ 3 \end{pmatrix},\ s \in \mathbb{R}$ und $h\colon \vec{x} = \begin{pmatrix} 4 \\ 9 \\ 1 \end{pmatrix} + t \cdot \begin{pmatrix} -1 \\ 4 \\ -3 \end{pmatrix},\ t \in \mathbb{R}$

Erstes Verfahren (Hilfsebene)

Die Hilfsebene H, die g enthält und zu h echt parallel ist, besitzt die Gleichung

$H\colon\ \vec{x} = \begin{pmatrix} -7 \\ 3 \\ 2 \end{pmatrix} + s \cdot \begin{pmatrix} 4 \\ 2 \\ 3 \end{pmatrix} + t \cdot \begin{pmatrix} -1 \\ 4 \\ -3 \end{pmatrix};\ s, t \in \mathbb{R}$ oder $H\colon -2x_1 + x_2 + 2x_3 = 21$

Mit der HNF von H: $\frac{-2x_1 + x_2 + 2x_3 - 21}{3} = 0$ und dem Aufpunkt $B(4|9|1)$ von H erhält man

$d(g; h) = d(B; H) = \frac{|-2 \cdot 4 + 1 \cdot 9 + 2 \cdot 1 - 21|}{3} = 6$

Der Abstand von g und h beträgt 6 LE.

Zweites Verfahren (Orthogonalitätsbedingung)

Gesucht werden die Punkte $P \in g$ und $Q \in h$ so, dass der Vektor $\overrightarrow{PQ}$ orthogonal zu den Richtungsvektoren von g und h ist.

$P(-7 + 4s|3 + 2s|2 + 3s)$ und $Q(4 - t|9 + 4t|1 - 3t)$ sind allgemeine Punkte auf g bzw. h

$\Rightarrow \overrightarrow{PQ} = \begin{pmatrix} 11 - 4s - t \\ 6 - 2s + 4t \\ -1 - 3s - 3t \end{pmatrix}$

Wegen der Orthogonalität des Vektors $\overrightarrow{PQ}$ bezüglich der Richtungsvektoren von g und h muss gelten:

(1) $\overrightarrow{PQ} \cdot \vec{u} = 0 \Leftrightarrow \begin{pmatrix} 11 - 4s - t \\ 6 - 2s + 4t \\ -1 - 3s - 3t \end{pmatrix} \cdot \begin{pmatrix} 4 \\ 2 \\ 3 \end{pmatrix} = 0$

$\Leftrightarrow 44 - 16s - 4t + 12 - 4s + 8t - 3 - 9s - 9t = 0$

(2) $\overrightarrow{PQ} \cdot \vec{v} = 0 \Leftrightarrow \begin{pmatrix} 11 - 4s - t \\ 6 - 2s + 4t \\ -1 - 3s - 3t \end{pmatrix} \cdot \begin{pmatrix} -1 \\ 4 \\ -3 \end{pmatrix} = 0$

$\Leftrightarrow -11 + 4s + t + 24 - 8s + 16t + 3 + 9s + 9t = 0$

(1) $53 - 29s - 5t = 0 \quad |\cdot 26$ ⌉+
(2) $16 + 5s + 26t = 0 \quad |\cdot 5$ ⌋

$1458 - 729s = 0 \Leftrightarrow 1458 = 729s \Leftrightarrow s = 2$ in (2)

$16 + 10 + 26t = 0 \Leftrightarrow 26t = -26 \Leftrightarrow t = -1$

$\Rightarrow P(1|7|8), Q(5|5|4) \Rightarrow \overrightarrow{PQ} = \begin{pmatrix} 4 \\ -2 \\ -4 \end{pmatrix}$,

$d(g; h) = |\overrightarrow{PQ}| = \sqrt{36} = 6$

Der Abstand von g und h beträgt 6 LE.

b) $H\colon -6x_1 + 3x_2 + 2x_3 - 20 = 0$ bzw. $P(1|4|7)$ und $Q(7|1|5) \Rightarrow d(g; h) = 7$ LE.

c) $H\colon 3x_1 + 14x_2 + 18x_3 + 232 = 0$ bzw. $P(0|-5|-9)$ und $Q(3|9|9)$
$\Rightarrow d(g; h) = 23$ LE.

d) $H\colon -4x_1 + 4x_2 + 7x_3 - 37 = 0$ bzw. $P(1|5|3)$ und $Q(5|1|-4) \Rightarrow d(g; h) = 9$ LE.

A

7. Die Geraden $g\colon \vec{x} = \vec{a} + s \cdot \vec{u},\ s \in \mathbb{R}$ mit Aufpunkt A und $h\colon \vec{x} = \vec{b} + t \cdot \vec{v},\ t \in \mathbb{R}$ mit Aufpunkt B seien windschief und $\vec{n}_0$ sei ein Einheitsnormalenvektor zu $\vec{u}$ und $\vec{v}$. Zeigen Sie: $d(g; h) = |\vec{n}_0 \cdot (\vec{b} - \vec{a})|$.

7. Die Ebene $E: \vec{x} = \vec{a} + s \cdot \vec{u} + t \cdot \vec{v}$ enthält g und ist echt parallel zu h. Deshalb haben alle Punkte auf h denselben Abstand zu E. Es genügt, mit der HNF von $E: \left|\vec{n}_0 \cdot (\vec{x} - \vec{a})\right| = 0$ den Abstand des Aufpunktes B von h zu E zu berechnen. Dies geschieht durch Einsetzen des zugehörigen Ortsvektors $\vec{b}$ in die HNF von E.
So erhält man $d(g; h) = d(B; E) = \left|\vec{n}_0 \cdot (\vec{b} - \vec{a})\right|$. **L**

8. Berechnen Sie den Abstand des Punktes P zur Ebene E mit zwei verschiedenen Verfahren. **A**

a) $P(7|4|-5)$ und $E: 2x_1 + x_2 - 2x_3 = 1$

b) $P(9|2|1)$ und $E: -7x_1 - x_2 - 5x_3 = 80$

c) $P(6|25|-24)$ und $E: \begin{pmatrix} 1 \\ 12 \\ -12 \end{pmatrix} \cdot \left[\vec{x} - \begin{pmatrix} 4 \\ 4 \\ 3 \end{pmatrix}\right] = 0$

d) $P(1|0|2)$ und $E: \begin{pmatrix} 4 \\ 4 \\ -7 \end{pmatrix} \cdot \left[\vec{x} - \begin{pmatrix} 1 \\ 1 \\ 0 \end{pmatrix}\right] = 0$

e) $P(3|-4|7)$ und $E: \vec{x} = \begin{pmatrix} -9 \\ 15 \\ -1 \end{pmatrix} + s \cdot \begin{pmatrix} 1 \\ 1 \\ 0 \end{pmatrix} + t \cdot \begin{pmatrix} 5 \\ -2 \\ -6 \end{pmatrix}$; $s, t \in \mathbb{R}$

8. a) $P(7|4|-5)$ und $E: 2x_1 + x_2 - 2x_3 = 1$ **L**

Skizze

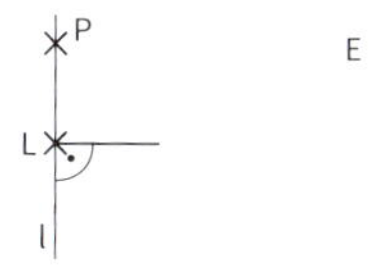

Erstes Verfahren (Hesse-Normalenform)

HNF von E: $\frac{2x_1 + x_2 - 2x_3 - 1}{3} = 0$

$d(P; E) = \frac{|2 \cdot 7 + 1 \cdot 4 - 2 \cdot (-5) - 1|}{3} = 9$

Der Abstand von P zu E beträgt 9 LE.

Zweites Verfahren

Die Lotgerade l zur Ebene E durch den Punkt P besitzt die Gleichung

$l: \vec{x} = \begin{pmatrix} 7 \\ 4 \\ -5 \end{pmatrix} + s \cdot \begin{pmatrix} 2 \\ 1 \\ -2 \end{pmatrix}, \; s \in \mathbb{R}.$

Die Punktprobe für l in E liefert:

$2 \cdot (7 + 2s) + (4 + s) - 2 \cdot (-5 - 2s) = 1 \Leftrightarrow 14 + 4s + 4 + s + 10 + 4s = 1 \Leftrightarrow s = -3$

Der Ortsvektor zum Lotfußpunkt L ist $\begin{pmatrix} 7 \\ 4 \\ -5 \end{pmatrix} + (-3) \cdot \begin{pmatrix} 2 \\ 1 \\ -2 \end{pmatrix} = \begin{pmatrix} 1 \\ 1 \\ 1 \end{pmatrix} \Rightarrow L(1|1|1)$,

$|\overrightarrow{PL}| = \left|\begin{pmatrix} 1 \\ 1 \\ 1 \end{pmatrix} - \begin{pmatrix} 7 \\ 4 \\ -5 \end{pmatrix}\right| = \left|\begin{pmatrix} -6 \\ -3 \\ 6 \end{pmatrix}\right| = \sqrt{(-6)^2 + (-3)^2 + 6^2} = 9 \Rightarrow d(P; E) = 9\,\text{LE}.$

b) HNF von E: $\frac{-7x_1 - x_2 - 5x_3 - 80}{\sqrt{75}} = 0$ bzw. $L(-5|0|-9) \Rightarrow d(P; E) = 10\sqrt{3}\,\text{LE}$

c) HNF von E: $\frac{x_1 + 12x_2 - 12x_3 - 16}{17} = 0$ bzw. $L(4|1|0) \Rightarrow d(P; E) = 34\,\text{LE}$

d) HNF von E: $\frac{4x_1 + 4x_2 - 7x_3 - 8}{9} = 0$ bzw. $L\left(\frac{17}{9}\middle|\frac{8}{9}\middle|\frac{4}{9}\right) \Rightarrow d(P; E) = 2\,\text{LE}$

e) HNF von E: $\frac{-6x_1 + 6x_2 - 7x_3 - 151}{11} = 0$ bzw. $L(-9|8|-7) \Rightarrow d(P; E) = 22\,\text{LE}$

A

9. Wie kann man beweisen, dass eine Gerade g parallel zu einer Ebene E verläuft? Wie bestimmt man den Abstand von g und E?

L

9. Eine Gerade g ist parallel zu einer Ebene E, wenn der Richtungsvektor $\vec{u}$ der Geraden und der Normalenvektor $\vec{n}$ der Ebene zueinander orthogonal sind, also $\vec{n} \cdot \vec{u} = 0$ gilt.
Der Abstand von g zu E ist der Abstand eines beliebigen Punktes von g zu E.

Skizze

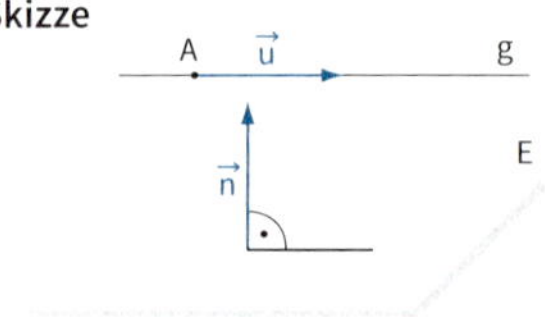

A

10. Zeigen Sie, dass die Gerade g parallel zur Ebene E verläuft.
Berechnen Sie den Abstand von g und E.

a) $g: \vec{x} = \begin{pmatrix} 1 \\ 3 \\ 8 \end{pmatrix} + s \cdot \begin{pmatrix} 1 \\ -4 \\ 3 \end{pmatrix},\ s \in \mathbb{R}$ und $E: 14x_1 + 5x_2 + 2x_3 = 165$

b) $g: \vec{x} = \begin{pmatrix} 2 \\ 5 \\ 1 \end{pmatrix} + s \cdot \begin{pmatrix} 4 \\ 1 \\ -1 \end{pmatrix},\ s \in \mathbb{R}$ und $E: 7x_1 - 2x_2 + 26x_3 = 30$

c) $g: \vec{x} = \begin{pmatrix} 5 \\ 1 \\ -2 \end{pmatrix} + s \cdot \begin{pmatrix} 4 \\ 5 \\ -2 \end{pmatrix},\ s \in \mathbb{R}$ und $E: 10x_1 + 2x_2 + 25x_3 = 56$

d) $g: \vec{x} = \begin{pmatrix} 1 \\ -1 \\ 2 \end{pmatrix} + s \cdot \begin{pmatrix} 2 \\ -2 \\ 3 \end{pmatrix},\ s \in \mathbb{R}$ und $E: 2x_1 + 23x_2 + 14x_3 = 88$

L

10. a) $g: \vec{x} = \begin{pmatrix} 1 \\ 3 \\ 8 \end{pmatrix} + s \cdot \begin{pmatrix} 1 \\ -4 \\ 3 \end{pmatrix},\ s \in \mathbb{R}$ und $E: 14x_1 + 5x_2 + 2x_3 = 165$

$\vec{u} \cdot \vec{n} = \begin{pmatrix} 1 \\ -4 \\ 3 \end{pmatrix} \cdot \begin{pmatrix} 14 \\ 5 \\ 2 \end{pmatrix} = 1 \cdot 14 + (-4) \cdot 5 + 3 \cdot 2 = 14 - 20 + 6 = 0 \Rightarrow$ g ist parallel zu E.

Für die Abstandsberechnung verwendet man die

HNF von E: $\frac{14x_1 + 5x_2 + 2x_3 - 165}{15} = 0$ und $A(1|3|8)$

$d(g; E) = d(A; E) = \frac{|14 \cdot 1 + 5 \cdot 3 + 2 \cdot 8 - 165|}{15} = 8$

Der Abstand von g und E beträgt 8 LE.

b) $\begin{pmatrix} 4 \\ 1 \\ -1 \end{pmatrix} \cdot \begin{pmatrix} 7 \\ -2 \\ 26 \end{pmatrix} = 0 \Rightarrow g \parallel E$, HNF von E: $\frac{7x_1 - 2x_2 + 26x_3 - 30}{27} = 0$, $d(g; E) = 0$ LE

c) $\begin{pmatrix} 4 \\ 5 \\ -2 \end{pmatrix} \cdot \begin{pmatrix} 10 \\ 2 \\ 25 \end{pmatrix} = 0 \Rightarrow g \parallel E$, HNF von E: $\frac{10x_1 + 2x_2 + 25x_3 - 56}{27} = 0$, $d(g; E) = 2$ LE

d) $\begin{pmatrix} 2 \\ -2 \\ 3 \end{pmatrix} \cdot \begin{pmatrix} 2 \\ 23 \\ 14 \end{pmatrix} = 0 \Rightarrow g \parallel E$, HNF von E: $\frac{2x_1 + 23x_2 + 14x_3 - 88}{27} = 0$, $d(g; E) = 3$ LE

11. Zeigen Sie, dass die Punkte $P(5|4|-5)$ und $Q(-3|0|6)$ denselben Abstand zur Ebene E: $3x_1 + 2x_2 - 6x_3 = 4$ besitzen. Dennoch verläuft die Gerade durch P und Q nicht parallel zur Ebene E. Wie ist das möglich? A

11. HNF von E: $\frac{3x_1 + 2x_2 - 6x_3 - 4}{7} = 0$, $P(5|4|-5)$, $Q(-3|0|6)$ L

Skizze

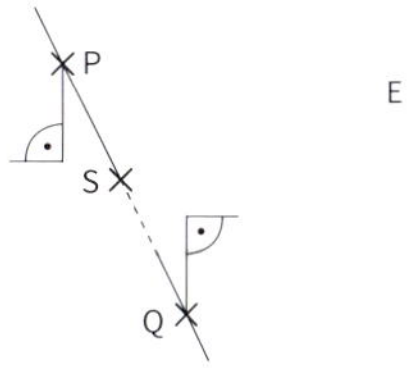

$d(P;E) = \frac{|3 \cdot 5 + 2 \cdot 4 - 6 \cdot (-5) - 4|}{7} = \frac{|49|}{7} = 7\text{ LE}$

$d(Q;E) = \frac{|3 \cdot (-3) + 2 \cdot 0 - 6 \cdot 6 - 4|}{7} = \frac{|-49|}{7} = 7\text{ LE}$

Die Punkte P und Q haben zwar denselben Abstand von 7 LE, liegen jedoch in verschiedenen von E erzeugten Halbräumen. Die Gerade durch P und Q hat mit E genau einen Schnittpunkt S.

12. Wie kann man beweisen, dass zwei Ebenen E_1 und E_2 parallel sind? Wie bestimmt man ihren Abstand? A

12. Zwei Ebenen E_1 und E_2 sind parallel, wenn beide Richtungsvektoren der einen Ebene orthogonal zum Normalenvektor der anderen Ebene oder die Normalenvektoren Vielfache sind. L

Der Abstand von E_1 zu E_2 ist dann der Abstand eines beliebigen Punktes der einen Ebene zur anderen Ebene. Er kann mit der HNF berechnet werden.

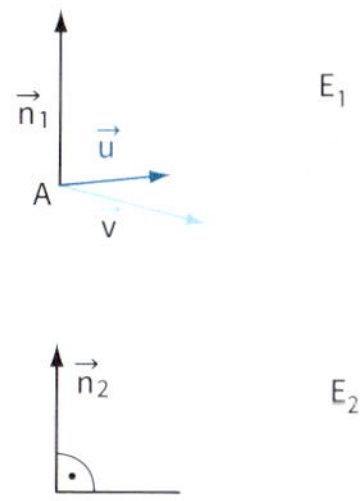

13. Zeigen Sie, dass die Ebenen E_1 und E_2 parallel verlaufen. A

Berechnen Sie ihren Abstand.

a) $E_1: \vec{x} = \begin{pmatrix} 3 \\ 7 \\ 5 \end{pmatrix} + s \cdot \begin{pmatrix} 0 \\ 8 \\ -1 \end{pmatrix} + t \cdot \begin{pmatrix} 3 \\ 0 \\ -2 \end{pmatrix}$; $s, t \in \mathbb{R}$ und $E_2: 16x_1 + 3x_2 + 24x_3 = 44$

b) $E_1: \vec{x} = \begin{pmatrix} 3 \\ -8 \\ -1 \end{pmatrix} + s \cdot \begin{pmatrix} 5 \\ 0 \\ 2 \end{pmatrix} + t \cdot \begin{pmatrix} 10 \\ 3 \\ 2 \end{pmatrix}$; $s, t \in \mathbb{R}$ und $E_2: 6x_1 - 10x_2 - 15x_3 = -1$

c) $E_1: 6x_1 - 6x_2 + 17x_3 = 51$ und $E_2: -6x_1 + 6x_2 - 17x_3 = 82$

d) $E_1: \vec{x} = \begin{pmatrix} 0 \\ 1 \\ 4 \end{pmatrix} + s_1 \cdot \begin{pmatrix} 8 \\ 2 \\ 7 \end{pmatrix} + t_1 \cdot \begin{pmatrix} 2 \\ -2 \\ 3 \end{pmatrix}$ und $E_2: \vec{x} = \begin{pmatrix} 8 \\ 1 \\ 0 \end{pmatrix} + s_2 \cdot \begin{pmatrix} 5 \\ 4 \\ 3 \end{pmatrix} + t_2 \cdot \begin{pmatrix} 1 \\ 6 \\ -2 \end{pmatrix}$; $s_1, t_1, s_2, t_2 \in \mathbb{R}$

L

13. a) $E_1: \vec{x} = \begin{pmatrix}3\\7\\5\end{pmatrix} + s \cdot \begin{pmatrix}0\\8\\-1\end{pmatrix} + t \cdot \begin{pmatrix}3\\0\\-2\end{pmatrix}$; $s, t \in \mathbb{R}$ und $E_2: 16x_1 + 3x_2 + 24x_3 = 44$

Wegen $\begin{pmatrix}0\\8\\-1\end{pmatrix} \cdot \begin{pmatrix}16\\3\\24\end{pmatrix} = 0 \cdot 16 + 8 \cdot 3 + (-1) \cdot 24 = 24 - 24 = 0$ und

$\begin{pmatrix}3\\0\\-2\end{pmatrix} \cdot \begin{pmatrix}16\\3\\24\end{pmatrix} = 3 \cdot 16 + 0 \cdot 3 + (-2) \cdot 24 = 48 - 48 = 0$ sind E_1 und E_2 parallel.

Mit der HNF von E_2: $\frac{16x_1 + 3x_2 + 24x_3 - 44}{29} = 0$ und dem in E_1 liegenden Punkt

$A(3|7|5) \in E_1$ erhält man:

$d(E_1; E_2) = d(A; E_2) = \frac{|16 \cdot 3 + 3 \cdot 7 + 24 \cdot 5 - 44|}{29} = 5$

Der Abstand von E_1 und E_2 beträgt 5 LE.

b) $\begin{pmatrix}5\\0\\2\end{pmatrix} \cdot \begin{pmatrix}6\\-10\\-15\end{pmatrix} = 0$ und $\begin{pmatrix}10\\3\\2\end{pmatrix} \cdot \begin{pmatrix}6\\-10\\-15\end{pmatrix} = 0 \Rightarrow E_1 \parallel E_2$

HNF von E_2: $\frac{-6x_1 + 10x_2 + 15x_3 - 1}{19} = 0$, $A(3|-8|-1) \in E_1$, $d(E_1; E_2) = d(A; E_2) = 6$ LE

c) $(-1) \cdot \begin{pmatrix}6\\-6\\17\end{pmatrix} = \begin{pmatrix}-6\\6\\-17\end{pmatrix} \Rightarrow E_1 \parallel E_2$; $A(0|0|3) \in E_1$

HNF von E_2: $\frac{-6x_1 + 6x_2 - 17x_3 - 82}{19} = 0$, $A(0|0|3) \in E_1$, $d(E_1; E_2) = d(A; E_2) = 7$ LE

d) $\begin{pmatrix}8\\2\\7\end{pmatrix} \cdot \begin{pmatrix}2\\-1\\-2\end{pmatrix} = 0$ und $\begin{pmatrix}2\\-2\\3\end{pmatrix} \cdot \begin{pmatrix}2\\-1\\-2\end{pmatrix} = 0 \Rightarrow E_1 \parallel E_2$

HNF von E_2: $\frac{2x_1 - x_2 - 2x_3 - 15}{3} = 0$, $A(0|1|4) \in E_1$, $d(E_1; E_2) = d(A; E_2) = 8$ LE

A

14. Bestimmen Sie die zu $E: 6x_1 - 2x_2 + 3x_3 = 21$ parallelen Ebenen im Abstand 5 LE.

L

14. HNF von E: $\frac{6x_1 - 2x_2 + 3x_3 - 21}{7} = 0$

$F_1: \frac{6x_1 - 2x_2 + 3x_3 - 21}{7} = 5$ oder $F_1: 6x_1 - 2x_2 + 3x_3 = 56$

$F_2: \frac{6x_1 - 2x_2 + 3x_3 - 21}{7} = -5$ oder $F_2: 6x_1 - 2x_2 + 3x_3 = -14$

2.5 Flächeninhalt und Volumen

Eigenschaften und Formeln sowohl für die Flächeninhalte von Dreieck, Quadrat, Rechteck, Parallelogramm, Raute, Drachen und Trapez, als auch für die Rauminhalte von Quader, Prisma und Pyramide entnimmt man der **Formelsammlung**. Bei der Berechnung helfen geeignete **Abstände** oder das **Vektorprodukt**. Wissen

1. Zeigen Sie, dass es sich bei dem Viereck ABCD um eine Raute handelt. A
Berechnen Sie ihren Flächeninhalt.
a) A(2|0|3), B(2|2|2), C(3|4|2), D(3|2|3)
b) A(2|−1|8), B(2|4|3), C(6|9|0), D(6|4|5)

1. a) $\overrightarrow{AB} = \overrightarrow{DC} = \begin{pmatrix} 0 \\ 2 \\ -1 \end{pmatrix}$, $\overrightarrow{BC} = \overrightarrow{AD} = \begin{pmatrix} 1 \\ 2 \\ 0 \end{pmatrix}$, $|\overrightarrow{AB}| = |\overrightarrow{BC}| = |\overrightarrow{CD}| = |\overrightarrow{DA}| = \sqrt{5}$ L

$\Rightarrow$ Das Viereck ABCD ist eine Raute. $F_{ABCD} = \frac{1}{2} \cdot |\overrightarrow{AC}| \cdot |\overrightarrow{BD}| = \frac{1}{2} \cdot \sqrt{18} \cdot \sqrt{2} = 3$
Der Flächeninhalt beträgt 3 FE.

b) $\overrightarrow{AB} = \overrightarrow{DC} = \begin{pmatrix} 0 \\ 5 \\ -5 \end{pmatrix}$, $\overrightarrow{BC} = \overrightarrow{AD} = \begin{pmatrix} 4 \\ 5 \\ -3 \end{pmatrix}$, $|\overrightarrow{AB}| = |\overrightarrow{BC}| = |\overrightarrow{CD}| = |\overrightarrow{DA}| = \sqrt{50}$

$\Rightarrow$ Das Viereck ABCD ist eine Raute. $F_{ABCD} = \frac{1}{2} \cdot |\overrightarrow{AC}| \cdot |\overrightarrow{BD}| = \frac{1}{2} \cdot \sqrt{180} \cdot \sqrt{20} = 30$
Der Flächeninhalt beträgt 30 FE.

2. Zeigen Sie, dass das Viereck ABCD ein Quadrat ist. Berechnen Sie seinen Inhalt. A
a) A(−3|4|4), B(5|0|5), C(9|7|1), D(1|11|0)
b) A(7|−9|6), B(1|0|8), C(8|6|2), D(14|−3|0)

2. a) $\overrightarrow{AB} = \overrightarrow{DC} = \begin{pmatrix} 8 \\ -4 \\ 1 \end{pmatrix}$, $|\overrightarrow{AB}| = \left|\begin{pmatrix} 8 \\ -4 \\ 1 \end{pmatrix}\right| = 9$, $|\overrightarrow{AD}| = \left|\begin{pmatrix} 4 \\ 7 \\ -4 \end{pmatrix}\right| = 9 = |\overrightarrow{AB}|$ und L

$\overrightarrow{AB} \cdot \overrightarrow{AD} = \begin{pmatrix} 8 \\ -4 \\ 1 \end{pmatrix} \cdot \begin{pmatrix} 4 \\ 7 \\ -4 \end{pmatrix} = 0 \Rightarrow$ Das Viereck ABCD ist ein Quadrat. $F_{ABCD} = 9^2 = 81$
Der Flächeninhalt beträgt 81 FE.

b) $\overrightarrow{AB} = \overrightarrow{DC} = \begin{pmatrix} -6 \\ 9 \\ 2 \end{pmatrix}$, $|\overrightarrow{AB}| = \left|\begin{pmatrix} -6 \\ 9 \\ 2 \end{pmatrix}\right| = 11$, $|\overrightarrow{AD}| = \left|\begin{pmatrix} 7 \\ 6 \\ -6 \end{pmatrix}\right| = 11 = |\overrightarrow{AB}|$ und

$\overrightarrow{AB} \cdot \overrightarrow{AD} = \begin{pmatrix} -6 \\ 9 \\ 2 \end{pmatrix} \cdot \begin{pmatrix} 7 \\ 6 \\ -6 \end{pmatrix} = 0 \Rightarrow$ Das Viereck ABCD ist ein Quadrat, $F_{ABCD} = 11^2 = 121$
Der Flächeninhalt beträgt 121 FE.

3. Berechnen Sie den Flächeninhalt des Dreiecks ABC mit zwei verschiedenen Verfahren. A
a) A(−1|2|−8), B(1|5|−2), C(9|−4|8)
b) A(2|1|4), B(3|2|4), C(7|4|8)
c) A(−4|−3|0), B(0|1|2), C(−2|3|−1)

L

3. a) Erstes Verfahren (Vektorprodukt)

$\overrightarrow{AB} = \begin{pmatrix} 2 \\ 3 \\ 6 \end{pmatrix}$, $\overrightarrow{AC} = \begin{pmatrix} 10 \\ -6 \\ 16 \end{pmatrix}$,

$F_{ABC} \frac{1}{2} \cdot \left|\overrightarrow{AB} \times \overrightarrow{AC}\right| = \frac{1}{2} \cdot \left|\begin{pmatrix} 2 \\ 3 \\ 6 \end{pmatrix} \times \begin{pmatrix} 10 \\ -6 \\ 16 \end{pmatrix}\right| = \frac{1}{2} \cdot \left|\begin{pmatrix} 3 \cdot 16 - 6 \cdot (-6) \\ 6 \cdot 10 - 2 \cdot 16 \\ 2 \cdot (-6) - 3 \cdot 10 \end{pmatrix}\right| = \frac{1}{2} \cdot \left|\begin{pmatrix} 84 \\ 28 \\ -42 \end{pmatrix}\right| = \frac{1}{2} \cdot 98 = 49$

Der Flächeninhalt beträgt 49 FE.

Zweites Verfahren (Grundseite und Höhe)

Mit der Geraden g durch A und B und der Hilfsebene H, die durch C und orthogonal zu g verläuft, kann man den Schnittpunkt L berechnen.

Skizze

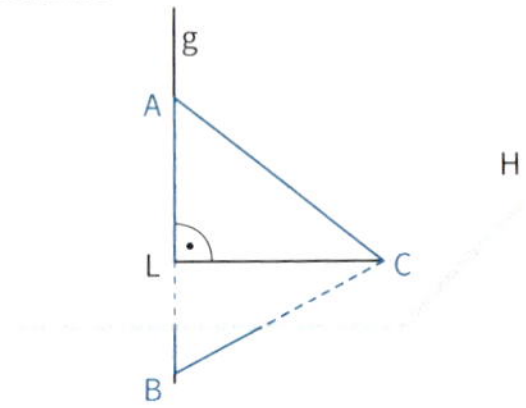

$g: \vec{x} = \begin{pmatrix} -1 \\ 2 \\ -8 \end{pmatrix} + s \cdot \begin{pmatrix} 2 \\ 3 \\ 6 \end{pmatrix}$, $s \in \mathbb{R}$, $H: \begin{pmatrix} 2 \\ 3 \\ 6 \end{pmatrix} \cdot \left[\vec{x} - \begin{pmatrix} 9 \\ -4 \\ 8 \end{pmatrix}\right] = 0$ oder

$H: 2x_1 + 3x_2 + 6x_3 = 54$

Die Punktprobe von g in H liefert:

$2 \cdot (-1 + 2s) + 3 \cdot (2 + 3s) + 6 \cdot (-8 + 6s) = 54 \Leftrightarrow s = 2 \Rightarrow L(3|8|4)$,

$c = \left|\overrightarrow{AB}\right| = \left|\begin{pmatrix} 2 \\ 6 \\ 3 \end{pmatrix}\right| = \sqrt{2^2 + 6^2 + 3^2} = 7$, $h_c = \left|\overrightarrow{CL}\right| = \left|\begin{pmatrix} -6 \\ 12 \\ -4 \end{pmatrix}\right| = \sqrt{(-6)^2 + 12^2 + (-4)^2} = 14$

$\Rightarrow F_{ABC} = \frac{1}{2} c \cdot h_c = 49$

Der Flächeninhalt beträgt 49 FE.

b) $H: x_1 + x_2 = 11$, $c = \left|\overrightarrow{AB}\right| = \sqrt{2}$, $h_c = \left|\overrightarrow{CL}\right| = 3\sqrt{2} \Rightarrow F_{\Delta ABC} = 3$ FE

c) $H: x_1 - 2x_2 + 2x_3 = -6$, $c = \left|\overrightarrow{AB}\right|$, $h_c = \left|\overrightarrow{CL}\right| = 4 \Rightarrow F_{\Delta ABC} = 12$ FE

A

4. Zeigen Sie, dass es sich bei dem Viereck ABCD um ein Parallelogramm handelt. Berechnen Sie seinen Flächeninhalt mit zwei verschiedenen Verfahren.

a) $A(1|2|0)$, $B(1|6|4)$, $C(5|6|6)$, $D(5|2|2)$

b) $A(-7|3|8)$, $B(-4|9|2)$, $C(11|6|2)$, $D(8|0|8)$

L

4. a) $\overrightarrow{AB} = \overrightarrow{DC} = \begin{pmatrix} 0 \\ 4 \\ 4 \end{pmatrix}$, $\overrightarrow{BC} = \overrightarrow{AD} = \begin{pmatrix} 4 \\ 0 \\ 2 \end{pmatrix} \Rightarrow$ Das Viereck ABCD ist ein Parallelogramm.

Skizze

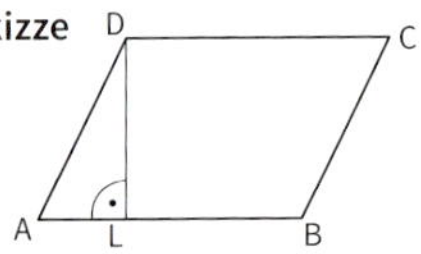

Erstes Verfahren (Vektorprodukt)

$\overrightarrow{AB} = \begin{pmatrix} 0 \\ 4 \\ 4 \end{pmatrix}$, $\overrightarrow{AD} = \begin{pmatrix} 4 \\ 0 \\ 2 \end{pmatrix}$,

$F_{ABCD} = \left|\overrightarrow{AB} \times \overrightarrow{AD}\right| = \left|\begin{pmatrix} 0 \\ 4 \\ 4 \end{pmatrix} \times \begin{pmatrix} 4 \\ 0 \\ 2 \end{pmatrix}\right| = \left|\begin{pmatrix} 4 \cdot 2 - 4 \cdot 0 \\ 4 \cdot 4 - 0 \cdot 2 \\ 0 \cdot 0 - 4 \cdot 4 \end{pmatrix}\right| = \left|\begin{pmatrix} 8 \\ 16 \\ -16 \end{pmatrix}\right| = 24$

Der Flächeninhalt beträgt 24 FE.

Zweites Verfahren (Grundseite und Höhe)

$L(1|3|1)$, $F_{ABCD} = \left|\overrightarrow{AB}\right| \cdot \left|\overrightarrow{DL}\right| = \sqrt{32} \cdot \sqrt{18} = 24$.

Der Flächeninhalt beträgt 24 FE.

b) $\overrightarrow{AB} = \overrightarrow{DC} = \begin{pmatrix} 3 \\ 6 \\ -6 \end{pmatrix}$, $\overrightarrow{BC} = \overrightarrow{AD} = \begin{pmatrix} 15 \\ -3 \\ 0 \end{pmatrix}$ $\Rightarrow$ Das Viereck ABCD ist ein Parallelogramm.

$L(-6\,|\,5\,|\,6)$, $F_{ABCD} = |\overrightarrow{AB}| \cdot |\overrightarrow{DL}| = 9 \cdot 15 = 135$

Der Flächeninhalt beträgt 135 FE.

5. Zeigen Sie, dass es sich bei dem Viereck ABCD um ein Trapez handelt. Berechnen Sie seinen Flächeninhalt. **A**

a) $A(0\,|\,-1\,|\,-9)$, $B(6\,|\,8\,|\,9)$, $C(10\,|\,7\,|\,0)$, $D(8\,|\,4\,|\,-6)$

b) $A(4\,|\,1\,|\,1)$, $B(1\,|\,0\,|\,9)$, $C(6\,|\,5\,|\,-11)$, $D(5\,|\,2\,|\,-3)$

5. a) $\overrightarrow{AB} = \begin{pmatrix} 6 \\ 9 \\ 18 \end{pmatrix}$, $\overrightarrow{DC} = \begin{pmatrix} 2 \\ 3 \\ 6 \end{pmatrix}$, $\overrightarrow{AB} = 3 \cdot \overrightarrow{DC}$ **L**

Skizze

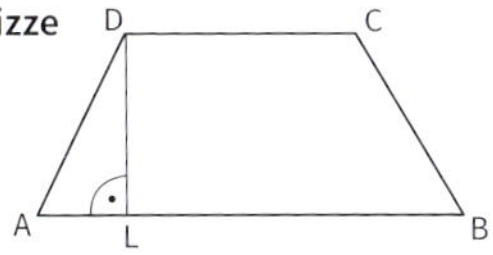

$\Rightarrow$ Das Viereck ABCD ist ein Trapez.

$L(2\,|\,2\,|\,-3)$,

$F_{ABCD} = \frac{1}{2} \cdot \left(|\overrightarrow{AB}| + |\overrightarrow{DC}|\right) \cdot |\overrightarrow{DL}| = \frac{1}{2} \cdot (21 + 7) \cdot 7 = 98$

Der Flächeninhalt beträgt 98 FE.

b) $\overrightarrow{BC} = \begin{pmatrix} 5 \\ 5 \\ -20 \end{pmatrix}$, $\overrightarrow{AD} = \begin{pmatrix} 1 \\ 1 \\ -4 \end{pmatrix}$, $\overrightarrow{BC} = 5 \cdot \overrightarrow{AD}$

Skizze

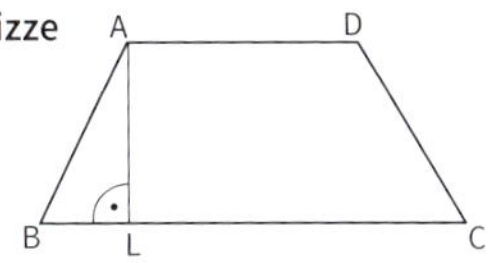

$\Rightarrow$ Das Viereck ABCD ist ein Trapez.

$L(3\,|\,2\,|\,1)$,

$F_{ABCD} = \frac{1}{2} \cdot \left(|\overrightarrow{BC}| + |\overrightarrow{AD}|\right) \cdot |\overrightarrow{AL}| = \frac{1}{2} \cdot (\sqrt{450} + \sqrt{18}) \cdot \sqrt{2} = 18$

Der Flächeninhalt beträgt 18 FE.

6. Gegeben sind die in einer Ebene liegenden Punkte $A(4\,|\,1\,|\,2)$, $B(4\,|\,4\,|\,5)$, $C(1\,|\,4\,|\,5)$, $D(0\,|\,2\,|\,3)$. **A**

a) Zeigen Sie: Das Viereck ABCD ist ein Drachen.

b) Berechnen Sie den Flächeninhalt des Drachens exakt.

6. a) $\overrightarrow{AB} = \begin{pmatrix} 0 \\ 3 \\ 3 \end{pmatrix}$, $|\overrightarrow{AB}| = \sqrt{18}$, $\overrightarrow{BC} = \begin{pmatrix} -3 \\ 0 \\ 0 \end{pmatrix}$, $|\overrightarrow{BC}| = 3$, **L**

Skizze

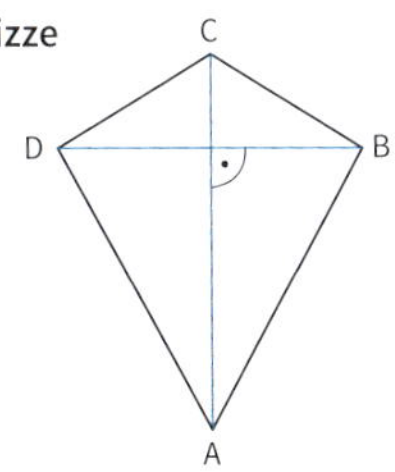

$\overrightarrow{CD} = \begin{pmatrix} -1 \\ -2 \\ -2 \end{pmatrix}$, $|\overrightarrow{CD}| = 3$, $\overrightarrow{DA} = \begin{pmatrix} 4 \\ -1 \\ -1 \end{pmatrix}$, $|\overrightarrow{DA}| = \sqrt{18}$

Da jeweils zwei anliegende Seiten gleich lang sind und die Punkte in einer Ebene liegen, handelt es sich um einen Drachen.

b) $\overrightarrow{AC} = \begin{pmatrix} -3 \\ 3 \\ 3 \end{pmatrix}$, $|\overrightarrow{AC}| = \sqrt{27} = 3\sqrt{3}$, $\overrightarrow{BD} = \begin{pmatrix} -4 \\ -2 \\ -2 \end{pmatrix}$, $|\overrightarrow{BD}| = \sqrt{24} = 2\sqrt{6}$

$F_{ABCD} = \frac{1}{2} \cdot |\overrightarrow{AC}| \cdot |\overrightarrow{BD}| = 6\sqrt{18} = 18\sqrt{2}$

Der Flächeninhalt beträgt $18\sqrt{2}$ FE.

A

7. Zeigen Sie, dass die in einer Ebene liegenden Punkte ABCDS ein Quadrat bilden. Berechnen Sie das Volumen der Pyramide ABCDS.

a) $A(0|1|-2)$, $B(-4|5|5)$, $C(4|6|9)$, $D(8|2|2)$, $S(4|5|11)$

b) $A(7|0|4)$, $B(5|5|0)$, $C(-1|5|3)$, $D(1|0|7)$, $S(4|8|8)$

L

7. a) $\overrightarrow{AB} = \overrightarrow{DC} = \begin{pmatrix} -4 \\ 4 \\ 7 \end{pmatrix}$, $|\overrightarrow{AB}| = \left|\begin{pmatrix} -4 \\ 4 \\ 7 \end{pmatrix}\right| = 9$, $|\overrightarrow{AD}| = \left|\begin{pmatrix} 8 \\ 1 \\ 4 \end{pmatrix}\right| = 9 = |\overrightarrow{AB}|$ und $\overrightarrow{AB} \cdot \overrightarrow{AD} = \begin{pmatrix} -4 \\ 4 \\ 7 \end{pmatrix} \cdot \begin{pmatrix} 8 \\ 1 \\ 4 \end{pmatrix} = 0$,

$\Rightarrow$ Das Viereck ABCD ist ein Quadrat. $F_{ABCD} = 9^2 = 81$

HNF von E: $\frac{x_1 + 8x_2 - 4x_3 - 16}{9} = 0$, $d(S; E) = \frac{16}{9}$, $V = \frac{1}{3} \cdot 81 \cdot \frac{16}{9} = 48$

Das Volumen beträgt 48 VE.

b) $\overrightarrow{AB} = \overrightarrow{DC} = \begin{pmatrix} -2 \\ 5 \\ -4 \end{pmatrix}$, $|\overrightarrow{AB}| = \left|\begin{pmatrix} -2 \\ 5 \\ -4 \end{pmatrix}\right| = \sqrt{45}$, $|\overrightarrow{AD}| = \left|\begin{pmatrix} -6 \\ 0 \\ 3 \end{pmatrix}\right| = \sqrt{45} = |\overrightarrow{AB}|$ und

$\overrightarrow{AB} \cdot \overrightarrow{AD} = \begin{pmatrix} -2 \\ 5 \\ -4 \end{pmatrix} \cdot \begin{pmatrix} -6 \\ 0 \\ 3 \end{pmatrix} = 0$,

$\Rightarrow$ Das Viereck ABCD ist ein Quadrat. $F_{ABCD} = \sqrt{45}^{\,2} = 45$

HNF von E: $\frac{x_1 + 2x_2 + 2x_3 - 12}{3} = 0$, $d(S; E) = 8$; $V = \frac{1}{3} \cdot 45 \cdot 8 = 120$

Das Volumen beträgt 120 VE.

A

8. Die in einer Ebene E liegenden Punkte ABC bilden zusammen mit dem Punkt S eine Pyramide. Berechnen Sie ihr Volumen.

a) $A(0|-2|-5)$, $B(1|3|3)$, $C(9|13|7)$, $S(2|-4|8)$

b) $A(3|-6|0)$, $B(7|2|-8)$, $C(7|8|7)$, $S(5|-2|11)$

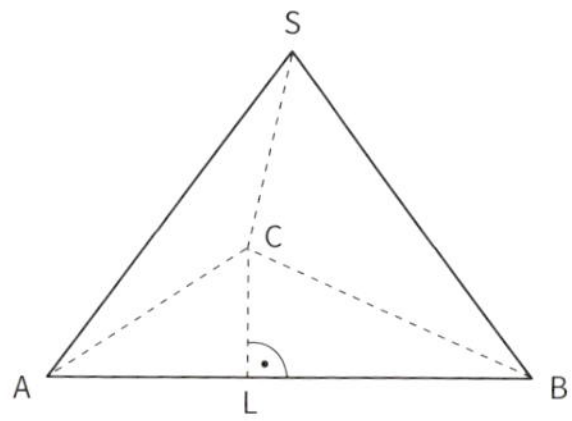

L

8. a) H: $x_1 + 5x_2 + 8x_3 = 130$, $d(C; L(2|8|11))$, $|\overrightarrow{CL}| = \left|\begin{pmatrix} -7 \\ -5 \\ 4 \end{pmatrix}\right| = \sqrt{90}$,
$|\overrightarrow{AB}| = \sqrt{90} \Rightarrow F_{ABC} = 45$;

HNF von E: $\frac{-2x_1 + 2x_2 - x_3 - 1}{3} = 0$, $d(S; E) = 7$, $V = \frac{1}{3} \cdot 45 \cdot 7 = 105$

Das Volumen beträgt 105 VE.

b) H: $x_1 + 2x_2 - 2x_3 = 9$, $d\big(C; L(5|-2|-4)\big) = 15$; $|\overrightarrow{AB}| = 12 \Rightarrow F_{ABC} = 90$,

HNF von E: $\frac{14x_1 - 5x_2 + 2x_3 - 72}{15} = 0$, $d(S; E) = 2$, $V = \frac{1}{3} \cdot 90 \cdot 2 = 60$

Das Volumen beträgt 60 VE.

A

9. Die Ebene $E: 4x_1 + 3x_2 + 6x_3 = 12$ schneidet die Koordinatenachsen in den Punkten S_1, S_2, S_3. Diese bilden zusammen mit dem Koordinatenursprung O eine Pyramide.

a) Zeichnen Sie die Pyramide in einem räumlichen Koordinatensystem.

b) Berechnen Sie das Volumen der Pyramide.

c) Beschreiben Sie in Worten wie der Oberflächeninhalt der Pyramide berechnet werden kann.

L

9. a) Die Koordinatengleichung $E: 4x_1 + 3x_2 + 6x_3 = 12$ kann in die Achsenabschnittsform $E: \frac{x_1}{3} + \frac{x_2}{4} + \frac{x_3}{2} = 1$ umgeformt werden. An ihr erkennt man die Spurpunkte $S_1(3|0|0)$, $S_2(0|4|0)$ und $S_3(0|0|2)$.

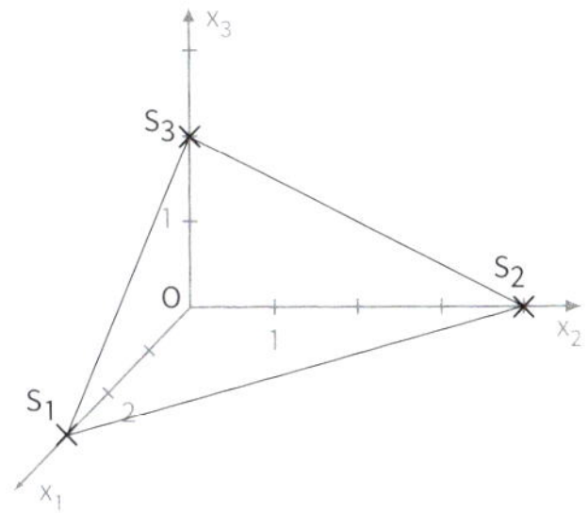

b) Betrachtet man als Grundfläche das rechtwinklige Dreieck OS_1S_2, so ist die Strecke $\overline{OS_3}$ die zugehörige Pyramidenhöhe

$V = \frac{1}{3}G \cdot h = \frac{1}{3} \cdot \frac{1}{2} \cdot |\overline{OS_1}| \cdot |\overline{OS_2}| \cdot |\overline{OS_3}| = \frac{1}{6} \cdot 3 \cdot 4 \cdot 2 = 4$

Das Volumen beträgt 4 VE.

c) Die Oberfläche besteht aus drei rechtwinkligen und einem allgemeinen Dreieck $S_1S_2S_3$. Die Flächeninhalte der rechtwinkligen Dreiecke lassen sich mithilfe der ablesbaren Kathetenlängen berechnen. Beim Dreieck $S_1S_2S_3$ kann man beispielsweise S_1S_2 als Grundseite wählen und die Höhe als Abstand des Punktes S_3 von der Geraden S_1S_2 berechnen.

2.6 Symmetrie – Spiegelungen

Wissen Ist der Punkt S Mittelpunkt einer Strecke $\overline{PP'}$, dann gibt es eine **Punktspiegelung** an S, die den Punkt P auf den **Bildpunkt** P′ abbildet. S nennt man dabei **Spiegelpunkt**.
Alle anderen Spiegelungen können auf diese elementare Spiegelung zurückgeführt werden.
Die entsprechenden Begriffe heißen dann
- **Bildgerade** und **Bildebene** für gespiegelte Punktmengen
- **Symmetrieachse (Spiegelachse)** und **Symmetrieebene (Spiegelebene)** für Punktmengen, an denen gespiegelt wird.

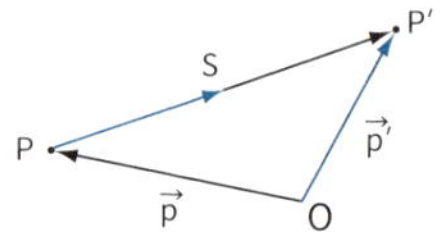

Für die Ortsvektoren zu Pund P′ gilt: $\overrightarrow{p'} = \vec{p} + 2 \cdot \overrightarrow{PS}$.
Damit mit kann P′ berechnet werden, wenn S und P bekannt sind.

A

1. Bestimmen Sie die Koordinaten des Bildpunktes P′ zum Punkt P bei einer Spiegelung am Punkt S.

a) $P(1|3|4)$ und $S(4|5|5)$ b) $P(2|1|9)$ und $S(5|5|4)$
c) $P(0|2|-1)$ und $S(3|2|1)$ d) $P(7|-3|5)$ und $S(4|0|6)$
e) $P(6|6|-4)$ und $S(4|3|1)$ f) $P(11|2|-4)$ und $S(6|0|2)$

L

1. a) $P(1|3|4)$ und $S(4|5|5)$

$$\overrightarrow{p'} = \vec{p} + 2 \cdot \overrightarrow{PS} = \begin{pmatrix}1\\3\\4\end{pmatrix} + 2 \cdot \left[\begin{pmatrix}4\\5\\5\end{pmatrix} - \begin{pmatrix}1\\3\\4\end{pmatrix}\right] = \begin{pmatrix}1\\3\\4\end{pmatrix} + 2 \cdot \begin{pmatrix}3\\2\\1\end{pmatrix} = \begin{pmatrix}7\\7\\6\end{pmatrix} \Rightarrow P'(7|7|6)$$

b) $P'(8|9|-1)$ c) $P'(6|2|3)$ d) $P'(1|3|7)$ e) $P'(2|0|6)$ f) $P'(1|-2|8)$

A

2. Bestimmen Sie die Koordinaten des Bildpunktes P′ zum Punkt P bei einer Spiegelung an der Geraden g.

a) $P(2|1|2)$, $g: \vec{x} = \begin{pmatrix}2\\9\\-3\end{pmatrix} + s \cdot \begin{pmatrix}2\\-3\\2\end{pmatrix}$, $s \in \mathbb{R}$ b) $P(-3|0|9)$, $g: \vec{x} = \begin{pmatrix}8\\7\\4\end{pmatrix} + s \cdot \begin{pmatrix}4\\2\\-1\end{pmatrix}$, $s \in \mathbb{R}$

c) $P(6|9|7)$, $g: \vec{x} = \begin{pmatrix}2\\-7\\-2\end{pmatrix} + s \cdot \begin{pmatrix}1\\3\\2\end{pmatrix}$, $s \in \mathbb{R}$ d) $P(10|1|8)$, $g: \vec{x} = \begin{pmatrix}7\\1\\4\end{pmatrix} + s \cdot \begin{pmatrix}4\\1\\-3\end{pmatrix}$, $s \in \mathbb{R}$

L

2. a) $P(2|1|2)$, $g: \vec{x} = \begin{pmatrix}2\\9\\-3\end{pmatrix} + s \cdot \begin{pmatrix}2\\-3\\2\end{pmatrix}$, $s \in \mathbb{R}$

Skizze

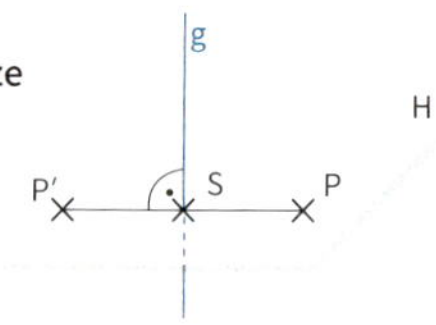

Die Hilfsebene H, durch P und orthogonal zu g,

besitzt die Gleichung H: $\begin{pmatrix}2\\-3\\2\end{pmatrix} \cdot \left[\vec{x} - \begin{pmatrix}2\\1\\2\end{pmatrix}\right] = 0$ oder
H: $2x_1 - 3x_2 + 2x_3 = 5$

Die Punktprobe für g in H liefert:

$2 \cdot (2+2s) - 3 \cdot (9-3s) + 2 \cdot (-3+2s) = 5$

$\Leftrightarrow\ 4+4s-27+9s-6+4s=5 \ \Leftrightarrow\ s=2$

$\Rightarrow S(6|3|1)$,

$\vec{p}\,' = \vec{p} + 2 \cdot \overrightarrow{PS} = \begin{pmatrix}2\\1\\2\end{pmatrix} + 2 \cdot \left[\begin{pmatrix}6\\3\\1\end{pmatrix} - \begin{pmatrix}2\\1\\2\end{pmatrix}\right] = \begin{pmatrix}2\\1\\2\end{pmatrix} + 2 \cdot \begin{pmatrix}4\\2\\-1\end{pmatrix} = \begin{pmatrix}10\\5\\0\end{pmatrix}$

$\Rightarrow\ P'(10|5|0)$ ist der Bildpunkt von P bei einer Spiegelung an g.

b) $P'(-5|2|5),\ S(-4|1|7)$ c) $P'(8|7|9),\ S(7|8|8)$

d) $P'(4|1|0),\ S(7|1|4)$

3. Bestimmen Sie die Koordinaten des Bildpunktes P′ zum Punkt P bei einer Spiegelung an der Ebene E. **A**

a) $P(9|7|5),\ E: 2x_1 + 3x_2 + x_3 = 16$ b) $P(7|8|0),\ E: 3x_1 + 4x_2 - x_3 = 1$

c) $P(-4|9|-9),\ E: 3x_1 - 4x_2 + 4x_3 = -2$ d) $P(7|8|5),\ E: 3x_1 + 7x_2 + 2x_3 = 25$

3. a) $P(9|7|5)$ und $E: 2x_1 + 3x_2 + x_3 = 16$ **L**

Die Hilfsgerade durch P und orthogonal zu E besitzt die Gleichung

$l: \vec{x} = \begin{pmatrix}9\\7\\5\end{pmatrix} + s \cdot \begin{pmatrix}2\\3\\1\end{pmatrix},\ s \in \mathbb{R}$

Skizze

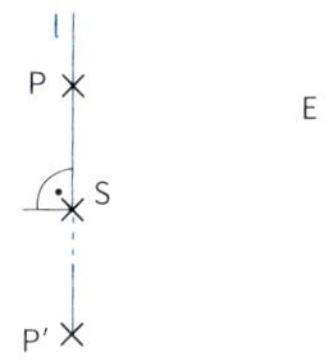

Die Punktprobe für l in E liefert:

$2 \cdot (9+2s) + 3 \cdot (7+3s) + (5+s) = 16 \ \Leftrightarrow\ 18+4s+21+9s+5+s=16 \ \Leftrightarrow\ s=-2.$

Setzt man statt $s=-2$ den doppelten Wert -4 ein, so erhält man

$\vec{p}\,' = \begin{pmatrix}9\\7\\5\end{pmatrix} + (-4) \cdot \begin{pmatrix}2\\3\\1\end{pmatrix} = \begin{pmatrix}1\\-5\\1\end{pmatrix}$

$\Rightarrow\ P'(1|-5|1)$ ist der Bildpunkt zu P bei einer Spiegelung an E.

b) $P'(-5|-8|4)\ (s=-2)$ c) $P'(8|-7|7)\ (s=2)$ d) $P'(1|-6|1)\ (s=-1)$

4. Bei einer Spiegelung an der Ebene E wird der Punkt P auf P′ abgebildet. Bestimmen Sie eine Gleichung der Ebene E. **A**

a) $P(4|-3|1)$ und $P'(8|5|-3)$ b) $P(0|-2|1)$ und $P'(4|8|-5)$

c) $P(5|-4|-1)$ und $P'(1|3|-4)$ d) $P(2|-1|9)$ und $P'(7|6|-3)$

4. a) $P(4|-3|1)$ und $P'(8|5|-3)$ **L**

Die gesuchte Symmetrieebene verläuft durch den Mittelpunkt

$M\left(\frac{4+8}{2} \middle| \frac{-3+5}{2} \middle| \frac{1-3}{2}\right) = M(6|1|-1)$ der Strecke $\overline{PP'}$.

Sie besitzt den Vektor $\overrightarrow{PP'}$ als Normalenvektor. Hieraus folgt

$E: \left[\begin{pmatrix}8\\5\\-3\end{pmatrix} - \begin{pmatrix}4\\-3\\1\end{pmatrix}\right] \cdot \left[\vec{x} - \begin{pmatrix}6\\1\\-1\end{pmatrix}\right] = 0$ oder $E: x_1 + 2x_2 \quad x_3 - 9.$

b) $E: 2x_1 + 5x_2 - 3x_3 = 25$ c) $E: 4x_1 - 7x_2 + 3x_3 = 8$ d) $E: 5x_1 + 7x_2 - 12x_3 = 4$

A

5. Bestimmen Sie eine Gleichung der Bildgeraden g′ zur Geraden g bei einer Spiegelung an der Ebene E. Überprüfen Sie zunächst die Lagebeziehung von E und g.

a) $g\colon \vec{x} = \begin{pmatrix} 5 \\ -8 \\ 9 \end{pmatrix} + s \cdot \begin{pmatrix} 1 \\ 1 \\ 1 \end{pmatrix},\ s \in \mathbb{R}$ und $E\colon x_1 - 4x_2 + 3x_3 = 12$

b) $g\colon \vec{x} = \begin{pmatrix} 5 \\ 4 \\ 7 \end{pmatrix} + s \cdot \begin{pmatrix} 2 \\ 1 \\ 0 \end{pmatrix},\ s \in \mathbb{R}$ und $E\colon x_1 + x_2 + 2x_3 = 17$

c) $g\colon \vec{x} = \begin{pmatrix} 6 \\ 9 \\ 7 \end{pmatrix} + s \cdot \begin{pmatrix} 3 \\ -2 \\ -4 \end{pmatrix},\ s \in \mathbb{R}$ und $E\colon 4x_1 + 4x_2 + x_3 = 34$

d) $g\colon \vec{x} = \begin{pmatrix} -4 \\ 7 \\ 2 \end{pmatrix} + s \cdot \begin{pmatrix} 5 \\ 7 \\ -3 \end{pmatrix},\ s \in \mathbb{R}$ und $E\colon 2x_1 - x_2 + x_3 = 5$

e) $g\colon \vec{x} = \begin{pmatrix} 9 \\ 8 \\ 2 \end{pmatrix} + s \cdot \begin{pmatrix} 1 \\ 0 \\ 1 \end{pmatrix},\ s \in \mathbb{R}$ und $E\colon 8x_1 + 4x_2 + x_3 = 25$

L

5. a) $g\colon \vec{x} = \begin{pmatrix} 5 \\ -8 \\ 9 \end{pmatrix} + s \cdot \begin{pmatrix} 1 \\ 1 \\ 1 \end{pmatrix},\ s \in \mathbb{R}$ und $E\colon x_1 - 4x_2 + 3x_3 = 12$

Skizze

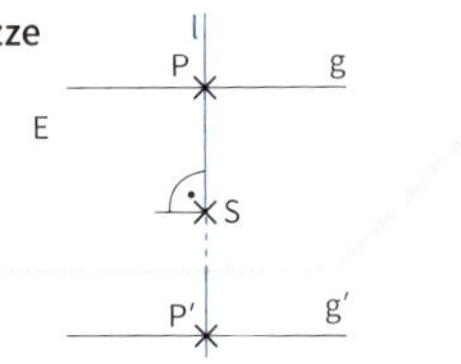

Die Punktprobe für g in E liefert:

$(5+s) - 4 \cdot (-8+s) + 3 \cdot (9+s) = 12$

$\Leftrightarrow\ 5 + s + 32 - 4s + 27 + 3s = 12 \ \Leftrightarrow\ 64 = 12$

Dies ist eine falsche Aussage, g und E sind echt parallel.

Die Hilfsgerade l durch P(5|−8|6) und orthogonal zu E besitzt die Gleichung

$l\colon \vec{x} = \begin{pmatrix} 5 \\ -8 \\ 9 \end{pmatrix} + s \cdot \begin{pmatrix} 1 \\ -4 \\ 3 \end{pmatrix},\ s \in \mathbb{R}.$

Die Punktprobe für l in E liefert:

$(5+s) - 4 \cdot (-8-4s) + 3 \cdot (9+3s) = 12 \ \Leftrightarrow\ 5 + s + 32 + 16s + 27 + 9s = 12 \ \Leftrightarrow\ s = -2$

Setzt man statt $s = -2$ den doppelten Wert −4 ein, so erhält man

$\vec{p}\,' = \begin{pmatrix} 5 \\ -8 \\ 9 \end{pmatrix} + (-4) \cdot \begin{pmatrix} 1 \\ -4 \\ 3 \end{pmatrix} = \begin{pmatrix} 1 \\ 8 \\ -3 \end{pmatrix} \ \Rightarrow\ P'(1|8|-3)$. Der Richtungsvektor kann von g übernommen werden $\Rightarrow\ g'\colon \vec{x} = \begin{pmatrix} 1 \\ 8 \\ -3 \end{pmatrix} + t \cdot \begin{pmatrix} 1 \\ 1 \\ 1 \end{pmatrix},\ t \in \mathbb{R}.$

b) $g\colon \vec{x} = \begin{pmatrix} 5 \\ 4 \\ 7 \end{pmatrix} + s \cdot \begin{pmatrix} 2 \\ 1 \\ 0 \end{pmatrix},\ s \in \mathbb{R}$ und $E\colon x_1 + x_2 + 2x_3 = 17$

Skizze

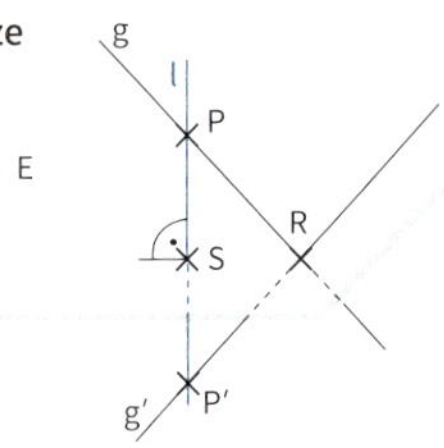

Die Punktprobe für g in E liefert:

$(5+2s) + (4+s) + 2 \cdot 7 = 17 \ \Leftrightarrow\ s = -2 \ \Rightarrow\ R(1|2|7).$

g und E besizen den Schnittpunkt R(1|2|7).

Die Hilfsgerade durch P(5|4|7) und orthogonal zu E besitzt die Gleichung

$l\colon \vec{x} = \begin{pmatrix} 5 \\ 4 \\ 7 \end{pmatrix} + t \cdot \begin{pmatrix} 1 \\ 1 \\ 2 \end{pmatrix},\ t \in \mathbb{R}.$

Die Punktprobe für l in E liefert:

$(5+t) + (4+t) + 2 \cdot (7+2t) = 17 \ \Leftrightarrow\ 5 + t + 4 + t + 14 + 4t = 17 \ \Leftrightarrow\ t = -1.$

Setzt man statt $t=-1$ den doppelten Wert -2, so erhält man

$\vec{p}\,'=\begin{pmatrix}5\\4\\7\end{pmatrix}+(-2)\cdot\begin{pmatrix}1\\1\\2\end{pmatrix}=\begin{pmatrix}3\\2\\3\end{pmatrix}\Rightarrow P'(3|2|3)$.

Die Bildgerade g′ verläuft durch R und P′ $\Rightarrow g':\vec{x}=\begin{pmatrix}3\\2\\3\end{pmatrix}+k\cdot\begin{pmatrix}-2\\0\\4\end{pmatrix},\ k\in\mathbb{R}$.

c) $g':\vec{x}=\begin{pmatrix}-2\\1\\5\end{pmatrix}+k\cdot\begin{pmatrix}3\\-2\\-4\end{pmatrix},\ k\in\mathbb{R}$; g und E sind echt parallel $(t=-1)$

d) $g':\vec{x}=\begin{pmatrix}8\\1\\8\end{pmatrix}+k\cdot\begin{pmatrix}5\\7\\-3\end{pmatrix},\ k\in\mathbb{R}$; g und E sind echt parallel $(t=3)$

e) $g':\vec{x}=\begin{pmatrix}-7\\0\\0\end{pmatrix}+k\cdot\begin{pmatrix}7\\8\\-7\end{pmatrix},\ k\in\mathbb{R}$; $R(0|8|-7)$ $(s=1)$ und $S(1|4|1)$ $(t=-1)$

6. Ein Laserstrahl geht von einem Punkt $P(0|-6|1)$ aus, trifft im Punkt $Q(1|-4|-1)$ auf einen ebenen Spiegel. Den vom Spiegel reflektierten Laserstrahl kann man im Punkt $R(3|6|10)$ beobachten.
Bestimmen Sie eine Gleichung der Spiegelebene E. **A**

6. Der Punkt Q ist ein Punkt der Spiegelebene E. Ein winkelhalbierender Vektor $\vec{n}$ zu den Vektoren $\overrightarrow{QP}$ und $\overrightarrow{QR}$ ist ein Normalenvektor von E. Man findet $\vec{n}$, indem man die Vektoren $\overrightarrow{QP}$ und $\overrightarrow{QR}$ normiert (oder mit einem positiven Faktor so vervielfacht, dass gleiche Längen entstehen) und anschließend addiert. **L**

Skizze

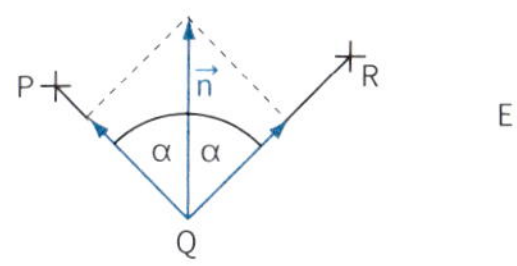

$\overrightarrow{QP}=\begin{pmatrix}-1\\-2\\2\end{pmatrix},\ |\overrightarrow{QP}|=\sqrt{9}=3;\ \overrightarrow{QR}=\begin{pmatrix}2\\10\\11\end{pmatrix},\ |\overrightarrow{QR}|=\sqrt{225}=15=5\cdot\overrightarrow{QP}$

Man erhält $\vec{n}=5\cdot\begin{pmatrix}-1\\-2\\2\end{pmatrix}+\begin{pmatrix}2\\10\\11\end{pmatrix}=\begin{pmatrix}-3\\0\\1\end{pmatrix}$ oder $\vec{n}=\frac{1}{3}\cdot\begin{pmatrix}-1\\-2\\2\end{pmatrix}+\frac{1}{15}\cdot\begin{pmatrix}2\\10\\11\end{pmatrix}=\frac{1}{15}\cdot\begin{pmatrix}-3\\0\\1\end{pmatrix}$

E: $\begin{pmatrix}-3\\0\\1\end{pmatrix}\cdot\left[\vec{x}-\begin{pmatrix}1\\-4\\-1\end{pmatrix}\right]=0$ oder E: $-3x_1+x_3=-4$ eine Gleichung der Spiegelebene.

7. Bestimmen Sie eine Gleichung der Bildebene F′ zur Ebene F bei einer Spiegelung an der Ebene E. Überprüfen sie zunächst die Lagebeziehung von E und F. **A**

a) F: $\vec{x}=\begin{pmatrix}-4\\1\\-3\end{pmatrix}+s\cdot\begin{pmatrix}-3\\3\\1\end{pmatrix}+t\cdot\begin{pmatrix}2\\3\\-4\end{pmatrix}$; $s,t\in\mathbb{R}$ und E: $3x_1+2x_2+3x_3=25$

b) F: $\vec{x}=\begin{pmatrix}7\\2\\-1\end{pmatrix}+s\cdot\begin{pmatrix}-1\\4\\4\end{pmatrix}+t\cdot\begin{pmatrix}7\\-4\\-7\end{pmatrix}$; $s,t\in\mathbb{R}$ und E: $x_1-x_2-x_3=-3$

c) F: $\vec{x}=\begin{pmatrix}-3\\-6\\9\end{pmatrix}+s\cdot\begin{pmatrix}5\\-4\\-2\end{pmatrix}+t\cdot\begin{pmatrix}6\\-4\\-1\end{pmatrix}$; $s,t\in\mathbb{R}$ und E: $4x_1+7x_2-4x_3=-9$

d) F: $\vec{x}=\begin{pmatrix}8\\-3\\5\end{pmatrix}+s\cdot\begin{pmatrix}-1\\1\\0\end{pmatrix}+t\cdot\begin{pmatrix}8\\-9\\-1\end{pmatrix}$; $s,t\in\mathbb{R}$ und E: $2x_1-3x_2+x_3=2$

L

7. a) $F: \vec{x} = \begin{pmatrix} -4 \\ 1 \\ -3 \end{pmatrix} + s \cdot \begin{pmatrix} -3 \\ 3 \\ 1 \end{pmatrix} + t \cdot \begin{pmatrix} 2 \\ 3 \\ -4 \end{pmatrix}$; $s, t \in \mathbb{R}$ und

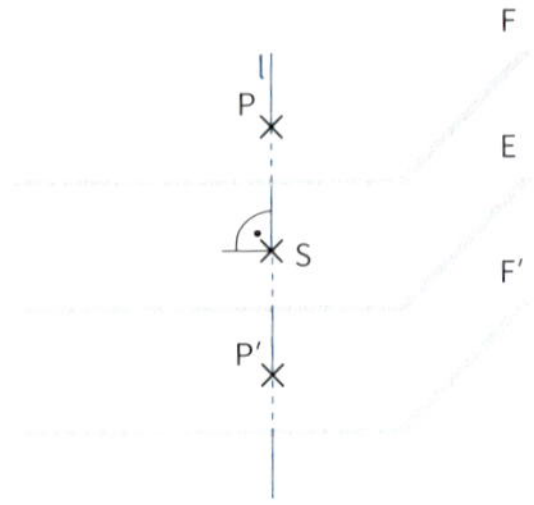

$E: 3x_1 + 2x_2 + 3x_3 = 25$

Die Punktprobe für F in E liefert:

$3 \cdot (-4 - 3s + 2t) + 2 \cdot (1 + 3s + 3t) + 3 \cdot (-3 + s - 4t) = 25$

$\Leftrightarrow\ -12 - 9s + 6t + 2 + 6s + 6t - 9 + 3s - 12t = 25$

$\Leftrightarrow\ -19 = 25$

Dies ist eine falsche Aussage $\Rightarrow$ E und F sind echt parallel.

Die Hilfsgerade l durch $P(-4|1|-3)$ und orthogonal zu E besitzt die Gleichung

$l: \vec{x} = \begin{pmatrix} -4 \\ 1 \\ -3 \end{pmatrix} + k \cdot \begin{pmatrix} 3 \\ 2 \\ 3 \end{pmatrix}$, $k \in \mathbb{R}$.

Die Punktprobe für l in E liefert:

$3 \cdot (-4 + 3k) + 2 \cdot (1 + 2k) + 3 \cdot (-3 + 3k) = 25 \Leftrightarrow -12 + 9k + 2 + 4k - 9 + 9k = 25$

$\Leftrightarrow 22k = 44 \Leftrightarrow k = 2$

Setzt man statt $k = 2$ den doppelten Wert 4 ein, so erhält man

$\vec{p}\,' = \begin{pmatrix} -4 \\ 1 \\ -3 \end{pmatrix} + 4 \cdot \begin{pmatrix} 3 \\ 2 \\ 3 \end{pmatrix} = \begin{pmatrix} 8 \\ 9 \\ 9 \end{pmatrix} \Rightarrow P'(8|9|9)$.

Die Bildebene F′ ist festgelegt durch den Aufpunkt P′ und die Richtungsvektoren von F

$\Rightarrow F': \vec{x} = \begin{pmatrix} 8 \\ 9 \\ 9 \end{pmatrix} + s^* \cdot \begin{pmatrix} -3 \\ 3 \\ 1 \end{pmatrix} + t^* \cdot \begin{pmatrix} 2 \\ 3 \\ -4 \end{pmatrix}$; $s^*, t^* \in \mathbb{R}$.

b) $F: \vec{x} = \begin{pmatrix} 7 \\ 2 \\ -1 \end{pmatrix} + s \cdot \begin{pmatrix} -1 \\ 4 \\ 4 \end{pmatrix} + t \cdot \begin{pmatrix} 7 \\ -4 \\ -7 \end{pmatrix}$; $s, t \in \mathbb{R}$ und $E: x_1 - x_2 - x_3 = -3$

Die Punktprobe für F in E liefert:

$(7 - s + 7t) - (2 + 4s - 4t) - (-1 + 4s - 7t) = -3$

$\Leftrightarrow\ 7 - s + 7t - 2 - 4s + 4t + 1 - 4s + 7t = -3$

$\Leftrightarrow\ 6 - 9s + 18t = -3 \Leftrightarrow s = 2t + 1$

Durch Einsetzen von $s = 2t + 1$ in die Punkt-Richtungsform von F erhält man

$\vec{x} = \begin{pmatrix} 7 \\ 2 \\ -1 \end{pmatrix} + (2t + 1) \cdot \begin{pmatrix} -1 \\ 4 \\ 4 \end{pmatrix} + t \cdot \begin{pmatrix} 7 \\ -4 \\ -7 \end{pmatrix} = \begin{pmatrix} 7 \\ 2 \\ -1 \end{pmatrix} + \begin{pmatrix} -1 \\ 4 \\ 4 \end{pmatrix} + t \cdot \begin{pmatrix} -2 \\ 8 \\ 8 \end{pmatrix} + t \cdot \begin{pmatrix} 7 \\ -4 \\ -7 \end{pmatrix} = \begin{pmatrix} 6 \\ 6 \\ 3 \end{pmatrix} + t \cdot \begin{pmatrix} 5 \\ 4 \\ 1 \end{pmatrix}$

$\Rightarrow$ Die Ebenen E und F besitzen die Schnittgerade

$g: \vec{x} = \begin{pmatrix} 6 \\ 6 \\ 3 \end{pmatrix} + t \cdot \begin{pmatrix} 5 \\ 4 \\ 1 \end{pmatrix}$, $t \in \mathbb{R}$.

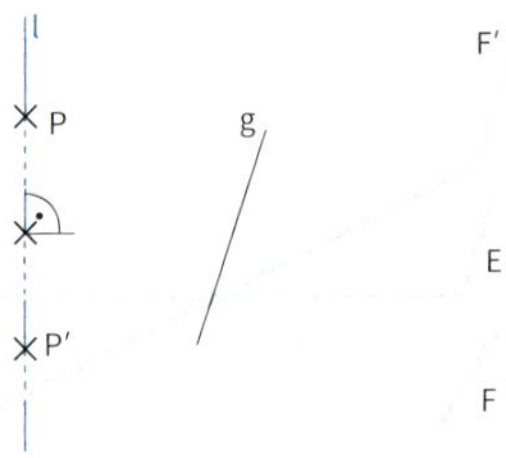

Die Hilfsgerade l durch $P(7|2|-1)$ und orthogonal zu E hat die Gleichung

$l: \vec{x} = \begin{pmatrix} 7 \\ 2 \\ -1 \end{pmatrix} + k \cdot \begin{pmatrix} 1 \\ -1 \\ -1 \end{pmatrix}$, $s \in \mathbb{R}$.

Die Punktprobe für l in E liefert:

$(7 + k) - (2 - k) - (-1 - k) = -3 \Leftrightarrow 7 + k - 2 + k + 1 + k = -3 \Leftrightarrow k = -3$

Setzt man statt $k = -3$ den doppelten Wert -6 ein, so erhält man

$\vec{p'} = \begin{pmatrix} 7 \\ 2 \\ -1 \end{pmatrix} + (-6) \cdot \begin{pmatrix} 1 \\ -1 \\ -1 \end{pmatrix} = \begin{pmatrix} 1 \\ 8 \\ 5 \end{pmatrix} \Rightarrow P'(1|8|5)$

$\Rightarrow F': \vec{x} = \begin{pmatrix}1\\8\\5\end{pmatrix} + s^* \cdot \begin{pmatrix}5\\4\\1\end{pmatrix} + t^* \cdot \left[\begin{pmatrix}1\\8\\5\end{pmatrix} - \begin{pmatrix}6\\6\\3\end{pmatrix}\right],$

$F': \vec{x} = \begin{pmatrix}1\\8\\5\end{pmatrix} + s^* \cdot \begin{pmatrix}5\\4\\1\end{pmatrix} + t^* \cdot \begin{pmatrix}-5\\2\\2\end{pmatrix};\ s^*, t^* \in \mathbb{R}$ ist die Bildebene zu F.

c) $F': \vec{x} = \begin{pmatrix}5\\8\\1\end{pmatrix} + s^* \cdot \begin{pmatrix}5\\-4\\-2\end{pmatrix} + t^* \cdot \begin{pmatrix}6\\-4\\-1\end{pmatrix};\ s^*, t^* \in \mathbb{R};$ E und F sind echt parallel, $S(1|1|5)$ $(k = 1)$

d) $F': \vec{x} = \begin{pmatrix}6\\5\\5\end{pmatrix} + s^* \cdot \begin{pmatrix}5\\3\\-1\end{pmatrix} + t^* \cdot \begin{pmatrix}-3\\2\\-2\end{pmatrix};\ s^*, t^* \in \mathbb{R}$

mit $g: \vec{x} = \begin{pmatrix}6\\5\\5\end{pmatrix} + t \cdot \begin{pmatrix}5\\3\\-1\end{pmatrix},$ $(s = 3t + 2)$ und $S(4|3|3)$ $(k = -2)$

8. Gegeben sind die Ebenen **A**

$E_1: \begin{pmatrix}6\\-2\\3\end{pmatrix} \cdot \vec{x} - 12 = 0$ und $E_2: \vec{x} = \begin{pmatrix}0\\-4\\2\end{pmatrix} + s \cdot \begin{pmatrix}3\\6\\-2\end{pmatrix} + t \cdot \begin{pmatrix}0\\3\\2\end{pmatrix}$ $s, t \in \mathbb{R}$.

a) Zeigen Sie, dass E_1 und E_2 echt parallel sind.

b) Bestimmen Sie eine Gleichung der Symmetrieebene F zu E_1 und E_2.

8. a) Zu zeigen ist, dass der Normalenvektor von E_1 orthogonal zu den beiden Richtungsvektoren von E_2 ist, und der Punkt $A(0|-4|2)$ der Ebene E_2 nicht in E_1 liegt. **L**

Wegen $\begin{pmatrix}6\\-2\\3\end{pmatrix} \cdot \begin{pmatrix}3\\6\\-2\end{pmatrix} = 18 - 12 - 6 = 0,$ $\begin{pmatrix}6\\-2\\3\end{pmatrix} \cdot \begin{pmatrix}0\\3\\2\end{pmatrix} = -6 + 6 = 0$ und

$\begin{pmatrix}6\\-2\\3\end{pmatrix} \cdot \begin{pmatrix}0\\-4\\2\end{pmatrix} - 12 = 2 \neq 0$ sind E_1 und E_2 echt parallel.

b) Die Symmetrieebene F verläuft parallel zu E_1 und E_2 sowie durch den Mittelpunkt M zweier beliebiger Punkte von E_1 und E_2.

$A(2|0|0) \in E_1$ und $B(0|-4|2) \in E_2 \Rightarrow M\left(\frac{2+0}{2}\middle|\frac{0-4}{2}\middle|\frac{0+2}{2}\right) = M(1|-2|1)$

Hieraus ergibt sich $F: \begin{pmatrix}6\\-2\\3\end{pmatrix} \cdot \left[\vec{x} - \begin{pmatrix}1\\-2\\1\end{pmatrix}\right] = 0$ oder $F: \vec{x} = \begin{pmatrix}1\\-2\\1\end{pmatrix} + s \cdot \begin{pmatrix}3\\6\\-2\end{pmatrix} + t \cdot \begin{pmatrix}0\\3\\2\end{pmatrix}.$

2.7 Aufgaben wie im mündlichen Abitur

Die nachfolgende Aufgabenübersicht stellt eine Checkliste sowohl für die Abiturprüfung dar. Angehende Abiturientinnen und Abiturienten sollten in der Lage sein, den Ablauf der Bearbeitung gegebenenfalls anhand von Skizzen zu beschreiben.

1. Zwei Punkte

Gegeben sind die Punkte $P(p_1 | p_2 | p_3)$ und $Q(q_1 | q_2 | q_3)$.

a) Wie berechnet man den Vektor $\overrightarrow{PQ}$ und dessen Länge?
b) Bestimmen Sie eine Gleichung der Gerade g, die durch P und Q verläuft.
c) Welche Koordinaten besitzt der Mittelpunkt von $\overline{PQ}$?
d) P wird durch eine Spiegelung an der Ebene E auf Q abgebildet.
Wie bestimmt man eine Gleichung von E?

2. Drei Punkte

Gegeben sind die Punkte A, B und C.

a) Wie überprüft man, ob die drei Punkte auf einer Geraden liegen?
b) B liegt zwischen A und C auf einer Geraden. Wie ist das Teilverhältnis TV(ABC) definiert?
c) A, B und C bilden ein Dreieck. Wie berechnet man die Seitenlängen, die Größen der Innenwinkel und den Flächeninhalt?
d) A,B und C liegen in der Ebene E. Wie lautet eine Gleichung von E?

3. Vier Punkte

Gegeben sind die Punkte A, B, C und D.

a) Wie überprüft man, ob die vier Punkte in einer Ebene liegen?
b) Welche besonderen Vierecke gibt es?
Wie überprüft man die jeweiligen Eigenschaften?
c) A, B, C und D bilden eine Pyramide. Wie bestimmt man ihr Volumen?
d) Wann liegt ein Punkt P innerhalb des Parallelogramms ABCD?
e) Wie überprüft man, ob der Punkt D im Inneren des Dreiecks ABC liegt?

4. Punkt – Gerade

Gegeben ist der Punkt P und die Gerade g.

a) Wie überprüft man, ob der Punkt P auf der Geraden g liegt?
b) P und g liegen in der Ebene E. Wie lautet eine Gleichung von E?
c) Wie lautet eine Gleichung einer Ebene F, die orthogonal zu g durch P verläuft?
d) Wie bestimmt man den Abstand von P zu g?
e) Wie bestimmt man den Bildpunkt zu P bei einer Spiegelung an g?
f) Wie bestimmt man die Bildgerade g′ zur Geraden g bei einer Spiegelung am Punkt P?

5. Punkt – Ebene

Gegeben ist der Punkt P und die Ebene E.

a) Wie überprüft man, ob der Punkt P in der Ebene E liegt?
b) Wie berechnet man den Abstand des Punktes P von der Ebene E?
c) Wie bestimmt man den Bildpunkt P′ zu bei einer Spiegelung an E?

6. Gerade – Gerade

Gegeben sind die Geraden g und h.

a) Welche gegenseitigen Lagebeziehungen zweier Geraden gibt es?
Wie ist die Vorgehensweise bei der Untersuchung?
b) Wie bestimmt man den Abstand zweier paralleler Geraden?
c) Zwei parallele Geraden liegen in der Ebene E.
Bestimmen Sie eine Gleichung von E.
d) Wie bestimmt man den Schnittpunkt und die Größe des Schnittwinkels zweier Geraden?
e) Zwei sich schneidende Geraden liegen in einer Ebene F.
Bestimmen Sie eine Gleichung von F.
f) Wie kann man den Abstand zweier windschiefer Geraden berechnen?
Stellen Sie zwei Verfahren vor.

7. Gerade – Ebene

Gegeben sind die Gerade g und die Ebene E.

a) Welche Lagebeziehungen gibt es zwischen einer Geraden und einer Ebene?
b) Die Gerade g und die Ebene E sind echt parallel.
Wie bestimmt man ihren Abstand?
c) Wie berechnet man den Schnittpunkt und die Größe des Schnittwinkels bei einer Geraden und einer Ebene?
d) Wie erhält man die Gleichung der Bildgeraden g′ von g bei einer Spiegelung an der Ebene E? Unterscheiden Sie zwei Fälle.

8. Ebene – Ebene

Gegeben sind die Ebenen E und F.

a) Welche Lagebeziehungen gibt es zwischen zwei Ebenen?
Beschreiben Sie die Vorgehensweise der Untersuchung.
b) Wie bestimmt man den Abstand zweier paralleler Ebenen?
c) Wie bestimmt man die Schnittgerade und die Größe des Schnittwinkels bei zwei Ebenen?
d) Wie erhält man eine Gleichung der Bildebene F′ von F bei einer Spiegelung an E?
Unterscheiden Sie zwei Fälle.
e) Bei einer Spiegelung an einer Ebene G wird E auf F abgebildet.
Wie erhält man eine Gleichung von G? Unterscheiden Sie zwei Fälle.

2.8 Aufgaben wie im schriftlichen Abitur

A

1. Gegeben sind die Geraden

$g: \vec{x} = \begin{pmatrix} 2 \\ 0 \\ 1 \end{pmatrix} + r \cdot \begin{pmatrix} -8 \\ -4 \\ 8 \end{pmatrix}$, $h: \vec{x} = \begin{pmatrix} -4 \\ 3 \\ 1 \end{pmatrix} + s \cdot \begin{pmatrix} 6 \\ 3 \\ -6 \end{pmatrix}$, $k: \vec{x} = \begin{pmatrix} -1 \\ 14 \\ 8 \end{pmatrix} + t \cdot \begin{pmatrix} 4 \\ 1 \\ 3 \end{pmatrix}$; $r, s, t \in \mathbb{R}$

sowie die Ebene $F: \begin{pmatrix} 1 \\ -4 \\ 8 \end{pmatrix} \cdot \left[\vec{x} - \begin{pmatrix} 1 \\ 2 \\ -8 \end{pmatrix} \right] = 0.$

a) Untersuchen Sie die gegenseitige Lage der Geraden g und h.
Bestimmen Sie ihren Abstand.
Die Geraden g und h liegen in der Ebene E.
Bestimmen Sie eine Koordinatengleichung der Ebene E und zeichnen Sie E mithilfe der Spurgeraden.
x_1-Achse: $1\,\text{LE} = \frac{1}{2} \cdot \sqrt{2}\,\text{cm}$, x_2-Achse: $1\,\text{LE} = 1\,\text{cm}$,
x_3-Achse: $1\,\text{LE} = 1\,\text{cm}$ [Kontrollergebnis für E: $x_1 + 2x_2 + 2x_3 - 4 = 0$]

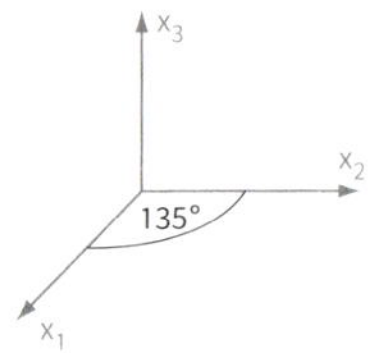

b) Untersuchen Sie die gegenseitige Lage der Geraden g und k.
Bestimmen Sie den Abstand der beiden Geraden.

c) Bestimmen Sie die Koordinaten des Schnittpunktes S und die Weite α des Schnittwinkels der Geraden g mit der Ebene F.
Durch eine Spiegelung an der Ebene F wird die Gerade g auf g′ abgebildet. Bestimmen Sie eine Gleichung von g′.

d) Die Ebenen E und F schneiden sich.
Bestimmen Sie eine Gleichung der Schnittgeraden i und die Weite β des Schnittwinkels der Ebenen E und F.

L

1. Problemanalyse

a) Gegenseitige Lage zweier Geraden, Abstand paralleler Geraden,
Punkt-Richtungsform einer Ebene aus einem Punkt und einer Geraden,
Umrechnung einer Punkt-Richtungsform in eine Koordinatengleichung, Spurpunkte einer Ebene, Darstellung einer Ebene im Koordinatensystem mithilfe der Spurgeraden

b) Gegenseitige Lage zweier Geraden, Abstand windschiefer Geraden

c) Schnittpunkt und Weite des Schnittwinkels von einer Geraden und einer Ebene, Spiegelung einer Geraden an einer Ebene

d) Schnittgerade und Weite des Schnittwinkels zweier Ebenen

Lösung

a) **Lagebeziehung und Abstand**

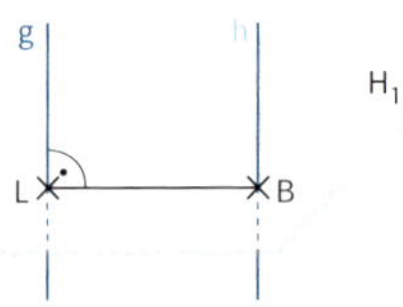

Die Geraden sind echt parallel, da $-\frac{3}{2} \cdot \begin{pmatrix} -8 \\ -4 \\ 8 \end{pmatrix} = \begin{pmatrix} 6 \\ 3 \\ -6 \end{pmatrix}$

und $A(2|0|1) \notin h$.

Für die Abstandsberechnung der beiden parallelen Geraden benötigt man eine Hilfsebene $H_1: 2x_1 + x_2 - 2x_3 + 7 = 0$, welche orthogonal zu g durch $B(-4|3|1)$

verläuft. Die Gerade g schneidet H_1 im Punkt $L(0|-1|3)$. Somit ist $d(g; h) = d(B; L) = 6$ LE.

Koordinatengleichung und Zeichnung

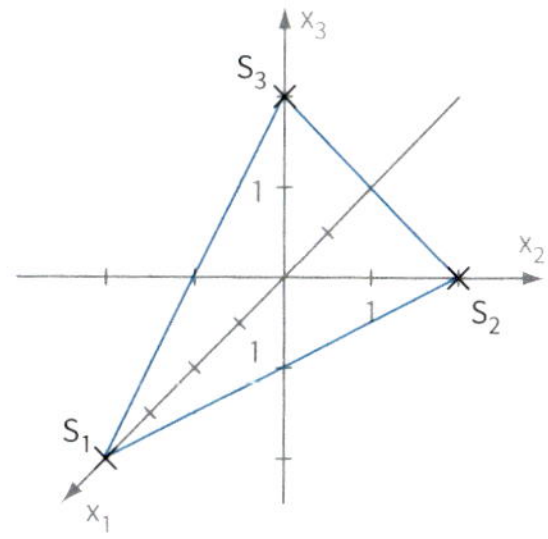

$E: \vec{x} = \begin{pmatrix}2\\0\\1\end{pmatrix} + r \cdot \begin{pmatrix}-8\\-4\\8\end{pmatrix} + s \cdot \left[\begin{pmatrix}-4\\3\\1\end{pmatrix} - \begin{pmatrix}2\\0\\1\end{pmatrix}\right]$ oder

$E: \vec{x} = \begin{pmatrix}2\\0\\1\end{pmatrix} + r \cdot \begin{pmatrix}-2\\-1\\2\end{pmatrix} + s \cdot \begin{pmatrix}-2\\1\\0\end{pmatrix}$; $r, s \in \mathbb{R}$

Durch Eliminieren von r und s erhält man

$E: x_1 + 2x_2 + 2x_3 - 4 = 0$ und damit

$S_1(4|0|0)$, $S_2(0|2|0)$, $S_3(0|0|2)$.

b) **Lagebeziehung und Abstand**

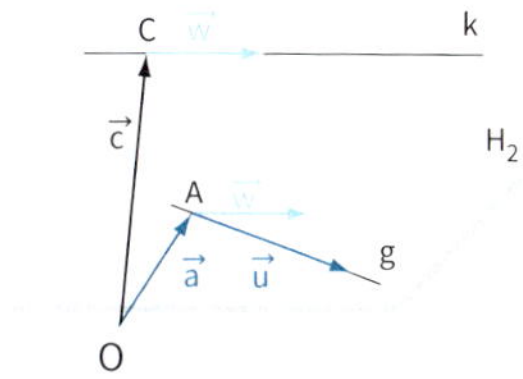

Die Geraden g und k sind weder parallel, noch schneiden sie sich. Somit sind sie windschief.

Für die Abstandsberechnung benötigt man eine Hilfsebene H_2, die g enthält und echt parallel zu k verläuft: $H_2: \vec{x} = \begin{pmatrix}2\\0\\1\end{pmatrix} + r \cdot \begin{pmatrix}-8\\-4\\8\end{pmatrix} + s \cdot \begin{pmatrix}4\\1\\3\end{pmatrix}$; $r, s \in \mathbb{R}$

HNF von H_2: $\frac{5x_1 - 14x_2 - 2x_3 - 8}{15} = 0$

$d(g; k) = d(C; H_2) = |-15| = 15$ LE.

Alternative:

$P(2 - 8r|-4r|1 + 8r)$, $Q(-1 + 4t|14 + t|8 + 3t)$

$\overrightarrow{PQ} \cdot \begin{pmatrix}-8\\-4\\0\end{pmatrix} = 0$ und $\overrightarrow{PQ} \cdot \begin{pmatrix}4\\1\\3\end{pmatrix} = 0$ liefert: $r = \frac{1}{4}$ und $t = -1$

$\Rightarrow P(0|-1|3)$ und $Q(-5|13|5)$

$d(g; k) = d(P; Q) = 15$ LE

c) **Schnittpunkt**

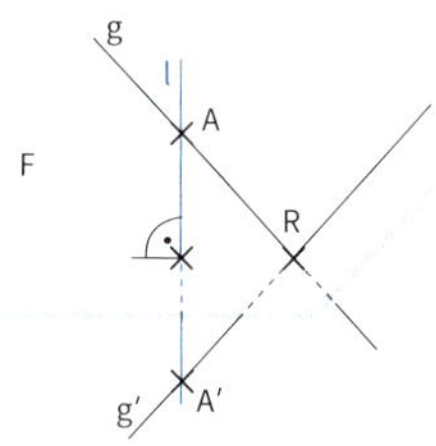

Die Punktprobe für g in $F: x_1 - 4x_2 + 8x_3 + 71 = 0$ liefert den Schnittpunkt $R(11|4{,}5|-8)$.

Winkelweite

Für die Weite α des Schnittwinkels von g und F gilt:

$\sin\alpha = \frac{|-2 + 4 + 16|}{3 \cdot 9} = \frac{2}{3} \Rightarrow \alpha = 41{,}8°$.

Spiegelgerade

Die Punktprobe für $l: \vec{x} = \begin{pmatrix}2\\0\\1\end{pmatrix} + t \cdot \begin{pmatrix}1\\-4\\8\end{pmatrix}$, $t \in \mathbb{R}$

in F ergibt $t = -1$.

Setzt man statt $t = -1$ den doppelten Wert -2 ein, so erhält man $A'(0|8|-15)$.

$\Rightarrow g': \vec{x} = \begin{pmatrix}0\\8\\-15\end{pmatrix} + t \cdot \left[\begin{pmatrix}11\\4{,}5\\-8\end{pmatrix} - \begin{pmatrix}0\\8\\-15\end{pmatrix}\right]$ oder $g': \vec{x} = \begin{pmatrix}0\\8\\-15\end{pmatrix} + t \cdot \begin{pmatrix}11\\-3{,}5\\7\end{pmatrix}$, $t \in \mathbb{R}$.

d) **Winkelweite**

Mit der Punktprobe für E in F erhält man $s = 13{,}5 + 3r$. und durch Einsetzen in die Gleichung von E die Schnittgerade $i: \vec{x} = \begin{pmatrix} -25 \\ 13{,}5 \\ 1 \end{pmatrix} + r \cdot \begin{pmatrix} -8 \\ 2 \\ 2 \end{pmatrix}$, $r \in \mathbb{R}$.

Aus $\cos\beta = \frac{|1-8+16|}{3 \cdot 9} = \frac{1}{3}$ folgt $\beta = 70{,}5°$ für die Weite des Schnittwinkels.

A

2. Gegeben sind die Punkte $A(4|-2|0)$, $B(-3|-1|0)$, $C(0|-5|5)$, und $D(1|2|5)$.

a) Zeigen Sie: Die Punkte A, B, C und D bilden ein Tetraeder.

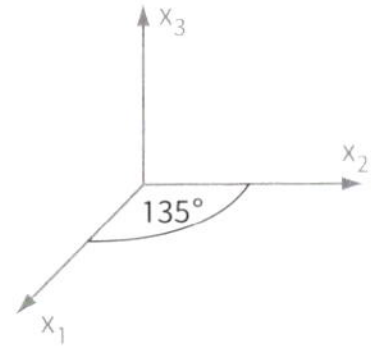

Zeichnen Sie das Tetraeder.
x_1-Achse: $1\,\text{LE} = \frac{1}{2} \cdot \sqrt{2}$ cm, x_2-Achse: $1\,\text{LE} = 1$ cm,
x_3-Achse: $1\,\text{LE} = 1$ cm
Die Punkte A, B und C liegen in der Ebene E.
Bestimmen Sie eine Koordinatengleichung von E.
[Kontrollergebnis für E: $x_1 + 7x_2 + 5x_3 = -10$]
Zeigen Sie: Die Punkte ACD liegen in der Ebene $F: 7x_1 - x_2 + 5x_3 = 30$.
Wie groß ist die Weite α des Winkels, den die Kante $\overline{AD}$ mit der Ebene E bildet?
Wie groß ist die Weite δ des Schnittwinkels der Ebenen E und F?

b) Welchen Abstand besitzen die Kanten $\overline{AB}$ und $\overline{CD}$?
Wie viele Symmetrieebenen besitzt das Tetraeder? Bestimmen Sie zu einer solchen Symmetrieebene S eine Gleichung.

c) Die Ebene $G: x_3 = 2$ zerlegt das Tetraeder in zwei Teilkörper.
Zeigen Sie: Die Schnittfläche ist ein Rechteck mit den Eckpunkten P_1, P_2, P_3 und P_4.
Berechnen Sie das Volumen des Teilkörpers mit den Eckpunkten $CDP_1P_2P_3P_4$.

d) Die Oberfläche des Tetraeders wird verspiegelt. Im Punkt $M(0|0|21)$ wird ein Laserspot installiert. Der Strahl besitzt die Richtung $\vec{u} = \begin{pmatrix} 1 \\ -3 \\ -17 \end{pmatrix}$.
Zeigen Sie, dass der Laserstrahl an der Dreiecksfläche ACD reflektiert wird.
Bestimmen Sie eine Gleichung, die den Verlauf des reflektierten Strahls beschreibt.

L

2. Problemanalyse

a) Abstand zweier Punkte, Darstellung von Punkten im Koordinatensystem, Drei-Punkteform einer Ebene, Umrechnung einer Drei-Punkteform in eine Punkt-Richtungsform und weiter in eine Koordinatengleichung, Punktprobe für Punkte einer Ebene, Zwei-Punkteform und Punkt-Richtungsform einer Geraden, Weite des Schnittwinkels bei einer Geraden und einer Ebene, Weite des Schnittwinkels zweier Ebenen

b) Abstand windschiefer Geraden, Anzahl der Symmetrieebenen eines Tetraeders, Punkt-Normalen- bzw. Punkt-Richtungsform einer Symmetrieebene

c) Schnittpunkt von Gerade und Ebene, besonderes Viereck, Volumenberechnung bei Prisma und Dreieckspyramide

d) Schnittpunkt von Gerade und Ebene, Lage eines Punktes in einem Dreieck, Spiegelung einer Geraden an einer Ebene

Lösung

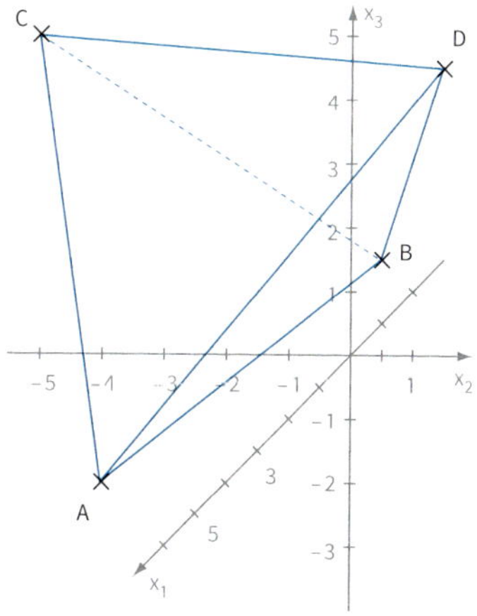

a) **Tetraeder**

$|\overrightarrow{AB}| = \left|\begin{pmatrix}-7\\1\\0\end{pmatrix}\right| = \sqrt{50}$; $|\overrightarrow{BC}| = \left|\begin{pmatrix}3\\-4\\5\end{pmatrix}\right| = \sqrt{50}$

$|\overrightarrow{CA}| = \left|\begin{pmatrix}4\\3\\-5\end{pmatrix}\right| = \sqrt{50}$; $|\overrightarrow{AD}| = \left|\begin{pmatrix}-3\\4\\5\end{pmatrix}\right| = \sqrt{50}$

$|\overrightarrow{BD}| = \left|\begin{pmatrix}4\\3\\5\end{pmatrix}\right| = \sqrt{50}$; $|\overrightarrow{CD}| = \left|\begin{pmatrix}1\\7\\0\end{pmatrix}\right| = \sqrt{50}$

$\Rightarrow$ Die Punkte A, B, C und D bilden ein Tetraeder.

Koordinatengleichung

$E: \vec{x} = \begin{pmatrix}4\\-2\\0\end{pmatrix} + s \cdot \begin{pmatrix}-7\\1\\0\end{pmatrix} + t \cdot \begin{pmatrix}-4\\-3\\5\end{pmatrix}$; $s, t \in \mathbb{R}$

Hieraus erhält man

$E: x_1 + 7x_2 + 5x_3 = -10.$

Inzidenz

Punktprobe für A in F: $7 \cdot 4 - (-2) + 5 \cdot 0 = 30$ ist wahr $\Rightarrow A \in F$

Punktprobe für C in F: $7 \cdot 0 - (-5) + 5 \cdot 5 = 30$ ist wahr $\Rightarrow C \in F$

Punktprobe für D in F: $7 \cdot 1 - 2 + 5 \cdot 5 = 30$ ist wahr $\Rightarrow D \in F$

Winkelweiten

$\sin\alpha = \left|\frac{-3 \cdot 1 + 4 \cdot 7 + 5 \cdot 5}{\sqrt{50} \cdot \sqrt{75}}\right| = \frac{2}{\sqrt{6}} \Rightarrow \alpha \approx 54{,}7°$; $\cos\delta = \left|\frac{1 \cdot 7 + 7 \cdot (-1) + 5 \cdot 5}{\sqrt{75} \cdot \sqrt{75}}\right| = \frac{1}{3} \Rightarrow \delta \approx 70{,}5°$

b) **Abstand**

Da $\overline{AB}$ in der x_1-x_2-Ebene und $\overline{CD}$ parallel zur x_1-x_2-Ebene in der Ebene mit der Gleichung $x_3 = 5$ liegt, besitzen die beiden Kanten einen Abstand von 5 LE.

Symmetrieebenen

Das Tetraeder hat vier Symmetrieebenen. Eine der Symmetrieebenen verläuft durch C, orthogonal zu $\overline{AB}$. Deshalb gilt: $S: \begin{pmatrix}-7\\1\\0\end{pmatrix} \cdot \left[\vec{x} - \begin{pmatrix}0\\-5\\5\end{pmatrix}\right] = 0$

c) **Rechteck**

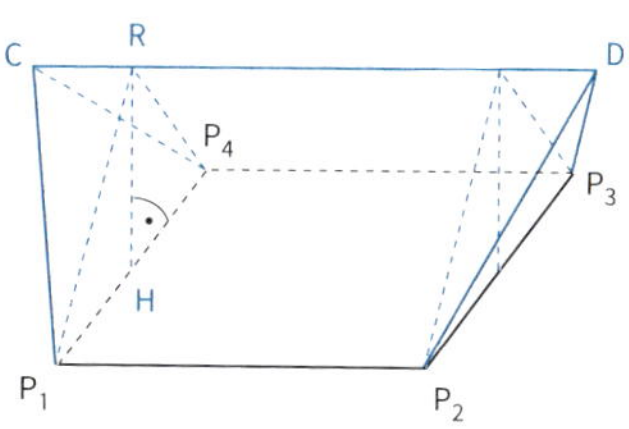

$P_1 \in \overline{AC}$, $P_2 \in \overline{AD}$, $P_3 \in \overline{BD}$ und $P_4 \in \overline{BC}$

Mit der Geraden AC: $\vec{x} = \begin{pmatrix}4\\-2\\0\end{pmatrix} + s \cdot \begin{pmatrix}-4\\-3\\5\end{pmatrix}$ und

$x_3 = 2$ erhält man $s = 0{,}4$

$\Rightarrow P_1(2{,}4\,|\,-3{,}2\,|\,2) \in AC$

Entsprechend findet man $P_2(2{,}8\,|\,-0{,}4\,|\,2) \in \overline{AD}$, $P_3(-1{,}4\,|\,0{,}2\,|\,2) \in \overline{BD}$ und $P_4(-1{,}8\,|\,-2{,}6\,|\,2) \in \overline{BC}$.

$\overrightarrow{P_1P_2} = \overrightarrow{P_4P_3} = \begin{pmatrix}0{,}4\\2{,}8\\0\end{pmatrix}$; $\overrightarrow{P_1P_4} = \overrightarrow{P_2P_3} = \begin{pmatrix}-4{,}2\\0{,}6\\0\end{pmatrix}$

$\overrightarrow{P_1P_2} \cdot \overrightarrow{P_1P_4} = 0 \Rightarrow \overrightarrow{P_1P_2} \perp \overrightarrow{P_1P_4}$

Das Viereck $P_1P_2P_3P_4$ ist ein Rechteck.

Volumen

$|\overrightarrow{P_1P_2}| = \sqrt{0{,}4^2 + 2{,}8^2} = \sqrt{8}$; $|\overrightarrow{P_1P_4}| = \sqrt{(-4{,}2)^2 + 0{,}6^2} = \sqrt{18}$ und $|\overrightarrow{HR}| = 3$

Der Teilkörper ist zusammengesetzt aus einem Prisma mit einem Dreieck als Grundfläche und zwei gleichen Dreieckspyramiden.

$V = \frac{1}{2} \cdot |\overrightarrow{P_1P_4}| \cdot |\overrightarrow{HR}| \cdot |\overrightarrow{P_1P_2}| + 2 \cdot \frac{1}{3} \cdot \frac{1}{2} \cdot |\overrightarrow{P_1P_4}| \cdot |\overrightarrow{HR}| \cdot \frac{1}{2} \cdot \left(|\overrightarrow{CD}| - |\overrightarrow{P_1P_2}|\right) = 18 + 9 = 27\,\text{VE}$

d) **Schnittpunkt innerhalb einer Dreiecksfläche**

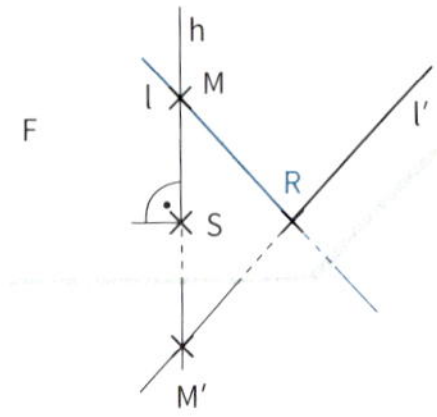

Der von $M(0|0|21)$ ausgehende Laserstrahl

$l: \vec{x} = \begin{pmatrix} 0 \\ 0 \\ 2 \end{pmatrix} + r \begin{pmatrix} 1 \\ -3 \\ -17 \end{pmatrix}$ trifft die Ebene

$F: 7x_1 - x_2 + 5x_3 = 30$ im Punkt $R(1|-3|4)$.

Der Punkt R liegt innerhalb des Dreiecks ACD, wenn

$\overrightarrow{AR} = s \cdot \overrightarrow{AC} + t \cdot \overrightarrow{AD}$ mit $s > 0,\ t > 0$ und $s + t < 1$.

Der entsprechende Ansatz $\begin{pmatrix} -3 \\ -1 \\ 4 \end{pmatrix} = s \cdot \begin{pmatrix} -4 \\ -3 \\ 5 \end{pmatrix} + t \cdot \begin{pmatrix} -3 \\ 4 \\ 5 \end{pmatrix}$ führt auf das LGS

(1) $-4s - 3t = -3$

(2) $-3s + 4t = -1$ mit dem Lösungspaar $s = \frac{3}{5},\ t = \frac{1}{5}$.

(3) $5s + 5t = 4$

Da $\frac{3}{5} > 0,\ \frac{1}{5} > 0$ und $\frac{3}{5} + \frac{1}{5} = \frac{4}{5} < 1$ liegt R innerhalb des Dreiecks ACD.

Reflektierter Strahl

Der Ansatz für den Schnittpunkt S der Hilfsgeraden $h: \vec{x} = \begin{pmatrix} 0 \\ 0 \\ 21 \end{pmatrix} + s \begin{pmatrix} 7 \\ -1 \\ 5 \end{pmatrix}$ mit der Ebene $F: 7x_1 - x_2 + 5x_3 = 30$ führt auf $s = -1$. Setzt man statt $s = -1$ den doppelten Wert -2 in die Gleichung von h ein, so erhält man den Bildpunkt $M'(-14|2|11)$.

Mit $M'(-14|2|11)$ als Aufpunkt und $\overrightarrow{M'R}$ als Richtungsvektor erhält man den reflektierten Laserstrahl $l': \vec{x} = \begin{pmatrix} 1 \\ -3 \\ 4 \end{pmatrix} + t \cdot \begin{pmatrix} 15 \\ -5 \\ -7 \end{pmatrix},\ t \in \mathbb{R}_0^+$.

A

3. Auf dem Platz vor einem Museum soll das abgebildete gerade Prisma errichtet werden.
Zudem soll eine Kugel angebracht werden, die zwischen dem Punkt $S(0|10|0)$ und dem Prisma in x_2-Richtung rollen kann. E sei die durch die Punkte P, Q und R festgelegte Ebene (Maße in Metern, nicht maßstabsgerecht).

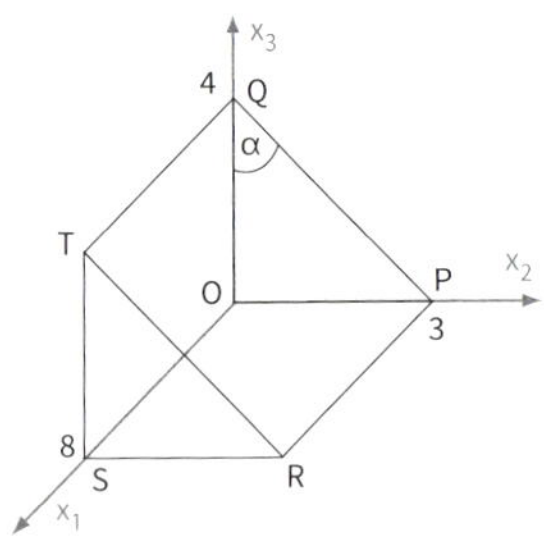

a) Stellen Sie eine Koordinatengleichung von E auf.
Ermitteln Sie den Abstand von E zum Punkt S.
Berechnen Sie die Größe α des Schnittwinkels zwischen E und der x_3-Achse.

b) Berechnen Sie Flächeninhalt des Mantels und das Volumen des Körpers.

c) Berechnen Sie die Länge der Strecke, welche die Kugel höchstens rollen kann.
In welchem Punkt B berührt die Kugel die Ebene?

d) Nun soll eine weitere Kugel in den Körper eingebracht werden.
Wie groß darf ihr Radius höchstens werden?

L

3. Problemanalyse

a) Achsenabschnittsform einer Ebene und Umformung
Abstand eines Punktes von einer Ebene
Winkel zwischen Ebene und Gerade

b) Mantelinhalt und Volumen eines Prismas

c) Berührpunkt zwischen Kugel und Ebene, Orthogonalität

d) Abstand eines Punktes von mehreren Ebenen

Lösung

a) **Koordinatengleichung und Abstand**

Mit den Spurpunkten $P(0|3|0)$ und $Q(0|0|4)$ erhält man die Achsenabschnittsform $E\colon \frac{x_2}{3} + \frac{x_3}{4} = 1$, die Koordinatengleichung $E\colon 4x_2 + 3x_3 = 12$ und die HNF von $E\colon \frac{4x_2 + 3x_3 - 12}{5} = 0$. Hier erkennt man $d(O; E) = \frac{12}{5} = 2{,}4$

Da der Koordinatenursprung O und der Punkt S denselben Abstand zu E besitzen, ist $d(S; E) = 2{,}4\,\text{m}$.

Schnittwinkelweite

$$\sin\alpha = \frac{\left|\begin{pmatrix}0\\0\\1\end{pmatrix} \cdot \begin{pmatrix}0\\3\\4\end{pmatrix}\right|}{1 \cdot 5} = \frac{4}{5} \Rightarrow \alpha \approx 53{,}1°$$

b) **Flächeninhalt**

$$F = (8 \cdot 5 + 8 \cdot 3 + 8 \cdot 4)\,\text{m}^2 = 96\,\text{m}^2$$

Volumen

$$V = \left(\frac{4 \cdot 3}{2} \cdot 8\right)\text{m}^3 = 48\,\text{m}^3$$

c) **Streckenlänge**

Der Kugelmittelpunkt M_1 bewegt sich auf der Geraden $g\colon \vec{x} = \begin{pmatrix}0\\10\\2{,}5\end{pmatrix} + s\begin{pmatrix}0\\1\\0\end{pmatrix}$

$\Rightarrow M_1(0|10+s|2{,}5)$.

Beim Berühren muss gelten: $d(M_1; E) = 2{,}5$,

$$d(M_1; E) = \left|\frac{4(10+s) + 3 \cdot 3{,}5 - 12}{5}\right| = 2{,}5 \Leftrightarrow |7{,}1 + 0{,}8s| = 2{,}5.$$

(1) $7{,}1 + 0{,}8s = 2{,}5 \Leftrightarrow s = -5{,}75$

(2) $7{,}1 + 0{,}8s = -2{,}5 \Leftrightarrow s = 12$ entfällt, die Kugel würde in diesem Fall von der Ebene wegrollen.

Die Strecke ist 5,75 m lang.

Berührpunkt

Skizze

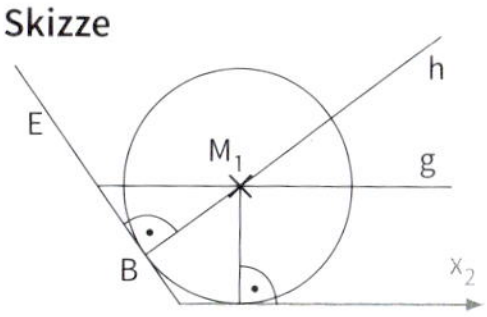

Mit $s = -5{,}75$ erhält man wegen $10 - 5{,}75 = 4{,}25$ den Mittelpunkt $M_1(0|4{,}25|2{,}5)$.

Es sei h die Gerade durch M_1 und orthogonal zu E,

$$h\colon \vec{x} = \begin{pmatrix}0\\4{,}25\\2{,}5\end{pmatrix} + t\begin{pmatrix}0\\4\\3\end{pmatrix}.$$

Der Ansatz für den Schnittpunkt B von h und E führt auf

$$4(4{,}25 + 4t) + 3(2{,}5 + 3t) = 12 \Leftrightarrow t = -0{,}5.$$

Durch Einsetzen von $t = -0{,}5$ in die Gleichung von h erhält man den Berührpunkt $B(0\,|\,2{,}25\,|\,1)$.

d) Mit $M_2(8\,|\,r\,|\,r)$ muss gelten: $d(M_2; E) = r,\ r > 0$

HNF von E: $\frac{4x_2 + 3x_3 - 12}{5} = 0,\ d(M_2; E) = \left|\frac{4r + 3r - 12}{5}\right| = r$

(1) $\frac{7r - 12}{5} = r \Leftrightarrow r = 6$ entfällt wegen der Maße des Körpers

(2) $\frac{7r - 12}{5} = -r \Leftrightarrow r = 1$

Der Radius der Kugel darf höchstens 1 Meter betragen.

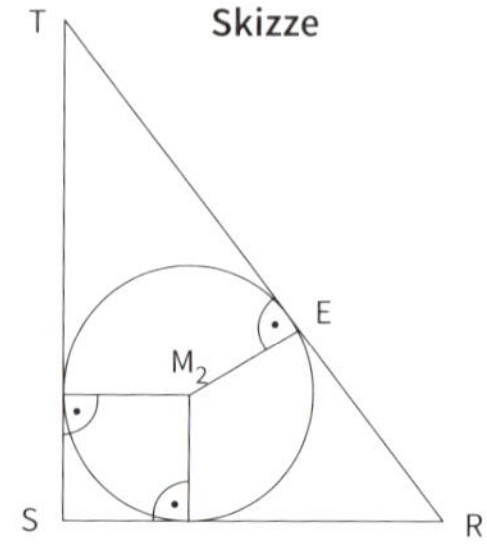

A

4. Ein U-Boot wird zum Zeitpunkt $t = 0$ (t in Minuten) von einem Flugzeug vom Punkt $F(1\,|\,1\,|\,0{,}3)$ aus unter der Richtung $\begin{pmatrix} 1 \\ 2 \\ -0{,}1 \end{pmatrix}$ und von einem Schiff vom Punkt $S(-2\,|\,5\,|\,0)$ aus unter der Richtung $\begin{pmatrix} 4 \\ 3 \\ -0{,}1 \end{pmatrix}$ geortet. Nach 20 Minuten befindet sich das U-Boot in der Position $U_1^*(18\,|\,-5\,|\,-0{,}4)$ (alle Koordinatenangaben in Kilometer).

a) In welchem Punkt U_1 wurde das U-Boot zum Zeitpunkt $t = 0$ geortet?
[Kontrollergebnis: $U_1(6\,|\,11\,|\,-0{,}2)$]
Geben Sie eine Geradengleichung für die Fahrtroute des U-Bootes an.
Begründen Sie, dass das U-Boot am Abtauchen ist. Wie groß ist seine Sinkgeschwindigkeit in m/min? Wann würde das U-Boot bei Beibehaltung seines Kurses seine maximale Tauchtiefe von 600 m erreichen?

b) Ein zweites U-Boot bewegt sich auf dem Kurs $\overrightarrow{u_2} = \begin{pmatrix} 8 \\ -25 \\ -0{,}35 \end{pmatrix} + t \cdot \begin{pmatrix} 0{,}35 \\ 1{,}2 \\ 0 \end{pmatrix}$
(t in Minuten nach Beobachtungsbeginn).
Welchen Abstand besitzen die beiden U-Boote bei Beobachtungsbeginn?
Mit welcher Geschwindigkeit fährt das zweite U-Boot?
Zeigen sie, dass sich ihre Kurse kreuzen.
Bestimmen Sie den Zeitpunkt der größten Annäherung der beiden U-Boote.
Wie groß ist zu diesem Zeitpunkt der Abstand der beiden U-Boote?

c) Die Ebene $E: 576x_1 - 168x_2 - 49x_3 = 8524$ beschreibt die Lage einer unter der Meeresoberfläche verlaufenden Steilwand.
Wie groß ist der Winkel, den die Steilwand mit der Meeresoberfläche bildet?
Zeigen Sie, dass sich das zweite U-Boot parallel zur Steilwand bewegt.
Berechnen Sie seinen Abstand zur Steilwand.
Läuft dieses U-Boot beim Auftauchen Gefahr, mit der Steilwand zu kollidieren?

L

4. Problemanalyse

a) Bestimmung von Geradengleichungen aus einem Punkt und einem Richtungsvektor, Schnitt von zwei Geraden, Bestimmung einer Geradengleichung aus zwei Punkten, Interpretation des Richtungsvektors, Bestimmung der Sinkgeschwindigkeit aus der x_3-Koordinate, Bestimmung eines Zeitpunkts aus vorgegebener Tauchtiefe.

b) Entfernung zweier Punkte, Bestimmung der Geschwindigkeit aus zurückgelegter Wegstrecke und dafür benötigten Zeit, Bestimmung des Schnittpunkts zweier Geraden, minimaler Abstand zweier Punkte (Extremwertproblem)

c) Schnittwinkel zweier Ebenen, Gerade parallel zu einer Ebene, Abstand einer Geraden zu einer Ebene, Schnitt einer Vertikalen mit einer Ebene

Lösung

a) **Ortung**

Flugzeugpeilung $f\colon \vec{x} = \begin{pmatrix}1\\1\\0{,}3\end{pmatrix} + r\cdot\begin{pmatrix}1\\2\\-0{,}1\end{pmatrix}$ und Schiffspeilung $s\colon \vec{x} = \begin{pmatrix}-2\\5\\0\end{pmatrix} + s\cdot\begin{pmatrix}4\\3\\-0{,}1\end{pmatrix}$

Durch Gleichsetzen erhält man $\begin{pmatrix}1\\1\\0{,}3\end{pmatrix} + r\cdot\begin{pmatrix}1\\2\\-0{,}1\end{pmatrix} = \begin{pmatrix}-2\\5\\0\end{pmatrix} + s\cdot\begin{pmatrix}4\\3\\-0{,}1\end{pmatrix}$ und

$$r\cdot\begin{pmatrix}1\\2\\-0{,}1\end{pmatrix} + s\cdot\begin{pmatrix}-4\\-3\\0{,}1\end{pmatrix} = \begin{pmatrix}-3\\4\\-0{,}3\end{pmatrix} \Leftrightarrow \begin{array}{ll}(1)\ r - 4s = -3 & \Leftrightarrow r = -3 + 4s \text{ in } (2)\\ (2)\quad 2r - 3s = 4 & \\ (3)\ -0{,}1\,r + 0{,}1\,s = -0{,}3 & \end{array}$$

$2\cdot(-3+4s) - 3s = 4 \Leftrightarrow -6 + 8s - 3s = 4 \Leftrightarrow 5s = 10 \Leftrightarrow s = 2$ in (1)

$r = 5$; Probe in (3): $-0{,}5 + 0{,}2 = -0{,}3$ ist wahr

Ortsvektor zu U_1 ist $\begin{pmatrix}1\\1\\0{,}3\end{pmatrix} + 5\cdot\begin{pmatrix}1\\2\\-0{,}1\end{pmatrix} = \begin{pmatrix}6\\11\\-0{,}2\end{pmatrix}$.

Somit wird das U-Boot im Punkt $U_1(6\,|\,11\,|\,-0{,}2)$ geortet.

Fahrtroute

Der in 20 min zurückgelegte Weg ist beschreibbar durch den Vektor

$$\overrightarrow{U_1U_1^*} = \begin{pmatrix}18\\-5\\-0{,}4\end{pmatrix} - \begin{pmatrix}6\\11\\-0{,}2\end{pmatrix} = \begin{pmatrix}12\\-16\\-0{,}2\end{pmatrix} = 20\cdot\begin{pmatrix}0{,}6\\-0{,}8\\-0{,}01\end{pmatrix}.$$

Hieraus folgt die Fahrtroute $u_1\colon \vec{x} = \begin{pmatrix}6\\11\\-0{,}2\end{pmatrix} + t\cdot\begin{pmatrix}0{,}6\\-0{,}8\\-0{,}01\end{pmatrix}$.

Abtauchvorgang

Da die x_3-Koordinate des Richtungsvektors negativ ist, taucht das U-Boot ab.

Seine Sinkgeschwindigkeit beträgt 10 m/min.

Aus $-0{,}2 - 0{,}01\cdot t = -0{,}6$ folgt $t = 40$.

Somit erreicht das U-Boot nach 40 Minuten seine maximale Tauchtiefe.

b) **Abstand**

Bei Beobachtungsbeginn befinden sich die U-Boote in $U_1(6\,|\,11\,|\,-0{,}2)$ und $U_2(8\,|\,-25\,|\,-0{,}35)$.

$$\left|\overrightarrow{U_1U_2}\right| = \sqrt{(8-6)^2 + (-25-11)^2 + (-0{,}35-(-0{,}2))^2} = \sqrt{2^2 + 36^2 + 0{,}15^2} \approx 36$$

Ihr Abstand beträgt anfänglich 36 km.

Geschwindigkeit

Der in 60 min zurückgelegte Weg beträgt $60 \cdot \left|\begin{pmatrix} 0{,}35 \\ 1{,}2 \\ 0 \end{pmatrix}\right| = 60 \cdot \sqrt{0{,}35^2 + 1{,}2^2} = 75.$

Das zweite U-Boot fährt mit einer Geschwindigkeit von 75 km/h.

Kreuzende Kurse

Durch Gleichsetzen erhält man $\begin{pmatrix} 6 \\ 11 \\ -0{,}2 \end{pmatrix} + s \cdot \begin{pmatrix} 0{,}6 \\ -0{,}8 \\ -0{,}01 \end{pmatrix} = \begin{pmatrix} 8 \\ -25 \\ -0{,}35 \end{pmatrix} + t \cdot \begin{pmatrix} 0{,}35 \\ 1{,}2 \\ 0 \end{pmatrix}$

$$\Leftrightarrow s \cdot \begin{pmatrix} 0{,}6 \\ -0{,}8 \\ -0{,}01 \end{pmatrix} + t \cdot \begin{pmatrix} -0{,}35 \\ -1{,}2 \\ 0 \end{pmatrix} = \begin{pmatrix} 2 \\ -36 \\ -0{,}15 \end{pmatrix} \Leftrightarrow \begin{array}{llcl} (1) & 0{,}6s - 0{,}35t & = & 2 \\ (2) & -0{,}8s - 1{,}2t & = & -36 \\ (3) & -0{,}01s & = & -0{,}15 \Leftrightarrow s = 15 \text{ in } (1) \end{array}$$

$9 - 0{,}35 \cdot t = 2 \Leftrightarrow -0{,}35 \cdot t = -7 \Leftrightarrow t = 20$

Probe in (2): $-12 - 24 = -36$ ist wahr.

Damit kreuzen sich die beiden Kurse.

Größte Annäherung

Die Positionen der U-Boote werden zu jedem Zeitpunkt t beschrieben durch

$P_1(6 + 0{,}6t \mid 11 - 0{,}8t \mid -0{,}2 - 0{,}01t)$ und $P_2(8 + 0{,}35t \mid -25 + 1{,}2t \mid -0{,}35)$.

Der jeweilige Abstand ist $\left|\overrightarrow{P_1P_2}\right|$

$= \sqrt{(8 + 0{,}35t - (6 + 0{,}6t))^2 + (-25 + 1{,}2t - (11 - 0{,}8t))^2 + (-0{,}35 - (-0{,}2 - 0{,}01t))^2}$

$= \sqrt{(2 - 0{,}25t)^2 + (-36 + 2t)^2 + (-0{,}15 + 0{,}01t)^2}$

Den kürzesten Abstand findet man mit dem TR. Die Abbildung zeigt das Schaubild der Abstandsfunktion.

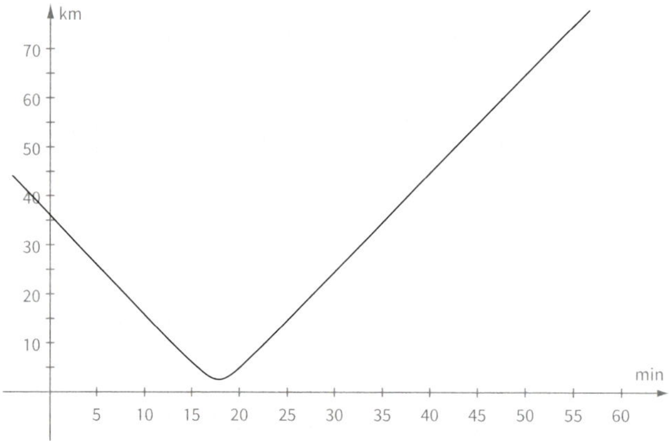

Nach etwa 17,85 min ist die Annäherung am stärksten. Der Abstand der beiden U-Boote beträgt dann etwa 2,48 km.

c) **Winkel**

$$\cos\alpha = \frac{|\vec{n_1} \cdot \vec{n_2}|}{|\vec{n_1}| \cdot |\vec{n_2}|} = \frac{\left|\begin{pmatrix} 0 \\ 0 \\ 1 \end{pmatrix} \cdot \begin{pmatrix} 576 \\ -168 \\ -49 \end{pmatrix}\right|}{\left|\begin{pmatrix} 0 \\ 0 \\ 1 \end{pmatrix}\right| \cdot \left|\begin{pmatrix} 576 \\ -168 \\ -49 \end{pmatrix}\right|} = \frac{|-49|}{1 \cdot \sqrt{576^2 + (-168)^2 + (-49)^2}} \approx 0{,}081 \Rightarrow \alpha \approx 85{,}3°$$

Die Steilwand bildet mit der Meeresoberfläche einen Winkel von etwa 85,3°.

Parallelität

Wegen $\begin{pmatrix} 0{,}35 \\ 1{,}2 \\ 0 \end{pmatrix} \cdot \begin{pmatrix} 576 \\ -168 \\ -49 \end{pmatrix} = 201{,}6 - 201{,}6 = 0$ bewegt sich das zweite U-Boot parallel zur Steilwand.

Abstand

Mit der HNF von E: $\frac{576x_1 - 168x_2 - 49x_3 - 8524}{\sqrt{576^2 + (-168)^2 + (-49)^2}} = 0$, $U_2(8\,|-25\,|-0{,}35)$

ergibt sich $d(U_2; E) = \frac{|576 \cdot 8 - 168 \cdot (-25) - 49 \cdot (-0{,}35) - 8524|}{\sqrt{576^2 + (-168)^2 + (-49)^2}} \approx 0{,}500$ Meter.

Der Abstand beträgt 500 m.

Kollision

Zur Kollision käme es, wenn die Steilwand bezüglich des U-Bootes unter Wasser einen Überhang bildete. Der Ansatz für den Schnittpunkt K der Vertikalen

v: $\vec{x} = \begin{pmatrix} 8 \\ -25 \\ -0{,}35 \end{pmatrix} + r \cdot \begin{pmatrix} 0 \\ 0 \\ 1 \end{pmatrix}$ mit der Ebene E liefert:

$576 \cdot 8 - 168 \cdot (-25) - 49 \cdot (-0{,}35 + r) = 8524 \Leftrightarrow -49r = -301{,}15 \Leftrightarrow r \approx 6{,}15$

Hieraus ergibt sich für die x_3-Koordinate von K der positive Wert $5{,}8 > 0$.

Da K theoretisch 5,8 km oberhalb der Wasserfläche liegt, besteht keine Kollisionsgefahr.

5. Gegeben ist eine gerade Pyramide mit dem Viereck $O(0|0|0)$, $A(4|0|0)$, $B(4|4|0)$, $C(0|4|0)$ als Grundfläche und der Spitze $S(2|2|6)$ (alle Maße in m). A

a) Zeichnen Sie die Pyramide in ein dreidimensionales Koordinatensystem.

b) E sei die Ebene, welche die Punkte B, C und S enthält. Stellen Sie eine Koordinatengleichung und eine HESSE-Normalenform von E auf.

c) Berechnen Sie die Größe α des Winkels zwischen der Mantelfläche BCS und der x_1x_2-Ebene sowie die Größe β des Winkels zwischen der Kante BS und der x_1x_2-Ebene.

d) Geben Sie den Abstand der windschiefen Kanten $\overline{OA}$ und $\overline{BS}$ der Pyramide an. Berechnen Sie die Punkte P auf $\overline{BS}$ und Q auf $\overline{OA}$, die den kürzesten Abstand aufweisen.

e) In der Mitte der Kante $\overline{BC}$ soll orthogonal zur x_1x_2-Ebene ein Stab angebracht werden. Wie lang muss er werden, damit das Stabende einen kürzesten Abstand von $\frac{\sqrt{10}}{2}$ m zur Pyramidenoberfläche aufweist?

f) Ein Quader mit quadratischer Grundfläche soll so der Pyramide einbeschrieben werden, dass sein Volumen möglichst groß wird.
Wie hoch ist dieser Quader? Wie viel Prozent des Pyramidenvolumens nimmt er ein?

5. Problemanalyse L

a) Darstellung von Punktmengen im dreidimensionalen Koordinatensystem

b) Drei-Punkteform und Koordinatengleichung einer Ebene

c) Winkel zwischen zwei Ebenen, Winkel zwischen Gerade und Ebene

d) Abstand des Koordinatenursprungs von einer Ebene, Abstand windschiefer Geraden
e) Bestimmung eines auf einer Geraden liegenden unbekannten Punktes mit vorgegebenem Abstand zu einer Ebene
f) Extremwertproblem, Orientierung im dreidimensionalen Koordinatensystem, Volumen von Pyramide und Quader, Prozentrechnung

Lösung

a)

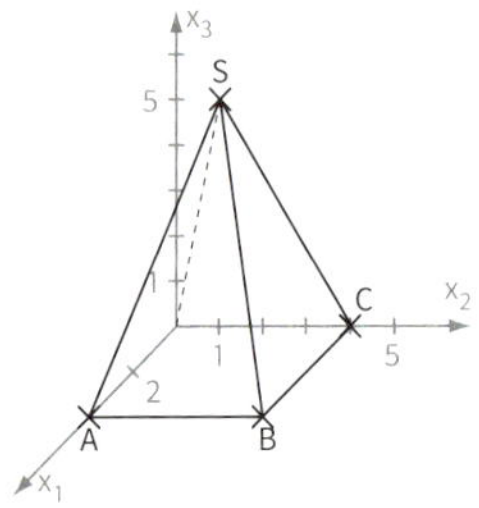

b) **Koordinatengleichung und Hesse-Normalenform von E**

Mit dem Aufpunkt B(4|4|0) und den Richtungsvektoren $\overrightarrow{BS}$ und $\overrightarrow{BC}$ erhält man

$E: \vec{x} = \begin{pmatrix} 4 \\ 4 \\ 0 \end{pmatrix} + r \cdot \begin{pmatrix} -2 \\ -2 \\ 6 \end{pmatrix} + s \cdot \begin{pmatrix} -4 \\ 0 \\ 0 \end{pmatrix};\ r, s \in \mathbb{R}$ oder $E: \vec{x} = \begin{pmatrix} 4 \\ 4 \\ 0 \end{pmatrix} + r \cdot \begin{pmatrix} 1 \\ 1 \\ -3 \end{pmatrix} + s \cdot \begin{pmatrix} 1 \\ 0 \\ 0 \end{pmatrix}$,

$\vec{n} = \begin{pmatrix} 0 \\ 3 \\ 1 \end{pmatrix}$ ist offensichtlich ein Normalenvektor von E.

Mit dem Ansatz $E: 3x_2 + x_3 = d$ und der Punktprobe mit C(0|4|0) erhält man $d = 12$.

$E: 3x_2 + x_3 = 12$ und HNF von $E: \frac{3x_2 + x_3 - 12}{\sqrt{10}} = 0$

c) **Schnittwinkel**

Mit den Normalenvektoren der Ebene E und der x_1x_2-Ebene ergibt sich

$$\cos\alpha = \frac{\left|\begin{pmatrix} 0 \\ 3 \\ 1 \end{pmatrix} \cdot \begin{pmatrix} 0 \\ 0 \\ 1 \end{pmatrix}\right|}{\left|\begin{pmatrix} 0 \\ 3 \\ 1 \end{pmatrix}\right| \cdot \left|\begin{pmatrix} 0 \\ 0 \\ 1 \end{pmatrix}\right|} = \frac{1}{\sqrt{10}} \Rightarrow \alpha \approx 71{,}6°$$

Mit dem Richtungsvektor der Gerade BS und dem Normalenvektor der x_1x_2-Ebene ergibt sich

$$\sin\beta = \frac{\left|\begin{pmatrix} -2 \\ -2 \\ 6 \end{pmatrix} \cdot \begin{pmatrix} 0 \\ 0 \\ 1 \end{pmatrix}\right|}{\left|\begin{pmatrix} 0 \\ 3 \\ 1 \end{pmatrix}\right| \cdot \left|\begin{pmatrix} 0 \\ 0 \\ 1 \end{pmatrix}\right|} = \frac{6}{\sqrt{44}} \Rightarrow \beta \approx 64{,}8°$$

d) **Abstand**

Die Ebene E enthält die Kante $\overline{BS}$ und ist offensichtlich parallel zur Kante $\overline{OA}$. Damit hat jeder Punkt auf $\overline{OA}$ denselben Abstand zu E, insbesondere der Koordinatenursprung O.

An der HNF von $E: \frac{3x_2 + x_3 - 12}{\sqrt{10}} = 0$ sieht man den gesuchten Abstand mit $\frac{12}{\sqrt{10}} \approx 3{,}79$.

Der Abstand der Kanten beträgt etwa 3,79 m.

Punkte P und Q

Mit $OA: \vec{x} = r \cdot \begin{pmatrix} 1 \\ 0 \\ 0 \end{pmatrix}$, $r \in \mathbb{R}$ und $BS: \vec{x} = \begin{pmatrix} 4 \\ 4 \\ 0 \end{pmatrix} s \cdot \begin{pmatrix} -2 \\ -2 \\ 6 \end{pmatrix}$, $s \in \mathbb{R}$ erhält man die allgemeinen Punkte $P(r|0|0) \in OA$ und $Q(2-2s|4-2s|6s) \in BS$ sowie $\overrightarrow{PQ} = \begin{pmatrix} 4-r-2s \\ 4-2s \\ 6s \end{pmatrix}$.

Der Ansatz $\overrightarrow{PQ} \cdot \begin{pmatrix} 1 \\ 0 \\ 0 \end{pmatrix} = 0$ und $\overrightarrow{PQ} \cdot \begin{pmatrix} -2 \\ -2 \\ 6 \end{pmatrix} = 0$ führt auf das LGS $4 - r - 2s = 0$ und $-16 + 2r + 44s = 0$ mit der Lösung $r = \frac{18}{5}$ und $s = \frac{1}{5}$.

Die gesuchten Punkte sind $P\left(\frac{18}{5}\middle|0\middle|0\right)$ und $Q\left(\frac{18}{5}\middle|\frac{18}{5}\middle|\frac{6}{5}\right)$.

e) **Stablänge**

Ein beliebiger Punkt auf dem Stab ist $P(2|4|s)$, $s > 0$.

$d(P; E) = \frac{|3 \cdot 4 + s - 12|}{\sqrt{10}} = \frac{s}{\sqrt{10}}$, $\frac{s}{\sqrt{10}} = \frac{\sqrt{10}}{2} \Leftrightarrow s = 5$

Der Stab muss 5 m hoch sein.

f) **Quader mit maximalem Volumen**

Skizze

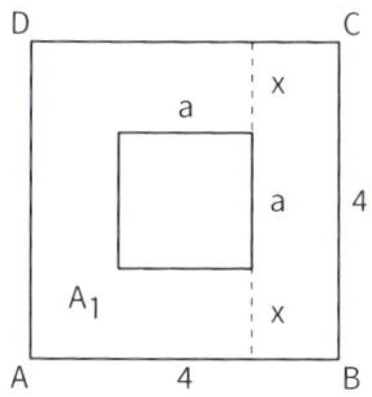

Wegen $x = \frac{4-a}{2} = 2 - \frac{a}{2}$ und $2 - \frac{a}{2} + a = 2 + \frac{a}{2}$ ist $A_1\left(2 + \frac{a}{2}\middle|2 - \frac{a}{2}\middle|0\right)$, $0 < a < 4$.

Für die Höhe des Quaders benötigt man die x_3-Koordinate des Punktes auf der Geraden $AS: \vec{x} = \begin{pmatrix} 4 \\ 0 \\ 0 \end{pmatrix} + r \begin{pmatrix} -2 \\ 2 \\ 6 \end{pmatrix}$, $r \in \mathbb{R}$ mit $x_1 = 2 + \frac{a}{2}$. Man erhält sie aus

$4 - 2r = 2 + \frac{a}{2} \Leftrightarrow r = 1 - \frac{a}{4} \Rightarrow x_3 = \left(1 - \frac{a}{4}\right) \cdot 6 = 6 - \frac{3}{2}a$.

Das Volumen des Quaders beschreibt die Funktion V mit

$V(a) = a^2 \cdot (6 - \frac{3}{2}a) = 6a^2 - \frac{3}{2}a^3$, $0 < a < 4$.

$V'(a) = 12a - \frac{9}{2}a^2$, $V''(a) = 12 - 9a$, $V'(a) = 0 \Leftrightarrow a \cdot \left(12 - \frac{9}{2}a\right) = 0$,

$a_1 = 0$ entfällt, $a_2 = \frac{8}{3}$, $V''\left(\frac{8}{3}\right) = -12 < 0$; $V_Q = V\left(\frac{8}{3}\right) = \frac{128}{9} = 14\frac{2}{9}$, $x_3 = 6 - \frac{3}{2} \cdot \frac{8}{3} = 2$

Der Quader hat ein maximales Volumen von $14\frac{2}{9}\,m^3$ und ist 2 m hoch.

Prozentsatz

Mit $V_P = \frac{1}{3} \cdot 4^2 \cdot 6 = 32$ und $V_Q = \frac{128}{9}$ ergibt sich $p\,\% = \frac{V_P - V_Q}{V_P} \cdot 100\,\% \approx 55{,}6\,\%$.

Der Quader nimmt etwa 55,6 % des Pyramidenvolumens ein.

Drei-Punkteform der Ebene E

A(5|0|2), B(13|−4|1), C(2|4|−2)

$$E: \vec{x} = \begin{pmatrix}5\\0\\2\end{pmatrix} + s\cdot\left[\begin{pmatrix}13\\-4\\1\end{pmatrix} - \begin{pmatrix}5\\0\\2\end{pmatrix}\right] + t\cdot\left[\begin{pmatrix}2\\4\\-2\end{pmatrix} - \begin{pmatrix}5\\0\\2\end{pmatrix}\right];\ s, t \in \mathbb{R}$$

↓

Punkt-Richtungs- bzw. Parameterform von E

$$E: \vec{x} = \begin{pmatrix}5\\0\\2\end{pmatrix} + s\cdot\begin{pmatrix}8\\-4\\-1\end{pmatrix} + t\cdot\begin{pmatrix}-3\\4\\-4\end{pmatrix};\ s, t \in \mathbb{R}$$

↓

Umrechnung der Punkt-Richtungsform von E in eine Koordinatengleichung

$$\begin{pmatrix}8\\-4\\-1\end{pmatrix} \otimes \begin{pmatrix}-3\\4\\-4\end{pmatrix} = \begin{pmatrix}(-4)\cdot(-4)-(-1)\cdot 4\\(-1)\cdot(-3)-8\cdot(-4)\\8\cdot 4-(-4)\cdot(-3)\end{pmatrix} = \begin{pmatrix}20\\35\\20\end{pmatrix} = \frac{1}{5}\begin{pmatrix}4\\7\\4\end{pmatrix}$$

$E: 4x_1 + 7x_2 + 4x_3 = c$

Punktprobe für A in E: $4\cdot 5 + 7\cdot 0 + 4\cdot 2 = c \Leftrightarrow c = 28$

$E: 4x_1 + 7x_2 + 4x_3 = 28$

Darstellung der Ebene im Koordinatensystem

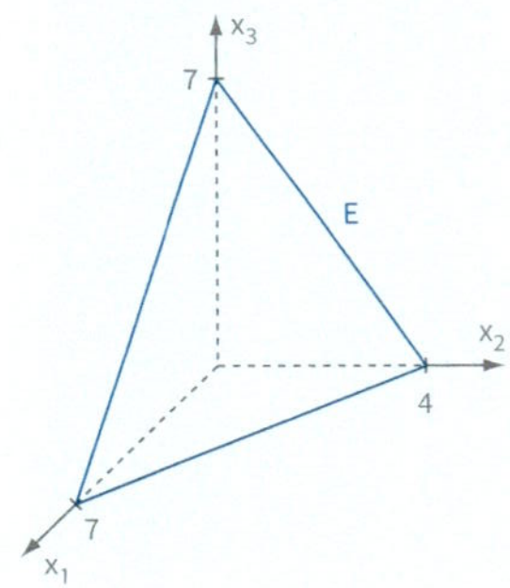

Bestimmung der Schnittpunkte der Ebene mit den Koordinatenachsen

$x_2 = x_3 = 0 \Rightarrow 4x_1 = 28 \Leftrightarrow x_1 = 7 \Rightarrow S_1(7|0|0)$

$x_1 = x_3 = 0 \Rightarrow 7x_2 = 28 \Leftrightarrow x_2 = 4 \Rightarrow S_2(0|4|0)$

$x_1 = x_2 = 0 \Rightarrow 4x_3 = 28 \Leftrightarrow x_3 = 7 \Rightarrow S_3(0|0|7)$

Überblick: Rund um eine Koordinatengleichung

Koordinatengleichung von E

$E: 4x_1 + 7x_2 + 4x_3 = 28$

Die Gerade liegt in der Ebene

$$g_1: \vec{x} = \begin{pmatrix}0\\0\\7\end{pmatrix} + s\cdot\begin{pmatrix}9\\-8\\5\end{pmatrix},\ s \in \mathbb{R}$$

Punktprobe für die Punkte von g_1 in

$E: 4\cdot 9s + 7\cdot(-8s) + 4\cdot(7+5s) = 28$

$\Leftrightarrow 36s - 56s + 28 + 20s = 28$

$\Leftrightarrow 28 = 28$

$\Rightarrow$ Alle Punkte von g_1 liegen in der Ebene E. Somit liegt g_1 in E.

Zwei identische Ebenen

$$E_1: \vec{x} = \begin{pmatrix}0\\4\\0\end{pmatrix} + s\cdot\begin{pmatrix}9\\-4\\-2\end{pmatrix} + t\cdot\begin{pmatrix}5\\-4\\2\end{pmatrix};\ s, t \in \mathbb{R}$$

Punktprobe für die Punkte von E_1 in

$E: 4\cdot(9s+5t) + 7\cdot(4-4s-4t)$

$+ 4\cdot(-2s+2t) = 28$

$\Leftrightarrow 36s + 20t + 28 - 28s - 28t - 8s$

$+ 8t = 28$

$\Leftrightarrow 28 = 28$

$\Rightarrow$ Alle Punkte von E_1 liegen in der Ebene E.

Somit gilt: $E_1 = E$.

Gerade – Ebene

Gerade und Ebene sind echt parallel

g_2: $\vec{x} = \begin{pmatrix} 2 \\ -3 \\ -1 \end{pmatrix} + s \cdot \begin{pmatrix} 7 \\ -8 \\ 7 \end{pmatrix}$, $s \in \mathbb{R}$

Punktprobe für die Punkte von E_2 in E:

$4 \cdot (2 + 7s) + 7 \cdot (-3 - 8s) + 4 \cdot (-1 + 7s) = 28$

$\Leftrightarrow\ 8 + 28s - 21 - 56s - 4 + 28s = 28$

$\Leftrightarrow\ -17 = 28$

$\Rightarrow$ Die Gerade g_2 und E haben keine gemeinsamen Punkte. Somit sind g_2 und E echt parallel.

Abstand von Gerade und Ebene

$d(g_2; E) = d(P(2|-3|-1); E) = 5$ LE

(vgl. Abstand Punkt – Ebene)

Die Gerade schneidet die Ebene

g_3: $\vec{x} = \begin{pmatrix} -1 \\ -4 \\ 1 \end{pmatrix} + s \cdot \begin{pmatrix} 1 \\ 2 \\ -1 \end{pmatrix}$, $s \in \mathbb{R}$

Punktprobe für die Punkte von g_3 in E:

$4 \cdot (-1 + s) + 7 \cdot (-4 + 2s) + 4 \cdot (1 - s) = 28$

$\Leftrightarrow\ -4 + 4s - 28 + 14s + 4 - 4s = 28$

$\Leftrightarrow\ 14s = 56$

$\Leftrightarrow\ s = 4$

in g_3: $\vec{x} = \begin{pmatrix} -1 \\ -4 \\ 1 \end{pmatrix} + 4 \cdot \begin{pmatrix} 1 \\ 2 \\ -1 \end{pmatrix} = \begin{pmatrix} 3 \\ 4 \\ -3 \end{pmatrix}$

$\Rightarrow$ g_3 und E schneiden sich in $S(3|4|-3)$

Schnittwinkel von Gerade und Ebene

$\sin\alpha = \frac{|\vec{u} \bullet \vec{n}|}{|\vec{u}| \cdot |\vec{n}|} = \frac{|4 + 14 - 4|}{9 \cdot \sqrt{6}} = \frac{14}{9\sqrt{2}}$

Die Gerade schneidet die Ebene unter einem Winkel der Weite $\alpha = 39{,}4°$.

$\vec{n} = \begin{pmatrix} 4 \\ 7 \\ 4 \end{pmatrix}$; $|\vec{n}| = \sqrt{4^2 + 7^2 + 4^2} = 9$

HESSE-Normalenform von E

$\frac{4x_1 + 7x_2 + 4x_3 - 28}{9} = 0$

Abstand Punkt-Ebene

$P(2|-3|-1)$ eingesetzt in die HNF von E:

$\frac{4 \cdot 2 + 7 \cdot (-3) + 4 \cdot (-1) - 28}{9} = 5$

$\Rightarrow\ d(P; E) = |-5| = 5$ LE

Punkt – Ebene

Ebene – Ebene

Zwei parallele Ebenen

E_2: $\vec{x} = \begin{pmatrix} 2 \\ -3 \\ -1 \end{pmatrix} + s \cdot \begin{pmatrix} 7 \\ -4 \\ 0 \end{pmatrix} + t \cdot \begin{pmatrix} 6 \\ -4 \\ 1 \end{pmatrix}$; $s, t \in \mathbb{R}$

Punktprobe für die Punkte von E_2 in E: $4 \cdot (2 + 7s + 6t) + 7 \cdot (-3 - 4s - 4t) + 4 \cdot (-1 + t) = 28$

$\Leftrightarrow\ 8 + 28s + 24t - 21 - 28s - 28t - 4 + 4t = 28$

$\Leftrightarrow\ -17 = 28$

$\Rightarrow$ Die Ebenen E_2 und E haben keine gemeinsamen Punkte. E_2 und E sind echt parallel.

Abstand paralleler Ebenen

$d(E_2; E) = d(P(2|-3|-1); E) = 5$ LE

(vgl. Abstand Punkt – Ebene)

Zwei sich schneidende Ebenen

E_3: $\vec{x} = \begin{pmatrix} 6 \\ 0 \\ 1 \end{pmatrix} + s \cdot \begin{pmatrix} 1 \\ 0 \\ -1 \end{pmatrix} + t \cdot \begin{pmatrix} 2 \\ 3 \\ -2 \end{pmatrix}$; $s, t \in \mathbb{R}$

Punktprobe für die Punkte von E_3 in E: $4 \cdot (6 + s + 2t) + 7 \cdot 3t + 4 \cdot (1 - s - 2t) = 28$

$\Leftrightarrow\ 24 + 4s + 8t + 21t + 4 - 4s - 8t = 28$

$\Leftrightarrow\ 21t = 0\ \Leftrightarrow\ t = 0$

in E_3 liefert die Schnittgerade

g: $\vec{x} = \begin{pmatrix} 6 \\ 0 \\ 1 \end{pmatrix} + s \cdot \begin{pmatrix} 1 \\ 0 \\ -1 \end{pmatrix}$, $s \in \mathbb{R}$

Koordinatengleichung von E_3: $x_1 + x_3 = 7$

Schnittwinkel von zwei Ebenen

$\cos\alpha = \frac{|\vec{n} \cdot \vec{n_3}|}{|\vec{n}| \cdot |\vec{n_3}|} = \frac{|4 + 0 + 4|}{9 \cdot \sqrt{2}} = \frac{8}{9\sqrt{2}}$

Die Ebenen schneiden sich unter einem Winkel der Weite $\alpha = 51{,}1°$.

3 Stochastik

In der Stochastik werden Wahrscheinlichkeiten bei Zufallsexperimenten untersucht. Dazu benötigt man auch Kenntnisse aus der Kombinatorik. Hypothesentests stellen eine wichtige Anwendung der Stochastik dar.

3.1 Zufallsexperiment und Wahrscheinlichkeit

Wissen

Bei einem **Zufallsexperiment** ist der jeweilige Ausgang nicht vorhersagbar.
Die Menge aller Ausgänge nennt man **Ergebnismenge S**.
Eine Teilmenge von S heißt **Ereignis**.
Die Ergebnisse werden auch als **Elementarereignisse** bezeichnet.
Spezielle Ereignisse sind das **sicheres Ereignis S**, das **unmögliche Ereignis** $\{\ \}$ und das **Gegenereignis** $\overline{A}$ zu A.
Zwei Ereignisse A und B heißen **unvereinbar**, wenn $A \cap B = \{\ \}$.

Die Anzahl, mit der ein Ereignis bei mehrfacher Durchführung des Zufallsexperiments auftritt, bezeichnen wir als **absolute Häufigkeit H**.
Ihr Anteil, bezogen auf die Anzahl n der Durchführungen des Experiments ist die **relative Häufigkeit** $h = \frac{H}{n}$.

Bei einer großen Anzahl von Versuchsdurchführungen stabilisiert sich die relative Häufigkeit. Sie dient als Grundlage für die Festlegung der **Wahrscheinlichkeitsverteilung** als einer Funktion P, die jedem Ereignis eines Zufallsexperiments eine reelle Zahl zuordnet. Es gelten die Axiome:

1. $P(E) \geq 0$;
2. $P(S) = 1$;
3. $P(A \cup B) = P(A) + P(B)$, falls $A \cap B = \{\ \}$.

Folgerungen aus den Axiomen sind:
$0 \leq P(A) \leq 1$, $P(\{\ \}) = 0$, $P(\overline{A}) = 1 - P(A)$,
$P(A \cup B) = P(A) + P(B) - P(A \cap B)$ (**Additionssatz**)

Zufallsexperimente, deren Ergebnisse alle gleich wahrscheinlich sind, bezeichnet man als **LAPLACE-Experimente**.

\>> Bei einem LAPLACE-Experiment ist $P(A) = \frac{\text{Anzahl der Ergebnisse, welche zum Ereignis A führen}}{\text{Anzahl aller möglichen Ergebnisse}}$.

>> Wissen

Die Wahrscheinlichkeit dafür, dass nach dem Ereignis A das Ereignis B eintritt, nennt man **bedingte Wahrscheinlichkeit** und schreibt $P_A(B)$. Es gilt: $P_A(B) = \frac{P(A \cap B)}{P(A)}$.
Wenn $P(A \cap B) = P(A) \cdot P(B)$, dann heißen A und B **unabhängig**, andernfalls **abhängig**.
Eine Funktion X, die jedem Ergebnis eines Zufallsexperiments eine Zahl zuordnet, bezeichnet man als **Zufallsvariable**. Nimmt die Zufallsvariable X die Werte $x_1, x_2, \ldots, x_n$ mit den Wahrscheinlichkeiten $P(X = x_1), P(X = x_2), \ldots, P(X = x_n)$ an, dann nennt man $E(X) = x_1 \cdot P(X = x_1) + x_2 \cdot P(X = x_2) + \ldots + x_n \cdot P(X = x_n)$ den **Erwartungswert** von X.

Zur Veranschaulichung von **mehrstufigen Zufallsexperimenten** werden **Baumdiagramme** verwendet. Im Baumdiagramm erhält man die Wahrscheinlichkeit eines Ergebnisses, indem man die Wahrscheinlichkeiten längs seiner Teilpfade multipliziert (**Pfadmultiplikationsregel**). Die Wahrscheinlichkeit eines Ereignisses erhält man durch Addition der Wahrscheinlichkeiten der zugehörigen Ergebnisse (**Pfadadditionsregel**).

1. Ein Würfel hat sechzehn Flächen mit den Zahlen 1 bis 16. Der Würfel wird geworfen und die angezeigte Augenzahl wird notiert. A

a) Geben Sie die folgenden Ereignisse in Mengenschreibweise an:
A: Die Zahl ist gerade.
B: Die Zahl ist eine Primzahl.
C: Die Zahl hat eine ungerade Quersumme.
D: Die Zahl ist eine Quadratzahl.

b) Geben Sie eine Zufallsvariable X an, die der gewürfelten Zahl die Anzahl ihrer Teiler zuordnet.

1. L

a) $A = \{2, 4, 6, 8, 10, 12, 14, 16\}$, $B = \{2, 3, 5, 7, 11, 13\}$,
$C = \{1, 3, 5, 7, 9, 10, 12, 14, 16\}$, $D = \{1, 4, 9, 16\}$

b)

Ergebnis	1	2, 3, 5, 7, 11, 13	4, 9	6, 8, 10, 14, 15	16	12
Wert von X	1	2	3	4	5	6

2. Drei Gemälde sollen drei verschiedenen Malern zugeordnet werden. Eine Person, bei der es sich nicht um einen Kunstkenner handelt, nimmt die Zuordnung rein zufällig vor. Geben Sie eine Zufallsvariable an, welche die Anzahl der richtigen Zuordnungen beschreibt. A

2. L

Ergebnis	fff	rff, frf, ffr	rrr
Wert von X	0	1	3

A

3. Die Tabelle zeigt, wie Schüler bei gutem Wetter zur Schule kommen.

zu Fuß	mit dem Fahrrad	mit Bus/S-Bahn	mit dem Auto
57	197	474	177

a) Wie viel Prozent der Schüler kommen mit öffentlichen Verkehrsmitteln?
Wie viel Prozent der Schüler nutzen die öffentlichen Verkehrsmittel nicht?

b) Mit welcher Wahrscheinlichkeit kommt ein zufällig ausgewählter Schüler zu Fuß?

L

3. a) $P = \frac{474}{57 + 197 + 474 + 177} = \frac{474}{905} \approx 0{,}5238 = 52{,}38\,\%$

52,38 % der Schülerinnen bzw. Schüler nutzen die öffentlichen Verkehrsmittel.
Damit werden von 47,62 % die öffentlichen Verkehrsmittel nicht genutzt.

b) $P = \frac{57}{905} \approx 0{,}0630 = 6{,}30\,\%$. Die Wahrscheinlichkeit, dass ein zufällig ausgewählter Schüler zu Fuß kommt, beträgt etwa 6,30 %.

A

4. Ein Glücksrad trägt in seinen vier gleich großen Feldern die Zahlen 1 bis 4. Diejenige Zahl gilt als gezogen, auf deren Kreissektor der feststehende Pfeil zeigt. Das Rad wird zweimal hintereinander gedreht. Berechnen Sie die Wahrscheinlichkeiten der Ereignisse:

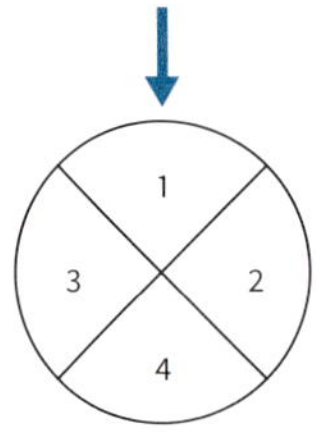

A: Es werden nur gleiche Zahlen gezogen.
B: Nur die erste Zahl ist eine 4.
C: Man erhält zweimal die Zahl 1.
D: Es wird mindestens eine 4 gezogen.

L

4. $P(A) = 4 \cdot \frac{1}{4} \cdot \frac{1}{4} = \frac{1}{4}$, $P(B) = \frac{1}{4} \cdot \frac{3}{4} = \frac{3}{16}$, $P(C) = \frac{1}{4} \cdot \frac{1}{4} = \frac{1}{16}$, $P(D) = 1 - \frac{3}{4} \cdot \frac{3}{4} = \frac{7}{16}$

A

5. a) Beim Tennis-Aufschlagtraining lässt die Trainerin nach einem gelungenen Aufschlag, spätestens jedoch nach zwei Aufschlägen, das Aufschlagsfeld wechseln.
Anke hat bei jedem Aufschlag eine Trefferquote von 76 %.
Berechnen Sie die Wahrscheinlichkeiten der Ereignisse:
A: Anke gelingt ein gültiger Aufschlag.
B: Anke produziert einen Doppelfehler.
C: Anke produziert zwei Doppelfehler in Folge.
D: Anke macht nach einem Doppelfehler einen weiteren Doppelfehler.

b) Anke und Christina spielen ein Match auf zwei Gewinnsätze.
Anke gewinnt einen Satz mit einer Wahrscheinlichkeit von 60 %.
Mit welcher Wahrscheinlichkeit gewinnt Anke das Match?
Wie viele Spiele sind im Mittel bis zur Entscheidung auszutragen?

5. a) Der Aufschlag ist gültig, wenn entweder der erste Aufschlag gelingt oder der erste Aufschlag misslingt und dann aber der zweite Aufschlag gelingt. **L**
Somit ist $P(A) = 0{,}76 + 0{,}24 \cdot 0{,}76 = 0{,}9424 = 94{,}24\,\%$.
Die Wahrscheinlichkeit für einen Doppelfehler ist $P(B) = 0{,}24^2 = 0{,}0576 = 5{,}76\,\%$.
$P(C) = 0{,}0576^2 \approx 0{,}0033 = 0{,}33\,\%$
$P(D) = P(B) = 5{,}76\,\%$

b) $P = P(gg) + P(gvg) + P(vgg) = 0{,}6^2 + 2 \cdot 0{,}6^2 \cdot 0{,}4 = 0{,}648 = 64{,}8\,\%$
Mit einer Wahrscheinlichkeit von 64,8 % gewinnt Anke das Match.
$X = \{2; 3\}$ sei Zufallsvariable für die bis zur Entscheidung auszutragenden Spiele.
Dann ist der Erwartungswert
$E(X) = 2 \cdot (0{,}6^2 + 0{,}4^2) + 3 \cdot (2 \cdot 0{,}6^2 \cdot 0{,}4 + 2 \cdot 0{,}6 \cdot 0{,}4^2) = 2{,}48$.
Im Mittel sind 2,48 Spiele bis zur Entscheidung auszutragen.

6. Die Oberfläche eines Kuboktaeders besteht aus sechs Quadraten und acht gleichseitigen Dreiecken. **A**
Beim Werfen des Kuboktaeders betrachtet man die Ergebnisse Q: Quadrat und D: gleichseitiges Dreieck.

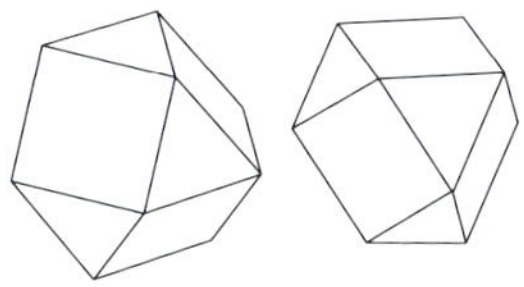

Dabei treten die in der Tabelle stehenden absoluten Häufigkeiten auf:

Quadrat	**gleichseitiges Dreieck**
445	147

a) Berechnen Sie die relativen Häufigkeiten h(Q) und h(D). Entsprechen h(Q) und h(D) ungefähr den jeweiligen Oberflächenanteilen?

b) Die Zufallsvariable X beschreibt Häufigkeit von D bei dreimaligem Werfen des Kuboktaeders. Wie oft kann man mit dem Ergebnis D rechnen, wenn 750-mal geworfen wird?

c) Berechnen Sie für die Zufallsvariable X aus b) die folgenden Wahrscheinlichkeiten: $P(X=0)$, $P(X=1)$, $P(X=2)$, $P(X=3)$ und $P(X \geq 1)$.

6. a) $h(Q) = \frac{445}{445+147} = \frac{445}{592} \approx 0{,}7517 = 75{,}17\,\%$, $h(D) = 1 - h(Q) \approx 24{,}83\,\%$ **L**
Besitzt das Quadrat die Kantenlänge 1 cm, so haben die sechs Quadrate zusammen einen Flächeninhalt von $6\,\text{cm}^2$. Die acht gleichseitigen Dreiecke weisen zusammen einen Flächeninhalt von $8 \cdot A_D = 8 \cdot \frac{1}{4} \cdot (1\,\text{cm})^2 \cdot \sqrt{3} \approx 3{,}464\,\text{cm}^2$ auf.
Wegen $\frac{6\,\text{cm}^2}{9{,}464\,\text{cm}^2} \approx 0{,}634 = 63{,}4\,\%$ und $\frac{3{,}464\,\text{cm}^2}{9{,}464\,\text{cm}^2} \approx 36{,}6\,\%$ entsprechen die relativen Häufigkeiten von Q und D nicht annähernd den jeweiligen Oberflächenanteilen.

b) Aus der Festsetzung $P(D) = h(D)$ und $n = 750$ ergibt sich der Erwartungswert
$E(X) = n \cdot P(D) \approx 750 \cdot 0{,}2483 \approx 186$.
Mit dem Ergebnis D ist etwa 186-mal zu rechnen.

c) $P(X=0) = 0{,}7517^3 \approx 0{,}4248 = 42{,}48\,\%$
$P(X=1) = 3 \cdot 0{,}7517^2 \cdot 0{,}2483 \approx 0{,}4209 = 42{,}09\,\%$
$P(X=2) = 3 \cdot 0{,}7517 \cdot 0{,}2483^2 \approx 0{,}1390 = 13{,}90\,\%$
$P(X=3) = 0{,}2483^3 \approx 0{,}0153 = 1{,}53\,\%$
$P(X \geq 1) = 1 - P(X=0) = 1 - 0{,}4248 = 0{,}5752 = 57{,}52\,\%$

A

7. Einem Kartenspiel werden vier Asse, drei Buben und zwei Zehner entnommen. Diese Karten werden gemischt und verdeckt aufgestapelt.

a) Nacheinander werden zwei Karten ohne Zurücklegen gezogen, aufgedeckt und ihr Ergebnis wird notiert.
Berechnen Sie die Wahrscheinlichkeiten der Ereignisse:
A: Es werden nur Asse aufgedeckt.
B: Es werden keine Buben aufgedeckt.
C: Es wird ein Ass und eine Zehn aufgedeckt.

b) Vom gleichen Stapel wird so lange eine Karte gezogen und offen abgelegt, bis ein Ass aufgedeckt wird. Die Zufallsvariable X gibt die Anzahl der vom Stapel aufgedeckten Karten an.
Welche Werte kann X annehmen?
Mit welcher Wahrscheinlichkeit nimmt X höchstens den Wert 2 an?

L

7. a) $P(A) = \frac{4}{9} \cdot \frac{3}{8} = \frac{1}{6}$, $P(B) = \frac{6}{9} \cdot \frac{5}{8} = \frac{5}{12}$, $P(C) = \frac{4}{9} \cdot \frac{2}{8} + \frac{2}{9} \cdot \frac{4}{8} = \frac{2}{9}$

b) X kann die Werte 1 bis 6 annehmen. $P(X \leq 2) = \frac{4}{9} + \frac{5}{9} \cdot \frac{4}{8} = \frac{13}{18}$

A

8. In einem Land sind 40 % der erwachsenen Männer Raucher (R). Man hat festgestellt, dass in 150 von 1000 Todesfällen unter den rauchenden Männern der Tod durch Lungenkrebs (L) verursacht wurde. Von der männlichen Bevölkerung beträgt der Anteil der Nichtraucher (N), die an Lungenkrebs sterben, 1,26 %.

a) Wie groß ist in diesem Land die Wahrscheinlichkeit, dass ein Mann an Lungenkrebs stirbt?

b) Wie viele von 1000 Todesfällen sind bei männlichen Nichtrauchern auf Lungenkrebs zurückzuführen?

c) Berechnen Sie die Wahrscheinlichkeit dafür, dass ein an Lungenkrebs gestorbener Mann Raucher war.

L

8. a) $P(L) = 0{,}4 \cdot 0{,}15 + 0{,}6 \cdot 0{,}0126 \approx 0{,}0676 = 6{,}76\,\%$
Die Wahrscheinlichkeit, dass ein Mann an Lungenkrebs stirbt, beträgt etwa 6,76 %.

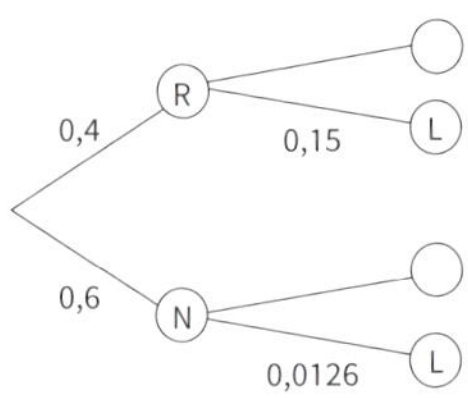

b) $1000 \cdot P_N(L) = 1000 \cdot 0{,}0126 \approx 13$

Ungefähr 13 von 1000 Todesfällen sind bei männlichen Nichtrauchern auf Lungenkrebs zurückzuführen.

c) $\frac{P_R(L)}{P(L)} = \frac{0{,}4 \cdot 0{,}15}{0{,}0676} \approx 0{,}8876 = 88{,}76\,\%$

Ein an Lungenkrebs gestorbener Mann war mit einer Wahrscheinlichkeit von etwa 89 % Raucher.

9. Bei einer Familie mit drei Kindern betrachtet man die Ereignisse: A

A: Die Familie hat Kinder beiderlei Geschlechts.

B: Die Familie hat höchstens einen Jungen.

Untersuchen Sie A und B auf Unabhängigkeit, wenn eine Jungen- und eine Mädchengeburt gleich wahrscheinlich sind.

9. $A = \{mmw, mwm, wmm, mww, wmw, wwm\}$; $P(A) = \frac{6}{8} = \frac{3}{4}$ L

$B = \{mww, wmw, wwm, www\}$; $P(B) = \frac{4}{8} = \frac{1}{2}$

$A \cap B = \{mww, wmw, wwm\}M$; $P(A \cap B) = \frac{3}{8}$, $P(A) \cdot P(B) = \frac{3}{4} \cdot \frac{1}{2} = \frac{3}{8} \Rightarrow$

$P(A \cap B) = P(A) \cdot P(B)$

Die Ereignisse sind unabhängig.

10. Um die Wirksamkeit eines Grippeimpfstoffes zu untersuchen, wurde folgende Datenerhebung durchgeführt: A

	mit Grippeimpfung	ohne Grippeimpfung
erkrankt	58	145
nicht erkrankt	230	567

Nehmen Sie Stellung zur Wirksamkeit des Grippeimpfstoffes.

10. L

	mit Grippeimpfung	ohne Grippeimpfung	
erkrankt	58	145	203
nicht erkrankt	230	567	797
	288	712	1000

A: mit Grippeimpfung, B: nicht erkrankt

$P(A) = \frac{288}{1000} = 0{,}288$, $P(B) = \frac{797}{1000} = 0{,}797$

$P(A \cap B) = \frac{230}{1000} = 0{,}230$, $P(A) \cdot P(B) = 0{,}288 \cdot 0{,}797 \approx 0{,}230$

Die Ereignisse A und B sind unabhängig. Damit ist der Impfstoff bei der aufgetretenen Grippe unwirksam.

A

11. Ein Zufallsexperiment besteht aus dem zweimaligen Werfen eines idealen Würfels. Die Zufallsvariable X gibt das Produkt der Augenzahlen der beiden Würfe an.

a) Bestimmen Sie die Wahrscheinlichkeitsverteilung von X.

b) Mit welcher Wahrscheinlichkeit ist das Produkt der Augenzahlen ungerade?

c) Andreas und Sandra vereinbaren das folgende Spiel:
Sandra würfelt zweimal mit einem idealen Würfel. Ist das Produkt der Augenzahlen gerade, so muss Sandra 1 € an Andreas bezahlen. Ist das Produkt der Augenzahlen ungerade, so erhält sie von ihm 2 €. Zusätzlich erhält Sandra von Andreas 3 €, wenn das Produkt der Augenzahlen eine Primzahl ist.
Berechnen Sie den durchschnittlichen Gewinn bzw. Verlust pro Spiel für Sandra.

L

11. a) Aus der Tabelle entnimmt man die möglichen Produkte der Augenzahlen und ihre Häufigkeiten:

1. Würfel / 2. Würfel	**1**	**2**	**3**	**4**	**5**	**6**
1	1	2	3	4	5	6
2	2	4	6	8	10	12
3	3	6	9	12	15	18
4	4	8	12	16	20	24
5	5	10	15	20	25	30
6	6	12	18	24	30	36

Hieraus ergibt sich die Wahrscheinlichkeitsverteilung von X:

k	1	2	3	4	5	6	8	9	10	12	15	16	18	20	24	25	30	36
P (X = k)	$\frac{1}{36}$	$\frac{2}{36}$	$\frac{2}{36}$	$\frac{3}{36}$	$\frac{2}{36}$	$\frac{4}{36}$	$\frac{2}{36}$	$\frac{1}{36}$	$\frac{2}{36}$	$\frac{4}{36}$	$\frac{2}{36}$	$\frac{1}{36}$	$\frac{2}{36}$	$\frac{2}{36}$	$\frac{2}{36}$	$\frac{1}{36}$	$\frac{2}{36}$	$\frac{1}{36}$

b) $P(\text{Produkt der Augenzahlen ist ungerade}) = \frac{9}{36} = \frac{1}{4}$

c) Y sei Zufallsvariable für den Gewinn von Sandra.
$E(Y) = -1\,€ \cdot \frac{27}{36} + 2\,€ \cdot \frac{5}{36} + (2+3)\,€ \cdot \frac{4}{36} \approx 0{,}08\,€$
Sandra macht pro Spiel durchschnittlich einen Gewinn von etwa 0,08 €.

3.2 Kombinatorik

Wissen

Für die Berechnung von Wahrscheinlichkeiten sind häufig Anzahlbestimmungen erforderlich.
Die **Kombinatorik** leistet hierbei nützliche Hilfe. Am Urnenmodell kann man mit der **Produktregel** die Grundaussagen der Kombinatorik ableiten. Die Übersicht zeigt die vier wichtigsten Fälle und ihre jeweiligen Anzahlen:

Auswahl von k Elementen aus n Elementen

- mit Berücksichtigung der Reihenfolge (geordnet)
  - mit Zurücklegen: n^k
  - ohne Zurücklegen: $\frac{n!}{(n-k)!}$
- ohne Berücksichtigung der Reihenfolge (ungeordnet)
  - ohne Zurücklegen: $\binom{n}{k}$
  - mit Zurücklegen: $\binom{n+k-1}{k}$

A

1. In einer Urne befinden sich n Kugeln. Begründen Sie die Anzahl der Möglichkeiten, aus der Urne k Kugeln zu ziehen, wenn man

a) die Reihenfolge der Ziehung berücksichtigt und die gezogene Kugel jeweils zurücklegt,

b) die Reihenfolge der Ziehung berücksichtigt und die gezogene Kugel jeweils nicht zurücklegt,

c) die Reihenfolge der Ziehung nicht berücksichtigt und die gezogene Kugel jeweils nicht zurücklegt,

d) die Reihenfolge der Ziehung nicht berücksichtigt und die gezogene Kugel jeweils zurücklegt.

L

1. Es liegt jeweils ein k-stufiges Zufallsexperiment vor.

a) Auf allen Stufen gibt es jeweils n Ziehungsmöglichkeiten, also sind es nach der Produktregel insgesamt n^k Möglichkeiten.

b) Auf der ersten Stufe gibt es n Ziehungsmöglichkeiten, auf der zweiten $(n-1)$ Ziehungsmöglichkeiten und schließlich auf der k-ten Stufe $(n-k+1)$ Ziehungsmöglichkeiten. Also sind es nach der Produktregel insgesamt
$n \cdot (n-1) \cdot \ldots \cdot (n-k+1) = \frac{n!}{(n-k)!}$ Möglichkeiten.

c) Im Unterschied zu Teilaufgabe b) ist nun noch zu berücksichtigen, dass es k! Möglichkeiten gibt, die k gezogenen Kugeln anzuordnen. Da die Reihenfolge keine Rolle spielt, sind alle diese Möglichkeiten als eine einzige zu interpretieren. Also sind es insgesamt $\frac{n!}{k!(n-k)!}$ Möglichkeiten. Für $\frac{n!}{k!(n-k)!}$ schreibt man auch $\binom{n}{k}$.

d) Im Unterschied zu Teilaufgabe c) werden jetzt die gezogenen Kugeln sofort wieder zurückgelegt. Wenn k Kugeln gezogen werden, kommen nun in Gedanken $(k-1)$ neue dazu. Aus den so vorstellbaren insgesamt $(n+k-1)$ Kugeln zieht man k Kugeln. Also sind es insgesamt $\binom{n+k-1}{k}$ Möglichkeiten.

A **2.** Wie viele Möglichkeiten gibt es bei einem Pferderennen mit zwölf Teilnehmern für den Zieleinlauf der ersten drei Pferde, wenn deren Reihenfolge

a) eine Rolle spielt,

b) keine Rolle spielt?

L **2.** a) Urnenmodell, mit Berücksichtigung der Reihenfolge, ohne Zurücklegen,

$n=12,\ k=3;\ \frac{12!}{(12-3)!}=\frac{12!}{9!}=12\cdot 11\cdot 10=1320$

Es gibt 1320 Möglichkeiten des Zieleinlaufs.

b) Urnenmodell, ohne Berücksichtigung der Reihenfolge, ohne Zurücklegen,

$n=12,\ k=3;\ \binom{12}{3}=\frac{12!}{3!\cdot(12-3)!}=\frac{12!}{3!\cdot 9!}=\frac{12\cdot 11\cdot 10}{1\cdot 2\cdot 3}=\frac{1320}{6}=220$

Es gibt 220 Möglichkeiten des Zieleinlaufs.

A **3.** a) Wie viele Möglichkeiten gibt es, aus den Buchstaben a, b, c und d ungeordnete Paare auszuwählen, wenn auch zwei gleiche Buchstaben zugelassen sind?

b) Stellen Sie die Möglichkeiten aus Teilaufgabe a) explizit dar.

L **3.** a) Urnenmodell, ohne Berücksichtigung der Reihenfolge, mit Zurücklegen,

$n=4,\ k=2;\ \binom{5}{2}=10.$ Es sind 10 Möglichkeiten.

b) aa, ab, ac, ad, bb, bc, bd, cc, cd, dd

A **4.** Wie viele Ortskennzeichen auf Autoschildern können mit einem, zwei oder drei Buchstaben vergeben werden, wenn jeweils 24 Buchstaben zur Verfügung stehen?

L **4.** Urnenmodell, mit Berücksichtigung der Reihenfolge, mit Zurücklegen,

$n=24,\ k=3, 2$ oder $1;\ 24^3+24^2+24=14\,424$

Mit den 24 Buchstaben können 14 424 verschiedene Ortskennzeichen vergeben werden.

A **5.** Bei der 13er-Wette müssen dreizehn Fußballspiele auf Heimsieg, Unentschieden oder Auswärtssieg getippt werden.

a) Wie viele verschiedene Tippreihen gibt es?

b) Wie groß ist die Wahrscheinlichkeit, ohne Fußballverstand „13 Richtige“ zu haben?

5. a) Urnenmodell, mit Berücksichtigung der Reihenfolge, mit Zurücklegen, $n = 3$, $k = 13$; $3^{13} = 1\,594\,323$. Es gibt 1 594 323 Tippreihen. L

b) $P = \frac{1}{1\,594\,323} \approx 6{,}27 \cdot 10^{-7}$. Die Wahrscheinlichkeit, ohne Fußballverstand 13 Richtige zu haben, beträgt etwa $6{,}27 \cdot 10^{-7}$.

6. Bei einem Kombinationsschloss können vierziffrige Zahlen aus den Ziffern 1 bis 9 gebildet werden. Wie viele mögliche Einstellungen gibt es? A

6. Urnenmodell, mit Berücksichtigung der Reihenfolge, mit Zurücklegen, $n = 9$, $k = 4$ L

$9^4 = 6561$

Es gibt 6561 verschiedene Einstellungen.

7. In einer Klasse sollen aus 30 Schülern ein Klassensprecher und ein Stellvertreter gewählt werden. Wie viele Möglichkeiten gibt es? A

7. Urnenmodell, mit Berücksichtigung der Reihenfolge, ohne Zurücklegen, $n = 30$, $k = 2$ L

$\frac{30!}{(30-2)!} = \frac{30!}{28!} = 30 \cdot 29 = 870$

Es gibt 870 Möglichkeiten.

8. Ein Bus hat noch zwölf freie Plätze und zwanzig Personen wollen einsteigen. Wie viele Möglichkeiten, Gruppen von Mitfahrern zu bilden, gibt es? A

8. Urnenmodell, ohne Berücksichtigung der Reihenfolge, ohne Zurücklegen, $n = 20$, $k = 12$ L

$\binom{20}{12} = 125\,970$

Es gibt 125 970 Möglichkeiten.

9. Beim Zahlenlotto „6 aus 49“ werden sechs Gewinnzahlen aus einer Trommel mit 49 Kugeln gezogen, anschließend aus den verbleibenden Kugeln noch die Zusatzzahl. Mit welcher Wahrscheinlichkeit hat ein Spieler A

a) sechs richtige Gewinnzahlen,

b) fünf richtige Gewinnzahlen,

c) vier richtige Gewinnzahlen mit Zusatzzahl?

9. Urnenmodell, ohne Berücksichtigung der Reihenfolge, ohne Zurücklegen, Produktregel. In der Urne befinden sich sechs Gewinnzahlen, die Zusatzzahl und die 42 übrigen Zahlen. L

a) Hier gibt es nur eine günstige Möglichkeit, aber $\binom{49}{6}$ Möglichkeiten insgesamt.
Somit ist $P = \frac{1}{\binom{49}{6}} = \frac{1}{13983816} \approx 7{,}15 \cdot 10^{-8}$.
Die Wahrscheinlichkeit für „6 Richtige" beträgt etwa $7{,}15 \cdot 10^{-8}$.

b) Aus den sechs Gewinnzahlen müssen fünf, aus den verbleibenden 43 Zahlen muss eine Zahl gezogen werden.
Also ist $P = \frac{\binom{6}{5} \cdot \binom{43}{1}}{\binom{49}{6}} = \frac{6 \cdot 43}{13983816} \approx 1{,}85 \cdot 10^{-5}$.
Die Wahrscheinlichkeit für „5 Richtige" beträgt etwa $1{,}8450 \cdot 10^{-5}$.

c) Aus den sechs Gewinnzahlen müssen vier, dann die Zusatzzahl und schließlich aus den verbleibenden 42 Zahlen noch eine Zahl gezogen werden.
Also ist $P = \frac{\binom{6}{4} \cdot \binom{1}{1} \cdot \binom{42}{1}}{\binom{49}{6}} \approx 4{,}51 \cdot 10^{-5}$.
Die Wahrscheinlichkeit für „4 Richtige mit Zusatzzahl" beträgt etwa $4{,}51 \cdot 10^{-5}$.

A

10. In einer Schale liegen fünf rote, vier gelbe, drei weiße und sieben grüne sonst nicht unterscheidbare Bonbons. Aus der Schale werden mit geschlossenen Augen und einem Griff Bonbons entnommen. Wie groß ist die Wahrscheinlichkeit in Prozent

a) bei zwei entnommenen Bonbons ein rotes und ein gelbes,
b) bei drei entnommenen Bonbons nur gleichfarbige,
c) bei vier entnommenen Bonbons zwei weiße und zwei grüne zu greifen?
d) Lösen Sie Teilaufgabe c) auch mit einem Baumdiagramm.

L

10. Urnenmodell, ohne Berücksichtigung der Reihenfolge, ohne Zurücklegen

a) $P = \frac{\binom{5}{1} \cdot \binom{4}{1}}{\binom{19}{2}} = \frac{5 \cdot 4}{171} \approx 0{,}117 = 11{,}7\,\%$

b) $P = \frac{\binom{5}{3} + \binom{4}{3} + \binom{3}{3} + \binom{7}{3}}{\binom{19}{3}} = \frac{10 + 4 + 1 + 35}{969} \approx 0{,}052 = 5{,}2\,\%$

c) $P = \frac{\binom{7}{2} \cdot \binom{3}{2}}{\binom{19}{4}} = \frac{21 \cdot 3}{3876} \approx 0{,}016 = 1{,}6\,\%$

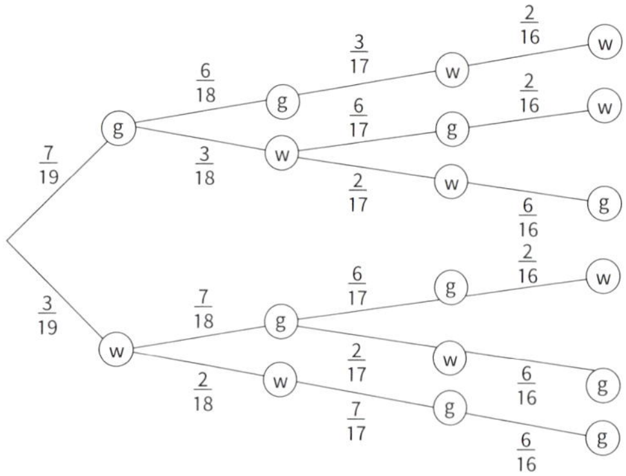

d) Man zeichnet ein Teilbaumdiagramm, passend zum vorgegebenen Ereignis:
Zum Ereignis gehören sechs Pfade, deren Wahrscheinlichkeiten mit der Produktregel berechnet werden können. Bei allen Pfaden treten dieselben Zähler (2, 3, 6, 7) und dieselben Nenner (16, 17, 18, 19) auf. Also ist $P = 6 \cdot \frac{2 \cdot 3 \cdot 6 \cdot 7}{16 \cdot 17 \cdot 18 \cdot 19} \approx 0{,}016 = 1{,}6\,\%$.

3.3 Binomialverteilung

Wissen

Ein Zufallsexperiment mit genau zwei Ergebnissen (Treffer und Niete) nennt man **Bernoulli-Experiment**. Bei n-maligem Wiederholen eines solchen Zufallsexperiments erhält man eine **Bernoulli-Kette** der Länge n. Ist p die Trefferwahrscheinlichkeit und X eine Zufallsvariable, welche die Anzahl k der Treffer angibt, dann beträgt die Wahrscheinlichkeit für k Treffer: $P(X=k)=\binom{n}{k}\cdot p^k\cdot(1-p)^{n-k}$ (**Formel von Bernoulli**)
Die zu X gehörende Wahrscheinlichkeitsverteilung heißt **Binomialverteilung** mit den Parametern n und p. Man nennt X dann $B_{n;p}$-verteilte Zufallsvariable und schreibt für $P(X=k)$ auch $B_{n;p}(k)$.
Neben der Binomialverteilung benötigt man häufig die zugehörige **Summenverteilung**, für deren Wahrscheinlichkeiten die Schreibweise $P(X\le k)$ üblich ist.
Mit diesen Verteilungen sind die grundlegenden Fragestellungen zu bearbeiten:
Bei n Versuchen mit der Trefferwahrscheinlichkeit p

- genau k Treffer zu erzielen: $S=\{0, 1, ..., k, ..., n\} \Rightarrow P(X=k)$
- höchstens k Treffer zu erzielen: $S=\{0, 1, ..., k, ..., n\} \Rightarrow P(X\le k)$
- mindestens k Treffer zu erzielen:
  $S=\{0, 1, ..., k-1, k, ..., n\} \Rightarrow P(X\ge k)=1-P(X\le k-1)$
- mindestens k_1 und höchstens k_2 Treffer zu erzielen:
  $S=\{0, 1, ..., k_1-1, k_1, ..., k_2, ..., n\} \Rightarrow P(k_1\le X\le k_2)=P(X\le k_2)-P(X\le k_1-1)$

Die Kenngrößen **Erwartungswert** und **Varianz** einer $B_{n;p}$ verteilten Zufallsvariable werden mit $E(X)=n\cdot p$ und $V(X)=n\cdot p\cdot(1-p)$ berechnet.

1. a) Gegeben ist die $B_{20;0,1}$-verteilte Zufallsvariable X. A
Bestimmen Sie: $P(X=7)$, $P(X<7)$, $P(3\le x\le 8)$, $P(X\ge 5)$

b) Gegeben ist die $B_{15;0,7}$-verteilte Zufallsvariable Y.
Bestimmen Sie: $P(Y=12)$, $P(Y\le 10)$, $P(Y>9)$, $P(7<Y<13)$

1. a) $P(X=7)=\binom{20}{7}\cdot 0{,}1^7\cdot 0{,}9^{13}\approx 0{,}0020$ L

$P(X<7)=P(X\le 6)=P(X=0)+P(X=1)+\ldots+P(X=6)\approx 0{,}9976$

$P(3\le x\le 8)=P(x\le 8)-P(x\le 2)\approx 0{,}3230$

$P(x\ge 5)=1-P(x\le 4)\approx 0{,}0432$

b) $P(Y=12)=0{,}170$

$P(Y\le 10)\approx 0{,}4845$

$P(Y>9)=1-P(x\le 9)\approx 0{,}7216$

$P(7<Y<13)=P(Y\le 12)-P(Y\le 7)\approx 0{,}8232$

2. Ein Schütze trifft mit der Wahrscheinlichkeit 0,96. A
Die Zufallsvariable X beschreibe die Anzahl der Treffer bei drei Schüssen.
Bestimmen Sie die Wahrscheinlichkeitsverteilung von X

a) mit der Formel von Bernoulli, b) mit einem Baumdiagramm.

L

2. a) X ist $B_{3;0,96}$-verteilt. Hieraus folgt:

k	0	1	2	3
P (X = k)	0,000 064	0,004 608	0,110 592	0,884 736

b) T bedeutet Treffer, F Fehlschuss

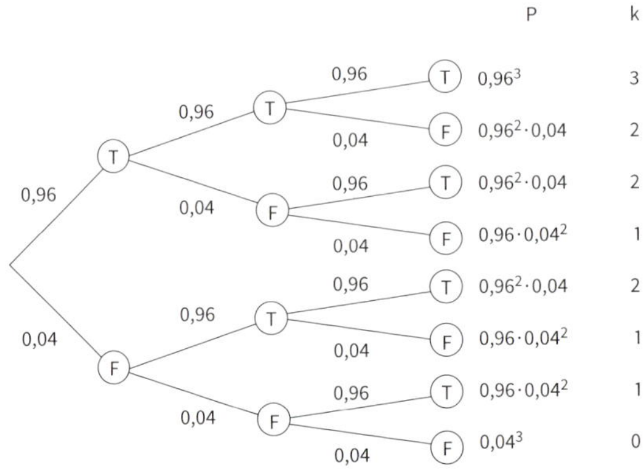

Aus dem Baumdiagramm entnimmt man nach den Pfadregeln:
$P(X = 0) = 0,04^3$, $P(X = 1) = 3 \cdot 0,96 \cdot 0,04^2$, $P(X = 2) = 3 \cdot 0,96^2 \cdot 0,04$,
$P(X = 3) = 0,96^3$.
Diese Wahrscheinlichkeiten stehen auch in der Tabelle von Teilaufgabe a).

A

3. Aus einem Skatkartenspiel mit den Farben Kreuz, Pik, Herz und Karo wird achtmal eine Karte gezogen und wieder zurückgelegt. Wie groß ist die Wahrscheinlichkeit,

a) fünfmal Karo,
b) höchstens sechsmal Herz,
c) nur Pik oder Kreuz,
d) entweder nur Pik oder nur Kreuz,
e) zweimal Herz und sechsmal Karo zu ziehen?

L

3. a) X sei $B_{8;0,25}$-verteilte Zufallsvariable für die Anzahl der gezogenen Karo-Karten. Mit der Formel von Bernoulli erhält man $P(X = 5) = \binom{8}{5} \cdot 0,25^5 \cdot 0,75^3 \approx 0,0231$.

b) X sei $B_{8;0,25}$-verteilte Zufallsvariable für die Anzahl der gezogenen Herz-Karten.
$P(X \le 6) \approx 0,9996$.

c) Auf jeder der acht Stufen des Zufallsexperiments beträgt die Wahrscheinlichkeit für Pik oder Kreuz 0,5. Nach der Produktpfadregel ist $P = 0,5^8 \approx 0,0039$.

d) Es müssen entweder acht Pik- oder acht Kreuz-Karten gezogen werden.
Nach den Pfadregeln ist $P = 2 \cdot 0,25^8 \approx 3,05 \cdot 10^{-5}$.

e) Es gibt $\binom{8}{2}$ Möglichkeiten die zwei Herzkarten zu ziehen. Auf jeder der acht Stufen des Zufallsexperiments wird eine der beiden Farben mit der Wahrscheinlichkeit von 0,25 gezogen.
Es ist $P = \binom{8}{2} \cdot 0,25^8 \approx 4,272 \cdot 10^{-4}$.

4. Bei einem aus 20 Fragen bestehenden Test gibt es bei jeder Frage fünf verschiedene Antworten, von denen nur eine richtig ist. Ein Student hat nichts gelernt. A

a) Mit welcher prozentualen Wahrscheinlichkeit erreicht er durch Raten genau 40 % richtige Antworten?

b) Wenn er weniger als 15 % der richtigen Antworten errät, hat er die Note ungenügend. Wie groß ist sein prozentuales Risiko für diesen Fall?

c) Wie viele richtige Antworten kann er statistisch erwarten? Wie groß ist die Varianz?

4. a) Er müsste acht richtige Antworten geben. Die Zufallsvariable X, welche die Anzahl der richtigen Antworten beschreibt, ist $B_{20;0,2}$-verteilt.
Hieraus ergibt sich $P(X=8)=\binom{20}{8}\cdot 0{,}2^8\cdot 0{,}8^{12}\approx 0{,}0222=2{,}22\,\%$.

b) Weniger als 15 % richtige Antworten bedeutet, dass er höchstens zwei richtige Antworten gibt.
$P(X\leq 2)\approx 0{,}2061=20{,}61\,\%$.

c) $E(X)=n\cdot p=20\cdot 0{,}2=4,\ \ V(X)=n\cdot p\cdot(1-p)=20\cdot 0{,}2\cdot 0{,}8=3{,}2$

5. Bei einer Tombola gewinnt jedes vierte Los. A
Wie groß ist die Wahrscheinlichkeit in Prozent

a) bei zehn gekauften Losen fünf Gewinne,

b) bei acht gekauften Losen mindestens zwei und höchstens vier Gewinne,

c) bei fünf gekauften Losen höchstens vier Gewinne,

d) bei sieben gekauften Losen mindestens einen Gewinn zu haben?

5. Die Zufallsvariable X beschreibe jeweils die Anzahl der Gewinne. L

a) X ist $B_{10;0,25}$-verteilt.
$P(X=5)\approx 0{,}0584=5{,}84\,\%$

b) X ist $B_{8;0,25}$-verteilt.
$P(2\leq X\leq 4)=P(x\leq 4)-P(x\leq 1)\approx 0{,}6056=60{,}56\,\%$

c) X ist $B_{5;0,25}$-verteilt.
$P(X\leq 4)\approx 0{,}9990=99{,}90\,\%$

d) X ist $B_{7;0,25}$-verteilt. Das Gegenereignis ist, überhaupt keinen Gewinn zu haben.
Hierfür beträgt die Wahrscheinlichkeit 0,75.
Also ist $P(X\geq 1)=1-P(X=0)=1-0{,}75^7\approx 0{,}8665=86{,}65\,\%$

A

6. a) Ein Obsthändler erhält vom Großhandel Birnen in Kisten zu je 40 Stück. Es sollen vertragsgemäß mindestens 95 % der Birnen einwandfrei sein. Der Obsthändler nimmt zufällig eine Kiste und überprüft wie viele Birnen nicht in Ordnung sind. Bei mehr als drei schadhaften Birnen reklamiert er die gesamte Sendung. Mit welcher Wahrscheinlichkeit entspricht die Lieferung dennoch den Vertragsbedingungen?

b) Der Obsthändler möchte sich bei seinem Qualitätstest nur mit einer Wahrscheinlichkeit von weniger als 2 % irren. Wie viele schadhafte Birnen muss er dann in der gewählten Kiste mindestens finden?

L

6. a) Man betrachtet die Zufallsvariable X, welche die Anzahl der nicht einwandfreien Birnen pro Kiste beschreibt. X ist $B_{40;0,05}$-verteilt.

$P(X > 3) = 1 - P(X \leq 3) \approx 0{,}1381$

Mit einer Wahrscheinlichkeit von etwa 13,81 % reklamiert er die Sendung, obwohl sie vertragsgemäß ist.

b) Gesucht ist der kleinste Wert für k mit $P(X > k) < 0{,}02$. Ebenso kann man den Wert von k mit $P(X \leq k) > 0{,}98$ bestimmen.

k	**P (X ≤ k)**
4	0,95197
5	0,98612

Aus der Wertetabelle für die Summenfunktion der Binomialverteilung entnimmt man $P(X \leq 5) \approx 0{,}98612 > 0{,}98$.

Deshalb muss der Obsthändler mindestens fünf schadhafte Birnen finden, damit er nur noch mit einer Wahrscheinlichkeit von weniger als 2 % irrt.

3.4 Testen von Hypothesen

Wissen

Bei einem **Signifikanztest** versucht man, mithilfe einer Stichprobe auf die zugrunde liegende Wahrscheinlichkeitsverteilung zu schließen.
Dabei wird zwischen **einseitigem** und **beidseitigem Test** unterschieden. Nach Festlegung der **Nullhypothese** H_0, der **Gegenhypothese** H_1 und des **Signifikanzniveaus** α können **Annahmebereich** und **Ablehnungsbereich** der Nullhypothese und die **Irrtumswahrscheinlichkeit** berechnet werden. Das Signifikanzniveau ist dabei die maximal akzeptierte Irrtumswahrscheinlichkeit. Mithilfe des Ablehnungsbereiches K, der den Bereich angibt, in dem H_0 abgelehnt wird, kann eine **Entscheidungsregel** formuliert werden.
Beim **Fehler erster Art** wird H_0 mit der Irrtumswahrscheinlichkeit fälschlicherweise verworfen, während beim **Fehler zweiter Art** H_0 fälschlicherweise mit einer nicht direkt berechenbaren Wahrscheinlichkeit beibehalten wird.

A

1. a) Es soll H_0: $p \geq 0{,}5$ gegen H_1: $p < 0{,}5$ bei einem Stichprobenumfang $n = 100$ und einem Signifikanzniveau $\alpha = 2\,\%$ $(10\,\%)$ getestet werden. Bestimmen Sie den Ablehnungsbereich K.

b) Es soll H_0: $p \leq 0{,}5$ gegen H_1: $p > 0{,}5$ bei einem Stichprobenumfang $n = 100$ und einem Signifikanzniveau $\alpha = 2\,\%$ $(10\,\%)$ getestet werden. Bestimmen Sie den Ablehnungsbereich K.

L

1. a) X sei Zufallsvariable für die Anzahl der Treffer, linksseitiger Test, Nullhypothese H_0: $p \geq 0{,}5$, Gegenhypothese H_1: $p < 0{,}5$
$\Rightarrow$ X ist im Grenzfall $B_{100;\,0{,}5}$-verteilt, Signifikanzniveau $\alpha = 0{,}02$, Ablehnungsbereich $K = \{0, 1, \dots, g\}$.
Für g muss gelten: $P(X \leq g) \leq 0{,}02$
In der Wertetabelle findet man $g \leq 39$
$\Rightarrow$ $K = \{0, 1, 2, \dots, 39\}$.
Für $\alpha = 0{,}1$ erhält man $P(X \leq g) \leq 0{,}1 \Leftrightarrow g \leq 43$.
$\Rightarrow$ $K = \{0, 1, 2, \dots, 43\}$.

k	$P(X \leq k)$
39	0,0176
40	0,02844
41	0,04431
42	0,06661
43	0,09667
44	0,13563

b) X sei Zufallsvariable für die Anzahl der Treffer, rechtsseitiger Test, Nullhypothese H_0: $p \leq 0{,}5$, Gegenhypothese H_1: $p > 0{,}5$
$\Rightarrow$ X ist im Grenzfall $B_{100;0{,}5}$-verteilt, Signifikanzniveau $\alpha = 0{,}02$, Ablehnungsbereich $K = \{g, \dots, 99, 100\}$.
Für g muss gelten: $P(X \geq g) = 1 - P(X \leq g - 1) \leq 0{,}02$
$\Leftrightarrow$ $P(X \leq g - 1) \geq 0{,}98$
In der Wertetabelle findet man $g - 1 > 60 \Leftrightarrow g \geq 61$.
$\Rightarrow$ $K = \{61, 62, \dots, 100\}$.

k	$P(X \leq k)$
55	0,86437
56	0,90333
57	0,93339
58	0,95569
59	0,97156
60	0,9824

Für $\alpha = 0{,}1$ erhält man $P(X \geq g) = 1 - P(X \leq g-1) \leq 0{,}1$
$\Leftrightarrow P(X \leq g-1) \geq 0{,}9 \Leftrightarrow g - 1 \geq 56 \Leftrightarrow g \geq 57$
$\Rightarrow K = \{57, 58, \ldots, 100\}$.

A

2. Ein Biathlet behauptet, beim Schießen eine Trefferquote von mindestens 95 % zu erreichen.
Um seiner Behauptung Nachdruck zu verleihen, gibt er 50 Schüsse ab.

a) Wie viele Treffer muss er erzielen, damit seine Behauptung mit einer Irrtumswahrscheinlichkeit von höchstens 5 % glaubhaft ist?
Arbeiten Sie mit einem passenden Testverfahren.

b) Mit welcher Wahrscheinlichkeit irrt man, wenn man seine Behauptung bei höchstens 45 Treffern verwirft?

c) Der Sportler hat in Wirklichkeit nur eine Trefferquote von 90 %. Mit welcher Wahrscheinlichkeit erweckt er dennoch den Eindruck, nicht übertrieben zu haben?

L

2. a) X sei Zufallsvariable für die Anzahl der Treffer, linksseitiger Test,
Nullhypothese H_0: $p \geq 0{,}05$, Gegenhypothese H_1: $p < 0{,}95$
$\Rightarrow$ X ist im Grenzfall $B_{50;0,95}$-verteilt,
Signifikanzniveau $\alpha = 0{,}05$,
Ablehnungsbereich $K = \{0, 1, \ldots, g\}$.
Für g muss gelten: $P(X \leq g) \leq 0{,}05$. Aus der Wertetabelle erhält man $g \leq 44$
$\Rightarrow K = \{0, 1, \ldots, 44\}$
H_0 wird verworfen, wenn der Schütze höchstens 44 Treffer erzielt.
Er muss also mindestens 45 Treffer erzielen.

k	$P(X \leq k)$
43	0,01179
44	0,03778
45	0,10362

b) Aus der Wertetabelle erhält man $P(X \leq 45) \approx 0{,}1036$.
Will man bei höchstens 45 Treffern die Trefferquote anzweifeln, so irrt man mit einer Wahrscheinlichkeit von etwa 10,4 %.

c) Er muss bei einer $B_{50;\,0,9}$-verteilten Zufallsvariablen Y mindestens 45 Treffer erreichen,
$P(Y \geq 45) = 1 - P(Y \leq 44) \approx 0{,}61612$
Mit etwa 61,6 % gelingt ihm die Täuschung.

k	$P(X \leq k)$
43	0,22977
44	0,38388
45	0,56880

A

3. Auf einem unfallträchtigen Straßenabschnitt überschritten bisher 25 % der Fahrer die zulässige Höchstgeschwindigkeit. Nachdem zusätzliche Warnschilder angebracht wurden, konnte man beobachten, dass von 100 Fahrern nur noch 17 zu schnell unterwegs waren.

a) Kann man mit 95 %iger Sicherheit davon ausgehen, dass die Maßnahme Erfolg hatte?
Arbeiten Sie mit einem passenden Testverfahren.

b) Wie viele Fahrer hätten höchstens zu schnell fahren dürfen, um mit mindestens 98 %iger Sicherheit von einer Abnahme der Raserei sprechen zu können?

L

3. a) X sei Zufallsvariable für die Anzahl der Geschwindigkeitsübertretungen, linksseitiger Test,
Nullhypothese H_0: $p \geq 0{,}25$ Gegenhypothese H_1: $p < 0{,}25$,
$\Rightarrow$ X ist im Grenzfall $B_{100;0,25}$-verteilt,
Signifikanzniveau $\alpha = 5\,\%$,
Ablehnungsbereich $K = \{0, 1, \ldots, g\}$.
Für g muss gelten: $P(X \leq g) \leq 0{,}05$. In der Wertetabelle findet man $g \leq 17$
$\Rightarrow K = \{0, 1, 2, \ldots, 17\}$ und $17 \in K$.
Die Annahme H_0, dass die zusätzlichen Maßnahmen ohne Erfolg geblieben sind, wird verworfen. Mit 95 %-iger Sicherheit hat die zusätzliche Beschilderung zu einer Abnahme der Raserei geführt.

k	$P(X \leq k)$
15	0,01108
16	0,02111
17	0,03763
18	0,06301

b) Für das Signifikanzniveau $\alpha = 2\,\%$, und den Ablehnungsbereich $K = \{0, 1, \ldots, g\}$ erhält man $P(X \leq g) \leq 0{,}02 \Leftrightarrow g \leq 15$. Somit ist $K = \{0, 1, 2, \ldots, 15\}$.
Es dürfen maximal 15 Fahrer zu schnell sein, um mit mindestens 98 %iger Sicherheit von einer Abnahme der Raserei sprechen zu können.

A

4. Eine Person behauptet, übersinnliche Fähigkeiten zu besitzen. Um die Aussage zu überprüfen, wird eine große Anzahl von Karten zu gleichen Anteilen mit den Symbolen Kreuz, Pik, Herz und Karo gemischt und verdeckt auf einen Stapel gelegt. Bevor jeweils die oberste Karte aufgedeckt wird, gibt die Testperson ihre Vorhersage ab.

Wie viele richtige Vorhersagen bei 1000 Versuchen benötigt die Testperson, damit sie mit einer Sicherheit von 99,9 % ihre Fähigkeiten anerkannt bekommt?
Geben Sie zuerst einen passenden Signifikanztest an.

L

4. X sei Zufallsvariable für die Anzahl der richtigen Vorhersagen, rechtsseitiger Test,
Nullhypothese H_0: $p \leq 0{,}25$, Gegenhypothese H_1: $p > 0{,}25$
$\Rightarrow$ X ist im Grenzfall $B_{1000;0,25}$-verteilt,
Signifikanzniveau $\alpha = 0{,}001$,
Ablehnungsbereich $K = \{g, \ldots, 999, 1000\}$.
Für g muss gelten: $P(X \geq g) = 1 - P(X \leq g - 1) \leq 0{,}001 \Leftrightarrow P(X \leq g - 1) \geq 0{,}999$
In der Wertetabelle findet man $g - 1 \geq 293 \Leftrightarrow g \geq 294$.
$\Rightarrow K = \{294, 295, \ldots, 1000\}$.
Bei mindestens 294 richtigen Vorhersagen darf man mit 99,9 %iger Sicherheit der Person Glauben schenken.

k	$P(X \leq k)$
292	0,99888
293	0,99911
294	0,99931

A

5. Bei der Entwicklung neuer Medikamente erhält ein Pharmaunternehmen für seinen Forschungsaufwand über ca. 10 bis 15 Jahre einen Patentschutz.
Nach diesem Zeitraum dürfen andere Pharmahersteller vergleichbare Produkte, Generika genannt, zu meist günstigeren Preisen auf den Markt bringen.
Das Original-Medikament ist laut Untersuchungen in mindestens 98 % aller Fälle wirksam.
Das Generikum wird an einer Gruppe von 200 Personen getestet. Geben Sie zuerst einen passenden Signifikanztest an und formulieren Sie eine Entscheidungsregel, wenn eine Sicherheit von 95 % für vergleichbare Wirkung verlangt wird.

L

5. X sei Zufallsvariable für die Anzahl der Personen, bei denen das Medikament Wirkung zeigt, linksseitiger Test,
Nullhypothese H_0: $p \geq 0{,}98$ Gegenhypothese H_1: $p < 0{,}98$,
$\Rightarrow$ X ist im Grenzfall $B_{200;0,98}$-verteilt,
Signifikanzniveau $\alpha = 0{,}05$,
Ablehnungsbereich $K = \{0, 1, \ldots, g\}$.
Für g muss gelten: $P(X \leq g) \leq 0{,}05$.
In der Wertetabelle findet man $g \leq 192 \Rightarrow K = \{0, 1, \ldots, 192\}$.
Hieraus ergibt sich die Entscheidungsregel: Zeigt das Generikum bei mindestens 193 Personen Wirkung, so kann ihm mit 95 %iger Sicherheit vergleichbare Wirkung bescheinigt werden.

k	$P(X \leq k)$
192	0,04934
193	0,10856

A

6. Aus einem Bericht über ein Land konnte man entnehmen, dass eine Stichprobe von 10 000 Totgeburten 5048 Jungen und 4952 Mädchen beinhaltete.
Bei einer anderen Stichprobe wurden von 10 000 Todesfällen in den ersten fünf Lebensjahren 4118 Jungen und 5882 Mädchen gezählt.
Es ist mit einem geeigneten Signifikanztest zu untersuchen, ob mit einer Sicherheit von 90 %

a) eine Totgeburt bei Jungen und Mädchen als gleich wahrscheinlich bezeichnet werden kann.
b) die Sterblichkeit in den ersten fünf Lebensjahren bei Jungen und Mädchen als gleich wahrscheinlich bezeichnet werden kann.
Welche Irrtumswahrscheinlichkeit müsste zugrunde gelegt werden, damit auf der Basis obiger Angaben gleiche Sterblichkeitswahrscheinlichkeit angenommen werden könnte?
Interpretieren Sie dieses Ergebnis.

L

6. a) X sei Zufallsvariable für die Anzahl der tot geborenen Jungen, beidseitiger Test,
Nullhypothese H_0: $p = 0{,}5$ Gegenhypothese H_1: $p \neq 0{,}5$,
$\Rightarrow$ X ist $B_{10\,000;0,5}$-verteilt,
Signifikanzniveau $\alpha = 0{,}1$,
Ablehnungsbereich $K = \{0, 1, \ldots, g_l\} \cup \{g_r, \ldots, 10\,000\}$.
Für g_l und g_r muss gelten:
Entweder $P(X \leq g_l) \leq 0{,}05$ oder $P(X \geq g_r) \leq 0{,}05 \Leftrightarrow P(X \leq g_r - 1) \geq 0{,}95$
In der Wertetabelle findet man $g_l \leq 4917$ und $g_r \geq 5083$.
$\Rightarrow K = \{0, 1, \ldots, 4917\} \cup \{5083, \ldots, 10\,000\}$.
Da 5048 nicht im Ablehnungsbereich K liegt, ist die Wahrscheinlichkeit einer Totgeburt bei Jungen und Mädchen mit einer Sicherheit von 90 % gleich groß.

k	$P(X \leq k)$
4917	0,04947
4918	0,05155

k	$P(X \leq k)$
5081	0,94845
5082	0,95053

b) Hier kann die gleiche Wahrscheinlichkeitsverteilung wie in Teilaufgabe a) verwendet werden. Weil 4118 im Ablehnungsbereich K liegt, ist der Tod von Jungen und Mädchen in den ersten fünf Lebensjahren mit einer Sicherheit von 90 % nicht gleich wahrscheinlich.
Es ist $P(X \leq 4117) \approx 2{,}243 \cdot 10^{-70} \approx 0$. Deshalb ist die Annahme gleicher Sterblichkeitswahrscheinlichkeit für Jungen und Mädchen nur bei einer Irrtumswahrscheinlichkeit von 0 % möglich.
Die unterschiedliche Sterblichkeit ist mit an Sicherheit grenzender Wahrscheinlichkeit nicht zufällig.

7. In der theoretischen Führerscheinprüfung muss die Kenntnis der Verkehrsregeln nachgewiesen werden. Es soll untersucht werden, ob sich die Prüfungskandidaten in mindestens 570 von 600 Standardverkehrssituationen theoretisch richtig verhalten würden. Dazu werden ihnen im Rahmen eines Tests 40 zufällig ausgewählte Verkehrssituationen präsentiert und sie müssen aus verschiedenen angebotenen Reaktionen die richtige auswählen. A
Die Prüfung gilt als bestanden, wenn mindestens 36 Fragen richtig beantwortet werden.

a) Warum legt das Straßenverkehrsamt den Prüflingen nur 40 und nicht alle 600 Verkehrssituationen vor?
b) Geben Sie den zugrunde liegenden Signifikanztest an. Bei der Entscheidung, ob der Prüfling bestanden hat, kann es zu einem Fehler erster Art kommen.
Worin besteht er? Wie groß ist die Irrtumswahrscheinlichkeit?
Was müsste man tun, um die Irrtumswahrscheinlicheit zu verkleinern?
Welche nachteilige Folge hätte diese Änderung?
c) Worin besteht der mögliche Fehler zweiter Art?
Welchen der beiden Fehler erachten Sie als problematischer? Begründen Sie.
d) Wie groß ist die Wahrscheinlichkeit, dass ein Kandidat, der nur 80 % der Standardverkehrssituationen richtig beurteilen kann, die Prüfung besteht?

L

7. a) Die Prüfung würde zu viel Zeit in Anspruch nehmen. Auch die Kosten für eine so umfassende Prüfung würden steigen.

b) X sei Zufallsvariable für die Anzahl der richtig beurteilten Verkehrssituationen, linksseitiger Test, Nullhypothese H_0: $p \geq \frac{570}{600} = 0{,}95$ Gegenhypothese H_1: $p < 0{,}95$,
$\Rightarrow$ X ist im Grenzfall $B_{40;0,95}$-verteilt,
Ablehnungsbereich $K = \{0, 1, \ldots, 35\}$
$\Rightarrow$ Irrtumswahrscheinlichkeit $P(X \leq 35) \approx 0{,}048$
Der Fehler erster Art tritt auf, wenn ein Prüfungskandidat 570 der 600 Standardverkehrssituationen eigentlich richtig beurteilen kann, den Test aber nicht besteht. Dies passiert mit einer Wahrscheinlichkeit von 4,8 %.
Um die Irrtumswahrscheinlicheit zu verkleinern, müsste man den Annahmebereich vergrößern. Dadurch würde sich das Risiko für einen Fehler der zweiten Art vergrößern.

c) Der Fehler zweiter Art tritt auf, wenn ein Kandidat, der eigentlich weniger als 570 Standardverkehrssituationen richtig beurteilen kann, dennoch den Test besteht.
Problematischer ist der Fehler zweiter Art, da eine Person, die unzureichende theoretische Kenntnisse besitzt, mit bestandener Prüfung am Verkehr teilnähme.

d) X ist $B_{40;0,8}$-verteilt.
$P(X \geq 36) = 1 - P(X \leq 35) \approx 0{,}076$
Die Wahrscheinlichkeit beträgt somit 7,6 %.

A

8. Eine Schülerin hat 29 von 180 Schultagen gefehlt. Von 32 Klausuren hat sie 8 versäumt.

a) Kann man bei einem Signifikanzniveau von $\alpha = 5\,\%$ ein im Normalbereich liegendes Fehlen annehmen oder muss gezieltes Fehlen bei Klausuren unterstellt werden?
Formulieren Sie die Hypothese H_0 und die Gegenhypothese H_1.
Bestimmen Sie den Annahme- und den Ablehnungsbereich.

b) Erläutern Sie an diesem Beispiel die beiden Fehlerarten.

c) Wie müsste man die Irrtumswahrscheinlichkeit ändern, damit man das Versäumen von 11 Klausuren noch als normal akzeptieren könnte?

8. a) X sei Zufallsvariable für die Anzahl der versäumten Klausuren, rechtsseitiger Test,

k	$P(X \le k)$
8	0,93899
9	0,97507

L

Nullhypothese (normales Fehlen) H_0: $p \le \frac{29}{180}$

Gegenhypothese (gezieltes Fehlen bei Klausuren) H_1: $p > \frac{29}{180}$

$\Rightarrow$ X ist im Grenzfall $B_{32;\frac{29}{180}}$-verteilt.

Signifikanzniveau $\alpha = 0{,}05$

Für g muss gelten: $P(X \ge g) = 1 - P(X \le g-1) \le 0{,}05 \Leftrightarrow P(X \le g-1) \ge 0{,}95$.

In der Wertetabelle findet man $g - 1 \ge 9 \Leftrightarrow g \ge 10$

$\Rightarrow$ Ablehnungsbereich $K = \{10, \dots, 32\}$, Annahmebereich $\overline{K} = \{0, \dots, 9\}$

Da die Schülerin nur achtmal fehlte, muss man ihr noch kein gezieltes Fehlen bei Klausuren unterstellen.

b) Der Fehler erster Art träte auf, wenn man der Schülerin trotz normalen Fehlens ein gezieltes Fehlen zu Klausuren unterstellte.
Ein Fehler zweiter Art läge vor, wenn man der Schülerin trotz gezielten Fehlens zu Klausuren ein normales Fehlen bescheinigte.

c) $P(X \ge 12) = 1 - P(X \le 11) \approx 1 - 0{,}9971 = 0{,}0029$
Die Irrtumswahrscheinlichkeit müsste auf 0,29 % gesenkt werden.

9. Ein Samenhändler wirbt damit, dass seine Samen zu mindestens 98 % keimen. Mithilfe eines Signifikanztests soll die Behauptung überprüft werden. A

a) Käufer A akzeptiert die Behauptung, wenn von 500 Samen mindestens 480 keimen. Berechnen Sie die Irrtumswahrscheinlichkeit.

b) Käufer B möchte auf einem Signifikanzniveau von 1 % testen.
Entwickeln Sie einen geeigneten Test auf der Basis von 300 Samen und geben Sie eine Entscheidungsregel an. Wie groß ist die Irrtumswahrscheinlichkeit?

9. X sei Zufallsvariable für die Anzahl der keimenden Samen, linksseitiger Test L

a) Man betrachtet für X eine $B_{500;0,98}$-Verteilung.
Wegen $P(X \le 479) \approx 0{,}0014$ beträgt die Irrtumswahrscheinlichkeit etwa 0,14 %.

b) Nullhypothese H_0: $p \ge 0{,}98$, Gegenhypothese H_1: $p < 0{,}98$

k	$P(X \le k)$
287	0,00816
288	0,01897
289	0,04096

$\Rightarrow$ X ist im Grenzfall $B_{300;0,98}$-verteilt,

Für g muss gelten: $P(X \le g) \le 0{,}01 \Leftrightarrow g \le 287$.

Wenn von 300 Samen mindestens 288 keimen, ist von der behaupteten Keimfähigkeit auszugehen.

In der Wertetabelle findet man die Irrtumswahrscheinlichkeit $P(X \le 287) \approx 0{,}0082$.

3.5 Aufgaben wie im mündlichen Abitur

1. Zufallsexperiment und Wahrscheinlichkeit

a) Was versteht man unter einem Zufallsexperiment? Geben Sie Beispiele an.

b) Wie unterscheiden sich die Begriffe Ergebnis, Elementarereignis, Ereignis?

c) Erklären Sie den Begriff Wahrscheinlichkeitsverteilung.
Welche Axiome liegen zugrunde?

d) Erklären Sie die Begriffe LAPLACE-Experiment und BERNOULLI-Experiment.
Geben Sie Beispiele an.

e) Was besagt der Additionssatz?

f) Was versteht man unter abhängigen und unabhängigen Ereignissen?

g) Definieren Sie den Begriff Zufallsvariable. Geben Sie ein Beispiel an.

h) Zeigen Sie an einem mehrstufigen Zufallsexperiment wie dort die Wahrscheinlichkeiten berechnet werden.

2. Kombinatorik

a) Wie sind die Terme n! und $\binom{n}{k}$ definiert?

b) Für die Anzahl der Möglichkeiten bei verschiedenen Stichproben treten die Terme $n!$, $\frac{n!}{(n-k)!}$, n^k, $\binom{n}{k}$ und $\binom{n+k-1}{k}$ auf.
Geben Sie Beispiele für entsprechende Stichproben und begründen Sie die Terme.

3. Binomialverteilung

a) Begründen Sie die Formel von BERNOULLI.

b) Geben Sie ein Beispiel für eine BERNOULLI-Kette.

c) Leiten Sie die Formeln für den Erwartungswert und die Varianz einer binomialverteilten Zufallsvariable her.

4. Testen von Hypothesen

a) Erläutern Sie die Vorgehensweise bei einem Hypothesentest anhand eines Beispiels.

b) Erklären Sie die Begriffe Nullhypothese, Gegenhypothese, Ablehnungsbereich, Annahmebereich.

c) Welche Arten von Fehlern können bei Hypothesentests auftreten?

d) Arbeiten Sie den Zusammenhang zwischen Irrtumswahrscheinlichkeit, Signifikanzniveau und Ablehnungsbereich heraus.

e) Wie formuliert man die Entscheidungsregel mithilfe des Annahme- oder Ablehnungsbereiches?

3.6 Aufgaben wie im schriftlichen Abitur

A

1. Bei einem Glücksspiel muss eine Münze viermal geworfen und anschließend mit einem Spielwürfel gewürfelt werden. Erhält man genau zweimal Wappen, so muss man nur noch einmal würfeln, sonst noch zweimal.
Ein Spieler gewinnt im einen Fall, wenn er eine 4 würfelt und im anderen, wenn das Produkt der Augenzahlen 4 ergibt.

a) Berechnen Sie die Wahrscheinlichkeit für einen Gewinn.

b) Das ganze Spiel wird n-mal durchgeführt.
Wie groß ist die Wahrscheinlichkeit P_0, kein einziges Spiel zu gewinnen?
Mit welcher Wahrscheinlichkeit P_1 gewinnt man bei n Spielen mindestens einmal?
Wie lange muss man spielen, damit P_1 größer ist als P_0?

L

1. Problemanalyse

a) Zweistufiges Zufallsexperiment, Zufallsvariable, Binomialverteilung, Baumdiagramm, Pfadregel

b) n-stufiges Zufallsexperiment, Pfadregel, Gegenwahrscheinlichkeit, Exponentialungleichung

Lösung

a) Die Zufallsvariable X beschreibe die Anzahl der Wappen, die Zufallsvariable Y das Produkt der Augenzahlen. Dann erhält man mit der Formel von BERNOULLI
$P(X=2)=\binom{4}{2}\cdot\left(\frac{1}{2}\right)^2\cdot\left(\frac{1}{2}\right)^2=6\cdot\frac{1}{16}=\frac{3}{8}$, Außerdem ist $P(Y=4)=\frac{3}{36}=\frac{1}{12}$.
Man definiert folgende Ereignisse:
A: Beim viermaligen Werfen einer Münze tritt genau zweimal Wappen auf.
B: Beim Würfeln erscheint die 4.
C: Beim zweimaligen Würfeln ist das Produkt der Augenzahlen 4.
Hiermit erhält man für das zweistufige Zufallsexperiment das nebenstehende Baumdiagramm.

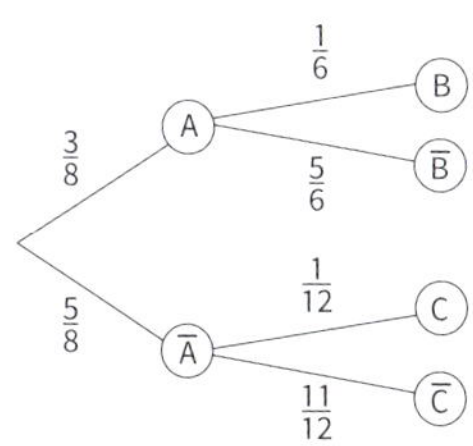

Mit der Pfadregel findet man
$P(\text{Gewinn})=\frac{3}{8}\cdot\frac{1}{6}+\frac{5}{8}\cdot\frac{1}{12}=\frac{11}{96}\approx 0{,}1146.$

b) $P_0=\left(\frac{85}{96}\right)^n$, $P_1=1-\left(\frac{85}{96}\right)^n$

$$P_1>P_0 \Leftrightarrow 1-\left(\frac{85}{96}\right)^n>\left(\frac{85}{96}\right)^n \Leftrightarrow 1>2\cdot\left(\frac{85}{96}\right)^n$$

$$\Leftrightarrow \frac{1}{2}>\left(\frac{85}{96}\right)^n \Leftrightarrow n>\frac{\log\frac{1}{2}}{\log\frac{85}{96}}\approx 5{,}7 \Rightarrow n=6$$

Man muss mindestens sechsmal spielen.

A

2. In einer Schachtel befinden sich zehn Kärtchen mit den aufgedruckten Buchstaben STOCHASTIK.

a) Es werden vier Kärtchen mit Zurücklegen gezogen.
Bestimmen Sie die Wahrscheinlichkeiten der Ereignisse:
E_1: Es werden nur Vokale gezogen.
E_2: Die Kärtchen bilden in der gezogenen Reihenfolge das Wort KITA.
E_3: Es werden mindestens zwei Konsonanten gezogen.

b) Wie viele Kärtchen muss man mit Zurücklegen mindestens ziehen, um mit einer Wahrscheinlichkeit von wenigstens 95 % zumindest einen Buchstaben aus dem Wort HAST zu ziehen?

L

2. Problemanalyse

a) Vierstufiges Zufallsexperiment, Ziehen mit Zurücklegen, Pfadregel, Gegenereignis

b) Additionssatz, Zufallsvariable, Binomialverteilung, Gegenereignis, Exponentialungleichung

Lösung

a) Die Elementarereignisse haben folgende Wahrscheinlichkeitsverteilung:

Buchstabe	A	C	H	I	K	O	S	T
Wahrscheinlichkeit	0,1	0,1	0,1	0,1	0,1	0,1	0,2	0,2

$P(E_1) = 0{,}3^4 = 8{,}1 \cdot 10^{-3}$

$P(E_2) = 0{,}1 \cdot 0{,}1 \cdot 0{,}2 \cdot 0{,}1 = 2 \cdot 10^{-4}$

X sei Zufallsvariable für die Anzahl der gezogenen Konsonanten, dann ist

$P(E_3) = 1 - [P(X = 0) + P(X = 1)] = 1 - (8{,}1 \cdot 10^{-3} + 4 \cdot 0{,}7 \cdot 0{,}3^3) = 1 - 0{,}0873 = 0{,}9163.$

b) E_4 sei das Ereignis, einen Buchstaben aus dem Wort HAST zu ziehen.
Dann ist $P(E) = 0{,}1 + 0{,}1 + 0{,}2 + 0{,}2 = 0{,}6$.
X sei Zufallsvariable für die Anzahl der gezogenen Buchstaben aus dem Wort HAST.
X ist $B_{n;0,6}$-verteilt.

$P(X \geq 1) = 1 - P(X = 0) = 1 - 0{,}4^n,$

$1 - 0{,}4^n \geq 0{,}95 \;\Leftrightarrow\; 0{,}05 \geq 0{,}4^n \;\Leftrightarrow\; n \geq \frac{\log 0{,}05}{\log 0{,}4} \approx 3{,}27$

Man muss mindestens viermal ziehen, um mit mindestens 95 %iger Wahrscheinlichkeit zumindest einen Buchstaben des Wortes HAST zu ziehen.

3. a) In einer Urne liegen fünf rote und eine weiße Kugel. Man zieht zwei Kugeln ohne Zurücklegen. Berechnen Sie die Wahrscheinlichkeiten der Ereignisse: **A**

E_1: Beide Kugeln sind rot.

E_2: Die zweite Kugel ist weiß.

E_3: Nur eine Kugel ist rot.

b) Ein Medikament wirkt bisher in 60 % der Anwendungen. Bei einer angeblich verbesserten Version dieses Medikaments zeigt sich, dass von 20 getesteten Patienten nun 15 gesunden. Kann man sagen, dass das neue Medikament besser wirkt, wenn man ein Signifikanzniveau von $\alpha = 2\,\%$ vorgibt?

3. Problemanalyse **L**

a) Ziehen ohne Zurücklegen, Pfadregel

b) Rechtsseitiger Test mit vorgegebenem Signifikanzniveau

Lösung

a) $P(E_1) = \frac{5}{6} \cdot \frac{4}{5} = \frac{2}{3}$, $P(E_2) = \frac{5}{6} \cdot \frac{1}{5} = \frac{1}{6}$, $P(E_3) = \frac{5}{6} \cdot \frac{1}{5} \cdot \frac{1}{6} \cdot \frac{5}{5} = \frac{1}{3}$

b) X sei Zufallsvariable für die Anzahl der Patienten, bei denen das neue Medikament wirkt, rechtsseitiger Test

Nullhypothese H_0: $p \leq 0{,}6$ Gegenhypothese H_1: $p > 0{,}6$,

$\Rightarrow$ X ist im Grenzfall $B_{20;0,6}$-verteilt,

Signifikanzniveau $\alpha = 0{,}02$, Ablehnungsbereich $K = \{g, g+1, \ldots 20\}$

Für die gesuchte kleinste natürliche Zahl g muss gelten:

$P(X \geq g) = 1 - P(X \leq g-1) \leq 0{,}02 \Leftrightarrow P(X \leq g-1) \geq 0{,}98$.

Aus der Wertetabelle für die Summenfunktion der Binomialverteilung entnimmt man $g - 1 \geq 16 \Leftrightarrow g \geq 17$.

k	$P(X \leq k)$
15	0,94905
16	0,98404

H_0 könnte erst verworfen werden, wenn bei mindestens 17 Patienten eine Genesung eingetreten wäre. Das neue Medikament kann deshalb nicht als besser wirksam eingestuft werden.

4. a) A und B seien zwei voneinander unabhängige Ereignisse mit $P(A) = \frac{2}{5}$ und $P(B) = \frac{2}{3}$. **A**

Berechnen Sie die Wahrscheinlichkeiten folgender Ereignisse:

E_1: A und B treten ein.

E_2: Zumindest eines der Ereignisse A oder B tritt ein.

E_3: Weder A noch B tritt ein.

E_4: Höchstens eines der Ereignisse A oder B tritt ein.

b) In einer Urne liegen drei blaue und einige grüne Kugeln. Wie viele Kugeln können in der Urne insgesamt liegen, wenn beim zweimaligen Ziehen ohne Zurücklegen die Wahrscheinlichkeit, zwei verschiedenfarbige Kugeln zu ziehen, $\frac{4}{7}$ beträgt?

L

4. Problemanalyse

a) Multiplikationssatz, Unabhängigkeit, Additionssatz, Regeln von DE MORGAN, Gegenereignis

b) Ziehen ohne Zurücklegen, Pfadregel

Lösung

a) $P(E_1) = P(A \cap B) = P(A) \cdot P(B) = \frac{2}{5} \cdot \frac{2}{3} = \frac{4}{15}$

$P(E_2) = P(A \cup B) = P(A) + P(B) - P(A \cap B) = \frac{2}{5} + \frac{2}{3} - \frac{4}{15} = \frac{4}{5}$

$P(E_3) = P(\overline{A} \cap \overline{B}) = P(\overline{A \cup B}) = 1 - P(E_2) = \frac{1}{5}$

$P(E_4) = 1 - P(E_1) = \frac{11}{15}$

b) Es sei x die Anzahl der grünen Kugeln. Dann befinden sich $(x + 3)$ Kugeln in der Urne. Es gibt zwei Möglichkeiten, zwei verschiedenfarbige Kugeln zu ziehen.

Nach der Pfadregel gilt für die Wahrscheinlichkeit

$P = \frac{3}{x+3} \cdot \frac{x}{x+2} + \frac{x}{x+3} \cdot \frac{3}{x+2} = \frac{6x}{(x+3)(x+2)}$.

$P = \frac{4}{7} \Leftrightarrow \frac{6x}{(x+3)(x+2)} = \frac{4}{7} \Leftrightarrow 42x = 4(x+3)(x+2) \Leftrightarrow 42x = 4x^2 + 20x + 24$

$\Leftrightarrow x^2 - \frac{11}{2}x + 6 = 0 \Leftrightarrow x = 4 \lor x = \frac{3}{2}$.

In der Urne liegen vier grüne Kugeln, also insgesamt sieben Kugeln.

A

5. Bei einem gezinkten Würfel fällt die Zahl 6 dreimal so häufig wie die 1 und die 5 doppelt so häufig wie die 2. Zwei gegenüberliegende Zahlen haben zusammen stets die Wahrscheinlichkeit von $\frac{1}{3}$.

a) Geben Sie die Wahrscheinlichkeitsverteilung für die gewürfelten Augenzahlen an und berechnen Sie den Erwartungswert.

b) Bei einem Spiel wird vereinbart, dass Spieler A von Spieler B 1,30 Euro erhält, wenn 4, 5 oder 6 gewürfelt wird. Bei den Zahlen 1, 2 und 3 soll A an B zahlen. Wie groß muss dieser Betrag sein, damit das Spiel fair ist?

c) Wie groß ist die Wahrscheinlichkeit in Prozent, dass bei 100 Würfen genau sechzigmal 4, 5 oder 6 gewürfelt wird? Wie groß ist die Wahrscheinlichkeit, dass mindestens 30-mal 1, 2 oder 3 gewürfelt wird?

d) Der Besitzer des gezinkten Würfels erhält bei fünfzig Würfen nur 25-mal die 4, 5 oder 6. Er vermutet deshalb, dass er aus Versehen einen anderen Würfel erwischt hat. Mit welcher Wahrscheinlichkeit liegt er mit seiner Vermutung richtig?

L

5. Problemanalyse

a) Wahrscheinlichkeitsverteilung, Erwartungswert

b) Erwartungswert einer Zufallsvariablen

c) Binomialverteilung, Wahrscheinlichkeitsverteilung und Summenverteilung

d) Linksseitiger Test mit vorgegebenem Ablehnungsbereich

Lösung

a) X sei Zufallsvariable für die gewürfelte Augenzahl. Hieraus ergibt sich die Wahrscheinlichkeitsverteilung:

k	1	2	3	4	5	6
P (X = k)	$\frac{1}{4}\cdot\frac{1}{3}=\frac{1}{12}=\frac{3}{36}$	$\frac{1}{3}\cdot\frac{1}{3}=\frac{1}{9}=\frac{3}{36}$	$\frac{1}{6}=\frac{6}{36}$	$\frac{1}{6}=\frac{6}{36}$	$\frac{2}{3}\cdot\frac{1}{3}=\frac{2}{9}=\frac{8}{36}$	$\frac{3}{4}\cdot\frac{1}{3}=\frac{1}{4}=\frac{9}{36}$

Erwartungswert $E(X)=1\cdot\frac{1}{12}+2\cdot\frac{1}{9}+3\cdot\frac{1}{6}+4\cdot\frac{1}{6}+5\cdot\frac{2}{9}+6\cdot\frac{1}{4}=\frac{147}{36}=4\frac{1}{12}$

b) X sei Zufallsvariable für den Gewinn des Spielers A.
Dann besitzt X die Wahrscheinlichkeitsverteilung:

k	1,3	b
P (X = k)	$\frac{23}{36}$	$\frac{13}{36}$

Damit das Spiel fair ist, muss der Erwartungswert 0 sein.
$E(X)=1{,}3\cdot\frac{23}{36}+b\cdot\frac{13}{36}=0 \;\Leftrightarrow\; b=-2{,}30.$
Spieler A muss bei 1,2 oder 3 den Betrag 2,30 € an B bezahlen, damit das Spiel fair ist.

c) X sei Zufallsvariable für die Anzahl der Würfe mit den Ergebnissen 4, 5 oder 6.
X ist $B_{100;\frac{23}{36}}$-verteilt.
Die gesuchte Wahrscheinlichkeit ist
$P(X=60)=\binom{100}{60}\cdot\left(\frac{23}{36}\right)^{60}\cdot\left(\frac{13}{36}\right)^{40}\approx 0{,}0588=5{,}88\,\%.$
Y sei Zufallsvariable für die Anzahl der Würfe mit den Ergebnissen 1, 2 oder 3.
Y ist $B_{100;\frac{13}{36}}$-verteilt.
Die gesuchte Wahrscheinlichkeit ist $P(Y\geq 30)=1-P(X\leq 29)\approx 0{,}9172=91{,}72\,\%.$

d) Z sei $B_{50;\frac{23}{36}}$-verteilte Zufallsvariable für die Anzahl der Würfe mit den Ergebnissen 4, 5 oder 6.
$P(Z\leq 25)\approx 0{,}0306;\; 1-0{,}0306\approx 0{,}9694$
Die Vermutung zu etwa 96,9 % richtig.

6. An einer Fortbildungsveranstaltung können insgesamt 20 Personen teilnehmen. Hierfür melden sich 32 Bewerber. A

a) Wie viele Möglichkeiten gibt es, die 20 Plätze zu besetzen?

b) Unter den Bewerbern sind fünf Personen unter 30 Jahre und vier über 60 Jahre alt. Wie viele Möglichkeiten gibt es, die Teilnehmergruppe so zusammenzustellen, dass drei Personen unter 30 Jahre und zwei über 60 Jahre alt sind?

c) Um zu berücksichtigen, dass ein zugelassener Bewerber normalerweise mit 20-prozentiger Wahrscheinlichkeit wieder abspringt, werden sicherheitshalber 25 zugelassen. Mit welcher Wahrscheinlichkeit treten dann tatsächlich nicht zu viele Bewerber an?

d) Die endgültige Gruppe bestehe aus acht Damen und zwölf Herren. Abends belegen noch vier Damen und drei Herren einen Zusatzkurs.
Man betrachtet die Ereignisse A: Teilnehmer ist Herr und B: Teilnehmer belegt Zusatzkurs. Überprüfen Sie, ob A und B abhängig sind.

L

6. Problemanalyse

a) Ziehen ohne Zurücklegen, ohne Berücksichtigung der Reihenfolge
b) Mehrmaliges Ziehen ohne Zurücklegen, ohne Berücksichtigung der Reihenfolge
c) Zufallsvariable, Binomialverteilung, Summenverteilung
d) Abhängigkeit von Ereignissen

Lösung

a) $\binom{32}{20} = 225\,792\,840$
Es gibt 225 792 840 Möglichkeiten, aus 32 Interessenten die 20 Teilnehmer auszuwählen.

b) Aus den fünf Bewerbern unter 30 Jahre müssen drei, aus den vier Bewerbern über 60 Jahre zwei und aus den verbleibenden 23 Bewerbern 15 gewählt werden.
$\binom{5}{3} \cdot \binom{4}{2} \cdot \binom{23}{15} = 10 \cdot 6 \cdot 490\,314 = 29\,418\,840$
Es gibt 29 418 840 Möglichkeiten, die Gruppe wie gewünscht zusammenzustellen.

c) X sei die $B_{25;0,8}$-verteilte Zufallsvariable für die zugelassenen und antretenden Bewerber.
Die gesuchte Wahrscheinlichkeit ist $P(X \leq 20) \approx 0{,}5793$.
Die Wahrscheinlichkeit, dass nicht zu viele Bewerber antreten, beträgt etwa 58 %.

d) $P(A) = \frac{12}{20} = \frac{3}{5}$, $P(B) = \frac{7}{20}$
$P(A \cap B) = \frac{3}{20} = \frac{15}{100}$, $P(A) \cdot P(B) = \frac{3}{5} \cdot \frac{7}{20} = \frac{21}{100}$
Wegen $P(A \cap B) \neq P(A) \cdot P(B)$ sind A und B abhängig.

A

7. Bei einer Dauerlotterie ist nach Behauptung des Veranstalters mindestens jedes sechste Los ein Gewinnlos.

a) Wie groß ist die Wahrscheinlichkeit, bei zehn gekauften Losen mindestens drei Gewinne zu haben?
b) Ab wie vielen gekauften Losen kann man mit einer Wahrscheinlichkeit von mindestens 98 % damit rechnen, zumindest einen Gewinn zu haben?
c) Eine Verbraucherorganisation möchte die Behauptung der Lotteriegesellschaft testen. Die Behauptung, dass jedes sechste Los gewinnt, wird abgelehnt, wenn bei 100 gekauften Losen höchstens zehn Gewinnlose dabei sind.
Geben Sie ein geeignetes Testverfahren an.
Mit welcher Wahrscheinlichkeit wird die Behauptung fälschlicherweise abgelehnt?

d) Wie groß ist die Wahrscheinlichkeit, die Behauptung fälschlicherweise anzunehmen, obwohl tatsächlich nur jedes zehnte Los gewinnt?
Bewerten Sie dieses Ergebnis.

7. Problemanalyse L

a) Ziehen mit Zurücklegen (Dauerlotterie), Zufallsvariable, Binomialverteilung, Summenverteilung
b) Binomialverteilung, Summenverteilung, Gegenwahrscheinlichkeit, Exponentialungleichung
c) Linksseitiger Test mit vorgegebenem Ablehnungsbereich, Fehler erster Art
d) Fehler zweiter Art

Lösung

X sei Zufallsvariable für die Anzahl der Gewinne, X sei $B_{n;\frac{1}{6}}$-verteilt.

a) Die gesuchte Wahrscheinlichkeit ist $P(X \geq 3) = 1 - P(X \leq 2) \approx 0{,}2248$.
Die Wahrscheinlichkeit für mindestens drei Gewinnlose bei zehn gekauften Losen beträgt etwa 22 %.

b) $P(X \geq 1) \geq 0{,}98 \;\Leftrightarrow\; 1 - P(X = 0) \geq 0{,}98 \;\Leftrightarrow\; P(X = 0) \leq 0{,}02 \;\Leftrightarrow\; \left(\frac{5}{6}\right)^n \leq 0{,}02$

$\Leftrightarrow\; n \geq \frac{\log 0{,}02}{\log \frac{5}{6}} \approx 21{,}5$

Ab 22 gekauften Losen kann man mit einer Wahrscheinlichkeit von mindestens 98 % damit rechnen, zumindest einen Gewinn zu haben.

c) Nullhypothese H_0: $p \geq \frac{1}{6}$ Gegenhypothese H_1: $p < \frac{1}{6}$,
$\Rightarrow$ X ist im Grenzfall $B_{100;\frac{1}{6}}$-verteilt,
Ablehnungsbereich $K = \{0, 1, 2, \dots 10\}$, die Irrtumswahrscheinlichkeit ist $P(X \leq 10) \approx 0{,}0427$.
Die Behauptung der Lotteriegesellschaft wird mit einer Wahrscheinlichkeit von etwa 4 % fälschlicherweise abgelehnt.

d) Nun ist anzunehmen, dass H_1 wahr ist und $p = \frac{1}{10}$, X ist dann $B_{100;\frac{1}{10}}$-verteilt,
die Irrtumswahrscheinlichkeit ist $P(X > 10) = 1 - P(X \leq 10) \approx 1 - 0{,}5832 = 0{,}4168$.
Mit einer Wahrscheinlichkeit von etwa 42 % wird die Behauptung der Lotteriegesellschaft fälschlicherweise angenommen.
Wenn der Test das Ziel hat, eventuelle Betrügereien aufzudecken, bleibt ein beträchtliches Risiko, dieses nicht zu erreichen. Der Ablehnungsbereich müsste so verändert werden, dass der Fehler zweiter Art ein akzeptables Risiko darstellte.

A

8. Ein Landwirt möchte jedes Jahr 50 Ferkel aufziehen. Für jedes Tier erhält er 53 Euro. Stirbt ein Tier, so hat er einen Verlust von 150 Euro. Normalerweise überleben mindestens 97 % der Ferkel.

a) Mit welchem durchschnittlichen Gewinn je Ferkel kann er rechnen?

b) Mit welcher Wahrscheinlichkeit verliert er weniger als drei Ferkel?

c) Im letzten Jahr überlebten nur 45 Ferkel. Die Bäuerin behauptet deshalb, die Versorgung der Tiere sei schlechter gewesen.
Mit welcher Wahrscheinlichkeit liegt sie damit richtig?
Arbeiten Sie mit einem geeigneten Signifikanztest.

L

8. Problemanalyse

a) Erwartungswert einer Zufallsvariablen

b) Binomialverteilung, Summenverteilung

c) Rechtsseitiger Test mit vorgegebenem Ablehnungsbereich

Lösung

a) X sei Zufallsvariable für den Gewinn des Landwirts. Dann hat X die Wahrscheinlichkeitsverteilung:

k	53	– 150
P (X = k)	0,97	0,03

Der Erwartungswert ist $E(X) = 53 \cdot 0{,}97 + (-150) \cdot 0{,}03 = 46{,}91$

Der durchschnittliche Gewinn je Ferkel beträgt 46,91 Euro.

b) Y sei $B_{50;0,03}$-verteilte Zufallsvariable für die Anzahl der verendeten Ferkel.
Die gesuchte Wahrscheinlichkeit ist $P(Y \le 2) \approx 0{,}8108$.
Mit einer Wahrscheinlichkeit von etwa 81 % verliert er weniger als drei Tiere.

c) Y sei Zufallsvariable für die Anzahl der verendeten Ferkel, rechtsseitiger Test
Nullhypothese H_0: $p \le 0{,}03$, Gegenhypothese H_1: $p > 0{,}03$
$\Rightarrow$ Y ist im Grenzfall $B_{50;0,03}$-verteilt,
Ablehnungsbereich $K = \{5, 6, \ldots, 50\}$
Die Irrtumswahrscheinlichkeit ist $P(Y \ge 5) = 1 - P(Y \le 4) \approx 0{,}0168$.
Nur mit einer Wahrscheinlichkeit von etwa 1,68 % verenden mindestens fünf Ferkel.
Die Bäuerin liegt also mit einer Wahrscheinlichkeit von etwa 98,32 % richtig.

A

9. Beim Werfen einer Münze ist die Wahrscheinlichkeit für Wappen oder Zahl jeweils 0,5.

a) Mit welcher Wahrscheinlichkeit erhält man mindestens zweimal Wappen, wenn dreimal geworfen wird?

b) Wie oft muss man werfen, um mit einer Wahrscheinlichkeit von mindestens 95 % zumindest einmal Zahl zu sehen?

c) Bei 100 Würfen mit einer anderen Münze erscheint 62-mal Wappen.
Testen Sie auf dem Signifikanzniveau $\alpha = 1\,\%$ die Hypothese: Das Werfen dieser Münze ist ein LAPLACE-Experiment. Bestimmen Sie den Ablehnungsbereich und geben Sie eine Entscheidungsregel an.

L

9. Problemanalyse

a) Binomialverteilung, Summenverteilung

b) n-stufiges Zufallsexperiment, Pfadregel, Gegenwahrscheinlichkeit, Exponentialungleichung

c) LAPLACE-Experiment, zweiseitiger Test mit vorgegebenem Signifikanzniveau, Entscheidungsregel formulieren

Lösung

a) X sei Zufallsvariable für die Anzahl geworfener Wappen, X ist $B_{3;0,5}$-verteilt.
Die gesuchte Wahrscheinlichkeit ist $P(X \geq 2) = 1 - P(X \leq 1) \approx 0{,}5$.

b) Die Wahrscheinlichkeit nach n Würfen zumindest einmal Zahl zu haben, ist $1 - 0{,}5^n$.
Es muss gelten: $1 - 0{,}5^n \geq 0{,}95 \Leftrightarrow 0{,}05 \geq 0{,}5^n \Leftrightarrow n \geq \frac{\log 0{,}05}{\log 0{,}5} \approx 4{,}32$
Man muss mindestens fünfmal werfen, um mit einer Wahrscheinlichkeit von mindestens 95 % zumindest einmal Zahl zu haben.

c) X sei Zufallsvariable für die Anzahl der auftretenden Wappen, zweiseitiger Test
Nullhypothese H_0: $p = 0{,}5$, Gegenhypothese H_1: $p \neq 0{,}5 \Rightarrow$ X ist $B_{100;0,5}$-verteilt,
Signifikanzniveau $\alpha = 0{,}01$.
Beim zweiseitigen Hypothesentest ist zu überprüfen, ob
$P(X \geq 62) = 1 - P(X \leq 61) > \frac{\alpha}{2}$.
Wegen $P(X \geq 62) \approx 0{,}0105 > 0{,}005$ wird H_0 beibehalten. Das Werfen der Münze kann also als LAPLACE-Experiment angesehen werden.
Der Ablehnungsbereich hat die Form $K = \{0, 1, \ldots, g_l\} \cup \{g_r, \ldots, 100\}$.
Für ihn muss gelten: Entweder $P(X \leq g_l) \leq 0{,}005$ oder
$P(X \geq g_r) \leq 0{,}005 \Leftrightarrow P(X \leq g_r - 1) \geq 0{,}995$.
In der Wertetabelle kann $g_l \leq 36$ und entsprechend $g_r \geq 64$ abgelesen werden.
Somit ist $K = \{0, 1, \ldots, 36\} \cup \{64, 65, \ldots, 100\}$.
Die Entscheidungsregel lautet: Wirft man mindestens 37 und höchstens 63 mal Wappen, so ist von einem LAPLACE-Experiment auszugehen.

k	$P(X \leq k)$
36	0,00332
37	0,00602

k	$P(X \leq k)$
62	0,99398
63	0,99668

Stichwortverzeichnis